JIDIAN YITIHUA
JINENGXING RENCAI
YONGSHU

机电一体化技能型人才用书

UG数控加工

主　编　潘秀石
副主编　王　成
参　编　梁　颖

中国电力出版社
CHINA ELECTRIC POWER PRESS

内 容 提 要

本书采用理论与工厂实际案例相结合的方式，由浅入深，介绍了 Siemens PLM Software 公司的 UG NX8.5 数控加工应用模块的三轴数控铣模具加工技术。主要包括：UG NX8.5 加工模块的数控加工基础、切削加工的通用功能、平面铣、型腔铣、固定轴轮廓铣及刀轨可视化技术。全书共设计了 4 个加工项目，分别以吸尘器风量调节阀前模和后模及吸尘器网筒底盖前模和后模为例，按实际加工流程与工艺要求，综合应用 UG NX8.5 完成了数控加工的刀轨设计。通过理论与实际案例的学习，可以帮助学生迅速掌握 UG NX8.5 数控编程技术及其实际应用技能。

本书适用于高职高专院校机电一体化、机械设计与制造、数控加工技术及自动化专业的教学用书，也可作为相关工程技术人员的学习和参考用书。

图书在版编目（CIP）数据

UG 数控加工 / 潘秀石主编. —北京：中国电力出版社，2015.8
机电一体化技能型人才用书
ISBN 978-7-5123-7913-8

Ⅰ. ①U… Ⅱ. ①潘… Ⅲ. ①数控机床-加工-计算机辅助设计-应用软件 Ⅳ. ①TG659-39

中国版本图书馆 CIP 数据核字（2015）第 136495 号

中国电力出版社出版、发行
（北京市东城区北京站西街 19 号 100005 http://www.cepp.sgcc.com.cn）
航远印刷有限公司印刷
各地新华书店经售
*
2015 年 8 月第一版 2015 年 8 月北京第一次印刷
787 毫米×1092 毫米 16 开本 16.25 印张 364 千字
印数 0001—3000 册 定价 **39.00** 元

前　言

UG 是由 Siemens 公司推出的一款集 CAD/CAE/CAM 于一体的三维参数化软件，是目前功能最强大、应用最广泛的 CAD/CAE/CAM 软件之一，广泛应用于通用机械、模具、家电、汽车、船舶及航天等各个领域。

本书从读者的角度出发，通过工厂实际案例，由浅入深地介绍了模具零件数控加工的方法和技巧。为了使读者尽快掌握 UG8.5 的数控加工使用及设计方法，笔者深入企业一线，精选了工厂实际的四个案例：吸尘器风量调节阀前模和后模及吸尘器网筒底盖前模和后模。根据每个案例的结构特点，选择相对应的加工方法。项目 1 吸尘器风量调节阀前模加工设计，主要介绍了 UG 加工基础知识、应用型腔铣开粗、平面铣精加工的加工方法；项目 2 吸尘器风量调节阀后模加工设计，主要介绍了应用同步建模技术对零件进行预处理和固定轴轮廓铣进行精加工的加工方法；项目 3 吸尘器网筒底盖前模加工设计和项目 4 吸尘器网筒底盖后模加工设计，主要介绍了模具加工中电极的设计与加工方法。

本书由苏州经贸职业技术学院潘秀石任主编，苏州经贸职业技术学院王成任副主编，昆明冶金高等专科学校梁颖任参编。其中，项目 1 由潘秀石编写，项目 2、4 由王成编写，项目 3 由梁颖编写，全书由潘秀石统稿。在编写的过程中，苏州经贸职业技术学院陈堂敏教授、周曲珠教授、康平科技（苏州）有限公司和苏州莱克电器股份有限公司的专业技术人员等也给本教材提出了宝贵意见，对以上同志，在此一并致谢。

限于编者的水平，书中难免存在疏漏和不足之处，敬请广大读者批评指正。

编　者

2015 年 5 月

目 录

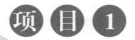

项目 1

吸尘器风量调节阀前模加工设计

UG NX 8.5 是 SIEMENS PLM Solutions 公司推出的 CAD/CAE/CAM 一体化集成软件，广泛应用于航空、汽车、机械、电子等行业，被公认为是世界一流的 CAD/CAE/CAM 一体化软件之一。

本节中主要介绍应用 UG NX 8.5 完成吸尘器风量调节阀前模的加工设计，如图 1–1 所示。

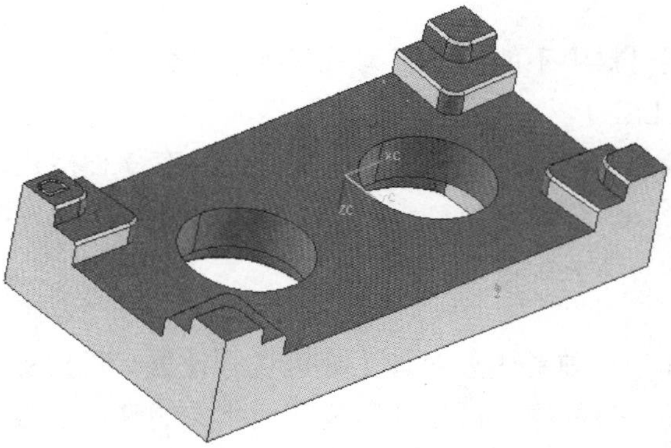

图 1–1　吸尘器风量调节阀前模

1.1　任　务　导　入

掌握应用 UG 加工的环境设置、坐标系、几何体、平面铣、型腔铣等知识，完成吸尘器风量调节阀前模加工。

1.2　UG CAM 通用知识

1.2.1　UG CAM 加工术语

1. 工作坐标系 WCS

工作坐标系 WCS 是创建对象时使用的坐标系。除非另外指定，否则 WCS 的 XC—YC 平面就是在其上构建几何体的平面。

2. 加工坐标系 MCS

加工坐标系 MCS 是所有后续刀轨输出点的基准位置，可根据机床原始位置或任何其他常用设置位置，输出刀轨。当部件尺寸要求时，MCS 可将机床刀轴重定向到工件。开始时，MCS 位置与绝对坐标系匹配。

3. 几何体

用于定义加工的零件和加工工件，包括部件、毛坯、检查和修剪几何体等。

4. 处理中的工件（IPW）

处理中的工件（IPW）是由加工应用模块产生的几何形状，用于表示在加工的各个阶段中所加工的工件。根据程序顺序视图中的操作顺序，每个操作的刀轨将逐渐减少 IPW，以便模仿在机床上从实际工件移除的材料。这为用户和刀轨处理器提供了其他好处。对于刀轨生成而言，某些操作可使用来自先前操作的 IPW 形状作为输入，这样可减少用户交互操作，提高刀轨切削效率。对于验证和仿真，整个车、铣、钻操作的所有刀轨都将对 IPW 逐步进行修改。

5. 材料侧

在加工过程中毛坯材料中不能被加工刀具切削的部分。

6. 刀位源文件（CLSF）

用于定义一个或多个加工刀具坐标位置的文件，共有 3 种格式：标准格式、BCL 格式和 ISO 格式。

1.2.2 设置加工环境

进入 NX 8.5 CAM 模块前首先要对加工环境进行设置，设置加工环境为当前零件的加工提供相应的加工模板、数据库、后处理器和其他相关的高级参数的设置，加工环境相对某个零件只设定一次。

打开要加工的部件文件，单击“标准”工具条中的“开始”按钮，如图 1–2 所示，选择“加工”，进入 CAM 加工环境设置，如图 1–3 所示。

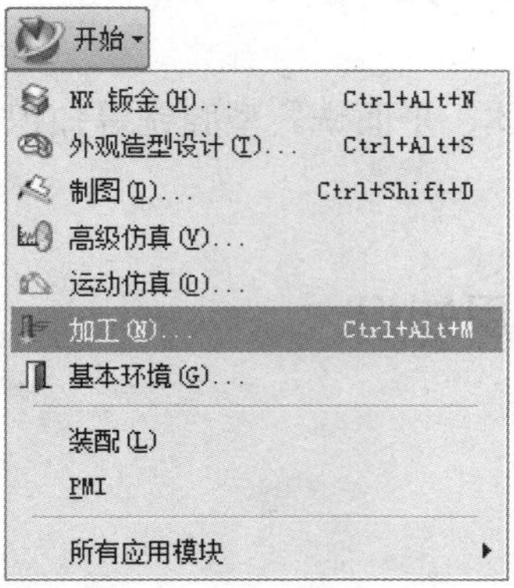

图 1–2　选择加工模块

图 1–3　“加工环境”对话框

“CAM 会话配置”列表中列出了系统提供的加工配置文件，选择不同的加工配置文件，其“要创建的 CAM 设置”列表中的内容也有所不同，常用的“CAM 会话配置”和“要创建的 CAM 设置”见表 1–1 和表 1–2。

表 1–1 **CAM 会话配置**

CAM 会话设置	设置包含内容	CAM 会话设置	设置包含内容
cam_general	通用加工配置	mill_contour	型腔铣加工配置
cam_library	库加工配置	mill_multi–axis	可变轴轮廓铣加工配置
hole_making	钻孔加工配置	mill_planar	平面铣加工配置
lathe	车削加工配置	drill	点位加工配置

表 1–2 **要创建的 CAM 设置**

设　置	初始设置的内容	可以创建的内容
mill_planar	包括 MCS、工件、程序以及用于钻、粗铣、铣半精加工和精铣的方法	用来进行钻和平面铣的操作、刀具和组
mill_contour	包括 MCS、工件、程序、钻方法、粗铣、半精铣和精铣	用来进行钻、平面铣和固定轴轮廓铣的操作、刀具和组
mill_multi–axis	包括 MCS、工件、程序、钻方法、粗铣、半精铣和精铣	用来进行钻、平面铣、固定轴轮廓铣和可变轴轮廓铣的操作、刀具和组
drill	包括 MCS、工件、程序以及用于钻、粗铣、铣半精加工和精铣的方法	用来进行钻的操作、刀具和组
hole_making	包括 MCS、工件、若干进行钻孔操作的程序以及用于钻孔的方法	用于钻的操作、刀具和组，包括优化的程序组以及特征切削方法几何体组
turning	包括 MCS、工件、程序和六种车方法	用来进行车的操作、刀具和组

在图 1–3 所示的对话框中选择合适的加工模板后，单击“确定”按钮，进入加工模块。

■ 说明

当再次打开已设置好加工模板的产品进入加工模块时，系统不会出现“加工环境”对话框，如果想对加工环境重新进行设置，可以选择“工具”→“工序导航器”→“删除设置”命令。

1.2.3 用户界面

进入 NX 8.5 CAM 模块后的工作界面，如图 1–4 所示。在该模块中，系统添加了“刀片”、“操作”、“工件”、“导航器”和“几何体”工具条。同时，在“插入”、“工具”和“信息”菜单中也添加了关于加工的相关命令。

1. “刀片”工具条

“刀片”工具条如图 1–5 所示，主要用于创建各种加工对象。

创建程序：新建程序对象，该对象显示在“工序导航器”的“程序视图”中。

创建刀具：新建刀具对象，该对象显示在“工序导航器”的“机床视图”中。

创建几何体：新建几何体对象，该对象显示在“工序导航器”的“几何体视图”中。

创建方法：新建方法组对象，该对象显示在“工序导航器”的“加工方法视图”中。

创建工序：新建操作，该对象显示在“工序导航器”的所有视图中。

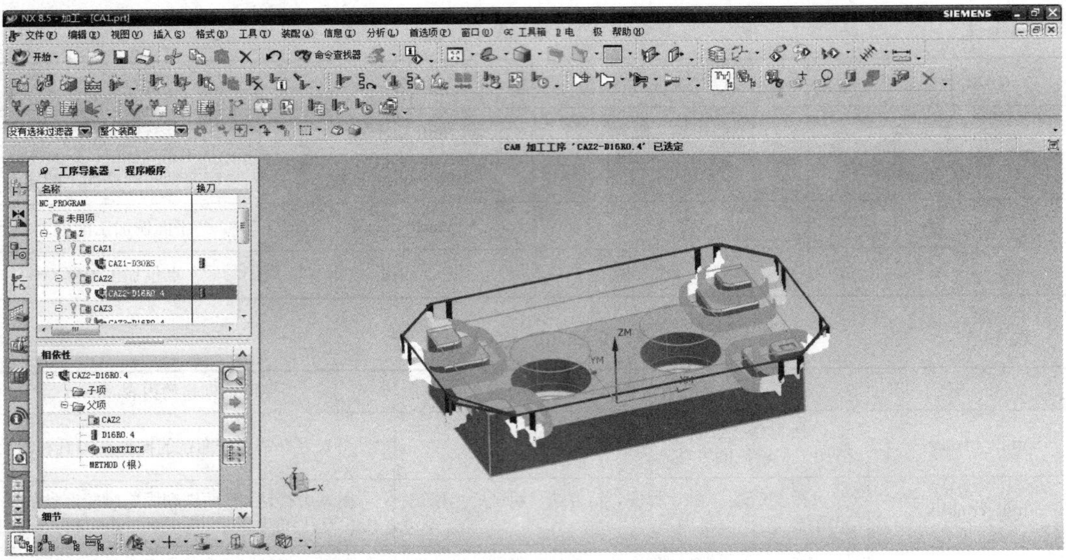

图 1–4　NX 8.5 加工模块工作界面

图 1–5　“刀片”工具条

2. “操作” 工具条

“操作”工具条如图 1–6 所示，主要用于刀轨的生成、编辑、删除、确认和仿真等，以及用于 CLSF、后处理和车间文档等。

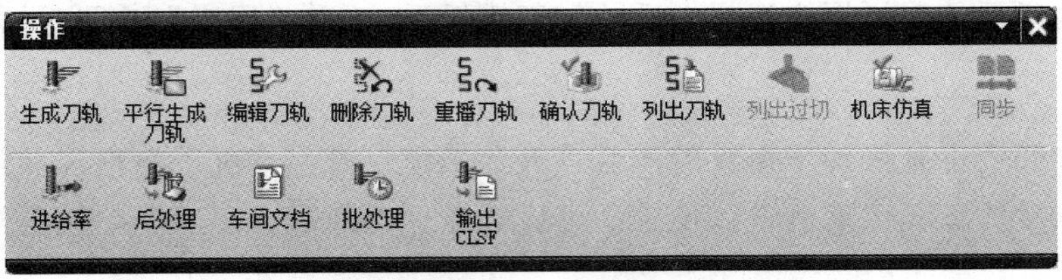

图 1–6　“操作”工具条

生成刀轨：为选定操作生成刀轨。

编辑刀轨：为选定操作编辑刀轨。

删除刀轨：为选定操作删除刀轨。

重播刀轨：在图形窗口中重现选定的刀轨。

确认刀轨：确认选定的刀轨并显示刀运动和材料移除。

列出刀轨：在信息窗口中列出选定刀轨 GOTO（相对于 MCS）、机床控制信息以及进给率等。

机床仿真：使用以前定义的机床仿真刀轨。

工件工具条：显示和关闭“工件”工具条。

过切检查：检查刀具夹持器碰撞和部件过切。

列出过切：列出刀具夹持器碰撞和部件过切事例。

同步：使 4 轴车床和复杂的车削装置的刀轨同步。

进给率：显示可用于选定操作的进给率和速度。

预处理几何体：创建曲面区域特征，对 CAM 操作内的实体和片体进行前处理。

输出 CLSF：列出选择可用的 CLSF 输出格式。

后处理：对选定的刀轨进行后处理。

车间文档：创建一个加工操作的报告，其中包括加工几何体、加工顺序和控制参数。

批处理：提供以批处理方式处理与 NC 有关的输出的选项。

3. “工件” 工具条

“工件”工具条如图 1–7 所示，主要用于对加工工件的显示设置。

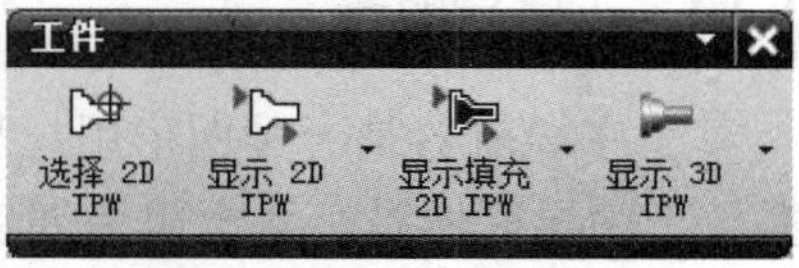

图 1–7 “工件” 工具条

显示 2D 工件：显示车操作中材料移除状态、平面铣中未切削的材料边界、曲面轮廓铣和等高轮廓铣操作。

显示填充的 2D 工件：完成选定的车操作后显示未切削的材料。

显示 3D 工件：显示车铣和铣削操作的 3D IPW。

显示自旋 3D 工件：显示选定操作的刀轨生成后工件的旋转形状。

工件另存为：将与高亮显示的操作关联的处理中的工件另存为一个单独的 3D 模型。

4. “导航器” 工具条

“导航器” 工具条如图 1–8 所示，主要用于切换工序导航器中各视图，查找对象等。

图 1–8 “导航器” 工具条

程序顺序视图：在“工序导航器”中显示程序顺序视图。

机床视图：在“工序导航器”中显示机床视图。

几何视图：在“工序导航器”中显示几何视图。

加工方法视图：在“工序导航器”中显示加工方法视图。

查找对象：查找 CAM 对象。

过滤器设置：指定用于控制在“工序导航器”中显示哪些 CAM 对象的过滤器。

应用过滤器：确定是否将过滤器应用于“工序导航器”。

全部展开：在“工序导航器”中展开所有的父组，以便每个操作都可见。

全部折叠：在“工序导航器”中折叠所有的父组。

导出工序导航器树到浏览器：将“工序导航器”中的信息带出到 Web 浏览器中。

5. “几何体” 工具条

“几何体” 工具条如图 1–9 所示，主要用于拔模、半径和斜率等分析，以及点、线、面工具和同步建模工具条等。

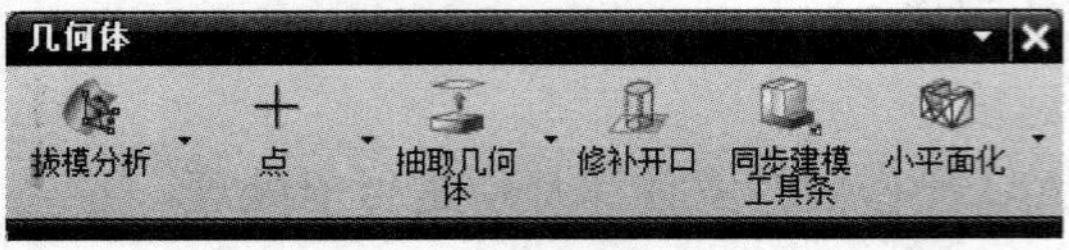

图 1–9 “几何体”工具条

拔模：提供有关模型的反拔模斜度条件的可视反馈。

半径：可视化曲面上所有点的曲率，以检测拐点、变化和缺陷。

斜率：可视化曲面上所有点的曲面法向和垂直于参考矢量的平面之间的夹角。

修补开口：创建片体，以将开口插入到一组面中。

1.2.4 工序导航器

工序导航器是一种图形用户界面，通过工序导航器可以管理当前部件的操作和操作参数。工序导航器具有 4 个用来创建和管理 NC 程序的分级视图。每个视图都根据以下视图主题来组织相同的操作集合：程序内的操作顺序、使用的刀具、加工的几何体或使用的加工方法。

使用工序导航器：可以在部件的设置内或在不同部件的设置之间剪切或复制并粘贴操作；在部件的设置内拖放组和操作；在一个组位置（如工件几何体组）指定公共参数。参数在组内按操作向下转移（继承）；打开特定参数继承；在图形窗口中显示操作的刀轨和几何体，以快速查看定义的内容和加工的区域；显示铣削或车削操作的“处理中的工件（IPW）”。

单击资源条中的“工序导航器”按钮即可显示“工序导航器”对话框，如图 1–10 所示，工序导航器采用树形结构显示程序、刀具、几何体和加工方法等对象，以及它们之间的从属关系。

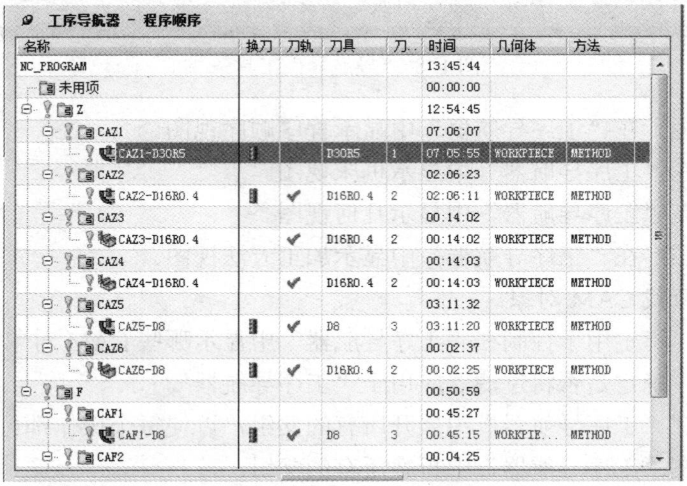
工序导航器 - 程序顺序

名称	换刀	刀轨	刀具	刀..	时间	几何体	方法
NC_PROGRAM					13:45:44		
未用项					00:00:00		
Z					12:54:45		
CAZ1					07:06:07		
CAZ1-D30R5			D30R5	1	07:05:55	WORKPIECE	METHOD
CAZ2					02:06:23		
CAZ2-D16R0.4		✔	D16R0.4	2	02:06:11	WORKPIECE	METHOD
CAZ3					00:14:02		
CAZ3-D16R0.4		✔	D16R0.4	2	00:14:02	WORKPIECE	METHOD
CAZ4					00:14:03		
CAZ4-D16R0.4		✔	D16R0.4	2	00:14:03	WORKPIECE	METHOD
CAZ5					03:11:32		
CAZ5-D8		✔	D8	3	03:11:20	WORKPIECE	METHOD
CAZ6					00:02:37		
CAZ6-D8		✔	D16R0.4	2	00:02:25	WORKPIECE	METHOD
F					00:50:59		
CAF1					00:45:27		
CAF1-D8		✔	D8	3	00:45:15	WORKPIE...	METHOD
CAF2					00:04:25		

图 1–10 “工序导航器”对话框

在工序导航器的某些列中，工序导航器将图标与文本一起显示，或者代替文本显示。例如，名称列使用图标以及文本来表现操作的名称和状态。当指向图标时，工具提示与图标描述和相关信息一起显示。例如，换刀列工具提示包括新刀具的名称。

在大多数情况下，更改操作可将其状态更改为重新生成，且必须重新生成以确保刀轨是最新的。需要重新生成的更改示例有刀具、几何体或切削参数更改。其他更改仅需要重新后处理或生成 CLSF 来更新输出文件。不需要重新生成刀轨的更改示例有：进给率、后处理命令或 MCS 父组。

工序导航器程序顺序视图实例如图 1–11 所示，其各列状态提示符说明如下。

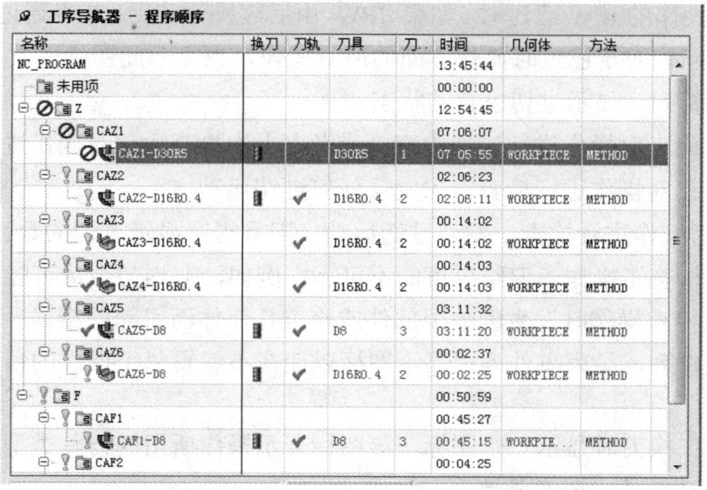

图 1–11 工序导航器程序顺序视图实例

（1）名称列：显示对象的名称和状态。

完全：刀轨已生成，且输出（后处理的或 CLSF）是最新的。

重新生成：用于操作的刀轨从未生成，或者生成的刀轨已经过时。

重新后处理：刀轨从未输出，或者刀轨自上次输出以来已经更改并且上次输出已经过时。

已批准：用户已经覆盖系统状态，以指示操作已经完成，而不考虑软件指示符。如果程序中所有操作的状态是完成或已批准，则程序的状态为已批准。

（2）刀轨列：显示刀轨的状态。

已生成：刀轨已经生成。它可能包含，也可能不包含刀具运动。

无：刀轨尚未生成，或者已经删除。

导入：刀轨自 CLSF 导入。

已编辑：刀轨已用图形刀轨编辑器更改。

怀疑：生成此刀轨时遇到有疑问的几何体。刀轨可能有效或无效，因此必须仔细检查。

变换：刀轨来自于变换的操作。

已被抑制：刀轨未输出，且不影响 IPW。此操作以指派的、抑制的刀轨颜色来显示。

空刀轨：刀轨已生成，但是不含有效运动。比如：查找不到凹部的清根操作，或者没有要切削的 IPW 的型腔铣操作。并非设计为包含运动的操作（如机床控制）将不会显示此状态。

已锁定 🔒：保护刀轨以防刀轨被覆盖。

（3）IPW 列：显示处理中的工件的状态。

已生成 ✔：IPW 已生成并且是最新的。

无 ✖：此操作没有 IPW。

过时 🕐：此操作的 IPW 已过时。如果 IPW 由后续操作使用，或者通过"动态可视化"生成，则将其更新。对于已过时操作下面的所有操作，也显示此图标。

（4）过切检查列：显示过切检查的状态。

未检查 ✖：尚未对操作进行过切检查，或者自上次检查后已对操作进行了编辑。

无过切 ✔：已对操作进行检查，未发现任何过切运动。

过切 ❗：已对操作进行检查，发现过切运动。刀具提示显示过切的数目。

警告 ⚠：已检查了操作，但结果可能不可靠。例如，非均匀余量可能影响结果。

错误 ✖：在检查操作时发生因缺少部件或检查几何体而引起的错误。

（5）开始事件列，结束事件列：显示图标以使在不编辑每个操作的情况下查找具有用户定义事件的操作。

（6）换刀列：换刀时显示一个图标，该图标表示操作所用的刀具类型（仅程序顺序视图），有钻刀🪛、铣刀🔧、车刀🔪等。

（7）时间列（仅铣削操作）：以小时:分钟:秒的形式显示刀轨的估计切削时间。软件仅计算进给和距离，而不考虑机床运动或机械函数，如换刀。更改进给率后，时间值立即更新。显示的时间值为：如果不存在刀轨，则为零（空白）；如果操作的状态为重新生成，则为先前计算的（已过时）值。

1.2.5 操作导航视图

工序导航器具有四种视图，以不同方式显示相同的操作集。各个视图能够显示操作和专门针对该视图的结构组之间的关系。

1. 程序顺序视图

根据在机床上执行的顺序组织操作。每个程序组代表一个独立的输出至后处理器或 CLSF 的程序文件。

在查看程序顺序视图和进行加工的操作顺序之后，可以分析情况并决定是否按最有效的方式进行安排。如果决定重新安排某些操作以使程序的效率更高，则可以在程序顺序视图中轻松地重新安排操作。例如，如果试图减少更换刀具，则可以选择更改操作的顺序，或者更改操作使用的刀具。在程序顺序视图中是按照时间的先后顺序将各个操作组合在一起，所以可以最轻松地更改操作的顺序。

通过在工序导航器空白区域右击，选择"程序顺序视图"，或者单击"导航器"工具条中的"程序顺序视图"按钮🖧，可以进入程序顺序视图，程序顺序视图如图 1-12 所示。

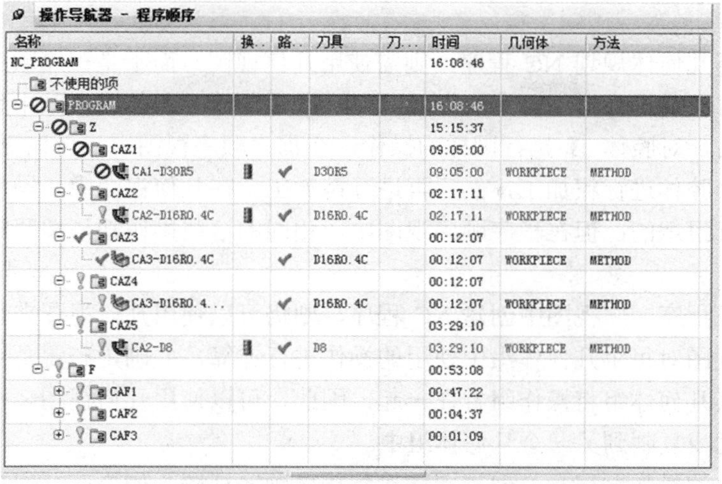

图 1–12 工序导航器程序顺序视图

2. 机床视图

根据使用的切削刀具组织操作，并显示所有从刀具库调用的或在当前设置中创建的刀具，也可以按车床上的转塔或铣床上的刀具类型组织切削刀具。

在查看机床视图和要使用刀具的所有操作之后，可以分析情况，并决定是否已按最有效的方式安排。由于机床视图按照刀具名称对操作进行分组，因此可以快速找到要查找的刀具。因此，在机床视图中可以最有效地对与刀具相关的操作进行更改。例如，如果要修改某个刀具，可以使用机床视图来查看使用该刀具的所有操作，然后重新生成这些操作以更新其刀轨。

通过在工序导航器空白区域右击，选择“机床视图”，或者单击“导航器”工具条中的“机床视图”按钮，可以进入机床视图，机床视图如图 1–13 所示。

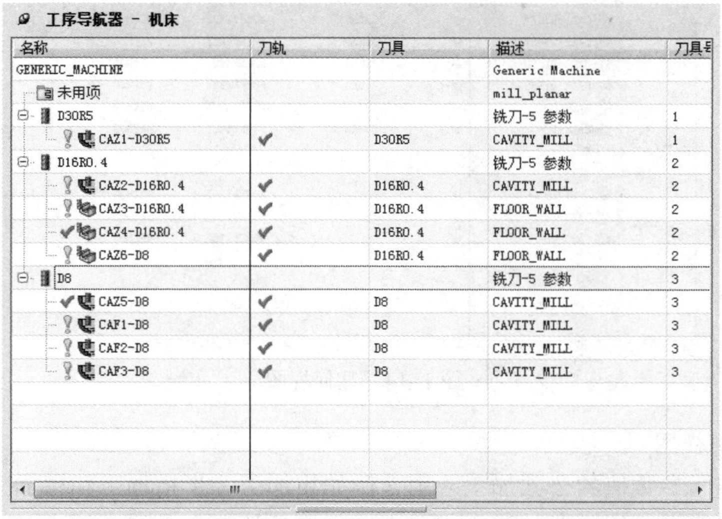

图 1–13 机床视图

3. 几何视图

如果要根据几何体规划 NC 程序，则需使用几何视图，而不是程序顺序视图。随后可通过几何特征对设置进行组织。例如，可以为腔体 A 创建几何体组，其中包括粗铣操作和精铣操作。然后，对腔体 B 执行同样的操作。在程序顺序视图中，可以更改操作的顺序，以便先对这两个腔体进行粗加工，然后再进行精加工。在几何视图中，操作是按照要加工的几何体来进行组织的；但在程序顺序视图中，相同的这些操作却是按照输出它们的顺序来进行组织的。

如果选择在程序顺序视图中创建 NC 程序，则仍可以使用几何视图来帮助编辑 NC 程序。使用几何视图对每个几何体组中使用的操作进行计算，并确定布置是否最有效。由于几何视图根据其几何体组将操作组合在一起，因此，可以使用几何视图轻松地将操作从一个几何体组移动或复制到另一个几何体组中。

几何体组内的操作顺序从几何视图链接到程序顺序视图。如果在几何视图中更改几何体组内的操作顺序，则程序顺序视图中也将反映所做的那些更改。例如，如果 hole_geom 组包含中心钻、钻和攻丝，则这三个操作对于每个孔都必须采用同样的顺序。这几个操作之间可能还有其他几何体中的其他操作，但对于该组内的任何孔而言，中心钻一定在钻之前，同时钻一定在攻丝之前。

在程序顺序视图中维持几何体组内连续操作的相对顺序，但并不在几何视图中维持几何体组的顺序。换句话说，程序顺序视图中并不自动维持不同几何体组内操作的顺序。

通过在工序导航器空白区域右击，选择“几何视图”，或者单击“导航器”工具条中的“几何视图”按钮，可以进入几何视图，几何视图如图 1–14 所示。

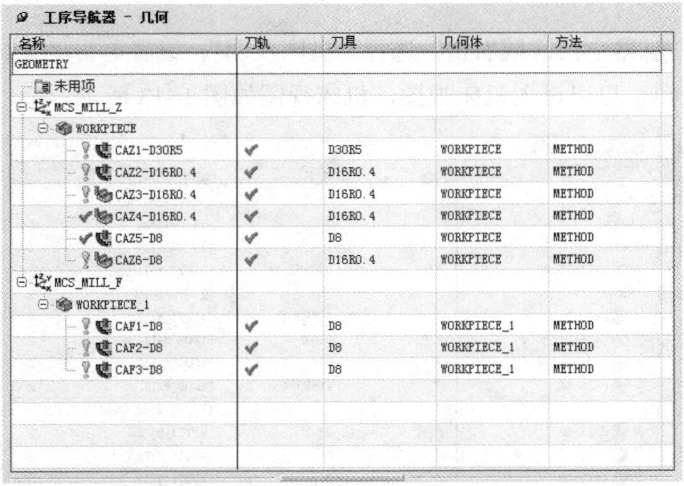

图 1–14　几何视图

4. 加工方法视图

根据共享相同参数值的公共加工应用（例如粗加工、半精加工和精加工）组织操作。可以使用方法视图来分析情况，并决定是否按最有效的方式进行组织。在方法视图中，系统显示根据其加工方法（粗加工、精加工、半精加工）分组在一起的操作。通过这种组织方式，可以很轻松地选择操作中的方法。确保始终检查在任何视图中所做的更改如何影响程序顺序视图，因为这是包含操作顺序的视图。

使用此视图可以一次更改多个操作的方法信息。例如，要更改所有钻粗加工操作的切削颜色，则编辑 Mill_Rough 方法并更改显示选项。现在，该方法中的所有操作均将继承新的颜色。这比逐个更改显示选项更容易。

通过在工序导航器空白区域右击，选择"加工方法视图"，或者单击"导航器"工具条中的"加工方法视图"按钮，可以进入加工方法视图，加工方法视图如图 1-15 所示。

名称	路径	刀具	几何体	顺序组
METHOD				
不使用的项				
MILL_ROUGH				
CA1-D30R5	✓	D30R5	WORKPIECE	CAZ1
MILL_SEMI_FINISH				
CA2-D16R0.4C	✓	D16R0.4C	WORKPIECE	CAZ2
MILL_FINISH				
CA3-D16R0.4C	✓	D16R0.4C	WORKPIECE	CAZ3
CA3-D16R0.4C_COPY	✓	D16R0.4C	WORKPIECE	CAZ4
CA2-D8	✓	D8	WORKPIECE	CAZ5
CAF1-D8C	✓	D8C	WORKPIECE1	CAF1
CAF2-D8J	✓	D8	WORKPIECE1	CAF2
CAF3D8J	✓	D8	WORKPIECE1	CAF3
DRILL_METHOD				

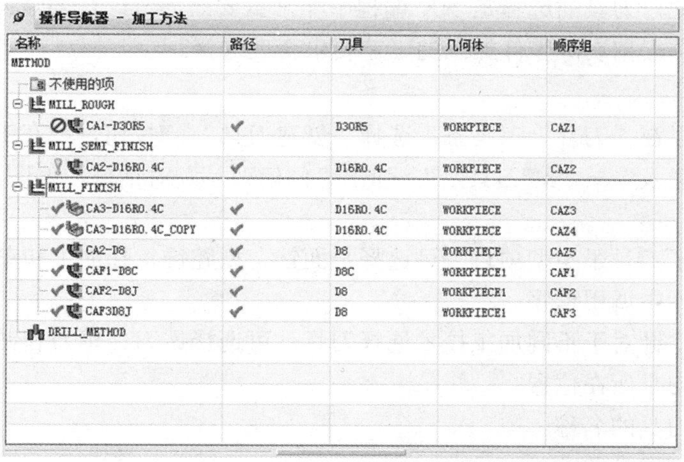

图 1-15　加工方法视图

1.2.6　创建组

在 NX 加工模块中，加工是通过操作的创建来设定的，在创建工序时要为操作指定父组，其包括程序组、刀具组、几何体组和加工方法组。

1. 程序组

程序组主要用于组织加工操作和排列操作的次序，当部件的操作较多时，通过程序组来管理各操作是非常方便的。比如，加工一个复杂的部件需要在不同的机床上进行加工，就可以将加工操作放在同一个程序组中，这样，在对加工操作进行后处理时，就可以直接选择程序组父组，通过一次后处理完成。

创建程序组可以在"刀片"工具条中选择"创建程序"按钮，或在工序导航器右键对象菜单中选择"插入"→"程序组..."，弹出"创建程序"对话框，如图 1-16 所示，各参数说明如下。

类型：选择要使用的模板部件。大多数模板部件包

图 1-16　"创建程序"对话框

括程序模板。

程序子类型：程序组程序的类型，这些程序用来对要输出的操作进行分组。

位置：选择先前定义的父组，系统将在选择的父组中创建程序。

名称：为程序组命名。

说明：当部件加工操作较少，或者在同一机床上进行加工，可以不用创建程序组，采用默认程序组即可。

2. 刀具组

在加工过程中，刀具的选择将直接影响到加工精度的高低、加工零件的表面质量和加工的效率等。因此，刀具的选择是 NX 编程中非常重要的环节，在创建刀具或从刀具库中选择刀具时，必须根据实际零件加工的工艺要求合理选择。

（1）创建刀具。

创建刀具可以在“刀片”工具条中选择“创建刀具”按钮，或在工序导航器右键对象菜单中选择“插入”→“刀具...”，弹出“创建刀具”对话框，如图 1–17 所示，各参数说明如下。

类型：决定了刀具子类型项目，可选择平面铣、型腔铣、孔加工和车削等。

库：可以从库中调用程序。

刀具子类型：针对于不同加工技术选择刀具，可选择铣刀、车刀和钻头等。

位置：选择刀具所在位置。

名称：创建刀具的名称。

（2）刀具类型及参数。

1）立铣刀：立铣刀是数控加工中常用刀具，其参数设置对话框如图 1–18 所示。

直径（D）：用于定义铣刀的直径。

图 1–17 “创建刀具”对话框

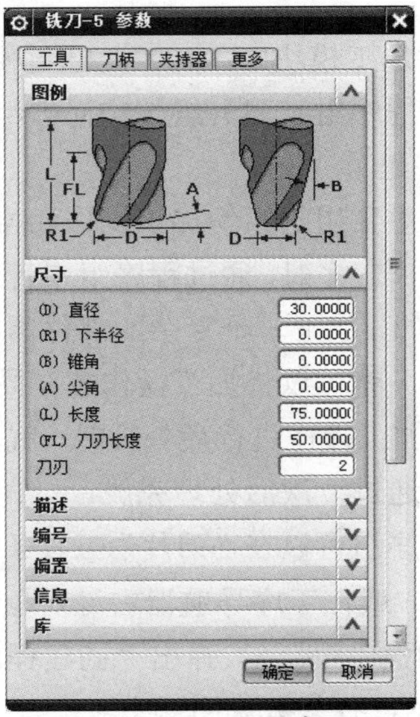

图 1–18 立铣刀参数设置对话框

底圆角半径（R1）：用于定义刀具下拐角圆弧的半径。

长度（L）：用于定义铣刀的实际长度。

锥角（B）：用于定义锥形刀具侧面的角度，该角度是从刀轴测量的。如果锥角为正，那么刀具的顶端宽于底端。

尖角（A）：用于定义刀具顶端的角度。这是一个非负角度，测量自经过刀具端点，并且垂直于刀轴的直线。如果尖角为正，那么刀具在最底端是一个尖锐点（就像圆锥的顶点）。

刀刃长度（FL）：用于定义刀刃从开始到结束牙的测量距离，但刀刃长度并不表示切削长度。

刀刃：切削刀具的刀刃数目（2、3、4、6 等）。

2）球头刀：通过提供球直径、锥角和其他常用参数，以自然的方式定义真正的球头刀，其参数如图 1–19 所示，各参数与立铣刀相同。

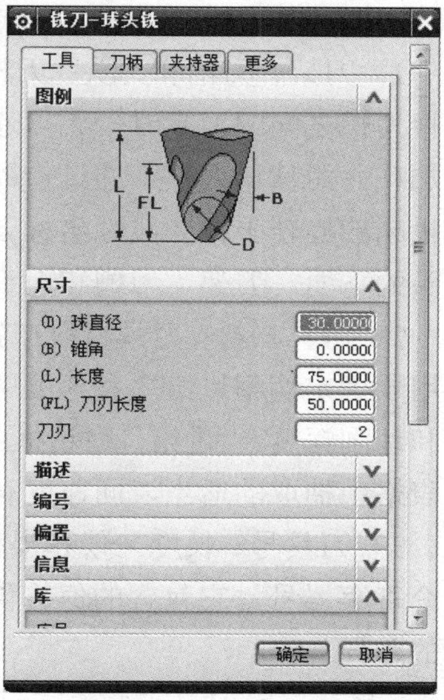

图 1–19　球头刀参数

3）T 型刀：T 型刀参数如图 1–20 所示。

T 型刀只能用于平面铣和曲面轮廓铣操作。

4）鼓型刀：鼓型刀参数如图 1–21 所示。

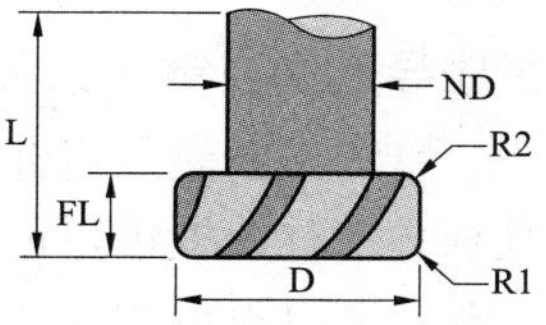

图 1–20　T 型刀参数

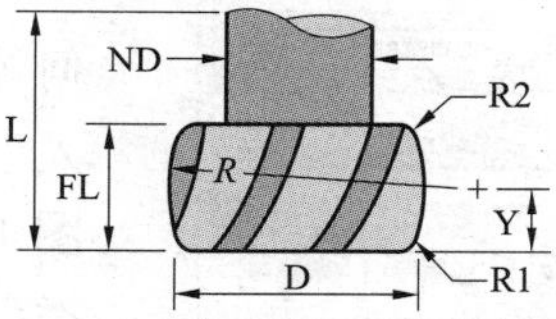

图 1–21　鼓型刀参数

5）标准钻头：标准钻头是一种旋转型的末端切削刀具，这种刀具有一个或多个割尖，以及一个或多个用于排出断屑和切削液的螺旋槽或直槽，其参数如图 1–22 所示。

6）螺纹铣刀：螺纹铣刀可以是单点，也可以是多点，主要用于以螺旋运动方式移动旋转刀具（其中心线与孔的中心线平行），从而铣削或生成螺纹。刀具与要加工的螺纹在样式和螺距上均相同。其参数如图 1–23 所示。

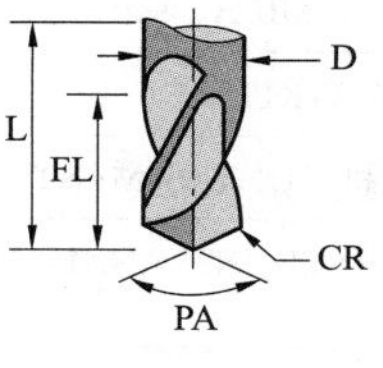

图 1–22　标准钻头参数

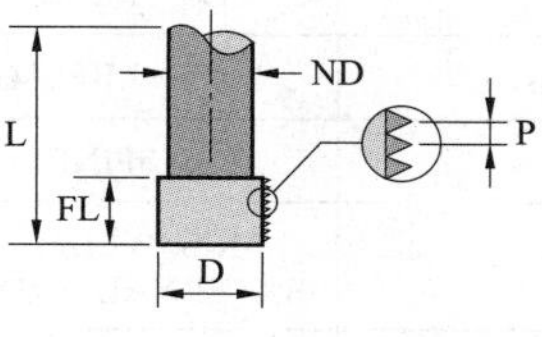

图 1–23　螺纹铣刀参数

（3）其他参数。

1）刀架、刀槽和刀头：刀槽和刀架表示机床上的换刀带和刀槽，定义刀架和刀槽，当替换刀槽之间的刀具时，无须通过为刀槽指派刀具号来重新定义刀具号，同时，在模板中预加载公司默认刀具。通过借助矢量选择刀头轴，指定带有角度的刀头，该矢量将用于输出机床的旋转坐标和线性坐标。刀头对象只能将刀架作为父项，只可将腔体或刀具放置在刀头的下面。刀架、刀槽和刀头可在创建刀具对话框中找到。

2）刀具材料：刀具材料在各个刀具参数对话框上都有。此选项能够将一个材料属性作为用于确定切削进给率和速度的其中一个参数指派给刀具。刀具材料、部件材料、切削方法和切削深度，“进给”对话框中的“从表格中重置”按钮就会使用这些参数来推荐从预定义表格中抽取的适当表面速度和每齿进给值。

3）刀具号、长度补偿和半径补偿：刀具号是刀具使用的编号，长度补偿和半径补偿是一个寄存器号，它包含的值将供系统使用，以便补偿刀轨，从而接受因刀具尺寸变化而引起的差异。

3. 几何体组

几何体是 NX 8.5 中定义加工对象和加工的根据，加工中的每一步操作都是针对于几何体进行的。几何体组可定义机床上加工几何体和部件方向。像“部件”、“毛坯”和“检查”几何体、MCS 方向和安全平面等参数都在此处定义。

创建几何体组可以在“刀片”工具条中选择“创建几何体”按钮，或在工序导航器右键对象菜单中选择“插入”→“几何体…”，弹出“创建几何体”对话框，如图 1–24 所示。“创建几何体”对话框可以创建在不同操作类型中使用的几何体父组。可用类型取决于已经选择的加工环境。类型决定了几何体子类型见表 1–3，各几何体子类型含义见表 1–4。

图 1–24 “创建几何体”对话框

表 1–3 不同类型中的几何体子类型

类　型	几何体子类型
drill	DRILL_GEOM 和 WORKPIECE
mill_planar	WORKPIECE、MILL_BND、MILL_GEOM、MILL_TEXT 和 MCS
mill_contour	MCS、MILL_GEOM、MILL_BND、MILL_AREA、MILL_TEXT 和 WORKPIECE
mill_multi-axis	MCS、MILL_GEOM、MILL_BND 和 WORKPIECE
turning	MCS_SPINDLE、WORKPIECE、PART 和 CONTAINMENT
wire_edm	MCS_WEDM、WEDM_GEOM、SEQUENCE_INTERNAL_TRIM 和 SEQUENCE_EXTERNAL_TRIM
machining_knowledge	MCS，WORKPIECE，MILL_AREA，SIMPLE_HOLE，CB_HOLE，CS_HOLE，THD_CB_HOLE，THD_SIMPLE_HOLE，THD_CS_HOLE，ALL_FEATURES，FEATURE_PROCESS.

续表

类　型	几何体子类型
hole_making	MCS，WORKPIECE，MILL_AREA，SIMPLE_HOLE，CB_HOLE，CS_HOLE，THD_CB_HOLE，THD_SIMPLE_HOLE，THD_CS_HOLE，ALL_FEATURES，FEATURE_PROCESS.
die_sequences	SEQUENCE_ZIGZAG、SEQUENCE ZLEVEL、SEQUENCE IPW、SEQUENCE_PROFILE_2D 和 SEQUENCE_PROFILE_3D
mold_sequences	SEQUENCE_ZIGZAG、SEQUENCE ZLEVEL、SEQUENCE IPW、SEQUENCE_ TOOL、SEQUENCE_ZIGZAG_HSM 和 SEQUENCE_ZLEVEL_HSM

表 1–4　　几何体子类型含义

几何体子类型	描　述
MILL_GEOM	建立部件、毛坯、检查几何体或部件偏置
MILL_BND	建立部件、毛坯、检查、修剪、边界和底平面几何体
MILL_AREA	建立部件、检查、切削区域、壁和修剪几何体
WORKPIECE	最初不包含任何信息。它通常位于 MCS 父组下，可以指派部件、毛坯和/或检查几何体
MILL_TEXT	雕刻 planar_text 和 contour_text 操作将继承的文本
MCS	建立 MCS 和 RCS、安全距离和下限平面以及装夹偏置

（1）创建加工坐标系 MCS。

加工坐标系 MCS 是所有后续刀轨输出点的基准位置。如果移动 MCS，则可为后续刀轨输出点重新建立基准位置。在系统初始化的时候，加工坐标系 MCS 定位在绝对坐标系 ACS 上，同时，在导航器的几何体视图中会自动创建一个加工坐标系结点 MCS_MILL。

在“创建几何体”对话框中，单击“MCS”按钮，选择几何体位置，输入加工坐标系名称，单击“确定”按钮，系统弹出“创建 MCS”对话框，如图 1–25 所示，各参数说明如下。

指定 MCS：从指定 MCS 列表中选择一种方法，或者单击“CSYS 会话”按钮以创建新的 MCS。

细节：将坐标系指定为主或局部。所有坐标系都默认为本地坐标系。在某些类型的编程中（如装夹偏置），需要在加工刀具的旋转中心定义主坐标系。然后在“几何视图”中，在主

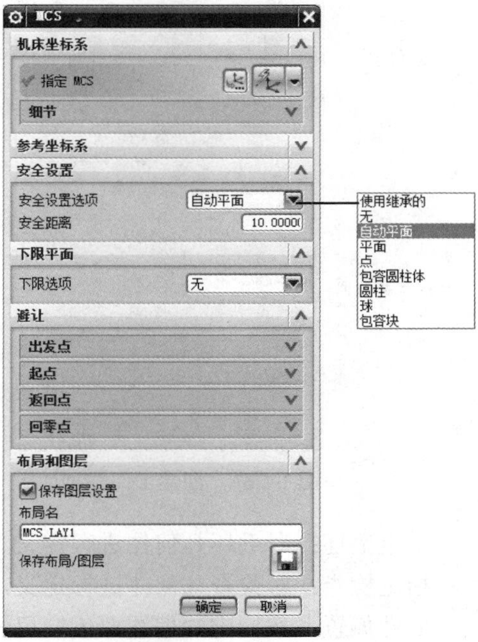

图 1–25 “创建 MCS”对话框

坐标系下创建局部坐标系，以表示各个装夹偏置位置。

链接 RCS 与 MCS：勾选该复选框，使 RCS 与 MCS 处于相同的位置和方向。清除该复选框则可为 RCS 指定其他位置。

指定 RCS：从指定 RCS 列表中选择一种方法，或者单击“CSYS 会话”按钮，以创建新的 RCS。

安全设置选项：用于设置安全平面，共有 9 个选项，即使用继承的数据、无、自动平面、平面等。

下限平面组：定义某些操作中切削和非切削刀具运动的下限。

出发点：指定新刀轨开始处的初始刀具位置。

起点：为可用于避让几何体或装夹组件的起始序列指定一个刀具位置。

返回点：指定刀具在切削序列末尾处离开部件的距离。

回零点：将刀具的最终位置指定为无、与起点相同、回零或指定点。

布局和图层组：选中该复选框可保存当前方位的布局和图层，以便在 NC 编程期间从该方向查看部件。

（2）工件几何体（WORKPIECE）通过选定的体、面、曲线或曲面区域定义部件、毛坯和检查几何体，另外，还可定义部件偏置、部件材料，并保存当前显示的布局和图层。

单击“创建几何体”对话框中的“WORKPIECE”按钮，选择父结点和输入适当的名称，单击“确定”按钮，弹出“创建工件”对话框，如图 1–26 所示，各参数说明如下。

指定部件：对部件几何体进行定义，弹出“部件几何体”对话框，如图 1–27 所示。

图 1–26 “创建工件”对话框

图 1–27 “部件几何体”对话框

指定毛坯：对毛坯几何体进行定义，弹出“毛坯几何体”对话框，如图 1–28 所示。

指定检查：对检查几何体进行定义，弹出“检查几何体”对话框，如图 1–29 所示。

部件偏置：按指定的偏置厚度向已经建模的部件几何体添加或减少部件偏置。正值偏置部件外侧的厚度，负值偏置部件内侧的厚度。刀具将部件偏置视作工件，并对其相应地进行加工。部件余量和定制余量都是从部件偏置测量的。当模型几何体从正在加工的部件（如切割电极或钣金冲模）偏置时，此选项会很有用。

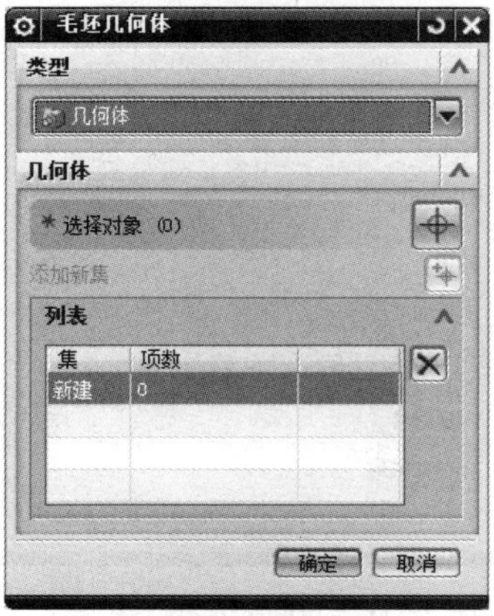

图 1–28 “毛坯几何体”对话框

图 1–29 “检查几何体”对话框

材料：此选项可将材料属性作为用于确定切削进给率和速度的其中一个参数指派给几何体。一旦指定了部件材料、刀具材料、切削方法和切削深度，“进给”对话框中的从“表格中重置”按钮就会使用这些参数来推荐从预定义表格中抽取的适当表面速度和每步进给值。

（3）创建铣削区域（MILL_AREA）几何体。

铣削区域几何体除了可以指定部件、检查几何体外，还可以指定切削区域、壁和修剪边界，可以更精确地定义加工区域，一般可用于区域铣和固定轴轮廓铣中。

创建铣削区域几何体可在“创建几何体”对话框中选择“铣削区域”按钮，选择父结点和输入适当的名称，单击“确定”按钮，弹出“铣削区域”对话框，如图 1–30 所示。

指定切削区域：适用于区域铣驱动方法和清根驱动方法，通过选择曲面区域、片体或面进行定义。

指定修剪边界：适用于区域铣和固定轴轮廓铣的清根驱动方法。修剪边界可进一步约束切削区域。

（4）创建铣削边界（MILL_BND）几何体。

边界定义约束切削移动的区域，这些区域既可以由包含刀具的单个边界定义，也可以由包含和排除刀具的多个边界的组合定义。

创建铣削边界几何体可在“创建几何体”对话框中选择“铣削边界”按钮，选择父结点和输入适当的名称，单击“确定”按钮，弹出“铣削边界”对话框，如图 1–31 所示，各参数说明如下。

指定部件边界：指定代表加工后的部件的几何体。

指定毛坯边界：指定代表要从中进行切削的材料的几何体。

指定检查边界：指定代表加工时要避开的夹具或其他区域的边界。

指定修剪边界：指定边界以定义操作期间要从切削部分中排除的区域。

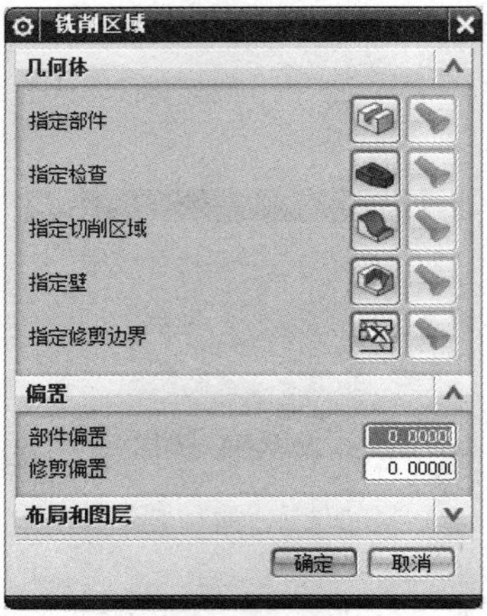

图 1–30 “铣削区域”对话框

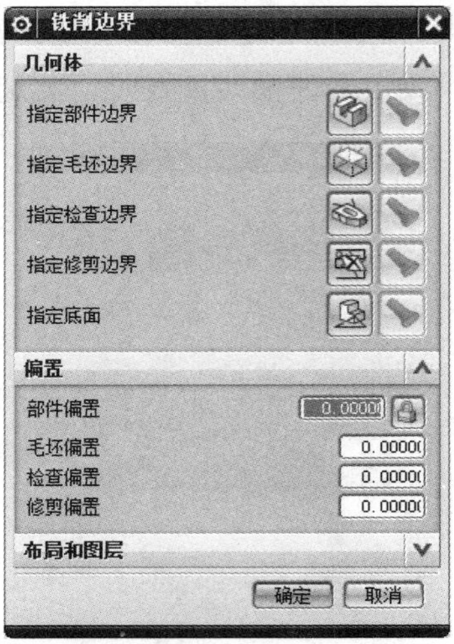

图 1–31 “铣削边界”对话框

指定底部面：使用平面构造器指定底平面。沿轴至底平面扫掠部件、毛坯、检查和修剪边缘，以定义部件和毛坯的体积，以及避免加工的体积。

4. 加工方法组

在产品加工的过程中，为保证加工精度和质量，通常粗精加工分开，粗加工、半精加工和精加工的工艺参数各不相同，通过创建加工方法组可以方便的实现，系统初始化时在导航器的加工方法视图自动生成“MILL_ROUGH”、“MILL_SEMI_FINISH”、“MILL_FINISH”和“DRILL_METHOD”共 4 个加工方法组。

创建加工方法组可以在“刀片”工具条中选择“创建方法”按钮，或在工序导航器右键对象菜单中选择“插入”→“方法…”，系统弹出“创建方法”对话框，如图 1–32 所示。

选择适当的方法子类型、加工方法父结点和加工方法名称，单击“确定”按钮，系统弹出“铣削方法”对话框，如图 1–33 所示，各参数说明如下。

图 1–32 “创建方法”对话框

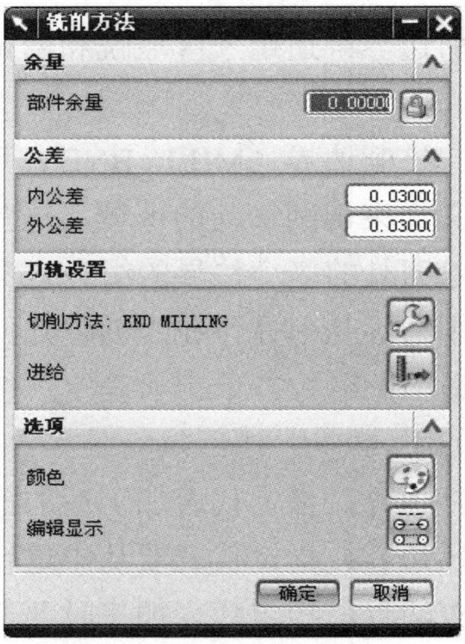

图 1–33 “铣削方法”对话框

（1）部件余量：加工后要留在部件上的材料量。

（2）内公差和外公差：定义刀具可以用来偏离部件曲面的允许范围。值越小，切削就会越准确。使用内公差可指定刀具穿透曲面的最大量。可使用外公差指定刀具避免接触曲面的最大量。

（3）切削方法：单击“切削方法”按钮，系统弹出“搜索结果”对话框，如图 1–34 所示。

（4）进给：单击“进给”按钮，系统弹出“进给”对话框，如图 1–35 所示，各参数说明如下。进给参数图如图 1–36 所示。

图 1–34 “搜索结果”对话框

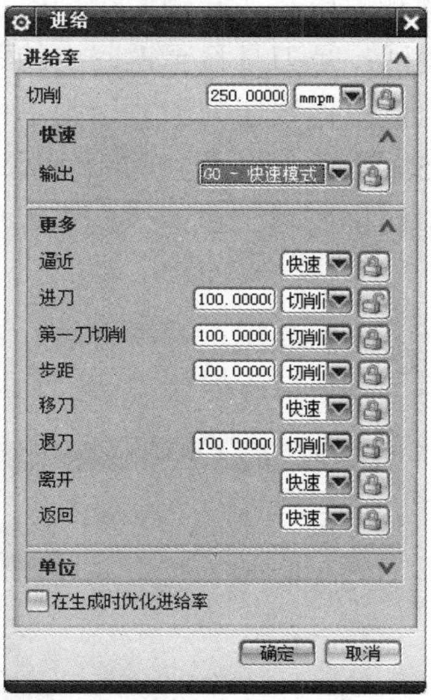

图 1–35 “进给”对话框

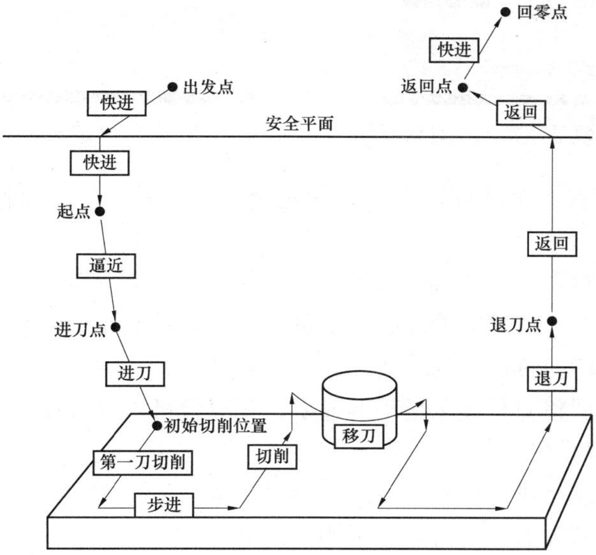

图 1–36 进给参数图

切削：刀具与部件几何体接触时的刀具运动进给率。

快速：刀具由一点快速移动到另一点，其运动进给率由系统设定。

逼近：刀具运动从起点到进刀位置的进给率。

进刀：从进刀位置到初始切削位置的刀具运动进给率。

第一次切削：初始切削刀路的进给率。

单步执行：单步执行时刀具的运动进给率。

移刀：快速水平非切削刀具运动的进给率。

退刀：从退刀位置到最终刀轨切削位置的刀具运动进给率。

离开：出孔（开槽）运动的进给率，用于清除车、钻中的断屑。

返回：是刀具移至返回点的进给率。

单位：设置切削和非切削单位，分为毫米/分和毫米/转。

（5）颜色：以单独的颜色显示各种不同类型的刀具运动，从而有助于直观验证刀轨避让控制和进给率，单击“颜色”按钮，系统弹出“刀轨显示颜色”对话框，如图 1–37 所示。

（6）编辑显示：编辑刀具、刀轨等的显示，单击“编辑显示”按钮，系统弹出“显示选项”对话框，如图 1–38 所示，各参数说明如下。

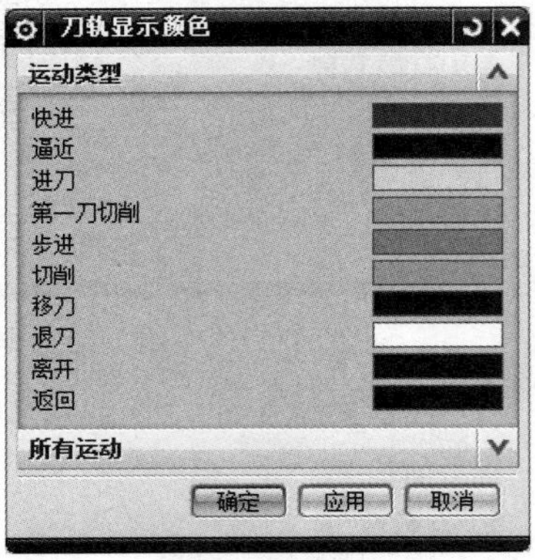

图 1–37 “刀轨显示颜色”对话框

图 1–38 “显示选项”对话框

刀具显示：提供有三个选项，用于定义是否显示刀具，以及以何种方式显示刀具和刀轨。

频率：在指定 2D 或 3D 刀具显示后，系统能够为刀具显示频率输入一个值。在刀具从一个切削位置点移到下一点时，输入的数字可决定该刀具的显示频率。

刀轨显示：能够将刀轨显示为实线、虚线或轮廓线。

速度：通过滑块调整刀具显示运动的速率。相对值可以设置在 1～10。值为 1 时速度最慢，值为 10 时速度最快。

画进给率：系统能够在刀轨显示期间显示进给率。

画箭头：系统将箭头显示为刀轨显示的一部分。

刀具嵌入材料的百分比：表示实际执行切削的刀具直径量。

1.2.7 刀轨管理

1. 刀轨操作

（1）生成：当创建工序中参数设定完成后，选择“操作”工具条中的“生成”按钮。可生成刀轨，同时系统弹出“刀轨生成选项”对话框，如图 1–39 所示，各参数说明如下。

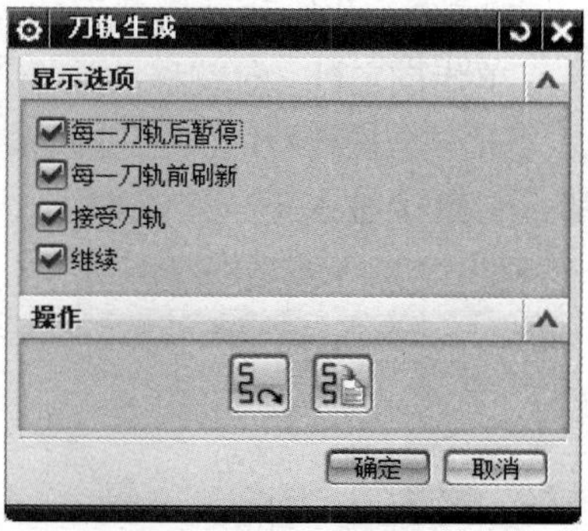

图 1–39 “刀轨生成选项”对话框

每一刀轨后暂停：选择多个操作的情况下，在每个操作之后暂停刀轨生成。

每一刀轨前刷新：选择多个操作的情况下，在生成每个操作的刀轨之前刷新图形窗口。

接受刀轨：保存刀轨。

继续：生成下一操作的刀轨。如果没有选中此选项的复选框，则软件不生成后续操作的刀轨。

重播：显示刀轨。

列表：在信息窗口中显示刚刚生成的刀轨的描述。

（2）重播：选择“操作”工具条中的“重播刀轨”按钮，可以从屏幕上清除刚刚生成的刀轨路径并进行重播。重播有助于决定是否接受或拒绝刀轨。

（3）列表：选择“操作”工具条中的“列出刀轨”按钮，可以审查刀轨的文本显示。系统显示信息窗口。

2. 可视化刀轨

使用可视化刀轨可查看以不同方式进行动画模拟的刀轨。在可视化刀轨中可查看正要移除的路径和材料，还可以控制刀具的移动，显示并确认在刀轨生成过程中刀具是否正在切削原材料正确的部分，确定这些移动是否过切加工的产品也是非常重要的。可视化包含一系列功能，设计这些功能是为了提供图形反馈并报告一个刀轨、多个刀轨或一个设置中不可接受的条件。

可从不同的位置调用刀轨可视化：“操作”工具条上的“确认刀轨”按钮、工序导航器右键菜单“刀轨”→“确认...”，或单击每个操作中的“确认刀轨”按钮。前两个选项是调用相同功能的两种不同方式，要通过这两个选项调用刀轨可视化，必须选择现有的带刀轨的操作。如果使用第三种方法从操作中访问刀轨可视化，则可以处理仍在创建中还没有被接受的操作。“刀轨可视化”对话框如图 1–40 所示，各参数说明如下。

刀轨列表窗口：列出正在重播的操作的刀轨。

进给率：显示当前移动的进给率。

动画速度：刀轨重播的速度。速度值可以在 1～10 的范围内，其中 1 是最慢的动画速度，10 是最快的动画速度。

上一个操作/刀轨起点：此按钮执行两个功能。如果刀具在刀轨的第一个运动位置上，则选择系列操作中的上一个操作。或者，如果刀具不在刀轨的第一个运动位置上，则刀具位置被重置为第一个运动。

单步向后|◀：向后回退一个刀轨运动。

反向播放◀：以相反的顺序动画模拟刀轨。

播放▶：开始动画模拟刀轨。

单步向前▶|：向前移动一个刀轨运动。

下一个操作▶▶|：直接进入系列中的下一个操作中。如果调用了当前刀轨的上一个运动，那么它直接进入下一个操作。

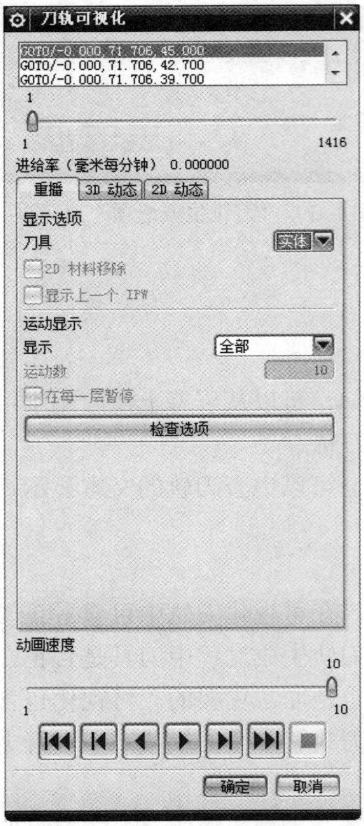

图 1–40 “刀轨可视化—重播”选项卡

停止■：在 3D 动态中，可使用该按钮随时停止可视化。

（1）“重播”选项卡。

“刀轨可视化—重播”选项卡可以从刀轨列表或图形显示窗口中选择运动，并可以控制一些显示功能。

通过在每个程序位置显示刀具，重播提供 NC 程序的快速视图，这是最快的刀轨可视化选项。它显示沿一个或多个刀轨移动的刀具或刀具装配，并允许刀具的显示模式为：线框、实体和刀具装配。在重播中，如果发现过切，则高亮显示过切，并在重播完成后在信息窗口中报告这些过切。刀轨可视化—重播选项卡如图 1–40 所示，各选项参数说明如下。

刀具显示选项：选择当重播时刀具在图形窗口中的显示方式，共有开、点、刀轴、实体和装配 5 个选项。

2D 材料移除：在重播刀轨时二维材料移除的过程可视化，仅在车操作中可用。

机构运动显示：选择将操作刀轨的哪些部分显示在图形窗口中，共有全部、当前层、下 n 个运动、+/–n 个运动，警告和过切 6 个选项。

（2）“3D 动态”选项卡。

“刀轨可视化—3D 动态”选项卡通过显示刀具和刀具夹持器沿着一个或多个刀轨移动，表示材料的移除过程。这种模式还可以在图形窗口中进行缩放、旋转和平移。如图 1–41 所示，各选项参数说明如下。

IPW 分辨率：共有 3 个选项。粗糙：生成低分辨率的 IPW 模型生成速度很快，只需要很少的内存；中等：生成中等分辨率的 IPW 模型，与粗糙相比，该选项需要更多的时间和内存；精细：以最高分辨率生成 IPW 模型，该选项在生成模型时需要的时间最长、内存最大。

IPW：可保存带有操作的 IPW 或将其作为实体或小平面体保存到单独的部件文件中以备后用。其共有 3 个选项，“无”：既不保存 IPW 也不保存体；“保存”：保存带有操作的 IPW，以后可用作其他操作的输入 IPW 或在工序导航器中显示；“另存为组件”：将 IPW 作为实体或小平面体保存在单独的部件文件中。

小平面化的实体：动画停止后，可为 IPW、过切区域或多余材料创建小平面化的实体。

通过颜色显示厚度：创建彩色代码图，该图显示 IPW 与设计部件之间的最小距离。

IPW 碰撞检查：如果选中此复选框，则会检查刀具的快速运动是否干扰 IPW。

抑制动画：如果选中此复选框可查看刀轨可视化过程的最终结果，无需等待动画播放完毕。使用此选项，仍然可以显示或比较结果并生成小平面化的体。

（3）“2D 动态”选项卡。

2D 动态通过显示刀具沿着一个或多个刀轨移动，表示材料的移除过程，此模式只能将刀具显示为着色的实体。在 2D 动态显示完成时，不仅会高亮显示过切，而且会高亮显示三组信息：移除的材料、未切削的材料和过切。如图 1–42 所示，各选项参数说明如下。

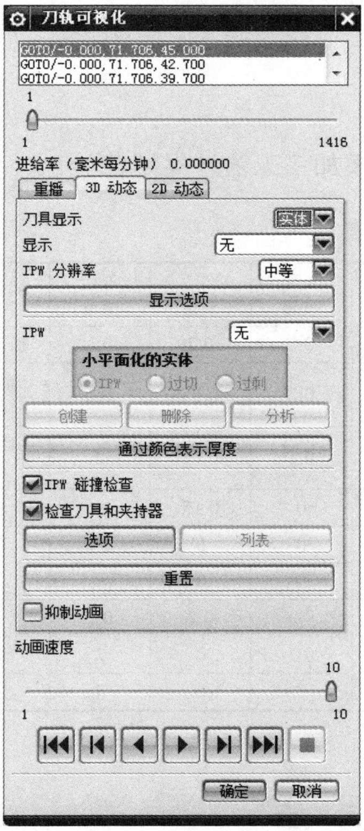

图 1–41 “刀轨可视化—3D 动态”选项卡

图 1–42 “刀轨可视化—2D 动态”选项卡

显示：可重画动态材料移除窗口的内容，以不同的颜色显示未切削和加工后的区域。显示仅在通过单步向前或向前重播启动的动态显示之后才起作用。在此之前，显示呈灰色。

比较：该选项对照设计部件来比较切削部件，并显示其结果。这有助于查看刀具在什么位置过切部件、部件上什么地方留下了过多的材料。默认情况下，绿色表示从设计部件中切削掉所有材料的区域。灰色表示在部件上留下未切削材料的区域，红色表示刀具违背了设计部件的区域。

1.3 模具前模加工工艺分析

模具加工前需进行线切割加工，在中间加工两个孔，在数据文件的 20 层中，如图 1–43 所示。

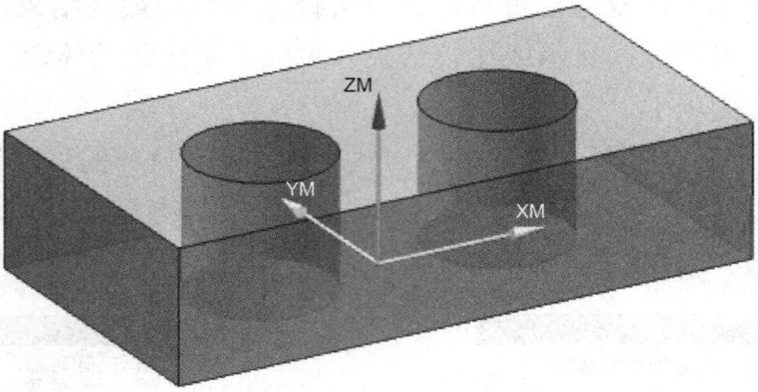

图 1–43 毛坯

根据数控加工工艺分析，吸尘器风量调节阀前模加工工艺过程见表 1–5。

表 1–5 加 工 工 艺 表

加工侧	程式名称	刀具名称	刀径	角 R	刀间距	底部余量	侧壁余量	每层深度	备 注
正面加工	CAZ1	D30*R5	30	5	15	0.2	0.2	0.3	粗加工（开粗）
	CAZ2	D16*R0.4	16	0.4	0	0.2	0.15	0.2	半精加工侧壁（二次开粗）
	CAZ3	D16*R0.4	16	0.4	0	0.1	0.15	2	半精加工平面（二次开粗）
	CAZ4	D16*R0.4	16	0.4	0	0	0.15	2	精加工平面
	CAZ5	D8	8	0	0	0	0	0.1	精加工侧壁
	CAZ6	D8	8	0	0	0	0		轮廓清角
反面加工	CAF1	D8	8	0	0	0.2	0.2	0.2	粗加工
	CAF2	D8	8	0	0	0.2	0	2	侧壁精加工
	CAF3	D8	8	0	0	0	0	4	底面精加工

1.4 加 工 方 法

1.4.1 平面铣

平面铣操作用于创建去除平面层材料的加工方法，主要用于直壁、岛的顶部和槽的底部平面的加工，其加工原理是分层加工，先在水平方向上完成 X 轴和 Y 轴的联动，然后 Z 轴进入下一层的加工，属于 2.5 轴加工。

平面铣适用于直壁、底面为水平面产品的粗、精加工。由于平面铣的刀轨生成速度快，调整方便，一般也可作为产品的粗加工使用。

1. 平面铣加工步骤

（1）调入模型。

（2）进入加工模块。

（3）设置加工环境。

（4）创建父组（程序组、刀具组、几何体组和加工方法组）。

（5）创建工序。

1）设置几何体。

2）选择切削方法。

3）设置步距。

4）设置切削层。

5）选择切削参数。

6）设置非切削移动。

7）其他选项（进给率和机床控制等）。

（6）生成刀轨。

（7）刀轨模拟和检查。

（8）后处理。

2. 设置加工环境

打开 UG 8.5 软件，调入需要加工的产品模型，然后进入加工模块，如果该产品模型是第一次进入加工模块，系统将会弹出“加工环境”对话框，如图 1–44 所示，在“要创建的 CAM 设置”列表中选择“mill_planar”进入初始化。

3. 创建平面铣操作

设置平面铣操作 4 个父组（程序组、刀具组、几何体组和加工方法组）后即可创建平面铣操作。

单击“刀片”工具条中的“创建工序”按钮，系统弹出“创建工序”对话框，如图 1–45 所示，“类型”选择“mill_planar”，默认平面铣工序子类型共 14 个，在此仅列出种常

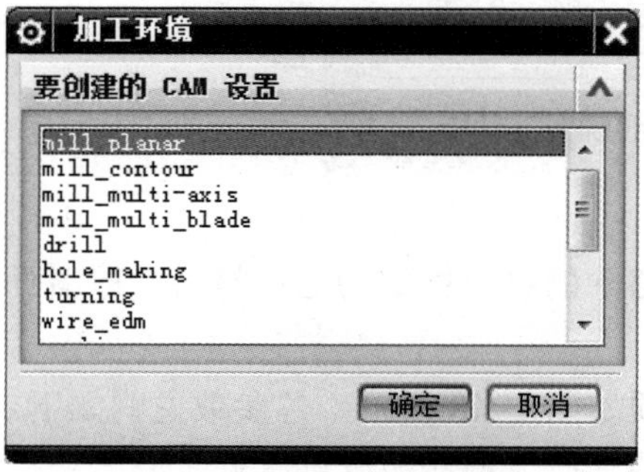

图 1–44 “加工环境设置”对话框

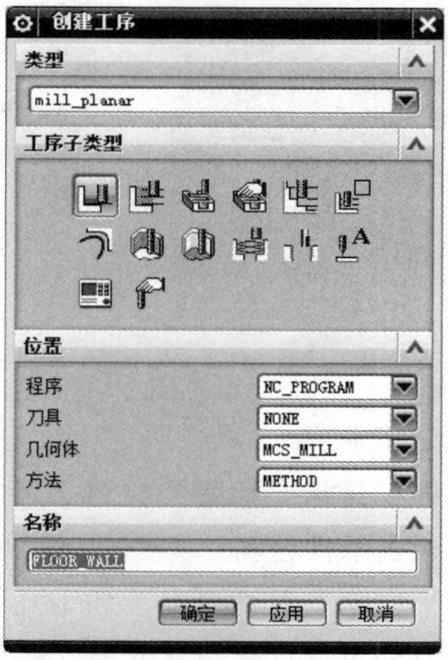

图 1–45 “创建工序”对话框

用的工序子类型，各子类型说明见表 1–6。

表 1–6　　　平面铣部分子类型说明

子类型	用　　途	说　　明
底面和壁	切削底面和壁	选择底面和/或壁几何体，要移除的材料由切削区域底面和毛坯厚度决定。 建议用于对棱柱部件上的面进行基础面铣
使用边界面铣削	垂直于平面边界定义区域内的固定刀轴进行铣削	选择面、曲线或点来定义与要切削层的刀轴垂直的平面边界。 建议用于线框模型
平面铣	移除垂直于固定刀轴的平面切削层中的材料	定义平行于底面的部件边界。部件边界确定关键切削层。选择毛坯边界。选择底面来定义底部切削层
平面轮廓铣	使用“轮廓加工”切削模式来生成单刀路和沿部件边界描绘轮廓的多层平面刀路	定义平行于底面的部件边界。选择底面以定义底部切削层。可以使用带跟踪点的用户定义铣刀

选择“平面铣”，设置父组和平面铣名称，单击“确定”按钮，进入“平面铣”对话框，如图 1–46 所示，下面将对各选项做详细说明。

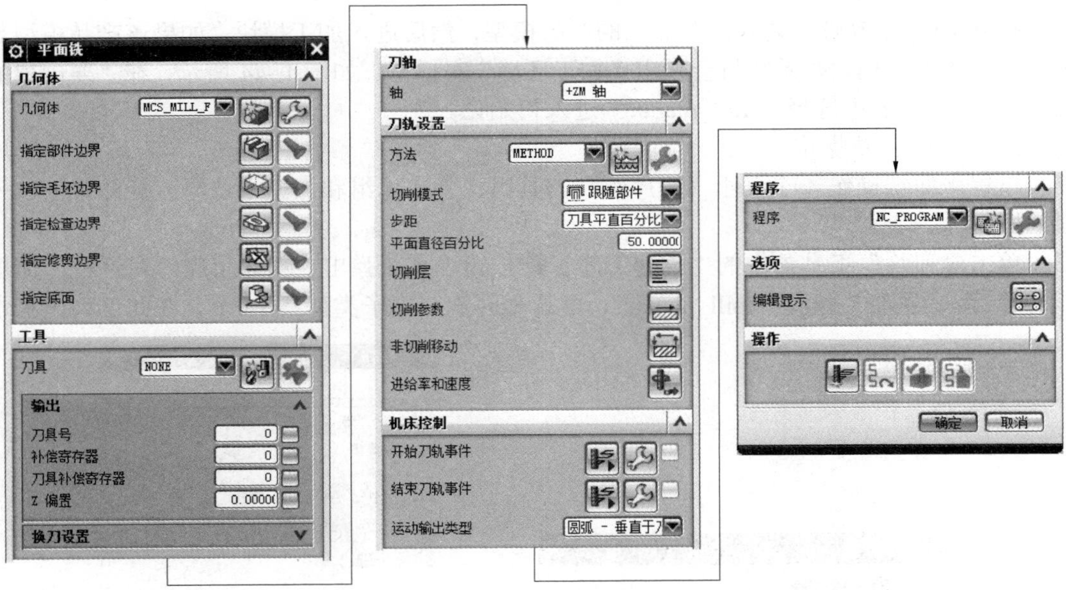

图 1–46　“平面铣”对话框

4. 加工几何体

切削体积是指要移除的材料。可以将要移除的材料指定为毛坯材料（原料件、锻件、铸件等）减去部件材料，如图 1–47 所示。

在“平面铣”对话框中，加工几何体选项如图 1–48 所示，各参数说明如下。

几何体列表：选择包含此操作将要继承的几何体定义的位置。

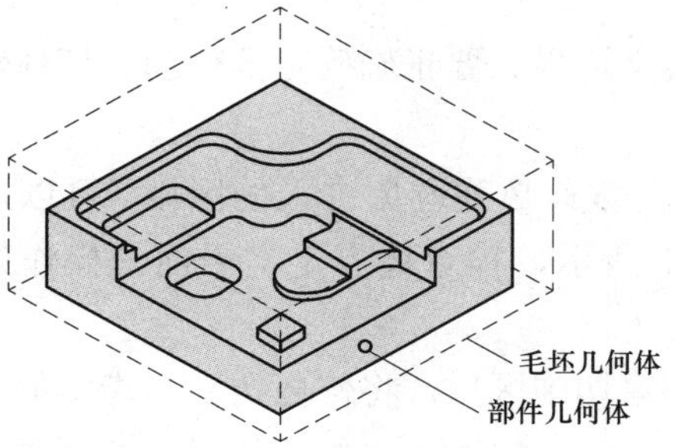

图 1–47　部件和毛坯几何体

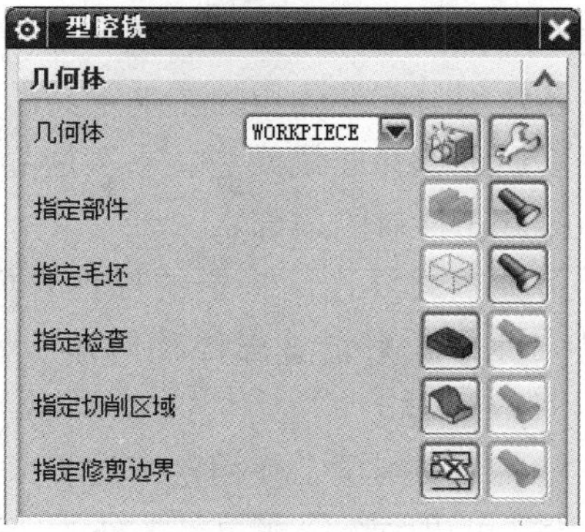

图 1–48　加工几何体选项

新建：为此操作创建新的几何体组，并将其放在工序导航器的几何体视图中供其他操作使用。

编辑：向此操作继承的几何体组添加几何体，或从中移除几何体。

显示：高亮显示要验证选择的选中几何体。不可用的“显示”按钮表示尚未指定几何体。

指定部件边界：使用部件几何体生成刀轨，使用部件几何体来动画演示刀轨。首选几何体选择为面，也可选择曲线、边、永久边界和点。

指定毛坯边界：使用毛坯几何体指定代表要从中进行切削的材料的边界，首选几何体选择为面，也可选择曲线、边、永久边界和点。

指定检查边界：检查几何体指定代表夹具或其他避免加工区域的边界。

指定修剪边界：修剪几何体指定边界以定义要从操作中排除的切削区域。

指定底部面：使用平面构造器指定底平面。部件、毛坯、检查和修剪边界沿刀轴向定义部件和毛坯体积、要避免加工体积的底平面扫掠。

在平面铣中，边界用于定义部件几何体、毛坯几何体、检查几何体和修剪几何体。边界沿刀轴扫掠至底平面，以定义部件体积和毛坯体积。

在图 1–49 中，毛坯边界定义毛坯体积，多个部件边界定义部件体积。切削体积（要移除的材料）由毛坯体积减去部件体积来定义。

当然，并非一定要指定毛坯边界，部件边界可以作为周边环（主空间范围边界）来包围其他部件边界，如图 1–50 所示，部件边界作为主空间范围边界，实质上用于定义毛坯体

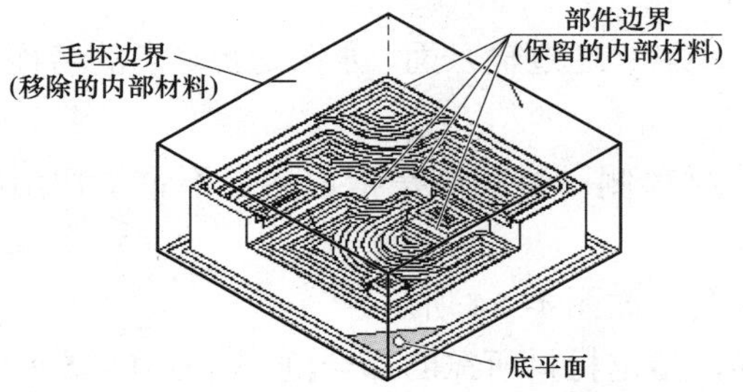

图 1–49　部件边界、毛坯边界和底平面

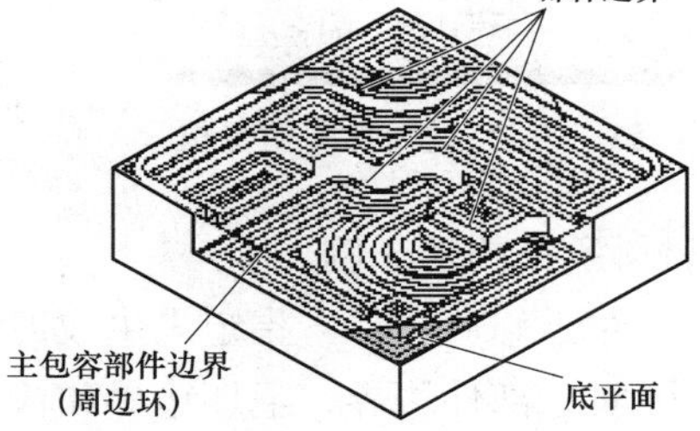

图 1–50　部件边界

积。主空间范围边界范围内的多个部件边界可定义部件体积。切削体积（要移除的材料）是由毛坯体积与部件体积的差来定义的。

可以通过选择曲线或边、永久边界或面来定义边界。要正确确定部件和毛坯体积，应将边界放置在材料的顶部。

使用检查边界连同指定的部件几何体来定义刀具必须避免进入的区域。可以通过边界或另一种方法来定义部件几何体。如图 1–51 所示，检查边界定义平面铣操作的夹具位置。

在每一个切削层上使用修剪边界来进一步约束切削区域，将修剪边界与指定的部件几何体组合，可以舍弃修剪边界之外的切削区域。如图 1–52 所示，修剪边界将切削限制为原先由夹具覆盖的区域，实现夹具的重定位。

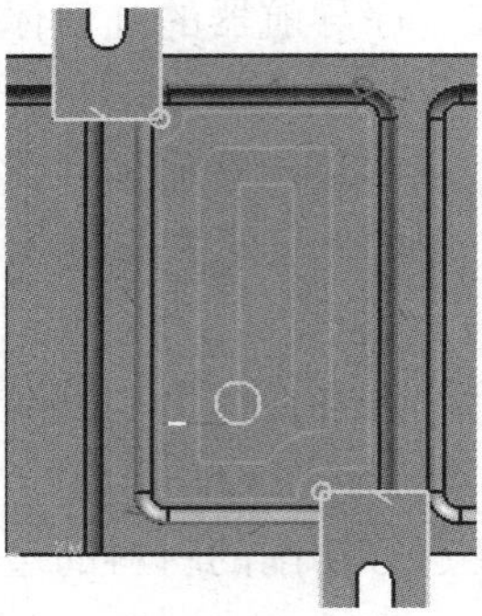

图 1–51　检查边界定义夹具位置

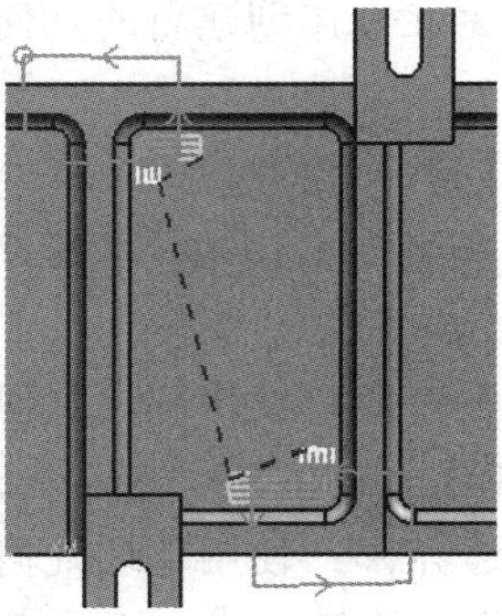

图 1–52　应用修剪边界重定位夹具

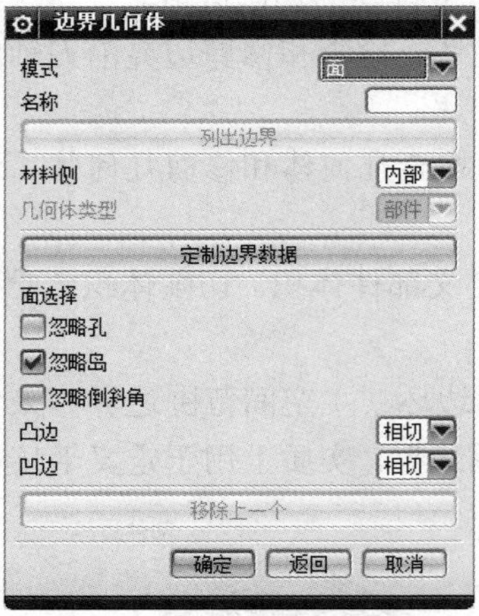

图 1–53 “边界几何体”对话框

（1）边界几何体。

如果要创建部件边界、毛坯边界、检查边界和修剪边界，可在“平面铣”对话框中单击“指定部件边界”按钮、“指定毛坯边界”按钮、“指定检查边界”按钮或者“指定修剪边界”按钮，系统都会弹出“边界几何体”对话框，如图 1–53 所示，各参数说明如下。

1）模式：模式实际是一个过滤器，通过其选项用于定义边界的几何对象类型，共有“曲线/边”、“边界”、“面”和“点”4 个选项。

2）名称：通过输入面、永久边界、点的名称来选取对象。

3）材料侧：材料侧是指边界上不希望切削的部件或材料所在的那一侧。

① 对于修剪边界，指定未生成刀轨的一侧，如图 1–54 所示。

② 对于部件边界、毛坯边界和检查边界，指定材料所在的那一侧，如图 1–55 所示。

③ 对于封闭边界，材料侧被指定为边界的“内部”或“外部”。

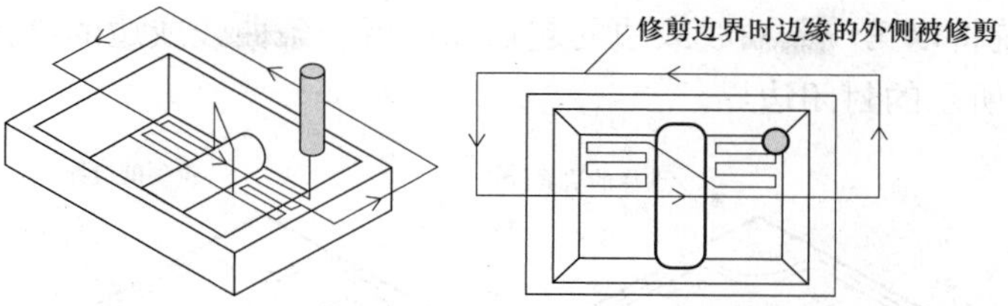

图 1–54　修建边界的材料侧示意图

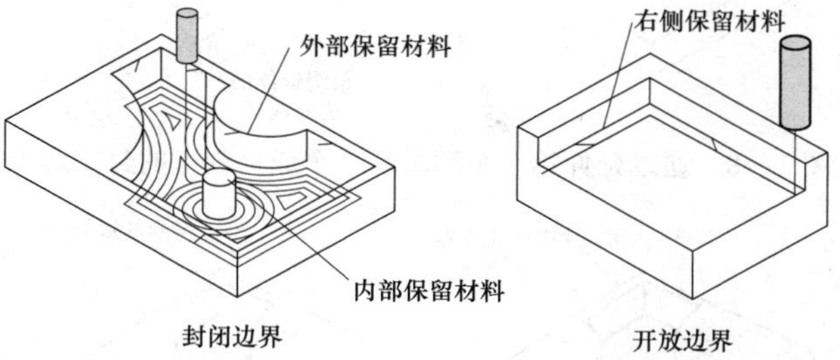

图 1–55　部件边界、毛坯边界和检查边界的材料侧示意图

④ 对于开放边界，分为“左侧”或“右侧”为材料侧。“左侧”或“右侧”由边界方向决定，从面创建边界时，软件自动确定边界方向。如果从曲线、边或点创建边界时，从选择的第一项到所选的第二项作为边界方向。边界方向一旦确定，就无法进行编辑或倒转。左、右侧定义为顺着边界朝向前的方向看，如图 1–56 所示。

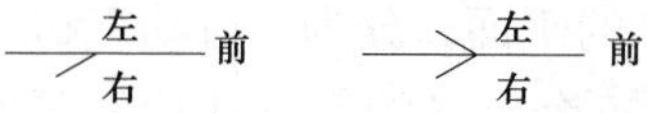

图 1–56　开放边界材料侧左、右侧示意图

4）几何体类型：显示当前定义的边界是部件边界还是毛坯边界。

5）定制边界数据：为单个边界指定例外的数据，比如内公差、外公差、部件余量、毛坯距离、进给率等。

（2）“曲线/边”模式。

“曲线/边”模式通过选择曲线或面的边缘来创建临时边界，在“边界几何体”对话框中“模式”下拉列表中选择“曲线/边”模式，系统弹出“创建边界”对话框，如图 1–57 所示，各参数说明如下。

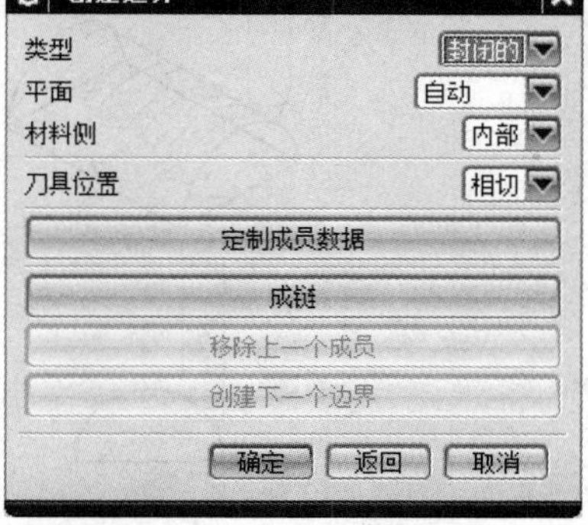

图 1–57　创建边界对话框

1）类型：用于指定创建的边界类型，分为“封闭的”和“开放的”两个选项，“封闭的”定义一个区域，例如腔体，“开放的”定义一个轨迹，例如边。对于开放式边界只能用于轮廓铣削和标准驱动切削模式。在其他切削模式中，如果选择的边界没有封闭，如果选择的曲线或边无法形成一个封闭区域，则系统在可能时将延伸第一条和最后一条曲线或边以形成如图 1–58 所示的封闭边界。如果系统无法延伸曲线或边来形成一

个封闭区域，系统将以第一条曲线或边的起点和最后一条曲线或边的终点来创建一条直线以形成如图 1–59 所示的封闭边界。

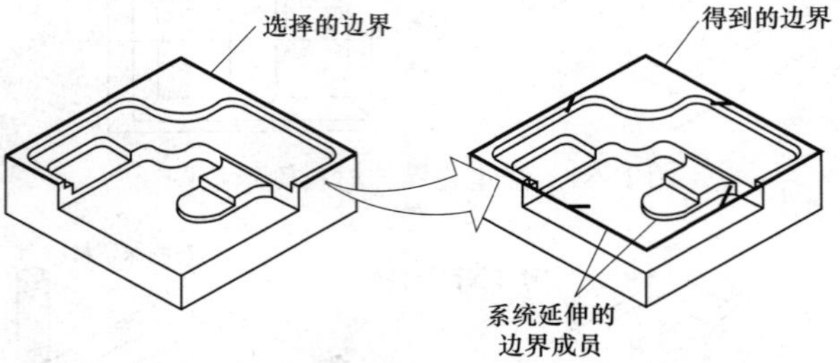

图 1–58　通过延伸第一个和最后一个成员创建的封闭边界

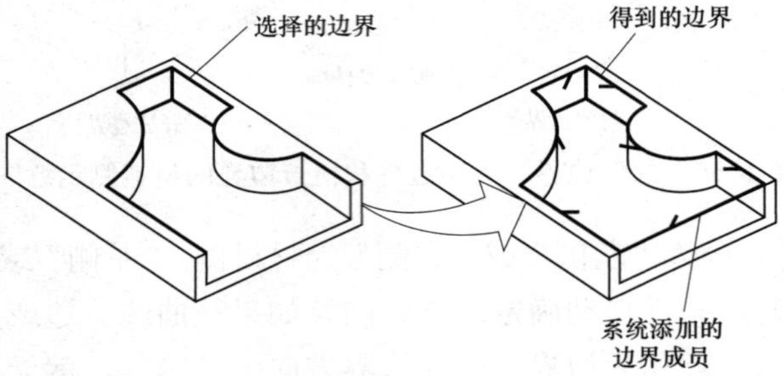

图 1–59　通过添加直线创建的封闭边界

2）平面：用于指定边界所在的平面，分为“自动”和“用户定义”两个选项。“自动”选项将从前两个选定的曲线或前三个定义的点创建边界平面。如果系统无法使用选定曲线或边定义一个平面，则将在 XC–YC 平面上创建边界平面。“用户定义”选项使用平面构造器指定平面。

3）材料侧：用于指定加工时保留的那一侧，如果类型选择“封闭”，则分为“内部”和“外部”。如果类型选择“开放”，则分为“左侧”和“右侧”。

4）刀具位置：用于决定刀具逼近边界的方式，分为“对中”和“相切”两个选项。“相切”选项，其刀具的一侧将与边界对齐，如图 1–60 所示，其刀具位置指示如图 1–61 所示。

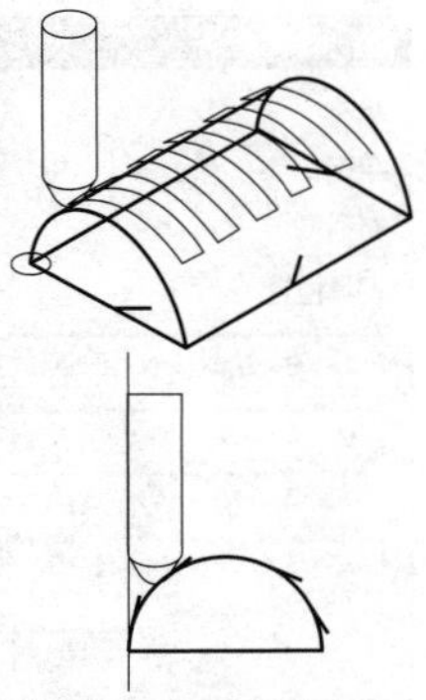

图 1–60　刀具位置“相切”

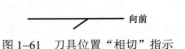

图 1–61　刀具位置“相切”指示

“对中”选项，其刀具的中心点将沿刀轴与边界对齐，如图 1–62 所示，其刀具位置指示如图 1–63 所示。同时，如图 1–64 所示，可在边界中组合“对中”和“相切”。

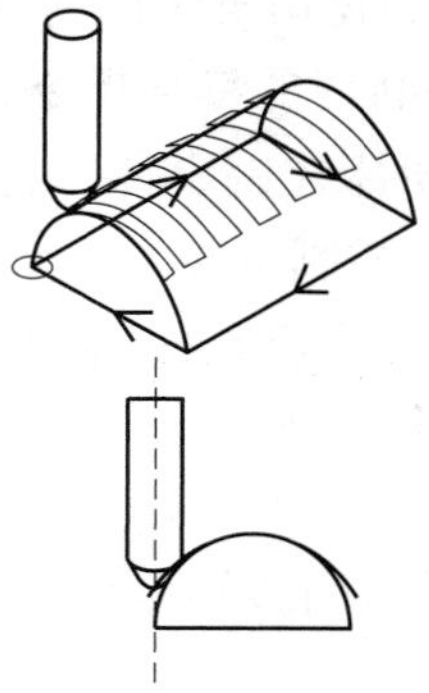

图 1–62　刀具位置“对中”

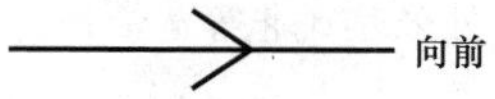

图 1–63　刀具位置“对中”指示

5）定制边界数据：单击该按钮，系统调出“指定边界数据”面板，如图 1–65 所示。用于设置与选定边界相关联的“公差”、“侧面余量”、“毛坯距离”和“切削进给率”。各参数说明如下。

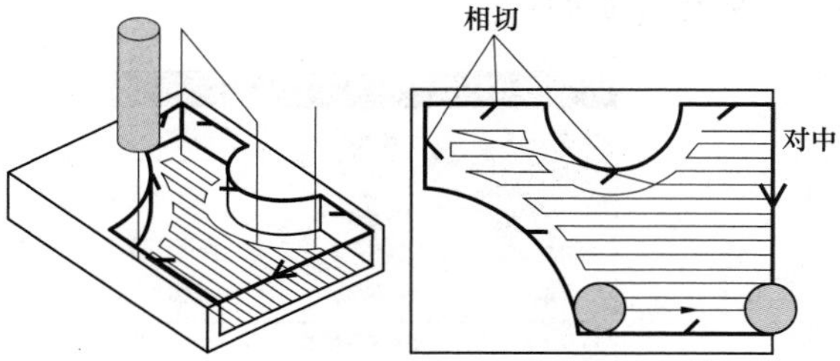

图 1–64　组合“对中”和“相切”

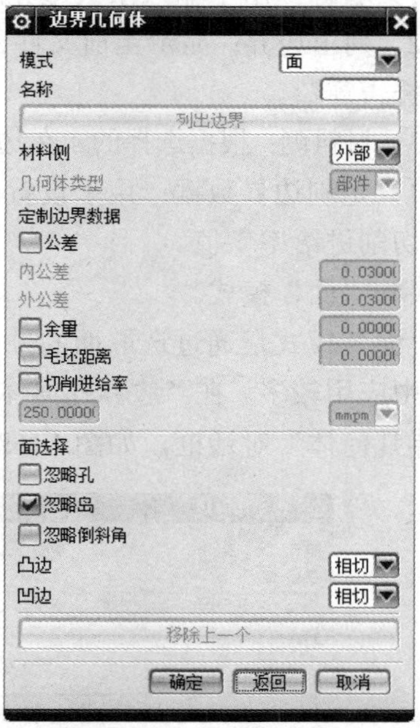

图 1–65　定制边界数据面板

① 公差：指定刀具沿边界的“内公差”和“外公差”值，“内公差”是边界的内部（左侧）所允许的最大偏离值，“外公差”是边界的外部（右侧）所允许的最大偏离值。分别赋两个值的好处是可以指定非等宽带，如图 1–66 所示。

② 余量：指定刀具与边界的距离。一般来说，当刀具位置为“对中”时，系统会忽略余量值。对于刀具位置为“相切”，偏置值等于该成员与刀具半径的组合余量值。

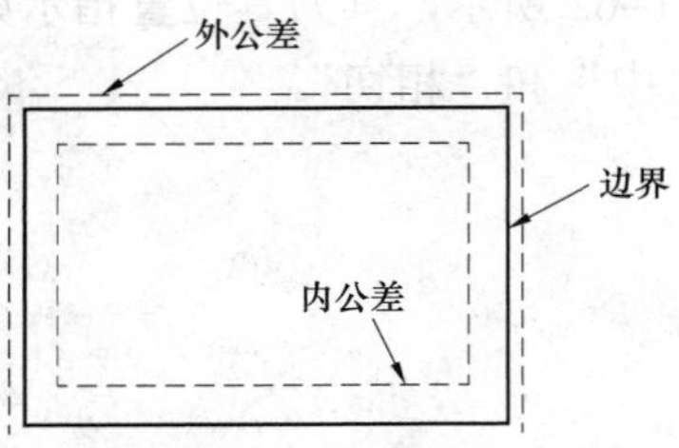

图 1–66　内公差/外公差（非等宽带）

③ 切削进给率：选择“切削进给率”复选框，然后在文本中输入该边界的切削进给率。

④ 机床控制事件：使用机床控制事件（后处理命令）可以向机床提供刀轨内的特殊指令。用户可以在刀轨的起点或终点指定机床控制事件，也可以在刀轨的起点和终点都指定机床控制事件。

6）成链：选择第一条和最后一条边界时，系统自动选取中间的所有边界。

7）移除上一个成员：用于删除最近定义的一条边界。

8）创建下一个边界：如果在选取边界之前，已有一个以上的边界存在，则单击该按钮，表示接下来选取的曲线或边作为下一个边界。

（3）“边界”模式。

“边界”模式是通过选择永久边界作为外形轮廓，在“边界几何体”对话框“模式”下拉列表中选择“边界”模式，系统弹出“边界几何体”对话框，如图 1–67 所示，各参数说明如下。

1）名称：用于输入永久边界的名称。

2）列出边界：显示当前文件已经定义的永久边界，如果没有定义永久边界，系统将会弹出警告窗口。

3）材料侧：根据选择的永久边界是否封闭，分为“内部”/“左边”和“外部”/“右边”。

4）定制边界数据：用于设置与选定边界相关联的“公差”、“侧面余量”、“毛坯距离”和“切削进给率”值。

（4）“面”模式。

“面”模式是通过选取面的外形轮廓来定义边界，“面”模式是系统默认模式，在生产实际中应用较多。在“边界几何体”对话框“模式”下拉列表中选择“面”模式，系统弹出“边界几何体”对话框，如图 1–68 所示，各参数说明如下。

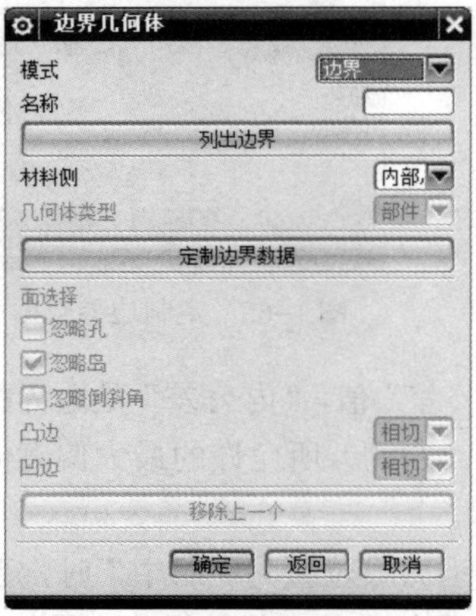

图 1–67　“边界”模式

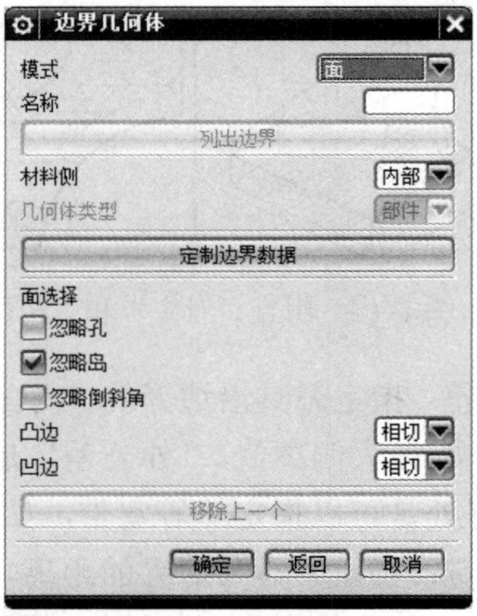

图 1–68　“面”模式

1）名称：通过输入面名称来选取对象。

2）材料侧：材料侧是指边界上不希望切削的部件或材料所在的那一侧，分为“内部”和“外部”两个选项。

3）定制边界数据：用于设置与选定边界相关联的“公差”、“侧面余量”、“毛坯距离”和“切削进给率”值。

4）面选择：指定在创建边界时要使用哪类内部边。只有在通过所选面创建边界时，这些选项才是可用的。

① 忽略孔：使系统忽略选择用来定义边界的面上的孔。如果将此选项切换为“关闭”，则系统会在所选面上围绕每个孔创建边界，如图 1–69 所示。

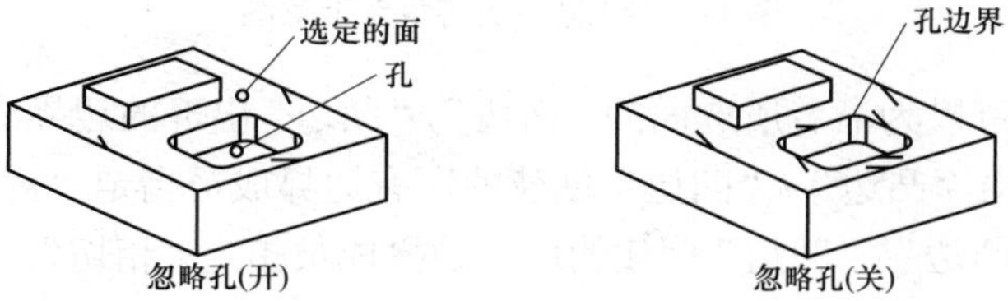

图 1–69 “忽略孔”开/关

② 忽略岛：使系统忽略选择用来定义边界的面上的岛。如果将此选项切换为“关”，则系统会在所选面上每个岛的周围创建边界，如图 1–70 所示。

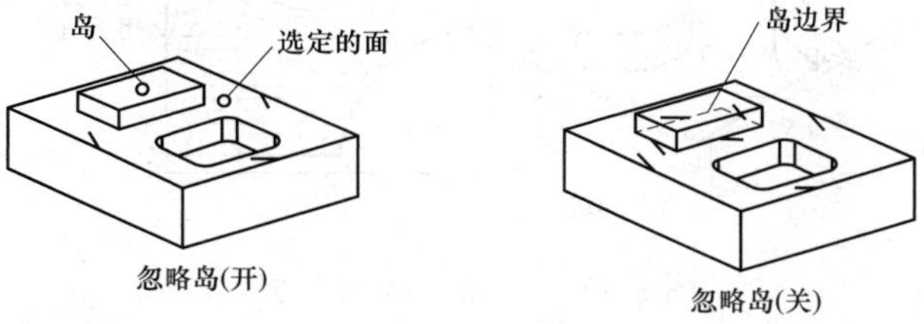

图 1–70 “忽略岛”开/关

■ 注意

“忽略孔”和“忽略岛”可以减少处理时间，尤其是在使用复杂实体模型时。许多实体都包含对于建立刀轨并无重要性的孔。让系统忽略掉这样的孔，可以提高处理的速度。同样，如果切削深度允许（即刀轨并没有深到要进入岛区域），可以在粗加工操作中排除岛。

如果只想忽略一部分孔或岛，可将选项切换为“关”，而稍后使用“移除”选项删除不想要的孔边界或岛边界。

③ 忽略倒斜角：可以指定在通过所选面创建边界时是否识别相邻的倒斜角、圆角和倒圆。将忽略倒斜角切换为“关”时，就会在所选面的边上创建边界，当切换为开时，创建的边界将包括与选定面相邻的倒斜角、圆角和倒圆，如图 1–71 所示。

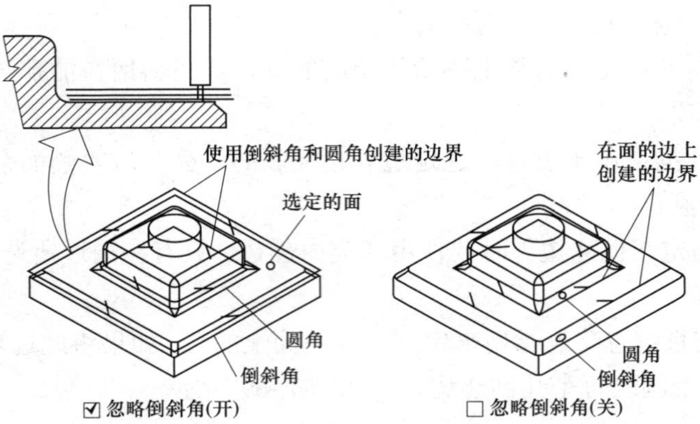

图 1–71 “忽略倒斜角”示意图

④ 凸边/凹边：可以为沿着所选面的“凸边”/“凹边”出现的边界成员控制刀具位置。“对中”选项可以为沿“凸边”/“凹边”创建的所有边界成员指定“对中”刀具位置。“相切”选项可以为沿“凸边”/“凹边”创建的所有边界成员指定“相切”刀具位置，如图 1–72 所示。

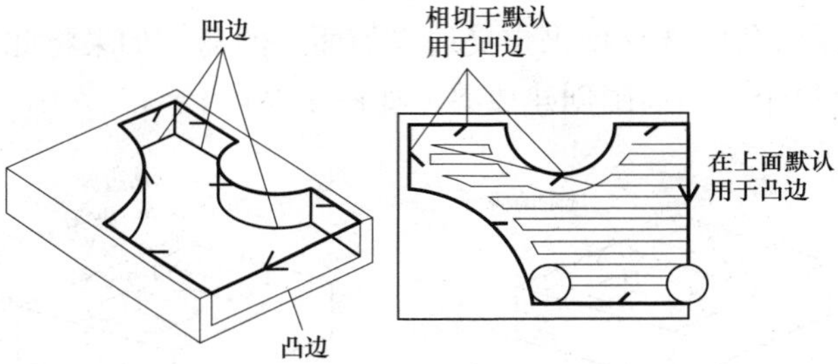

图 1–72 “凸边”和“凹边”

图 1–73 “创建边界”对话框

（5）“点”模式。

“点”模式通过定义一系列点，以直线连接定义点创建临时边界，在“边界几何体”对话框中“模式”下拉列表中选择“点”模式，系统弹出“创建边界”对话框，如图 1–73 所示，从点方法下拉列表中可以选择点方法或采用点构造器选择点。

（6）编辑边界。

当选择完边界后，如果发现边界选择不正确，可以再次单击指定边界按钮，此时，系统弹出“编辑边界”对话框，如图 1–74 所示，各参数说明如下。

1）创建永久边界：将当前的临时边界转化为永久边界，以便其他操作使用。

2）编辑：可以编辑单个边界成员的“刀具位置”、“公差”、“余量值”、“进给率”和“后处理命令集”。同时，也可以选择永久边界成员进行编辑。单击该按钮，系统弹出“编辑成员”对话框，如图 1–75 所示，各参数说明如下。

图 1–74 “编辑边界”对话框

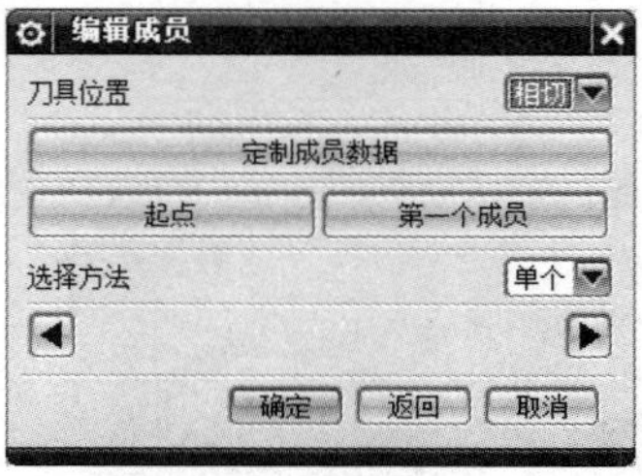

图 1–75 编辑成员对话框

① 起点：改起点的位置，共有“百分比”和“距离”两个选项。“百分比”选项将起点的位置定义为该边界成员的总长度的一定百分比。输入百分比值或使用滑块都可以确定起点的位置。“距离”选项将起点的位置定义为距其原始位置的距离。输入一个距离值或使用滑块都可以确定起点的位置。在开放边界中也可以编辑终点，可以通过百分比或距离来更改终点的位置。

② 第一个成员：使选定的封闭边界的边界成员成为第一个成员。

③ 选择方法：共有两个选项，“单个”选项将定制成员数据应用于单个成员，“成链”选项将定制成员数据应用于多个成员。由选择链的第一个和最后一个成员，而系统还将选择在第一个和最后一个成员之间的每个成员。

④ 箭头按钮：在边界的单个成员之间切换。

3）移除：将所选边界从当前操作中去除。

4）附加：在当前操作中添加边界。

5）信息：打开“信息”窗口，显示当前所选边界的信息。

5. 加工刀具

在加工过程中，刀具的选择将直接影响到加工精度的高低、加工零件的表面质量和加工的效率等。因此，刀具的选择是 NX 编程中非常重要的环节。

在“平面铣”对话框中可以选择先前定义好的刀具或者新建刀具，如图 1–76 所示为平面铣中刀具选项部分，各参数说明如下。

（1）刀具列表：从工序导航器中选择先前已定义的刀具。

（2）新建：为本操作创建新的刀具定义，并将其放在工序导航器的机床视图中以用于其他操作。

（3）编辑/显示：显示当前刀具和刀具的参数对话框。

（4）输出：显示刀具号、补偿、刀具补偿、Z 偏置及其相关继承状态的当前参数。

（5）换刀设置：显示手工换刀和文本状态的当前设置，还显示夹持器号和继承状态。

6. 刀轨设置

刀轨设置是创建工序中的一个重要环节，刀轨参数设置的是否合理将直接影响到产品加工的质量，平面铣操作中刀轨设置主要包括“方法”、“切削模式”、“步距”、“切削参数”、“非切削移动”、“进给率和速度”等参数的设置。

如图 1–77 所示为平面铣中“刀轨设置”选项部分。

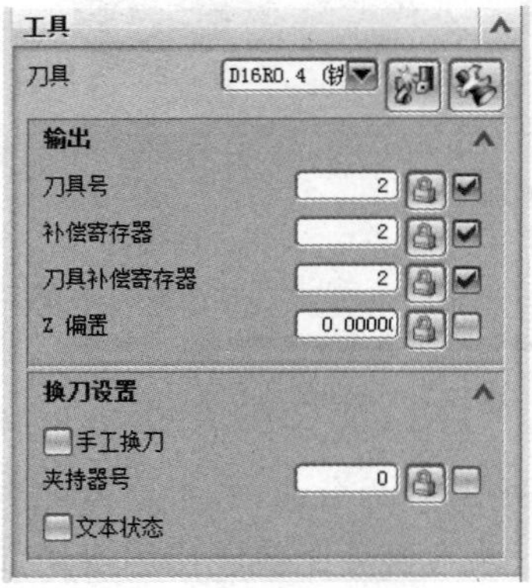

图 1–76　平面铣中刀具选项

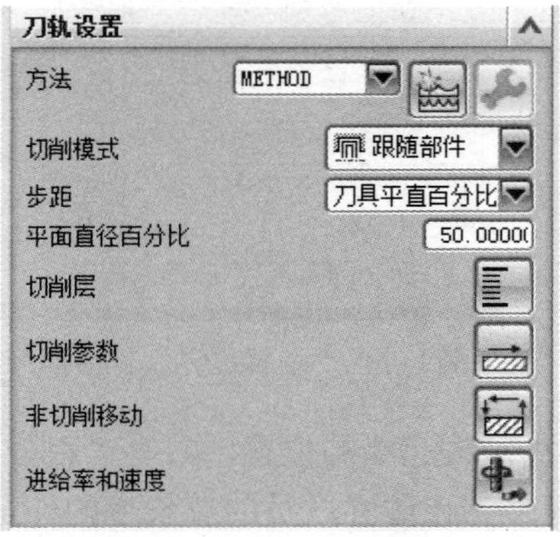

图 1–77　平面铣中“刀轨设置”选项

（1）方法。

在产品加工的过程中，为保证加工精度和质量，通常粗精加工分开，粗加工、半精加工和精加工的工艺参数各不相同，通过创建加工方法可以方便的实现。

系统初始化时在工序导航器的加工方法视图自动生成“MILL_ROUGH”、“MILL_SEMI_FINISH”、“MILL_FINISH”和“DRILL_METHOD”共 4 个加工方法组。对于平面铣操作中的加工方法设置可以通过“方法”下拉列表选择先前在工序导航器的加工方法视图中定义的加工方法，或者通过“新建”按钮为此操作创建新的方法组，并将其放在工序导航器的加工方法视图中供其他操作使用。同时，也可以通过“编辑”按钮选定的加工方法。

（2）切削模式。

平面铣操作中的“切削模式”确定加工切削区域的刀轨模式，共有“单向”、“单向轮廓”、“往复”、“跟随周边”、“跟随部件”、“轮廓加工”、“标准驱动”和“摆线”8 种模式。其中：

“单向”、“往复”、“单向轮廓”——利用平行的线性刀路移除了大量材料。

“跟随周边”、“跟随部件”——利用一系列同心切削刀路移除了大量材料，这些刀路可以向内移动，也可以向外移动。

“轮廓加工”、“标准驱动”——创建一个精加工刀路，该刀路跟踪开放区域或封闭区域中的部件壁。

“摆线”——使用环进行切削，以限制多余的步距并控制刀具嵌入。

1）单向：“单向”切削模式可以生成一系列沿着相同方向切削的平行路径，如图 1–78

所示。刀具开始于一个路径的起点，到达该路径的终点后，提刀快速移动至下一个路径的起点，继续以相同的切削方向进行切削，直至完成区域的切削为止。在两相邻切削路径上，刀具不会跟随轮廓边界进行切削，也没有步进移动。单向切削模式适合用于区域切削。

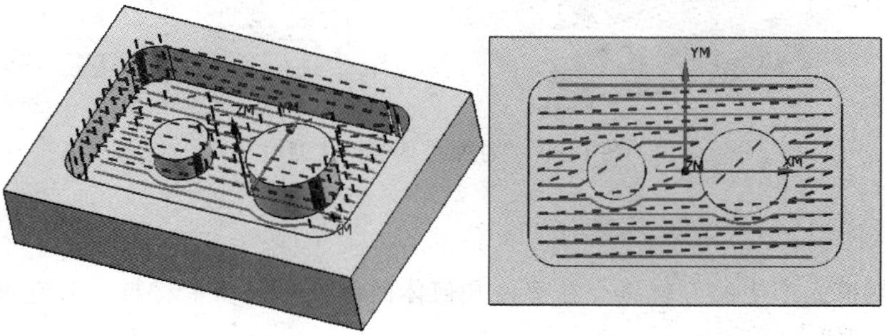

图 1–78 “单向”切削模式刀轨

■ 注意

单向切削模式产生的导轨将会在部件几何体的侧壁上留下多余材料，为了避免这种情况，可以使用“壁清理”功能。

2）单向轮廓：“单向轮廓”切削模式将产生在连续两个单向切削路径之间跟随区域轮廓的切削路径，如图 1–79 所示，由于切削方向是单向的，所以刀具能够严格保持“顺铣”或“逆铣”。单向轮廓切削模式适合用于粗加工后要求余量比较均匀的产品区域切削。

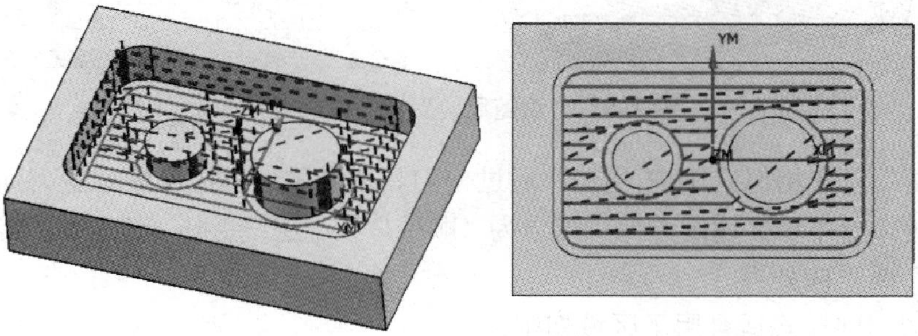

图 1–79 “单向轮廓”切削模式刀轨

3）往复：“往复”切削模式将创建一系列平行而具有步进移动的切削路径，如图 1–80 所示，步进移动总跟随边界运动，相邻两切削路径的切削方向相反，但步进方向是一致的。系统试图保持线性往复切削，但遇到某些情况，则也允许刀具跟随切削区域的轮廓移动，以保持连续切削，此时切削路径将偏离直线方向。“往复”模式刀具切削效率高，适合区域铣削，一般用于粗加工切去大量的材料。

如果切削区域偏离大于步距值，则会产生路径相交，往复路径便无法跟随切削区域轮廓，系统将生成一系列较短的切削路径，刀具在子切削区域之间移刀进行切削，如图 1–80 所示。

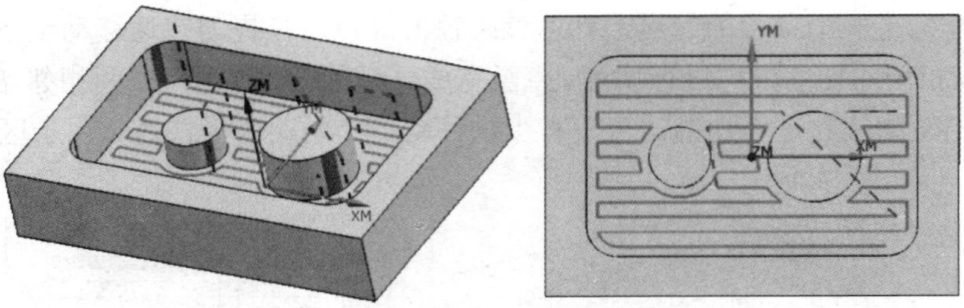

图 1–80 “往复”切削模式刀轨

■ 注意

往复切削模式产生的刀轨将会在部件几何体的侧壁留下多余材料，为避免这种情况，应使用“壁清理”功能。

4）跟随周边：“跟随周边”切削模式将产生一系列跟随切削区域外轮廓的同心路径，如图 1–81 所示，每个切削路径均由区域轮廓偏置一个步距而成，当路径与区域内部形状重叠时，系统将合并为一个路径，因此这种切削模式生成的路径是封闭的。

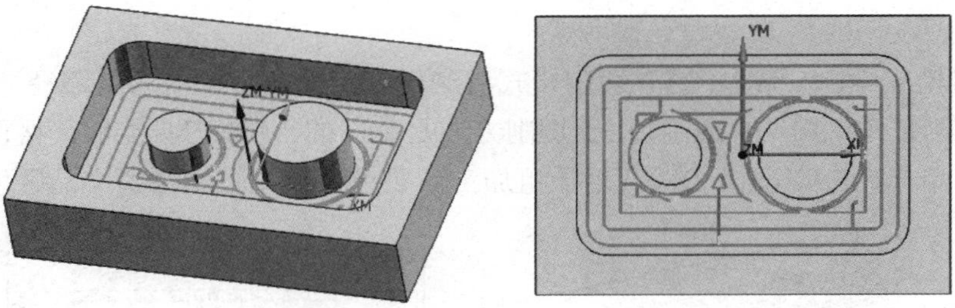

图 1–81 “跟随周边”切削模式刀轨

与“往复”方式相似，“跟随周边”通过使刀具在步进过程中不断地进刀而使切削移动达到最大程度。除了将“切削方向”指定为“顺铣”或“逆铣”外，还可将“腔体方向”指定为“向内”或“向外”。

跟随周边切削模式适合用于区域切削。

■ 注意

跟随周边切削模式产生的路径是封闭的，可能在某个切削层的侧壁留下多余材料，为了避免这种情况，应使用“岛清理”功能。

5）跟随部件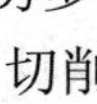：“跟随部件”切削模式使系统尽可能将所有部件几何体（包括外轮廓和内轮廓）都偏置相同数量的步距而产生的切削路径，如图 1–82 所示，当遇到偏置路径相交时，系统将修剪多余的路径。

“跟随部件”切削模式是从整个部件几何体进行偏置来产生切削路径，不管部件几何体定义的是周边环、岛还是型腔，还可以保证刀具沿着整个部件几何体进行切削，因此无须

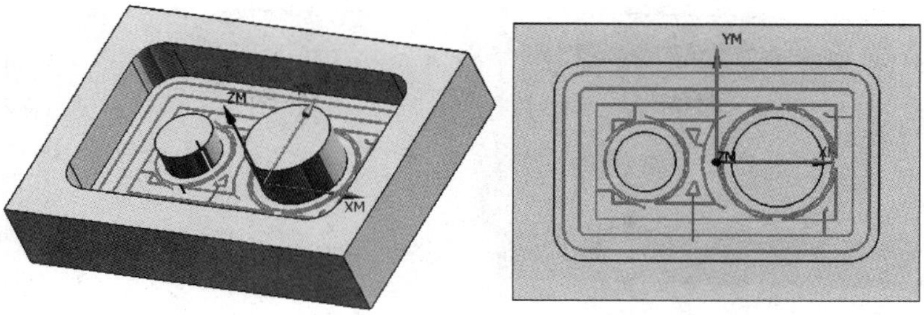

图 1–82 “跟随部件”切削模式刀轨

进行“岛清理”。“跟随部件”切削模式适合加工带有岛的区域加工，可以有效减少清除岛周边多余的余量。

在没有指定部件几何体时，“跟随部件”切削模式会从毛坯几何体偏置。

与“跟随周边”不同，“跟随部件”不需要指定“向内”或“向外”的切削步进方向。系统始终确定向着部件几何体的步进方向，也就是说，距离步进几何体最近的偏置路径总是刀具最后切削的路径。对于型腔，步进方向向外（切削刀路随刀具移向部件而逐渐增大），而对于岛，步进方向向内（切削刀路随刀具移向部件而逐渐减小）。

对于面加工区域（区域的周边环由毛坯几何体定义且不存在部件几何体），偏置将跟随由毛坯几何体定义的周边形状，并且步进方向向内。

对于型芯区域（周边环由毛坯几何体定义，岛由部件几何体定义的区域），偏置跟随部件几何体的形状，步进方向为向内朝向定义每个岛的部件几何体。

对于型腔区域（周边环由部件几何体定义的区域），步进方向向外时则朝向定义型腔周边的部件几何体，向内时则朝向定义每个岛的部件几何体。

对于开放侧区域（这些区域中，由于部件几何体和毛坯几何体相交，部件几何体偏置不创建封闭的周边形状），步进方向向外时则朝向定义周边的部件几何体，向内时则朝向定义岛的部件几何体。

■ 注意

当“步距”非常大（“步距”大于刀具直径的 50%但小于刀具直径的 100%）时，在连续的刀路之间可能有些区域切削不到。对于这些区域，系统会生成其他的清理运动以移除材料。

6）轮廓加工：“轮廓加工”切削模式可以创建单个或指定数量的跟随部件几何体轮廓移动的切削路径，主要用于半精加工或精加工侧壁。它可以加工开放区域，也可以加工封闭区域。

对于具有封闭形状的可加工区域，“轮廓加工”刀路的构建和移刀与“跟随部件”切削模式相同。如图 1–83 所示为“轮廓加工”铣模式切削封闭区域刀轨，如图 1–84 所示为“轮廓加工”铣模式切削开放区域刀轨。

■ 注意

“轮廓加工”铣操作使用的边界不能自相交，否则将导致边界的材料侧不明确。

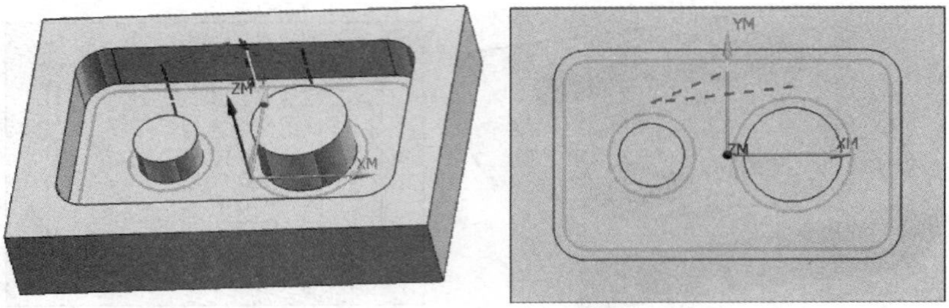

图 1–83 “轮廓加工”铣模式切削封闭区域刀轨

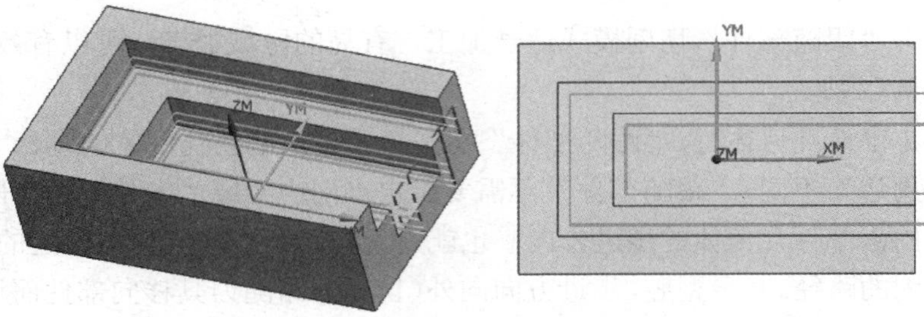

图 1–84 “轮廓加工”铣模式切削开放区域刀轨

7）标准驱动（仅平面铣）：“标准驱动”切削模式将产生标准跟随每一个区域的切削路径，与“轮廓加工”切削模式很相似。但不同的是，当遇到两个相邻轮廓很近时，“标准驱动”切削模式产生的切削路径即使相交也不做修剪，而“轮廓加工”切削模式则遇到切削路径相交时会进行修剪，如图 1–85 所示。

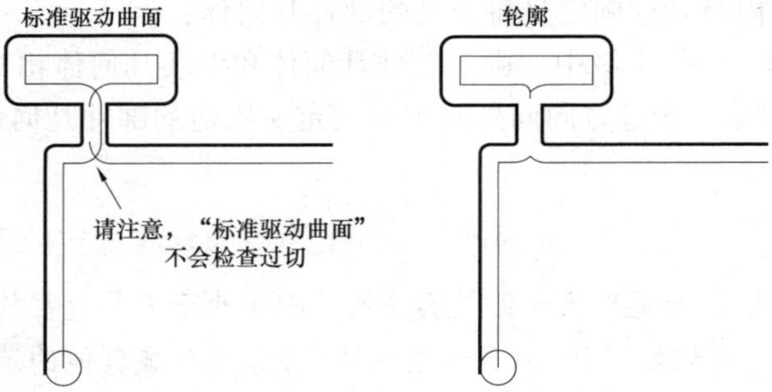

图 1–85 “标准驱动”与“轮廓加工”切削路径比较

■ 注意

标准驱动切削模式在生成切削路径时，将忽略所有检查和修剪几何体，不进行过切检查，因此可能导致导轨相交，引起过切现象。

8）摆线：“摆线”切削模式将产生回环切削路径控制被嵌入的刀具运动，如图 1–86 所示，每当刀具被材料包围时，系统会自动生成回环的切削路径。当需要限制过大的步距，以防止刀具在完全嵌入切口时折断，且需要避免过量切削材料时，应采用此种切削模式。

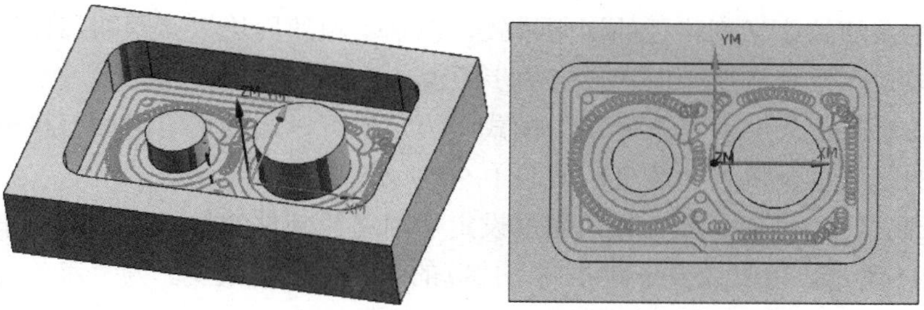

图 1–86　“摆线”模式切削刀轨

（3）步距。

“步距”是指切削刀路之间的距离。可以直接通过输入一个常数值或刀具直径的百分比来指定该距离，也可以间接地通过输入残余高度并使系统计算切削刀路间的距离来指定该距离，如图 1–87 所示。

步距选项包括“恒定”、“残余高度”、“刀具平直百分比”、“变量平均值”和“多个”5 个选项，如图 1–88 所示。

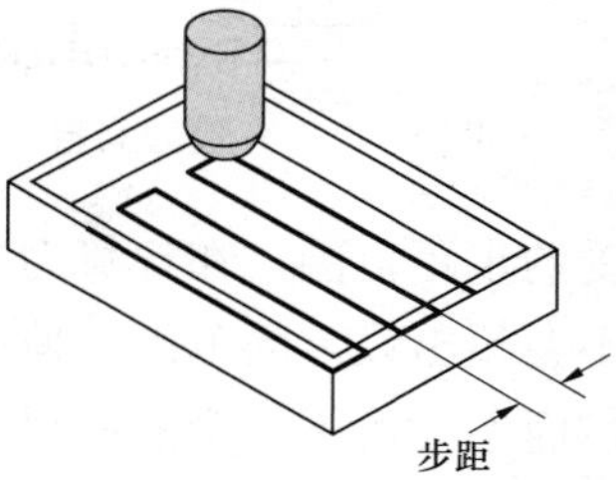

图 1–87　步距

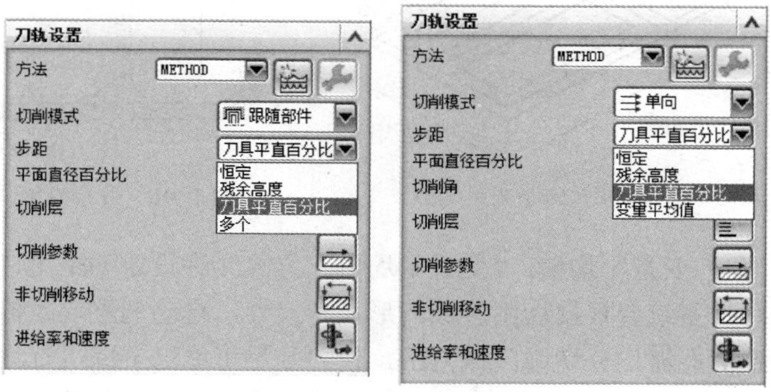

图 1–88　步距选项

1）恒定：“恒定”方式允许在连续切削路径之间直接设定固定的步距值。如果设定的步距值无法均分切削区域，则系统将根据切削模式的不同而做出不同的处理。对于产生线性切削路径的切削模式，包括“单向”、“单向轮廓”和“往复”这三种切削模式，系统将自动减小步距，以使得所有步距值都相等。如图 1–89 所示，切削区域宽度 3.5，指定的步距是 0.75，但系统将其减小为 0.583，以确保在切削区域中保持恒定步距。

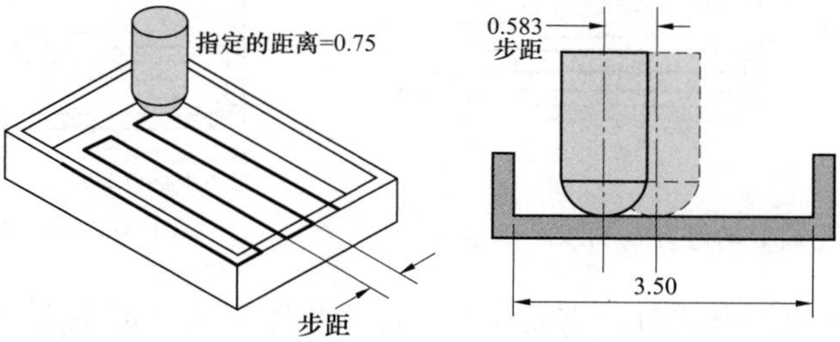

图 1–89　系统保持恒定步距

对于产生跟随轮廓切削路径的切削模式，包括“跟随周边”、“跟随部件”及“摆线”这三种切削模式，系统将严格保持设定的步距值。

对于“轮廓加工”和“标准驱动”模式，恒定值可以通过指定附加刀路值来指定连续切削刀路间的距离以及偏置的数量，如图 1–90 所示。

2）残余高度：“残余高度”方式通过设定切削路径制件的材料残余高度来计算固定步距，如图 1–91 所示。由于边界形状不同，计算的步距可能会改变。为了避免刀具在切除材料时成熟过重的切削载荷，最大步距不会超过刀具直径的 2/3。

3）刀具平直百分比：“刀具平直百分比”方式允许设计定刀具直径的百分比值来计算连续切削路径之间的固定步距。如果设定的步距值无法均分切削区域，则系统自动减少步距值，以保证固定的步距。对于球头铣刀，系统将其整个直径用作有效刀具直径。对于其他刀，有效刀具直径按图 1–92 所示进行计算。

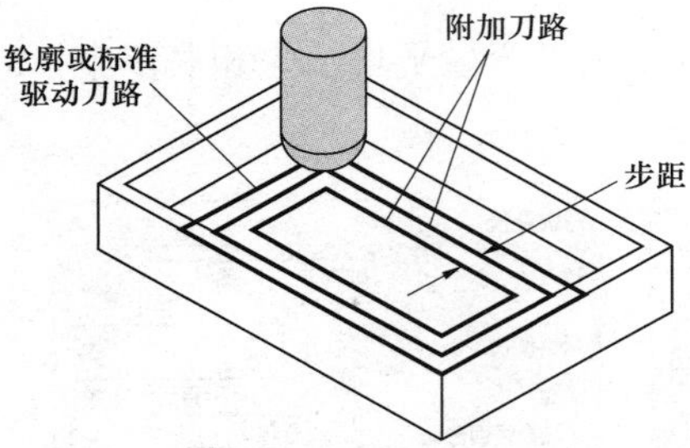

图 1–90　两个附加刀路

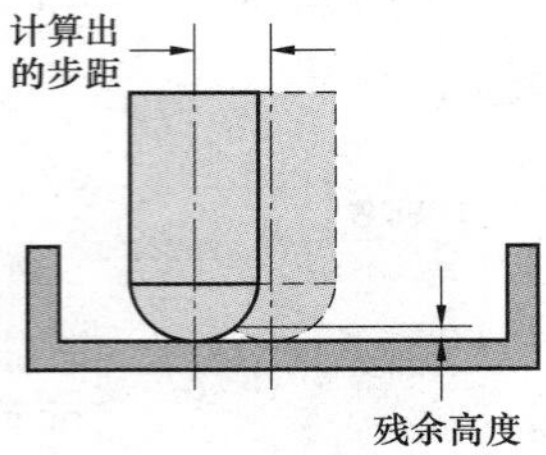

图 1–91　残余高度

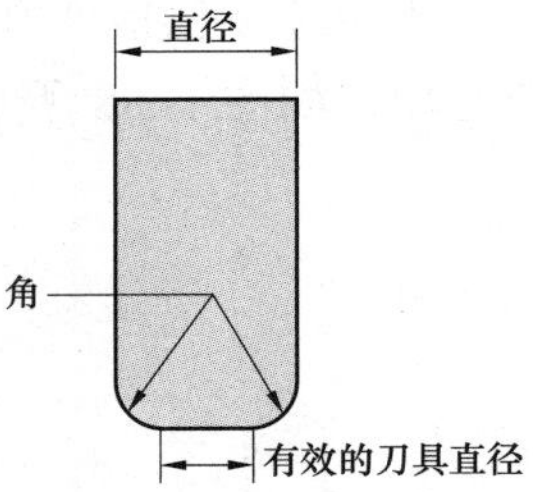

图 1–92　有效刀具直径

4）变量平均值：“变量平均值”方式允许设定一个可以接受的步距范围。在计算刀轨迹时，系统会根据切削区域的形状和尺寸，自动调整步距值但不会超出设定的范围，使得步距值能够均分切削区域范围，使刀具尽可能沿着壁进行切削，而不会留下多余的材料，如图 1–93 所示。如果为最大和最小步距指定相同的值，系统将严格地生成一个固定步距值，这可能导致刀具在沿平行于单向和回转切削的壁面进行切削时留下未切削的材料，如图 1–94 所示。

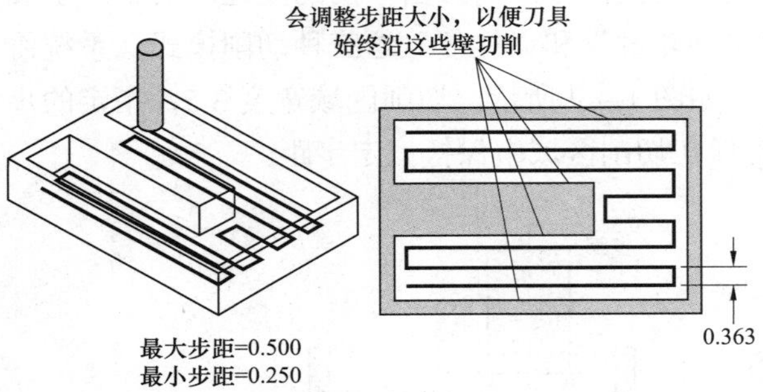

图 1–93　变量平均值方式的步距确定

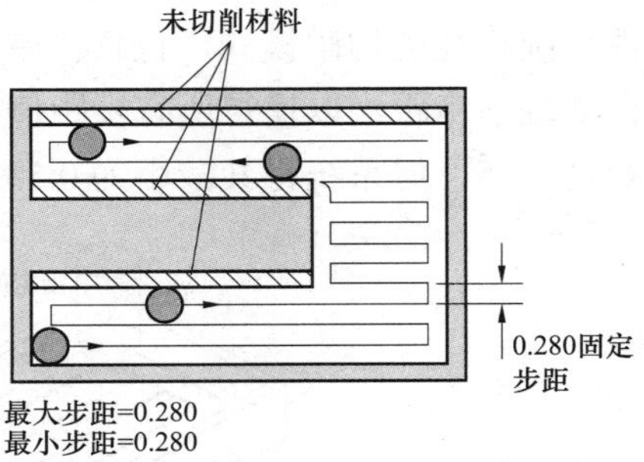

图 1–94　相同的最大和最小值

应用“变量平均值”方式时，需要设定“最大步距”和“最小步距”的值以确定步距的变化范围，实际步距会在这个范围内变化，但不会超出这个范围。“变量平均值”方式只适用于“单向”、“单向轮廓”和“往复”这三种切削模式。

5）多个：“多个”方式可以设定多个步距值和应用步距值的切削路径数量。系统将依据在参数列表中从上到下的位置顺序，对应于从切削区域边界向中心执行的方向，计算实际的切削路径，如图 1–95 所示。

当切削模式为“往复”、“单向”和“单向轮廓”，此处选项为“变量平均值”，所创建的步距能够调整以保证刀具始终与平行于单向和回转切削的边界相切。当切削模式为“跟随周边”、“跟随部件”、“轮廓加工”和“标准驱动”时，此处选项为“多个”，可以指定多个步距大小以及每个步距大小所对应的刀路数。

应用“多个”方式确定步距时，需要设定“刀路数”和“距离”值。“多个”方式只适合于“跟随周边”、“跟随部件”、“轮廓加工”和“标准驱动”这四种切削模式。

以图 1–95 所示的切削刀路为例，应用“多个”方式确定步距的操作结果如图 1–96 所示。

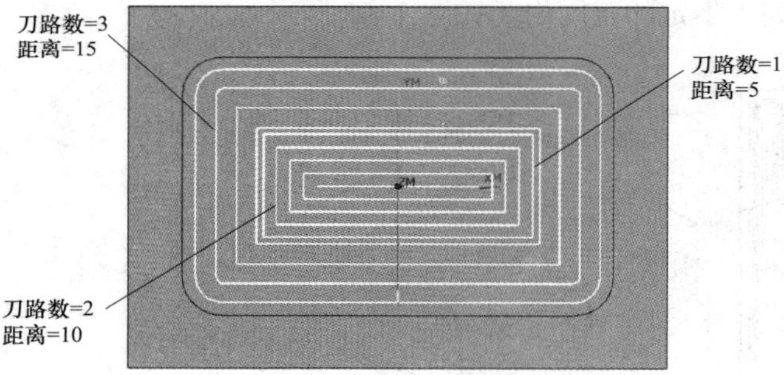

图 1–95 “多个”方式的步距确定

图 1–96 “多个”方式确定的步距参数列表

在图 1–96 所示的参数输入窗口中，如果需要添加某一个步距参数，可以单击“添加新集”按钮；如果需要删除某一个步距，则单击“移除”按钮；如果需要调整某一个步距的切削顺序，则单击“向上移动”按钮或者“向下移动”按钮。

当使用“跟随周边”和“跟随部件”切削模式时，如果组合应用所有设定的步距而无法覆盖整个切削区域时，系统将以最后一个步距值增加适当的切削路径直至到达切削区域中心。如果组合应用所有设定的步距而超出整个切削区域，则系统将减去适当的切削路径。

（4）切削层。

切削深度确定多深度操作的切削层，只有在刀轴与底部面垂直或者部件边界与底部面平行的情况下，才会应用切削深度参数。如果刀轴与底部面不垂直或部件边界与底部面不平行，则刀轨将仅在底部面上生成（与仅底部面相同）。

单击“平面铣”对话框“刀轨设置”中的“切削层”按钮，系统弹出“切削层”对话框，如图 1–97 所示，共有“用户定义”、“仅底面”、“底面及临界深度”、“临界深度”和“恒定”5 种类型。

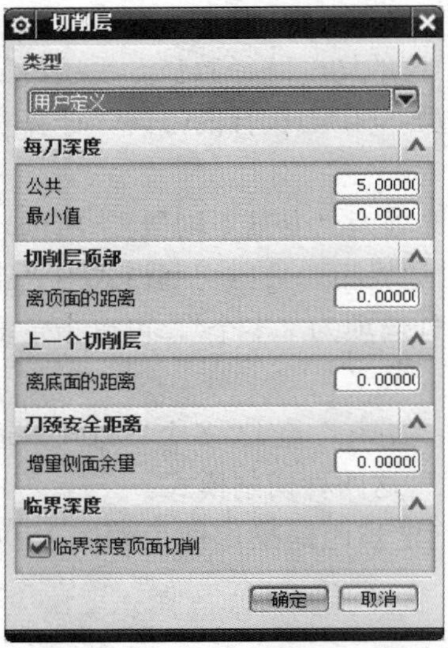

图 1–97 “切削深度参数”对话框

随着分层的类型不同，对应的参数选项也会不同，“切削层”对话框的显示也会随之变化。

1）用户定义：“用户定义”方法允许输入排外性的切削层深度而产生多层切削刀轨，如图 1–97 所示。使用此方法进行分层切削时，根据其实际概况，可以分别设定“公共”、“最小值”、“离顶面的距离”、“离底面的距离”。在实际使用时可以仅设置“公共”的值，并且必须至少设定该值。这是最常用的分层切削的方法。

如果各个参数都设定了值，则在确定切削层深度时，系统会精确保证第一个切削层的深度为“离顶面的距离”值、最后一个切削层的深度为“离底面的距离”值。在每一个部件边界之间进行均分分层，使得每一个切削层的实际深度不大于所设定的“公共”值和小于所设定的“最小值”。如果遇到无法均分时，则增加切削层的数量，以确保实际的切削层深度处于指定的范围内，如图 1–98 所示。

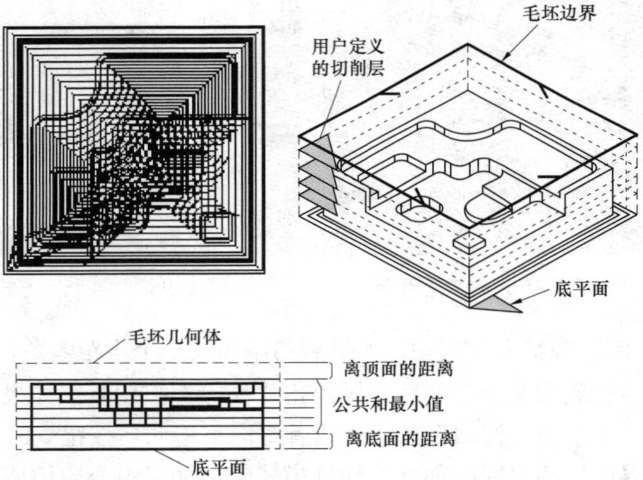

图 1–98 “用户定义”切削深度示意图

“侧面余量增量”是指可向多层粗加工刀轨中的每个后续层添加侧面余量值。添加侧面余量增量可维持在刀具和壁之间的侧面间距，并且当刀具切削更深的切削层时，可以减轻刀具上的压力。切削层 1 将应用部件余量值，切削层 2 将开始应用等于指定侧面余量值一倍的侧面余量值，切削层 3 使用的侧面余量值等于指定侧面余量值的 2 倍，以此类推，如图 1–99 所示。

“临界深度顶面切削”：选择该复选项可以为每个不在某个切削层的岛顶部分别生成一个刀轨。对于“跟随周边”和“跟随部件”，生成一个具有区域连接的跟随周边刀轨；对于“单向”、“往复”和“单向轮廓”，岛的顶部将用往复刀轨清理；“轮廓加工”和“标准驱动”

将不会生成岛清根刀路。无论设置了何种进给方法，系统都将为刀具寻找一个安全点，以从岛的外部进给至岛顶部表面，而不过切任何部件壁。系统仅在必要时才生成一个单独的清理刀路，以便对岛进行顶面切削。图 1–100 显示了系统决定切削层平面的方式。

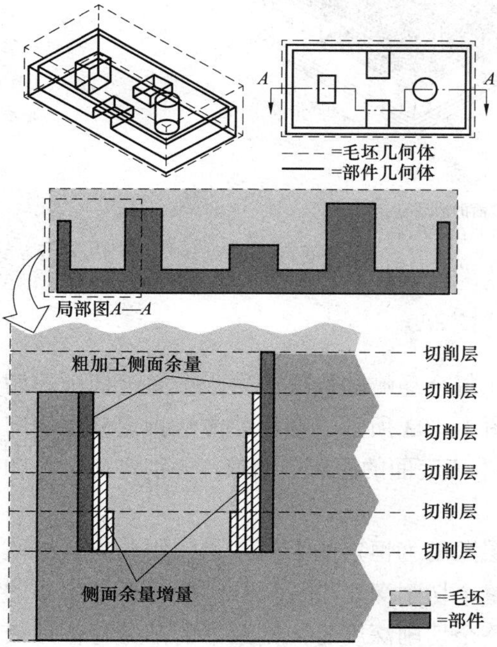

图 1–99 “侧面余量增量”的应用

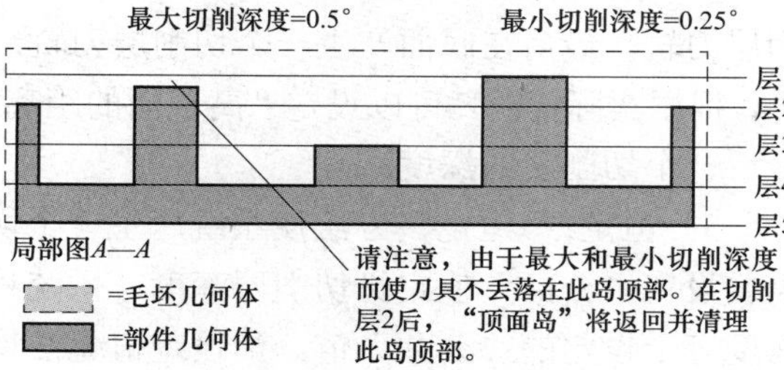

图 1–100 岛顶面切削

2）仅底面：“仅底面”方法使系统仅在底面上生成一个切削层刀轨，一般仅加工底面时才使用此方法，如图 1–101 所示。当使用此方法时，无须设定任何参数。

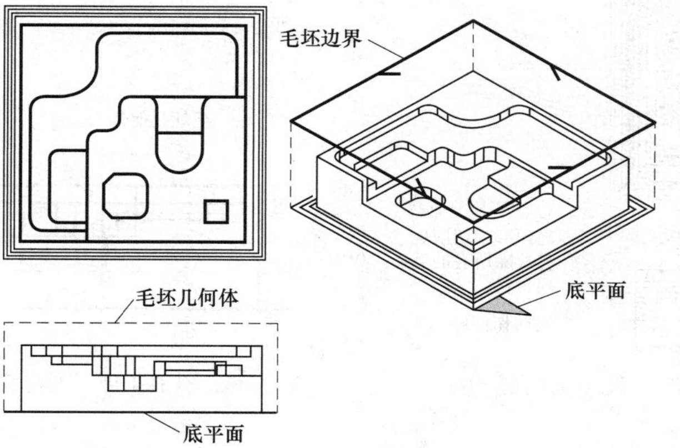

图 1–101 仅底面

3）底面及临界深度：“底面及临界深度”方法使系统先在底面上生成一个切削层刀轨，接着依次在各个岛屿的顶面生成不超过顶面边界的切削层刀轨，如图 1–102 所示。当使用此方法时，无须设置任何参数。

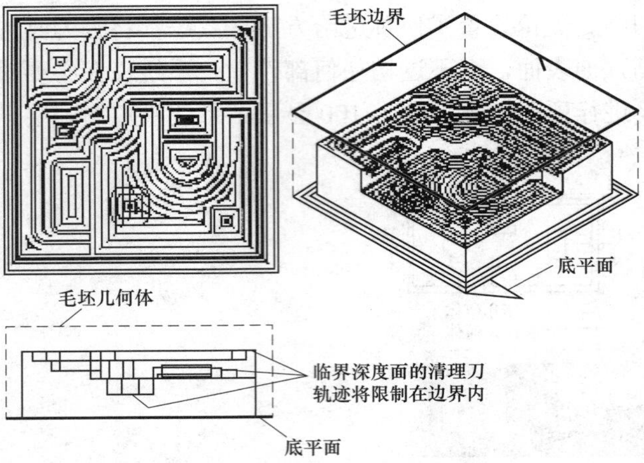

图 1–102　底面及临界深度

4）临界深度：“临界深度”方法使系统一次在每个岛屿的顶面产生一个完全切削的切削层刀轨，最后在底面产生一个切削层刀轨，如图 1–103 所示。使用此方法指定分层切削时，根据实际情况，可以设定“离顶面的距离”和“离底面的距离”的值，分别定义一个和最后一个切削层的深度。

5）恒定：“恒定”方法使系统产生一个切削层深度为恒定的刀轨。当使用此方法时，需要设定“公共”值定义切削层深度。系统将对整个切削深度进行均分，使每个切削层的深度等于设定的“公共”值。当设定值无法均分整个切削深度时，则余下的部分将作为最后一次切削层的深度，如图 1–104 所示。

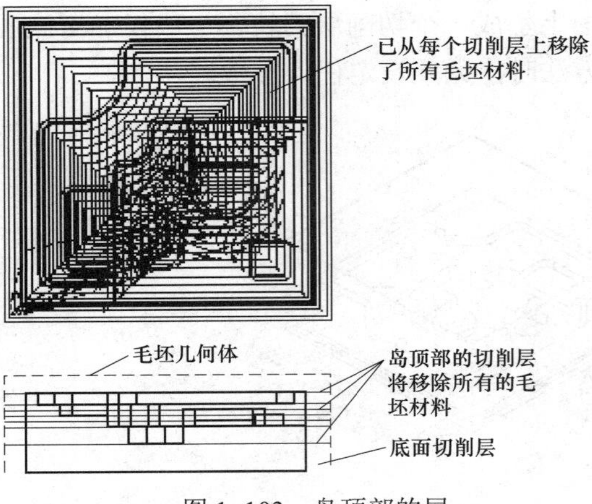

图 1–103　岛顶部的层

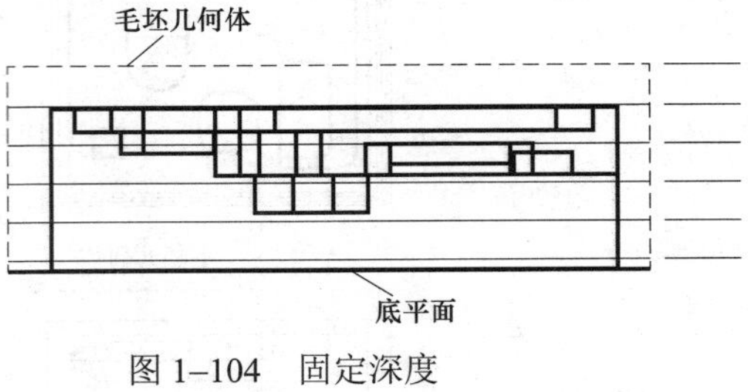

图 1–104　固定深度

（5）切削参数。

“切削参数”主要用于设置操作的切削参数。可用参数由操作的类型、子类型和切削模式等确定。

单击“平面铣”对话框刀轨设置中的“切削参数”按钮，系统弹出“切削参数”对话框，如图 1–105 所示，共有“策略”、“余量”、“拐角”、“连接”、“空间范围”和“更多”

6 个选项卡。

■ 注意

“切削参数”对话框中大多数参数都具有能说明其意义的图片。只要选择一个参数就可以查看其关联图片。如果无法显示图片，可单击首选项→加工，在对话框中显示图片，勾选该复选框。

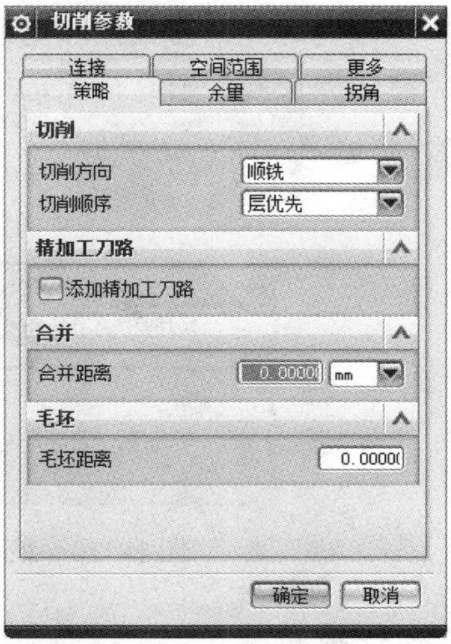

图 1–105 “切削参数”对话框

1）“策略”选项卡：该选项卡定义最常用的或主要的参数，如图 1–106 和图 1–107 所示，切削参数选项是否可用将取决于选定的加工方式和切削模式。

① 切削方向：切削方向包括“顺铣”、“逆铣”、“跟随边界”和“边界反向”4 个选项，允许指定在切削时刀具的运动方向。

图 1–106 “跟随部件”模式“策略”选项卡

图 1–107 “跟随周边”模式“策略”选项卡

顺铣：刀具顺着工件的运动方向进给，如图 1–108 所示，由于顺铣有利于延长刀具的使用寿命和提高表面的加工质量，所以在数控加工中常采用顺铣加工。

逆铣：刀具逆着工件的运动方向进给，如图 1–109 所示。

图 1–108 顺铣

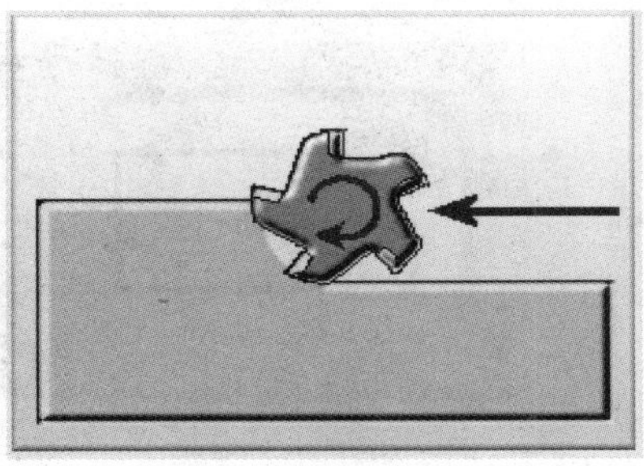

图 1–109 逆铣

跟随边界：刀具按照选择边界成员的方向进行切削，如图 1–110 所示。

边界反向：刀具按照选择边界成员的反向进行切削，如图 1–111 所示。

图 1–110　跟随边界

图 1–111　边界反向

■ 注意

“边界跟随”和“边界反向”只在使用边界的操作中可用，一般用在平面铣开放边界中。

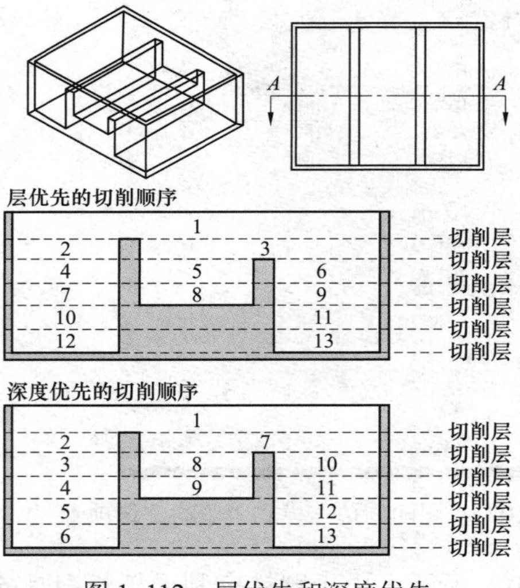

图 1–112　层优先和深度优先

② 切削顺序：指定如何处理含有多个区域和多个层的刀轨，分为“层优先”和“深度优先”。

“层优先”：若一个切削层中有多个切削区域，则在完成一个切削层所有的切削区域后，刀具才进入下一个切削层进行切削，如图 1–112 所示，对薄壁类工件的加工特别有用。

“深度优先”：若一个切削层中有多个切削区域，则在完成一个切削区域后，刀具才进入下一个切削区域进行切削，如图 1–112 所示。“深度优先”可以有效减少刀具空切时间。

③ 刀路方向：在“跟随周边”切削模式中指定刀具从部件的周边向中心切削（或沿相反方向），共有“向内”和“向外”两个选项。“向内”是刀具从周边向中心切削；“向外”是刀具从中心向周边切削，如图 1–113 所示。

图 1–113　刀路方向

④ 切削角：用于“单向”、“往复”和“单向轮廓”切削模式。利用切削角控制刀轨旋转，在指定切削角时，该角是刀轨相对于 WCS 的 XC 轴的方向，如图 1–114 所示为“往复”切削模式指定的 30° 的切削角。切削角共有“自动”、“指定”、“最长的边”和“矢量”4 个选项。

自动：使用该选项时，系统将根据每个切削区域的形状确定最有效的切削角，使得在区域切削时具有最少的内部进刀运动。

指定：使用该选项时，允许人为指定一个与+XC 方向的夹角确定切削角。输入角度前，可以修改工作坐标系 WCS 使 XC—YC 平面与部件的切削平面相对应，有助于切削角的设定。

最长的边：使用该选项时，系统将以与区域外轮廓中最长的直线段平行的角度为切削角。如果区域轮廓不包含直线段，则系统搜索最长的内部轮廓直线段。

矢量：使用该选项时，系统将弹出“矢量”对话框来指定一个矢量方向定义切削角度。矢量将沿刀轴方向投影到切削层平面内以确定切削角的大小。

⑤ 自相交：在“标准驱动”切削模式中指定是否允许针对每一形状使用自相交的刀轨，如图 1–115 所示。关闭此选项后，将不允许每个形状出现自相交刀轨。

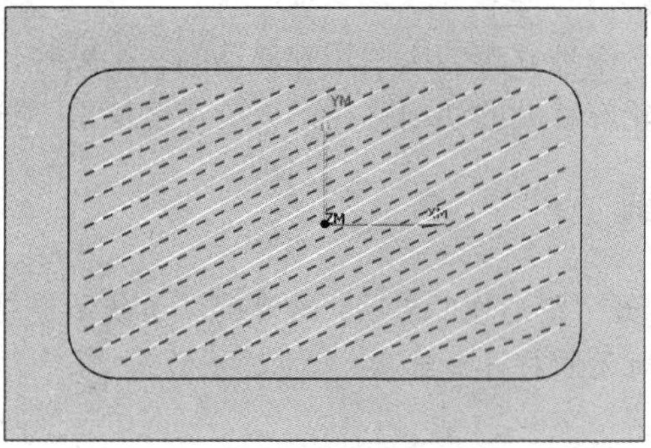

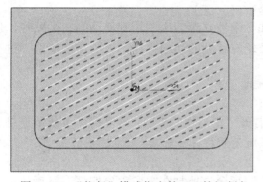

图 1–114 “往复”模式指定的 30° 的切削角

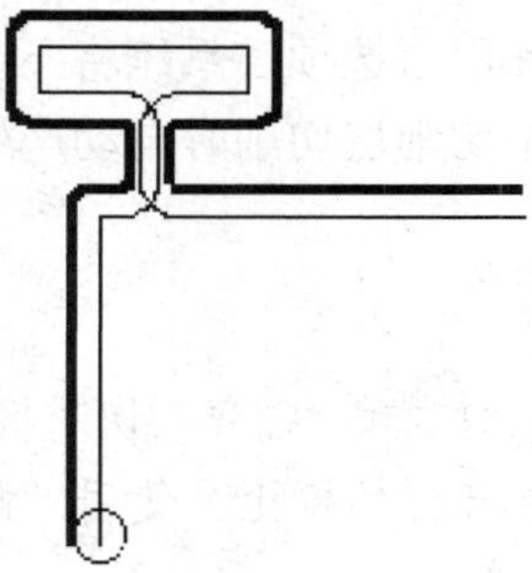

图 1–115 “标准驱动”模式中的“自相交”

⑥ 岛清根：“岛清根”选项用来控制是否增加跟随岛屿轮廓移动的切削刀路，如图 1–116 所示。当打开该选项后，系统在生成切削的切削刀路时，自动计算岛屿的轮廓，可保证在岛屿的周围不会留下多余的材料。在“跟随周边”和“轮廓加工”铣切削模式时应勾选“岛清根”，以保证每个岛区域都包含一个沿该岛的完整清理刀路。

⑦ 壁清理：“壁清理”用于指定切除侧壁残余材料的方法，仅适用于“单向”、“往复”和“跟随周边”三种切削模式。应用“壁清理”时，系统会在每个切削层切削之后或者之前插入一个跟随区域轮廓的切削路径来切除侧壁残余材料。“壁清理”提供了 4 个选项：“无”、“在起点”、“在终点”和“自动”。

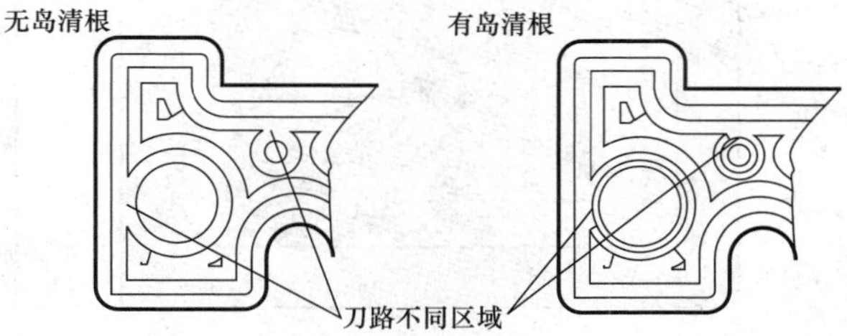

图 1–116 岛清根

无：使用该选项时，系统将不会添加跟随区域轮廓移动切削残余材料的切削路径，如图 1–117 所示。

在起点：使用该选项时，系统将在切削层开始切削前，添加一个跟随区域轮廓移动的切削路径，以防止在侧壁留下类似“脊”的残料，如图 1–118 所示。

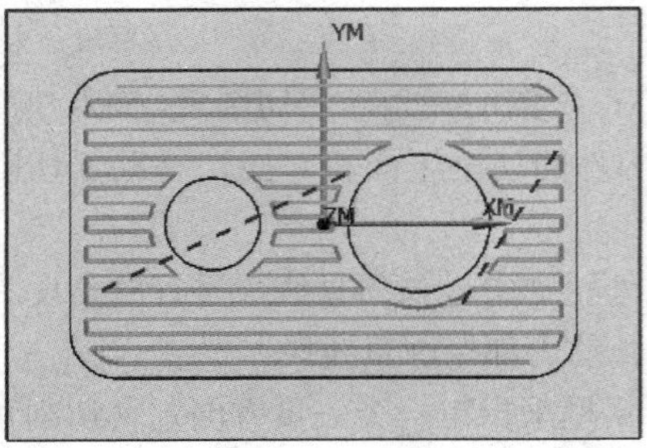

图 1–117　无壁清理

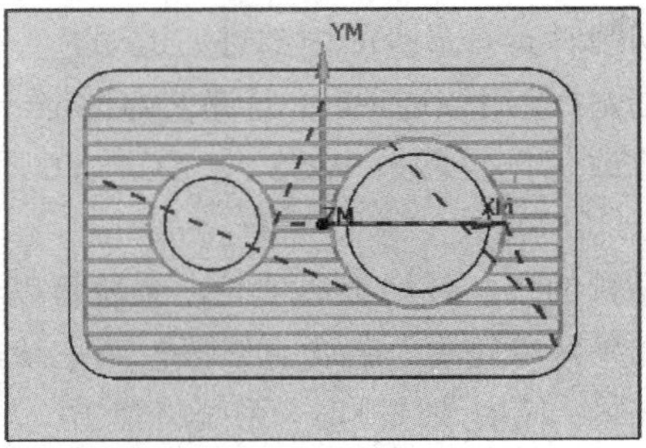

图 1–118　在起点

在终点：使用该选项时，系统将在切削层切削结束后，添加一个跟随区域轮廓移动的切削路径，以防止在侧壁留下类似“脊”的残料。

自动：使用该选项，系统将不会另外添加一个独立跟随区域轮廓移动的切削路径，但仍然会在每个切削层切削时自动产生跟随区域轮廓移动的切削路径，以免在侧壁留下过多的材料。

■ 注意

使用“单向”和“往复”切削模式时，应打开“壁清理”选项。这可确保系统不会将多余材料都留在部件的壁上。使用“跟随周边”时无须打开此选项。

⑧ 添加精加工刀路：“添加精加工刀路”选项允许控制在完成主要切削刀路后，是否需要添加最后跟随轮廓的切削刀路。选择“添加精加工刀路”复选框，并输入精加工步距值，在边界和所有岛的周围创建单个或多个刀路，如图 1–119 所示未设定精加工刀路，如图 1–120 所示设定精加工刀路 2 条，步距为 1。

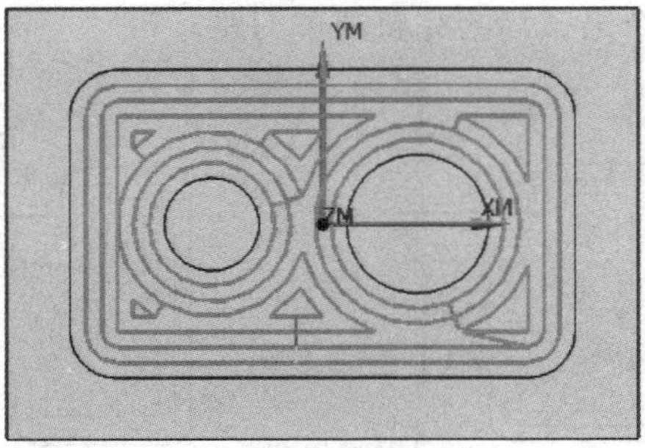

图 1–119　未设定精加工刀路

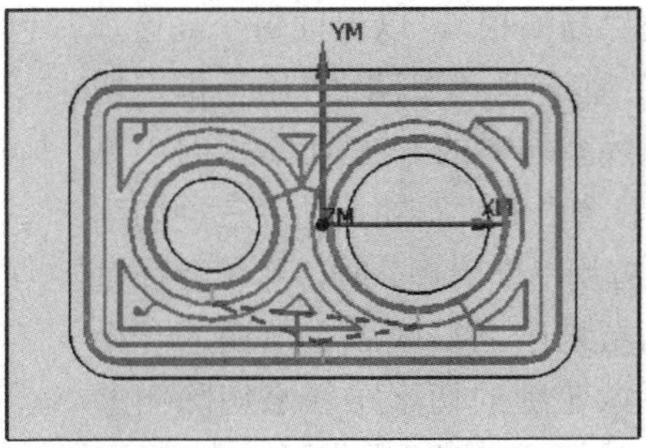

图 1–120　设定精加工刀路

■ 注意

“添加精加工刀路”仅适用于“单向”、“往复”、“单向轮廓”、“跟随周边”、“跟随部件”和“摆线”这六种切削模式。

⑨ 毛坯距离:“毛坯距离”允许指定沿部件边界或部件几何体的法向向外偏置的距离，定义一层黏附在部件边界或部件几何体表面待切除的多余材料厚度。设置合适的毛坯距离对于铸件或热处理零件的精加工非常有用，使得刀具仅产生切除指定距离材料的切削路径。

如果没有设定毛坯距离，刀具将切削由部件几何体所定义的整个区域的材料，如图1–121所示。如果设定了毛坯距离后，刀具将仅切削由毛坯距离所定义厚度的材料，如图1–122所示。

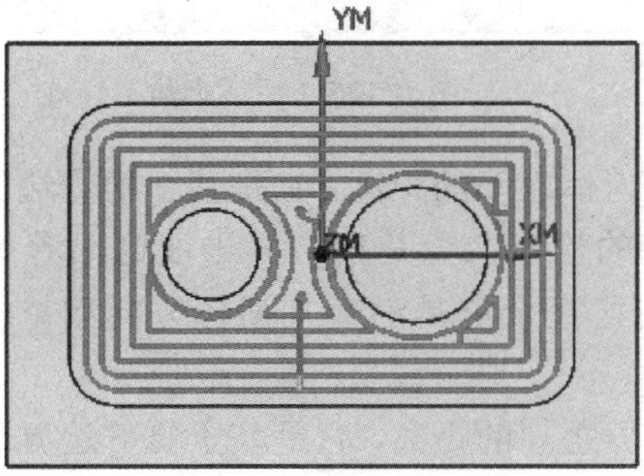

图1–121　未定义毛坯距离

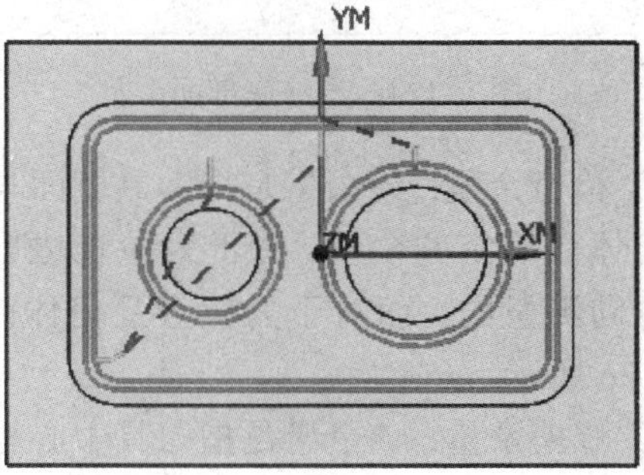

图1–122　定义了毛坯距离

2)“余量”选项卡。

在编写零件粗加工和半精加工的刀轨时，需要设定几何体的加工余量。在“切削参数”对话框“余量”选项卡，如图1–123所示，用于设定不同几何体的余量和加工精度公差。在实际应用中，应该根据工件材料、刀具材料及切削深度等切削条件的不同来进行合理选择。

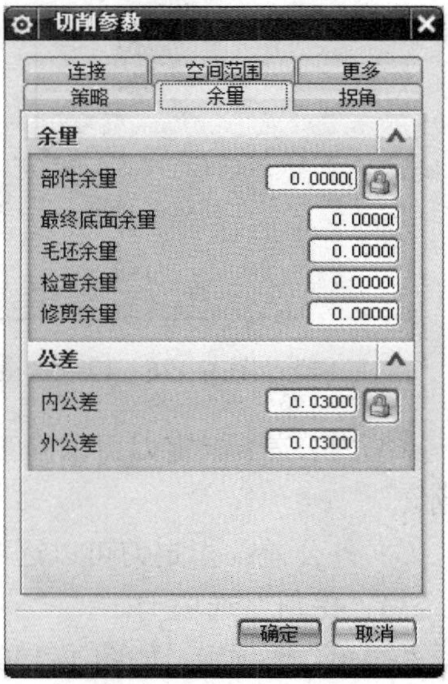

图1–123　“余量”选项卡

“余量”选项卡各参数说明如下。

① 部件余量：该余量是指当刀具完成切削后，残留在工件几何体表面的材料厚度，它是基于部件边界或部件几何体而设定的余量。

在默认情况下，“部件余量”将自动继承父级加工方法组的“部件余量”值，如果在操作中也设定了部件余量值，则系统将优先使用操作中所设定的部件余量值。

② 最终底部面余量：该余量是指当刀具完成切削

后，留在腔体底部面（岛的底平面和顶部）留下未切的材料厚度，它是基于部件边界或部件几何体而设定的余量，是沿刀轴方向测量的，如图 1–124 所示。

③ 毛坯余量：该余量是指刀具中心偏离毛坯边界或毛坯几何体的距离，它是基于毛坯边界或毛坯几何体而设定的余量，如图 1–125 所示。

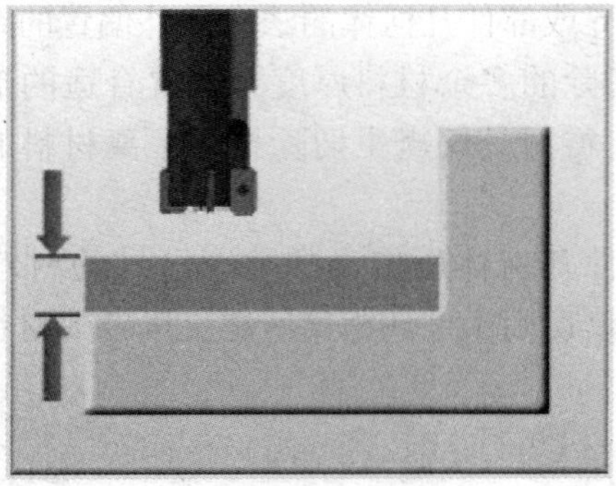

图 1–124　最终底部面余量

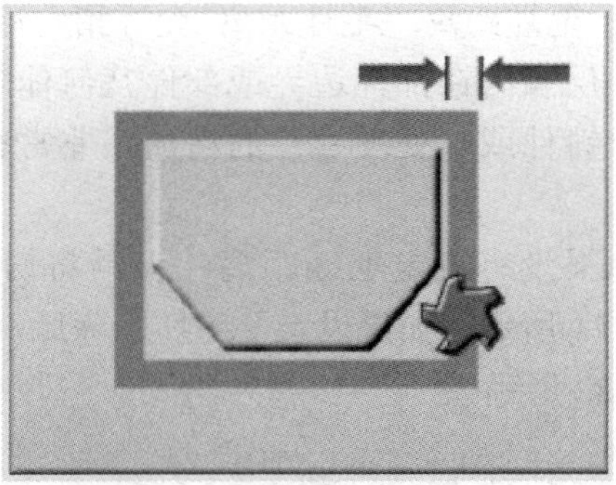

图 1–125　毛坯余量

④ 检查余量：该余量是指刀具侧面与检查几何体之间的距离，它是基于检查边界或检查几何体而设定的余量。对于为检查边界而设定的检查余量是在边界平面内沿着垂直于刀轴方向测量的，而对于为检查几何体而设定的检查余量是沿着几何体方向测量的，如图 1–126 所示。

⑤ 修剪余量：该余量是指刀具中心与修剪边界之间的距离，它是基于修剪边界而设定的余量，如图 1–127 所示。

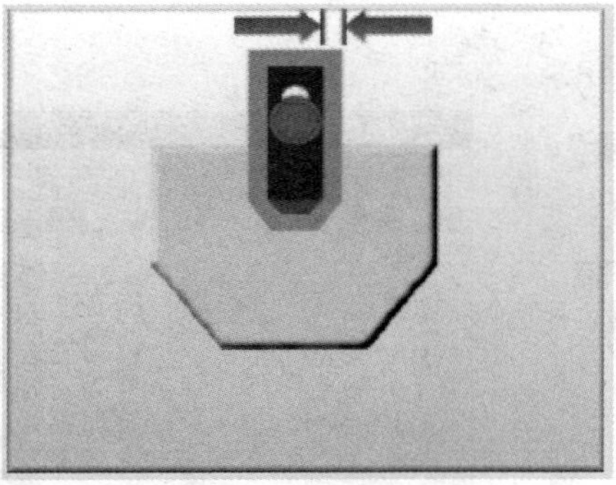

图 1–126　检查余量

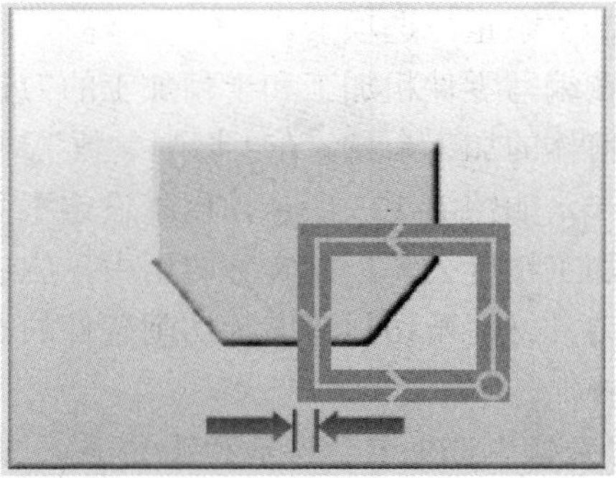

图 1–127　修剪余量

⑥ 内公差：指定刀可以向工件方向偏离预定刀轨（触碰表面）的最大距离，如图 1–128 所示。

⑦ 外公差：指定刀可以远离工件方向偏离预定刀轨的最大距离，如图 1–129 所示。

3）“拐角”选项卡。

“拐角”选项卡，如图 1–130 所示，在此选项卡中允许指定当刀具沿拐角移动切削时的刀轨形状，以产生光顺平滑的切削路径，这样可以有效减少刀具在拐角移动时偏离工件侧

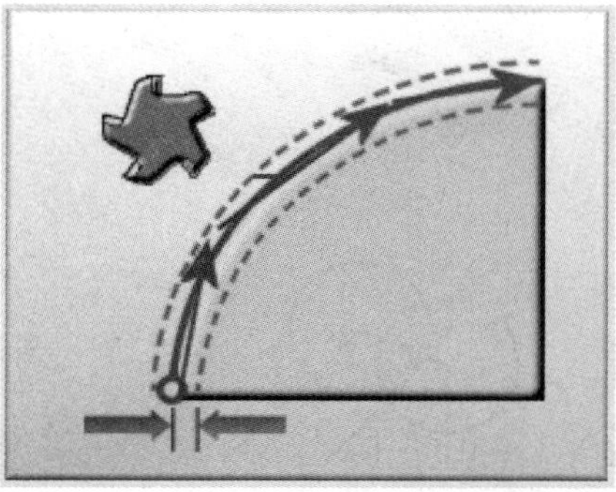

图 1–128 内公差

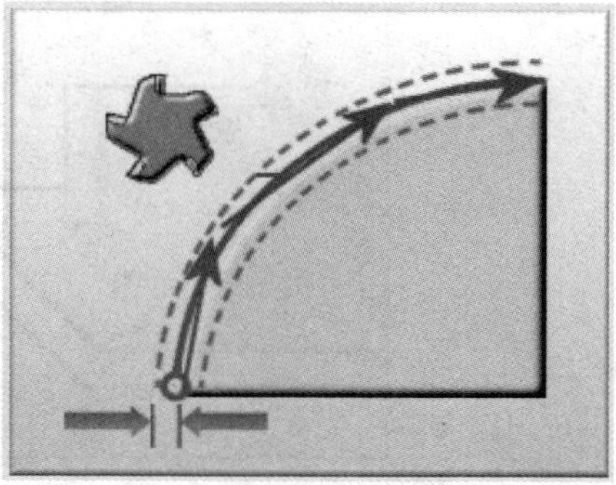

图 1–129 外公差

壁而引起的过切现象，有利于高速加工，还可以控制刀具做圆弧运动时的移动进给率，使刀轨中圆弧部分的切屑负载与线性部分的切屑负载相一致。

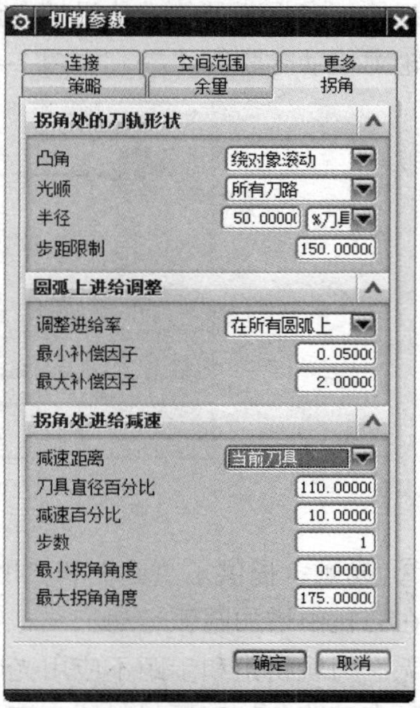

图 1–130 “拐角”选项卡

“拐角”选项卡中各参数说明如下：

① 凸角：“凸角”提供了三种方式：“绕对象滚动”、“延伸并修剪”和“延伸”，允许指定当刀具沿轮廓移动时刀轨的形状。

绕对象滚动：在拐角处的刀轨中插入圆弧运动，刀具与拐角始终保持接触，此时圆弧的半径等于刀具半径，拐角点就是该圆弧的圆心，如图 1–131 所示。

延伸并修剪：在拐角处的刀轨沿切向延长一定距离形成类似“倒角”的切削刀路，如图 1–132 所示。

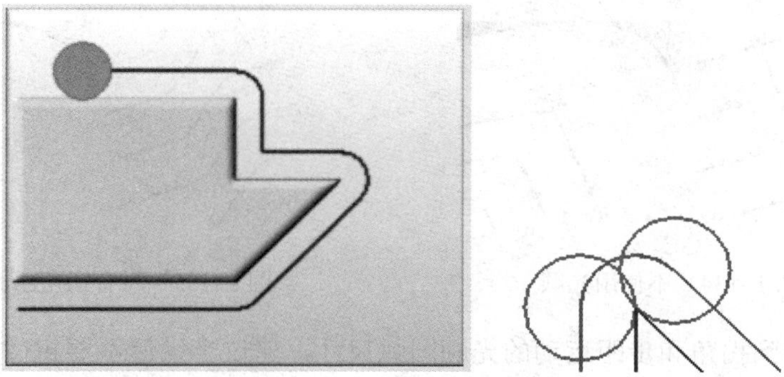

图 1–131 绕对象滚动

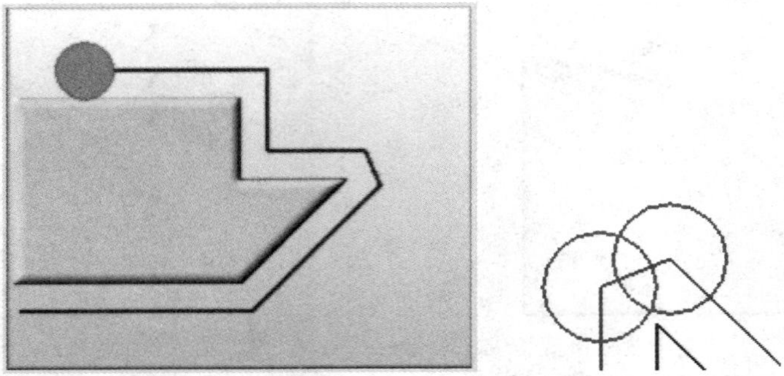

图 1–132　延伸并修剪

延伸：在拐角处的刀轨沿切向延伸直至相交并形成尖角的刀轨形状，使得刀具在沿拐角的轮廓移动时脱离边界，如图 1–133 所示。

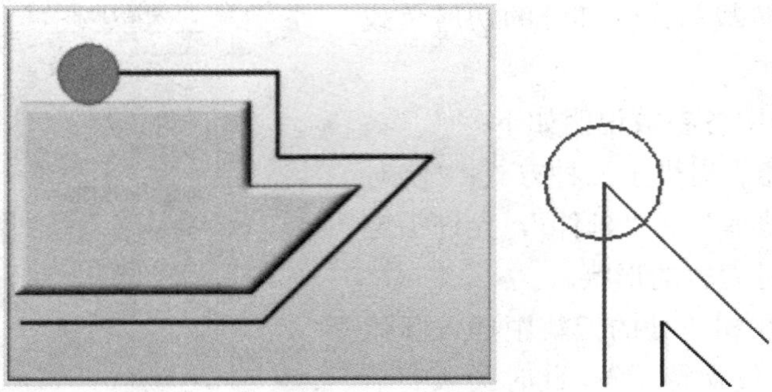

图 1–133　延伸

② 光顺：提供了“无”和“所有刀路”两种方式。允许指定当刀具沿内凹角移动时，是否在刀轨中增加圆弧运动。

无：刀轨拐角和步距不应用光顺半径，如图 1–134 所示。

所有刀路：加工硬材料或高速加工时，为所有拐角添加圆角尤其有用，可以防止刀具切削移动的前进方向突然变化，使得刀具切削载荷突然加大，以及因惯性引起机床振动，从而影响加工质量。如图 1–135 所示，刀轨拐角和步距已应用光顺半径。

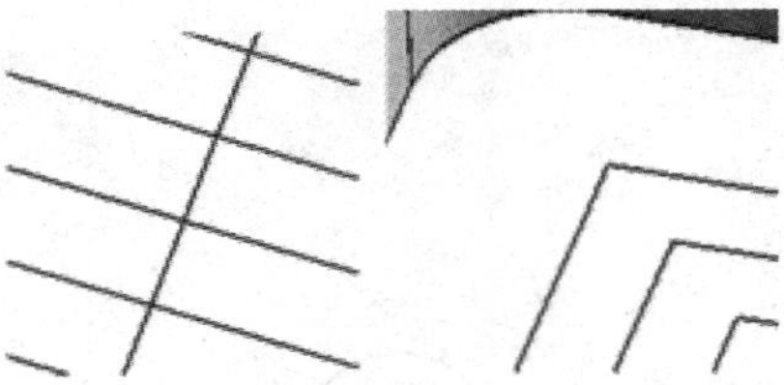

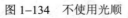

图 1–134　不使用光顺

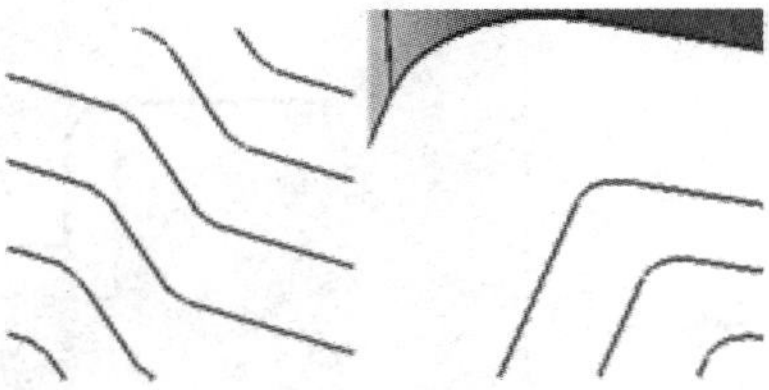

图 1–135　所有拐角添加圆角光顺

半径：添加到拐角和步距运动的光顺圆弧尺寸，建议半径值不要超过步距值的一半，否则在步距上会出现意外结果。

步距限制：使用 100%的最小值和 300%的最大值移除未切削区域。

③ 圆弧上进给调整：“圆弧上进给调整”组允许调整刀轨中圆弧运动的进给速度，以保持刀具边缘的进给速度与线性运动的进给速度一致。控制拐角中进给率，共有“无”和“在所有圆弧上”两个选项。

无：不调整进给率。

在所有圆弧上：调整进给率，最小补偿因子提供缩小进给率的最小减速因子；最大补偿因子提供缩小进给率的最大减速因子。

④ 拐角处进给减速：“拐角处进给减速”组允许控制刀具在沿凹角移动时，降低刀具的进给速度，使得刀具运动更加平稳，有效防止刀具过切现象。系统会自动侦测减速距离，并按指定的减速步数，降低进给速度。当完成减速后，刀具将加速到正常的进给速度。控制拐角中进给率，共有“无”、“当前刀具”和“上一个刀具”3个选项。

无：不调整进给率。

当前刀具：使用当前刀具直径作为减速距离。

上一个刀具：使用上一个刀具直径作为减速距离。

刀具直径百分比：使用刀具直径百分比作为减速距离。

减速百分比：设置原有进给率的减速百分比。

步数：设置应用到进给率的减速步数。

最小拐角角度：设置识别为拐角的最小角度。

最大拐角角度：设置识别为拐角的最大角度。

4）“连接”选项卡。

“连接”选项卡，如图1–136所示，主要用于定义切削运动间的运动方式。“连接”选项卡中各参数说明如下。

① 区域排序：切削顺序中“区域排序”提供多种自动或手工指定切削区域加工顺序的方法，共有“标准”、“优化”、“跟随起点”和“跟随预钻点”4个选项。

标准：系统确定切削区域的加工顺序，如图1–137所示。对于平面铣操作，系统通常

图1–136 “连接”选项卡

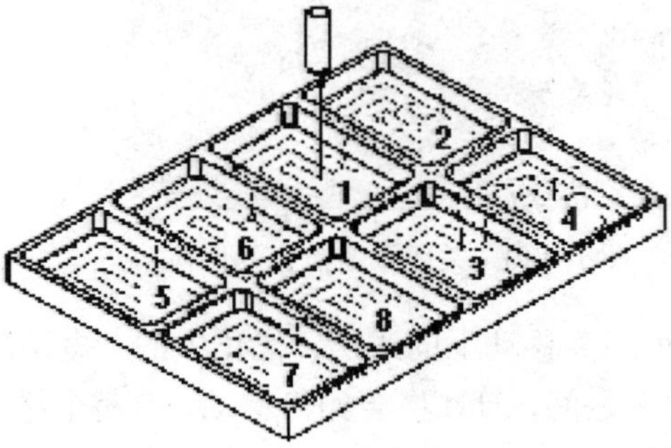

图1–137 标准排序

使用边界的创建顺序作为加工顺序，或使用面的创建顺序作为加工顺序。因系统可能会分割或合并区域，这样顺序信息就会丢失，所以，此时使用该选项，切削区域的加工顺序将是任意和低效的。

优化：根据加工效率来决定切削区域的加工顺序，如图 1–138 所示。系统确定的加工顺序可使刀具尽可能少地在区域之间来回移动，并且当从一个区域移到另一个区域时刀具的总移动距离最短。如果是多层切削，并且使用“层优先”作为切削顺序来加工多个切削层时，优化功能将确定第一个切削层中的区域的加工顺序。第二个切削层中的区域将以相反的顺序进行加工，以此减少刀具在区域间的移动时间。这种交替反向将一直继续，直至所有切削层加工完毕。

跟随起点和跟随预钻点：系统根据指定切削区域起点或预钻进刀点时所采用的顺序来确定切削区域的加工顺序，这些点必须处于活动状态，以便区域排序能够使用这些点。如果为每个区域均指定了一个点，系统将严格按照点的指定顺序加工区域，如图 1–139 所示。

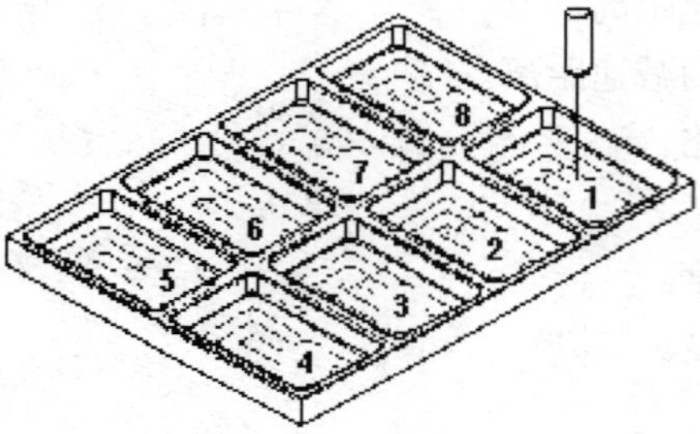

图 1–138 “优化”排序

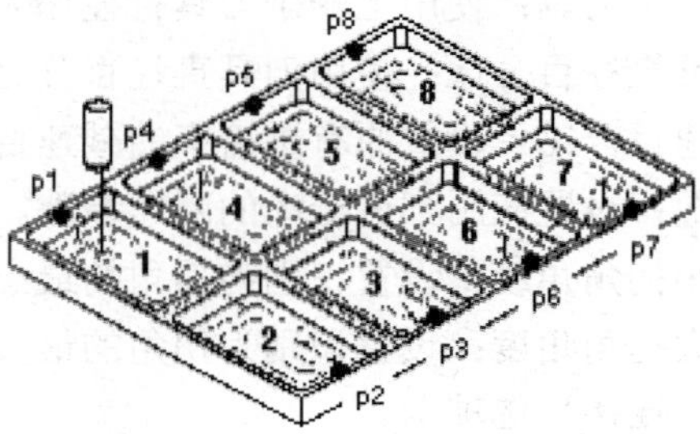

图 1–139 每个区域中均定义了起点

② 跟随检查几何体：优化中的“跟随检查几何体”允许控制刀具是否跟随检查几何体做切削移动。打开此选项，刀具沿检查几何体进行移动切削；关闭此选项，则刀具遇到检查几何体时将抬刀，并做移刀运动。图 1–140 所示为关闭跟随检查几何体时刀具运动方式，图 1–141 所示为打开跟随检查几何体时刀具运动方式。

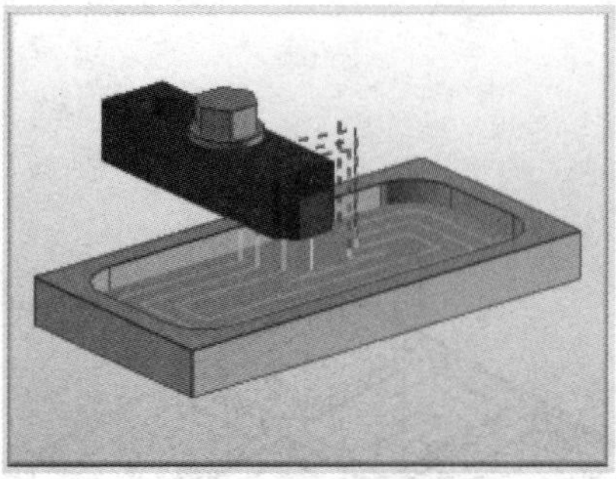

图 1–140 关闭跟随检查几何体

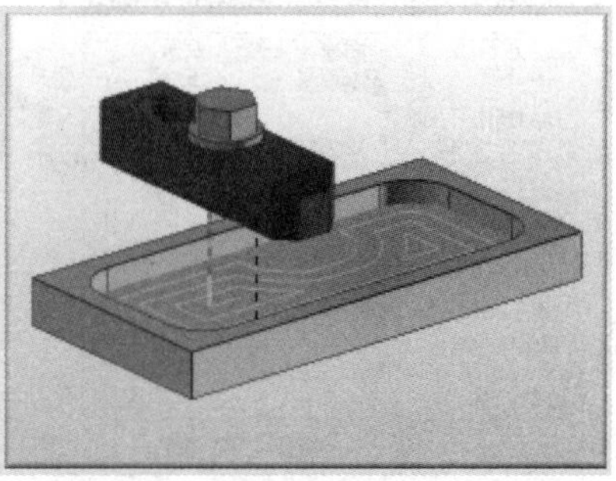

图 1–141 打开跟随检查几何体

③ 短距离移动上的进给：优化中的“短距离移动上的进给”允许在同一边界区域内不同切削区域之间，刀具将会如何移动。当两个区域之间的距离小于指定的“最大移刀距离”值时，则刀具将沿着部件几何体表面做进刀移动。否则刀具将以当前的转移方式提刀，然

后做移刀运动到下一个进刀点上方的位置。

④ 开放刀路：“开放刀路”提供了两个选项“保持切削方向”和“改变切削方向”，允许指定刀具在开放刀路之间移动的连接方法。

如果使用“保持切削方向”，则在开放的刀路中，当完成一条刀路切削后，刀具将抬刀离开工件并做移刀运动到下一条刀路的起点，以保持每条刀路均采用相同的切削方向，如图 1–142 所示。如果使用“变换切削方向”，则在开放的刀路中，当完成一条刀路切削后，刀具将保持与工件接触作步进移动到下一条刀路的起点，并采用相反的切削方向进行切削，如图 1–143 所示。

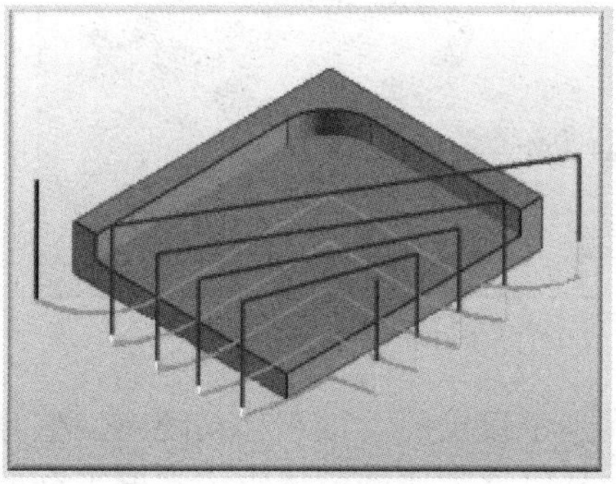

图 1–142　保持切削方向

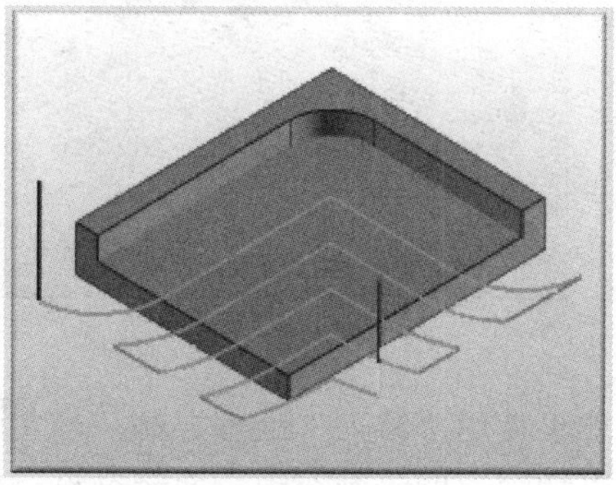

图 1–143　变换切削方向

■ 注意

开放刀路选项仅当使用“跟随部件”和“轮廓加工”切削模式时才有效。

⑤ 跨空区域：当选择“往复”、“单向”和“单向轮廓”切削模式时，“跨空区域”才有效。“跨空区域”允许指定当遇到切削区域内部有空隙时的处理方法，如图 1–144 所示。

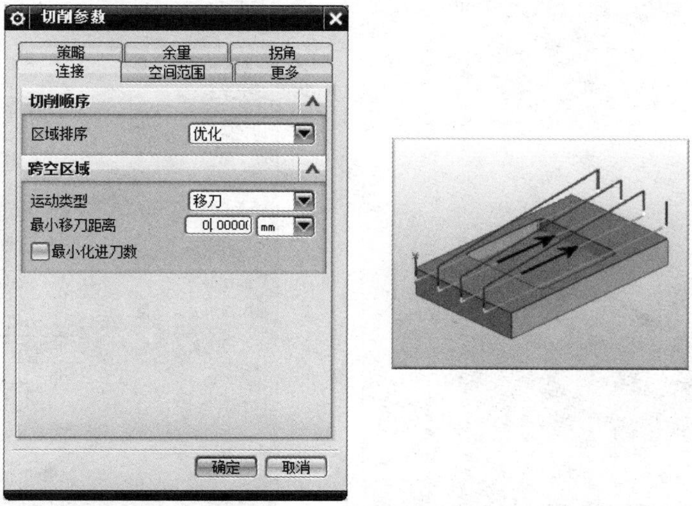

图 1–144　跨空区域

如果使用“跟随”处理方法，刀具将以切削速度切削空隙周围的面，如图 1–145 所示。当空隙形状使得刀具无法移动时，刀具将退刀并快速移动到下一个切削点，继续开始正常切削。

如果使用“剪切”处理方法，系统将忽略空隙，而是刀具以切削速度切削整个切削区域，如图 1–146 所示。当空隙较小时使用此方法可以有效减少刀具的退刀移动。

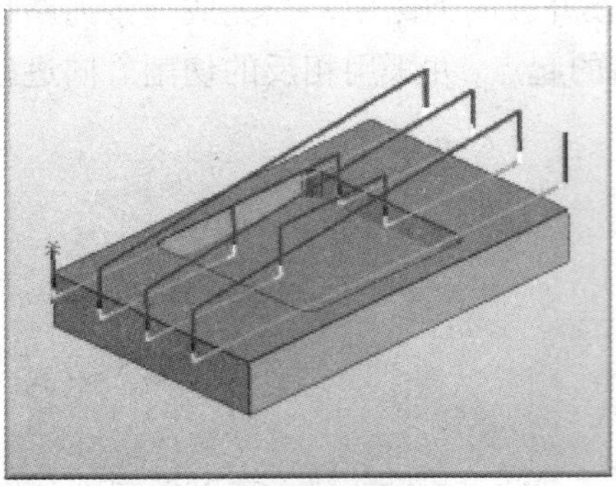

图 1–145 “跟随”方式

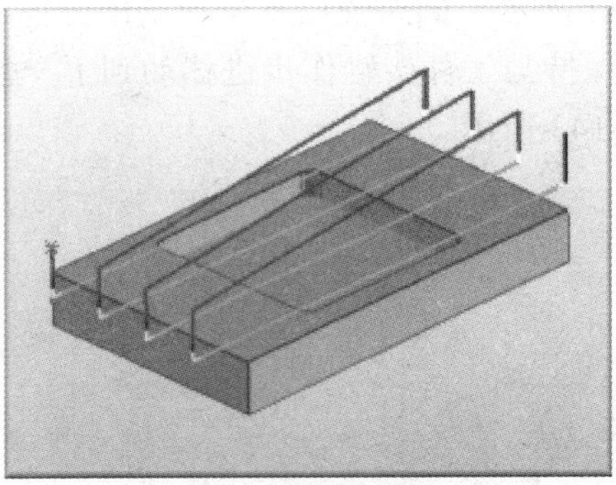

图 1–146 “剪切”方式

如果使用“移刀”处理方法，当实际空隙距离小于设定的“最小移动距离”值时，刀具将以切削速度跨越空隙，而超过设定值时，则刀具以移刀速度跨越空隙，但不会做退刀运动，如图 1–147 所示。

5）“更多”选项卡。

“更多”选项卡，如图 1–148 所示，允许指定安全设置、边界逼近和下限平面等辅助参数，这些对特殊情况下有作用。“更多”选项卡中各参数说明如下。

① 安全距离：定义刀具所使用的自动进刀/退刀距离。它为部件定义刀具夹持器不能触碰的扩展安全区域。

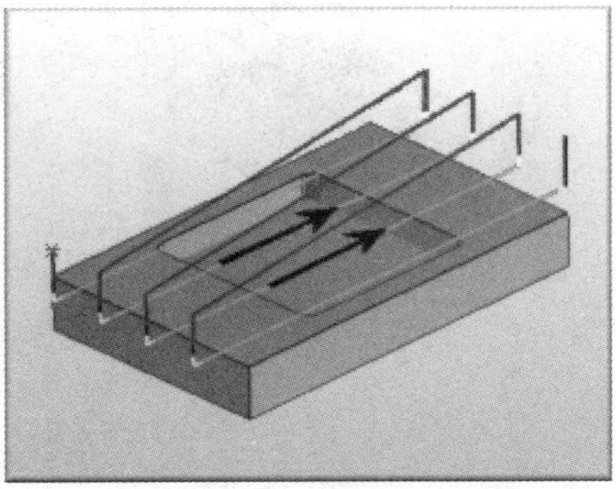

图 1–147 “移刀”方式

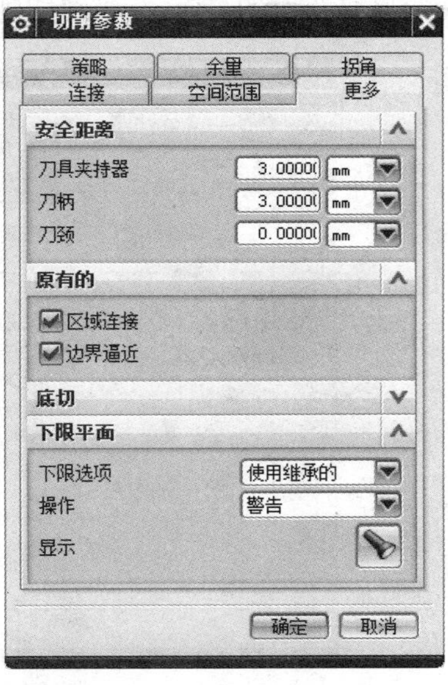

图 1–148 “更多”选项卡

② 区域连接："区域连接"允许控制是否优化刀路之间的步距移动，尽可能减少刀具抬刀的次数。当遇到如岛屿、凹槽或者其他障碍物时，系统会将切削层中的可加工区域分成若干个子区域。如果关闭区域连接，刀具将从一个区域退刀，做移刀运动到下一个子区域再重新进入部件，以此连接各个子区域，如图 1–149 所示。如果打开区域连接，系统将最大限度保持刀具与部件连续接触，减少进刀和退刀次数，如图 1–150 所示。

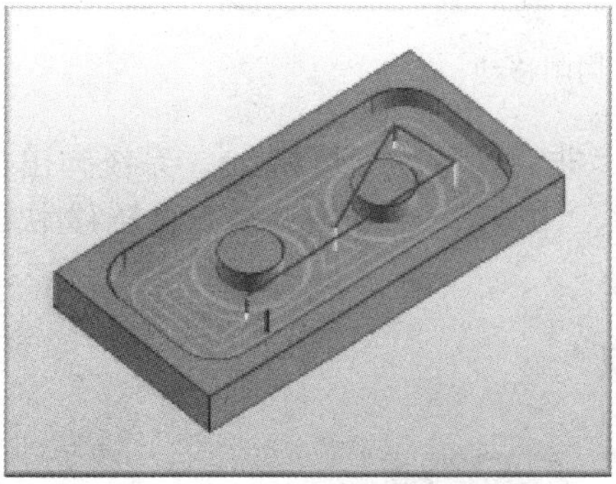

图 1–149 关闭"区域连接"

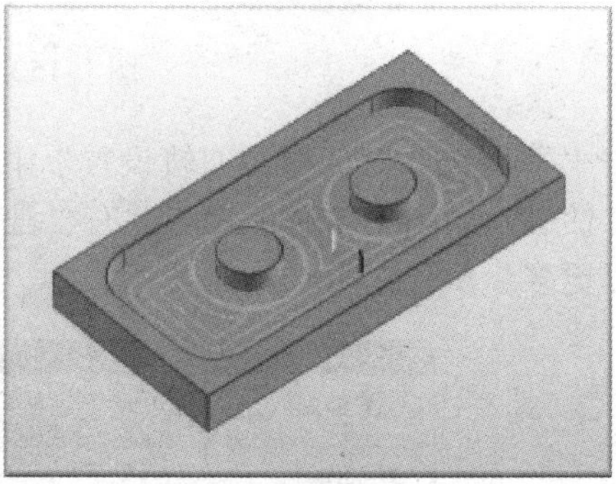

图 1–150 打开"区域连接"

③ 边界逼近："边界逼近"允许控制是否对样条曲线或二次曲线的边界进行简化处理，在远离边界的刀路中产生更多、更长的直线运动，从而减少刀轨处理时间和缩短刀轨，如图 1–151 所示。

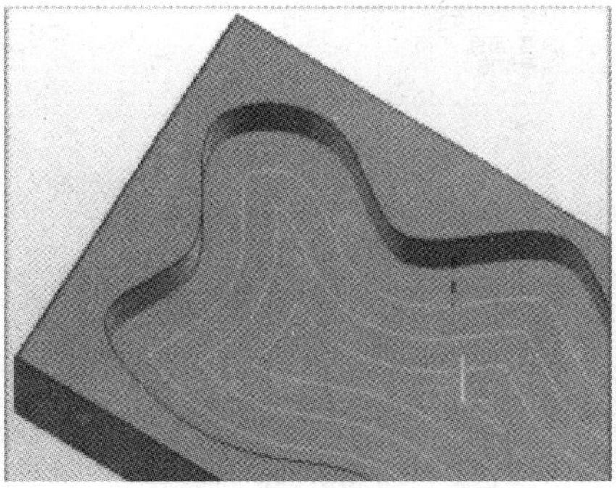

关闭"边界逼近"

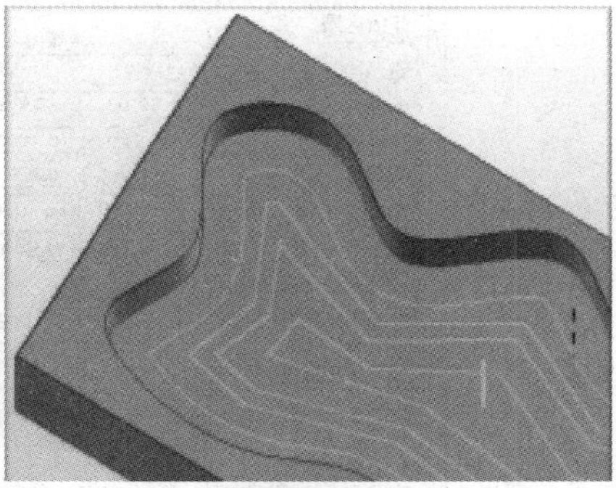

打开"边界逼近"

图 1–151 应用"边界逼近"导轨

④ 下限选项：用于指定下限平面的位置。"使用继承的"选项，系统将使用已存在的下限平面作为当前操作的下限平面；"平面"选项，通过指定平面作为下限平面。

（6）非切削移动。

"非切削移动"控制如何将多个刀轨段连接为一个操作中相连的完整刀轨。非切削移动在切削运动之前、之后和之间定位刀具，可以简单到单个的进刀和退刀，或复杂到一系列定制的进刀、退刀和移刀（离开、移刀、逼近）运动，这些运动的设计目的是协调刀路之间的多个部件面、检查面和提升操作，"非切削移动"如图 1–152 所示。

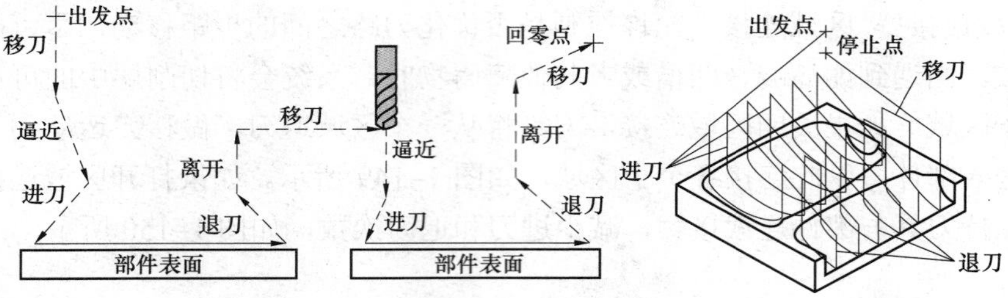

图 1–152　非切削移动

单击“平面铣”对话框“刀轨设置”中的“非切削移动”按钮，系统弹出“非切削移动”对话框，如图 1–153 所示，共有“进刀”、“退刀”、“起点/钻点”、“转移/快速”、“避让”和“更多”6 个选项卡。

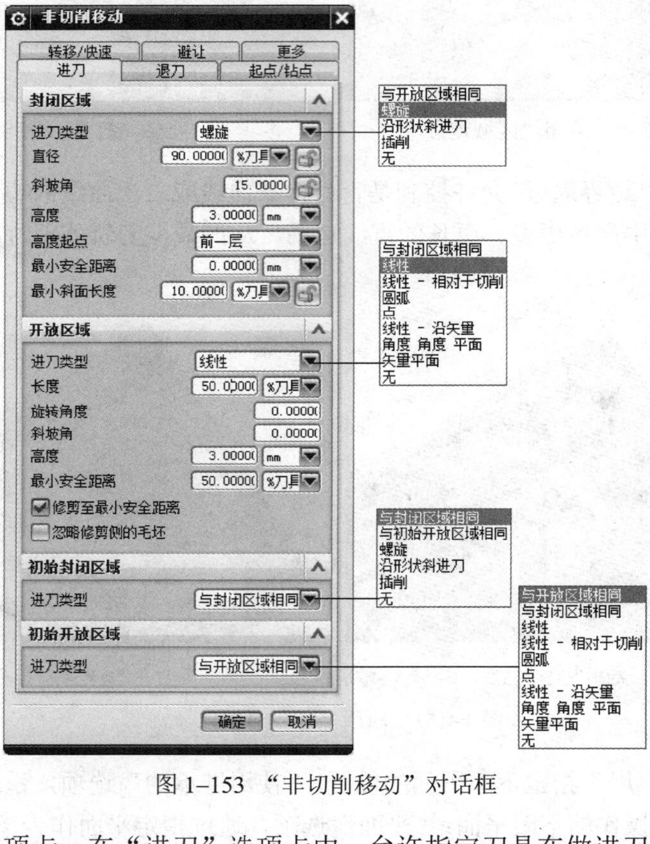

图 1–153 “非切削移动”对话框

1）“进刀”选项卡：在“进刀”选项卡中，允许指定刀具在做进刀移动时的进刀类型及其参数，产生符合加工工艺要求的进刀移动刀轨。根据切削区域的类型不同，系统提供了 4 个组：“封闭区域”、“开放区域”、“初始封闭区域”和“初始开放区域”，分别制定封闭和开放区域的进刀方式。因此要指定合理的进刀方式，需要明确区分封闭区域和开放区域。

① 区域识别。在一个操作中可能包含一个或者多个切削区域，有时还需要对一个切削

区域进行分层切削。因此，一个完整且合理的刀轨，需要有进刀和退刀移动。在生成进刀移动刀轨时，系统会首先尝试寻找一个刀具可凌空进入的空位，以免到达切削层时刀具切削零件材料。如果找不到空位，则系统会搜寻有无指定的预钻孔，并从预钻孔位置进入。如果没有指定预钻孔，则刀具将倾斜进入材料。一旦刀具到达切削即开始加工材料。

切削区域分为封闭区域和开放区域。一般情况下，在没有人为指定预钻孔的情况下，如果到达切削层之前，刀具必须先切除材料才能到达切削层的切削区域称为封闭区域；刀具可以从空位到达切削层的切削区域则称为开放区域。在判断一个区域是封闭区域还是开放区域，不能仅从切削区域的几何形状来考虑，还要考虑操作类型、切削模式和修剪边界等因素，也就是说，同样的几何形状，它既可以是开放区域，也可以是封闭区域，如图 1–154 所示。

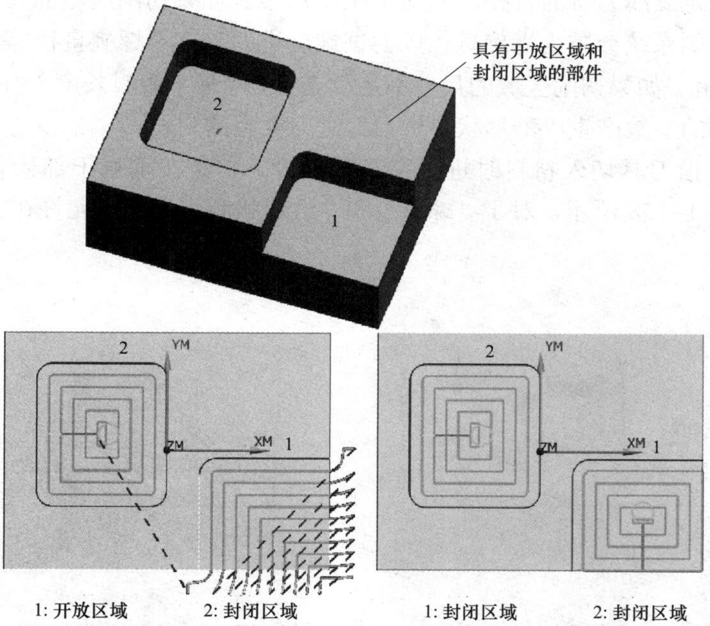

图 1–154　具有开放区域和封闭区域的部件

② 封闭区域：“封闭区域”组提供了 5 种进刀类型：“与开放区域相同”、“螺旋”、“沿形状斜进刀”、“插削”和“无”，允许指定当刀具到达切削层前需要切除材料的进刀类型及其参数。

a. 与开放区域相同：处理封闭区域的方式与开放区域相同，即使用开放区域进刀方式定义封闭区域的进刀。

b. 螺旋：“螺旋”进刀类型将产生一个螺旋线形状的刀轨，如图 1–155 所示，刀具从进刀点开始按指定的螺旋角度做螺旋线运动，直到到达切削层的开始切削点为止。“螺旋”进刀类型仅适合用于封闭区域。

如图 1–156 所示，“螺旋”进刀类型的参数，一般需要设定“直径”、“斜坡角”和“高度”这三个参数。

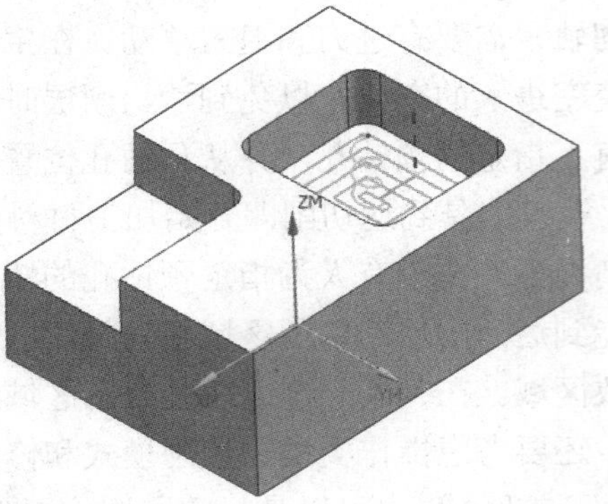

图 1–155 “螺旋”式进刀

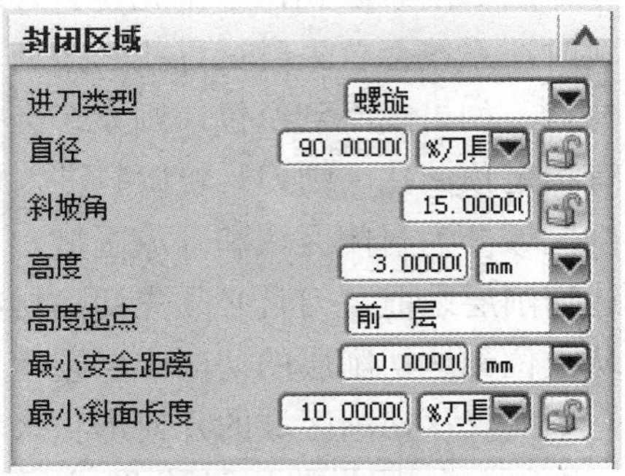

图 1–156 “螺旋”进刀类型的参数

直径：是指螺旋线刀轨的直径，如图 1–157 所示。如果切削区域的尺寸不足以支持指定的螺旋直径，则系统会减少螺旋直径以尝试螺旋进刀，直至螺旋直径等于“最小倾斜长度”所设定值为止。如果切削区域的尺寸不足以支持与“最小倾斜长度”相等的螺旋直径，则系统将以相同的参数产生“沿形状斜进刀”进刀类型的刀轨。

斜坡角：是指刀具切入材料时进刀路径的角度，它是在垂直于部件表面的平面内进行测量的，如图 1–158 所示。对于“螺旋”和“沿形状斜进刀”仅允许在 0° ～90° 范围内取值。

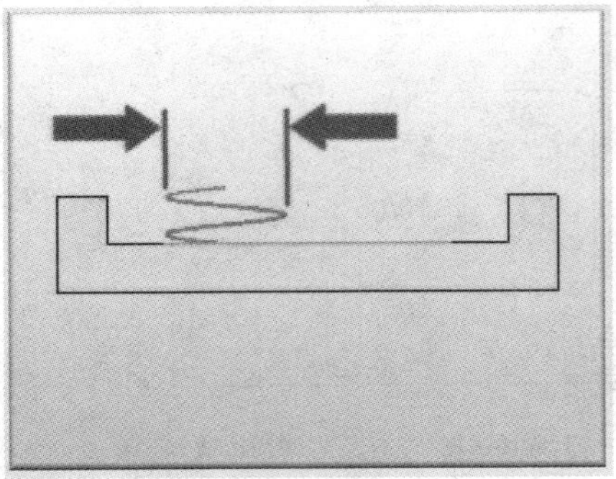

图 1–157　螺旋线直径

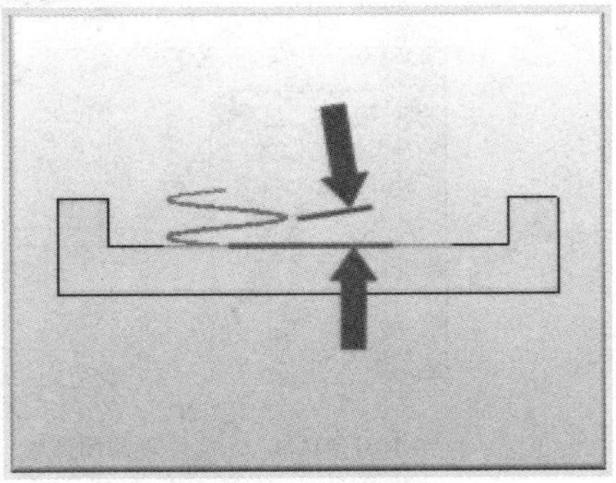

图 1–158　倾斜角度

高度：是指刀具开始进刀时进刀点与参考平面的距离，如图 1–159 所示，它确定了进刀点的高度位置。而“高度起点”则用来确定参考平面的位置，它提供了 3 种方法：“当前层”、“前一层”和“平面”，允许在编写刀轨时根据实际情况选择一种最合适的方法。

使用“当前层”方法时，“高度”值将从当前切削层的平面开始沿刀轴方向进行测量，如图 1–159 所示；使用“前一层”方法时，“高度”值将从前一个切削层的平面开始沿刀轴方向进行测量，如图 1–160 所示；使用“平面”方法时，“高度”值将从指定的平面沿刀轴方向进行测量，如图 1–161 所示。

最小安全距离：是指刀具与部件非加工区域的水平距离，它好像是一个包裹在部件几何体侧面的安全间隙带，如图 1–162 所示。“最小安全距离”可应用于“螺旋”、“沿形状斜进刀”、“圆弧”、“线性”和“线性—相对于切削”这 5 种进刀类型。

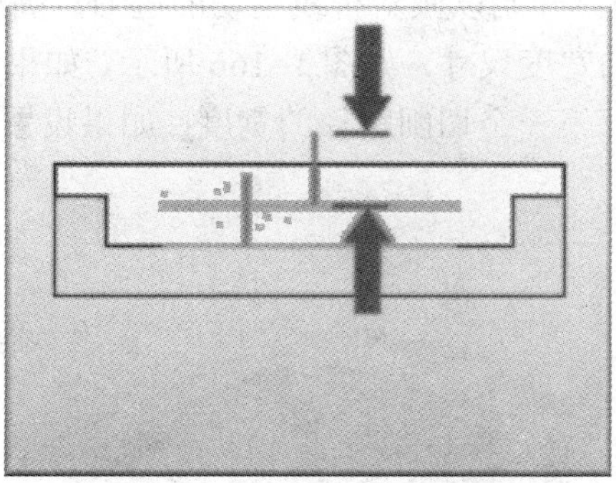

图 1–159 “当前层”选项

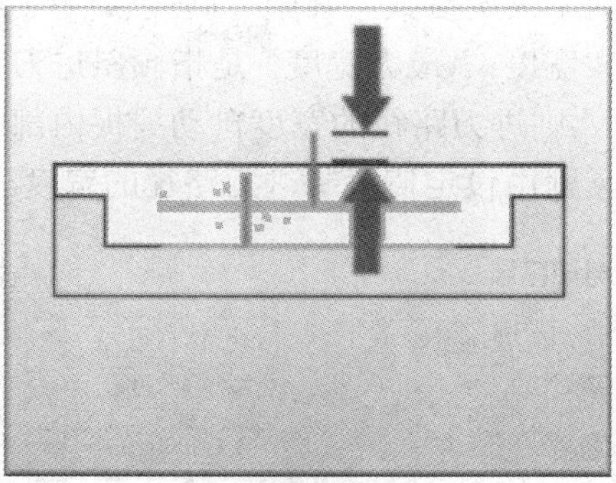

图 1–160 “前一层”选项

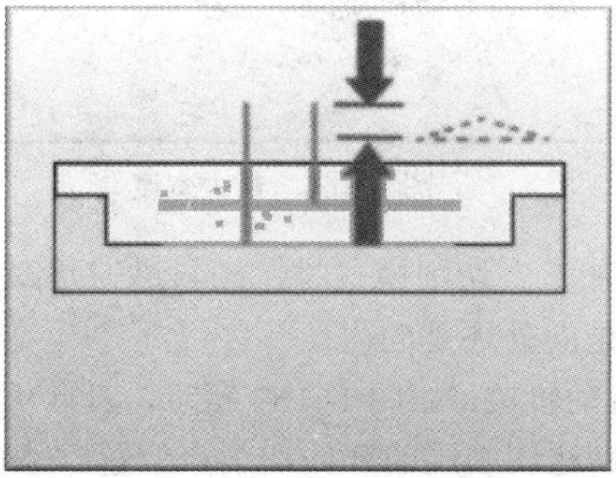

图 1–161 “平面”选项

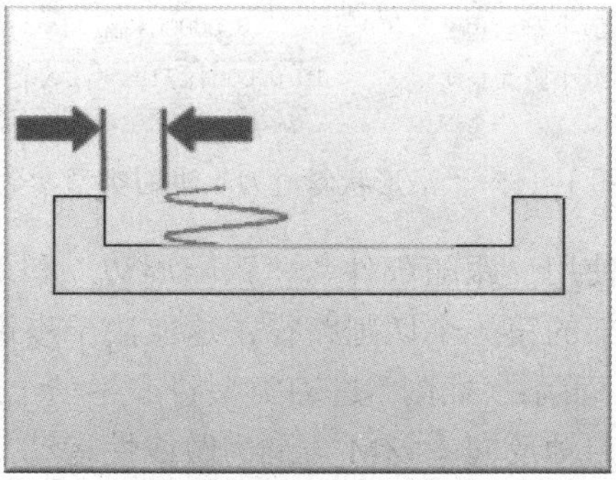

图 1–162 最小安全距离

最小倾斜长度：是指刀具从倾斜开始到倾斜结束时的进刀移动路径的最小水平距离，如图 1–163 所示，设定合理的值可以保证倾斜进刀移动不会在刀具中心留下未切削的小块或柱状材料。“最小倾斜长度”可应用于“螺旋”和“沿形状斜进刀”这两种进刀类型。

c. 沿形状斜进刀：“沿形状斜进刀”进刀类型将产生一个跟随第一个切削路径形状的倾斜导轨，如图 1–164 所示，刀具从进刀点开始沿指定的倾斜角做倾斜折线运动，直到到达切削的开始切削点为止。“沿形状斜进刀”进刀类型仅适用于封闭区域。

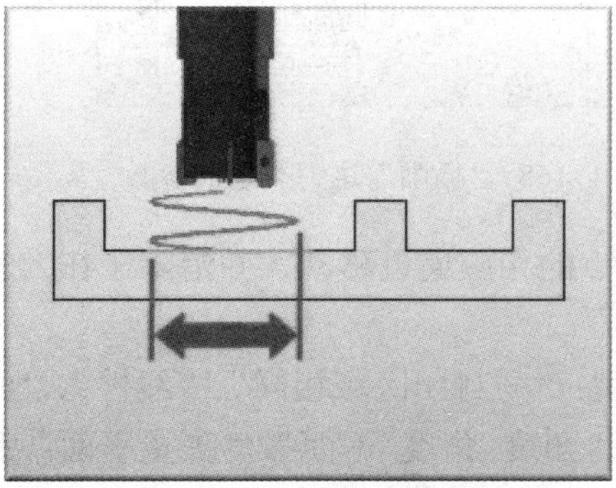

图 1–163 最小倾斜长度

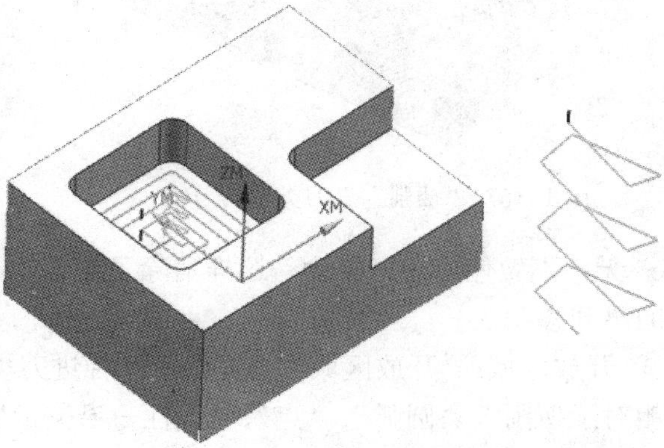

图 1–164 “沿形状斜进刀”进刀类型的刀轨

图 1–165 所示是“沿形状斜进刀”进刀类型的参数，一般需要设定“斜坡角”和“高度”这两个关键参数，其中“高度”值确定了刀具开始以倾斜折线运动的进刀点高度。

最大宽度：“最大宽度”是指倾斜进刀路径的宽度尺寸，如图 1–166 所示。如果设置为“无”时，则进刀路径的宽度自动捕捉内部或外部第一个切削路径的宽度；如果设置为“指定”时，则由设定值限制进刀路径的宽度。

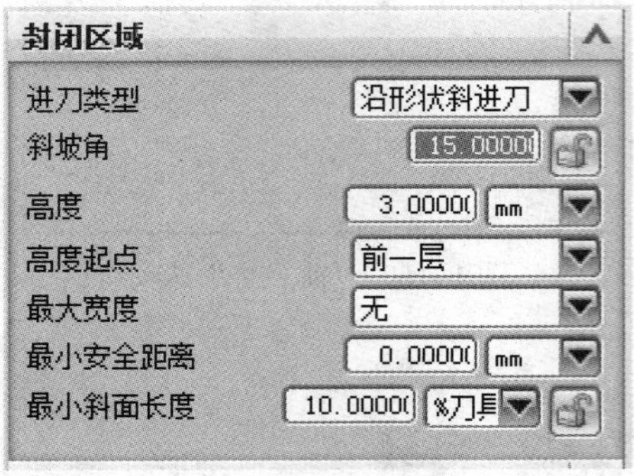

图 1–165 “沿形状斜进刀”进刀类型参数

图 1–166 最大宽度

当使用“跟随部件”、“跟随周边”和“轮廓加工”切削模式时，倾斜进刀是跟踪内部还是外部的第一个切削路径，这取决于步进方向是向外还是向内。

d. 插削：“插削”进刀类型将产生一个线性运动轨迹，如图 1–167 所示，刀具从进刀点开始沿刀轴反向（–ZM 方向）做线性运动，直到到达切削层的开始切削点位置。“插削”进刀类型仅适用于封闭区域。

图 1–168 所示为“插削”进刀类型的参数，需要设定“高度”和“高度起点”的值。

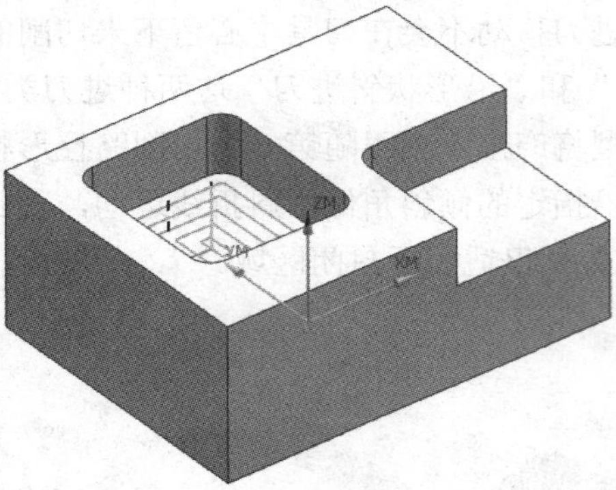

图 1–167 “插削”进刀类型的刀轨

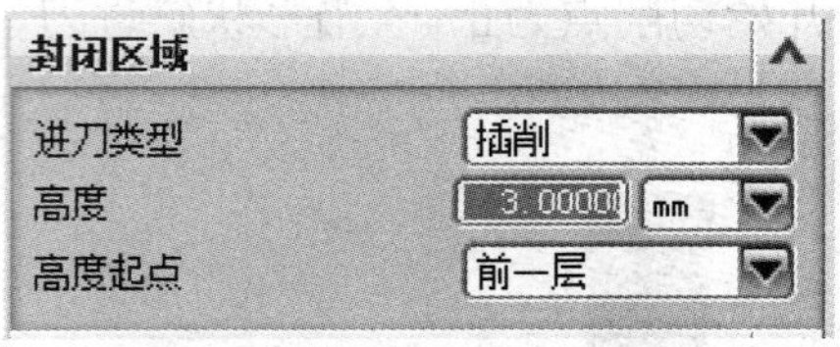

图 1–168 “插削”进刀类型的参数

e. 无：不做任何进刀移动，这样消除了在刀轨起点的相应逼近移动，并消除了在刀轨终点的离开移动。

③ 开放区域：“开放区域”组提供了 9 种进刀类型：“与封闭区域相同”、“线性”、“线性—相对于切削”、“圆弧”、“点”、“线性—沿矢量”、“角度 角度 平面”、“矢量平面”和“无”，允许指定当刀具凌空进入切削层的进刀类型及其参数。根据实际情况，可以选择一

种最合适的进刀移动类型，多数情况下常常使用圆弧和线性作为开放区域的进刀移动类型。

a. 与封闭区域相同：不使用开放区域移动，且使用封闭区域相同的进刀设置。

b. 线性：“线性”进刀类型将产生一个与第一个切削路径方向相关的线性运动刀轨，刀具从进刀点开始沿指定的角度方向做线性运动，直至到达切削层的开始切削点为止。如果没有设定“斜坡角”值，则刀具先从进刀点开始沿刀轴反向直线运动到切削层后，再沿由“旋转角度”定义的方向运动。“线性”进刀类型仅适合于开放区域。

如图 1–169 所示为“线性”进刀类型的参数，一般需要设定“长度”、“旋转角度”、“斜坡角”和“高度”4 个参数值，这些参数共同定义了刀具开始进刀时的进刀点位置、线性运动的方向。

如图 1–170 所示，“线性”进刀导轨方向由“旋转角度”和“斜坡角”共同确定。

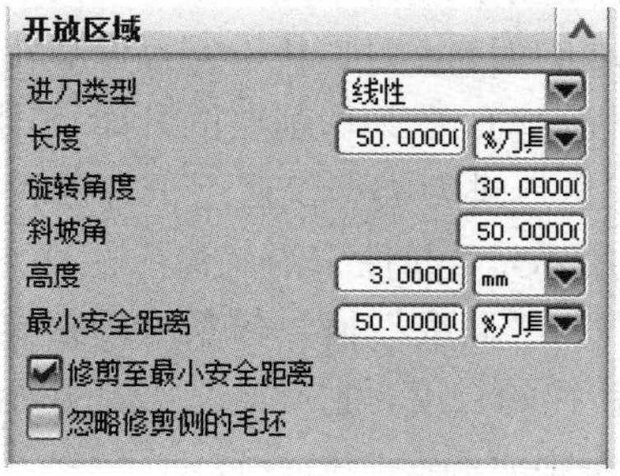

图 1–169 “线性”进刀类型的参数

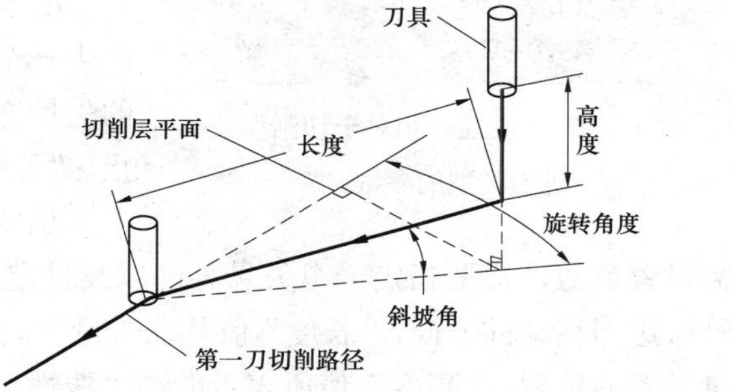

图 1–170 “线性”进刀示意

长度：指定的值是指沿进刀方向测量的斜线长度。

旋转角度：对于“线性”进刀类型，“旋转角度”是指直线进刀路径与第一个切削路径的夹角，它在开始切削点按逆时针计算，如图 1–170 所示。“旋转角度”可应用于“线性”、“线性—相对于切削”和“角度 角度 平面”这三种进刀类型。

修剪至最小安全距离：该选项是用来控制是否切除超过最小安全距离的进刀路径，使圆弧或直线进刀从最小安全距离的位置开始，如图 1–171 所示。“修剪至最小安全距离”可以应用于“圆弧”、“线性”和“线性—相对于切削”这三种进刀类型。

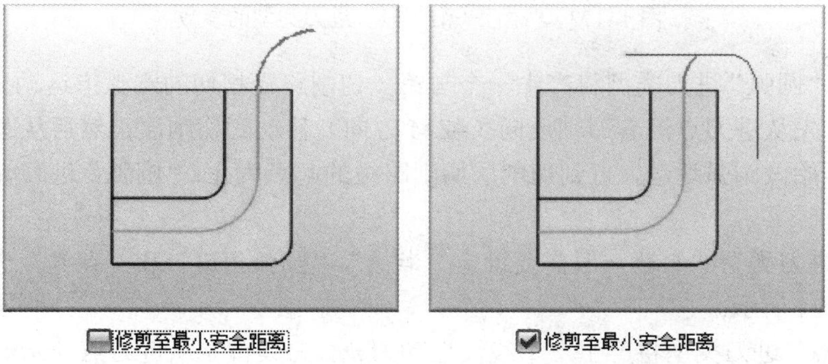

图 1–171 应用“修剪至最小安全距离”选项

c. 线性—相对于切削："线性—相对于切削"进刀类型将产生一个与切削移动相切的线性运动刀轨，刀具从进刀点开始沿指定的角度方向做线性运动，直至到达切削层的开始切削点为止。如果没有定义"斜坡角"值，则刀具先从进刀点开始沿刀轴反向直线运动到切削层后，再沿旋转角定义的方向运动。"线性—相对于切削"进刀类型仅适用于开发区域。

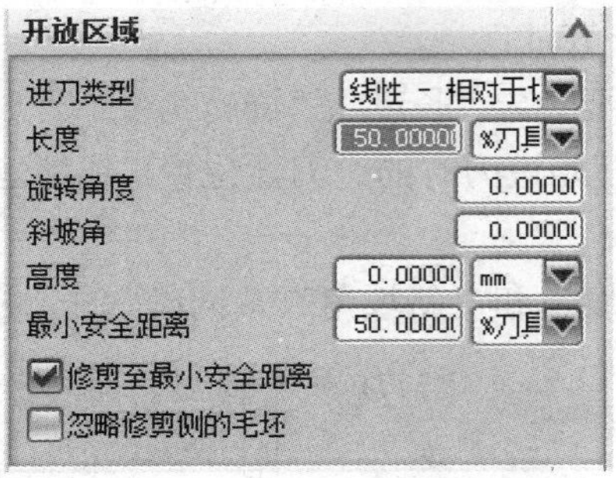

图 1–172 "线性—相对于切削"进刀类型的参数

如图 1–172 所示是"线性—相对于切削"进刀类型的参数，一般要设定"长度"、"旋转角度"、"斜坡角"和"高度"这 4 个关键参数，它们共同定义了刀具开始进刀时的进刀点位置、线性运动的方向。与"线性"进刀类型不同的是，"旋转角度"始终是相对于切削方向的。

d. 线性—沿矢量："线性—沿矢量"进刀类型将产生一个线性运动的刀轨，刀具从进刀点开始沿指定的矢量方向做线性运动，直到切削层的开始切削点为止。"线性—沿矢量"进刀类型仅适用于开放轮廓。

如图 1–173 所示是"线性—沿矢量"进刀类型所需设置参数，需要指定一个矢量方向以及设定"长度"和"高度"值。矢量方向指定了刀具做进刀移动的方向，"长度"值是在矢量方向上进刀路径的长度，它确定了刀具开始沿矢量进刀的位置。"高度"值所表示的与"线性"进刀类型中"高度"值一致。

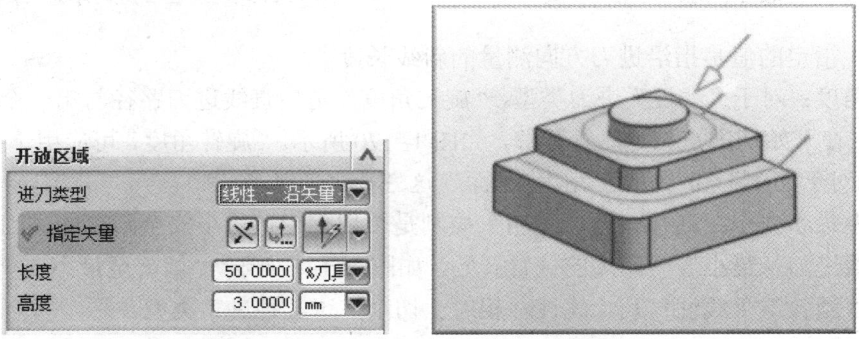

图 1–173 "线性—沿矢量"进刀类型的参数

e. 圆弧："圆弧"进刀类型将产生一个与第一切削路径相切的圆弧形运动刀轨。进刀过程中，刀具首先从进刀点沿着刀轴反向（–ZM 方向）移动到切削层，然后从圆弧起点沿着指定的半径开始做圆弧运动，直到切削层切削路径的起点为止。"圆弧"进刀类型仅适用于开放区域。

"圆弧"进刀类型的参数一般需要设定"半径"、"圆弧角度"和"高度"这三个关键参数，如图 1–174 所示。

f. 点："点"进刀类型将产生一个线性运动刀轨，刀具首先从进刀点开始沿刀轴反向移至切削层，再从指定点处沿直线运动至切削层中切削路径起点处为止。如果在参数中指定了圆弧半径，则在切削路径起点增加一段圆弧运动，使刀具能够平顺过渡到切削层中第一条切削路径。“点”进刀类型仅适用于开放区域。

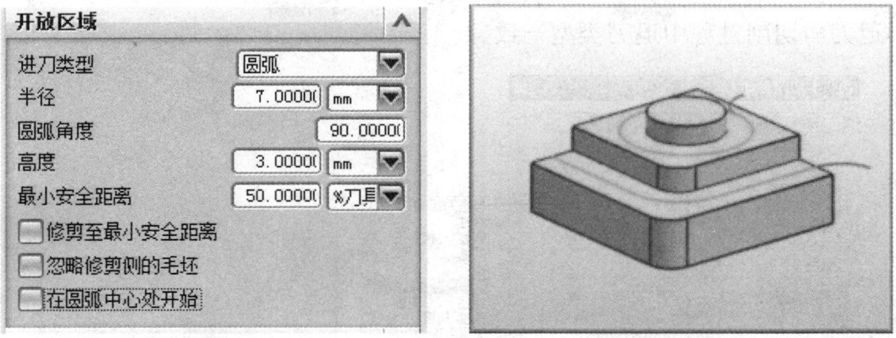

图 1–174 “圆弧”进刀类型的参数

g. 角度 角度 平面：“角度 角度 平面”进刀类型将产生一个线性运动的刀轨，刀具从进刀点开始沿着指定的角度所控制的方向做线性运动，直至到达切削层的切削起点为止。“角度 角度 平面”进刀类型仅适用于开放区域。

图 1–175 所示的使用“角度 角度 平面”进刀类型的参数，需要设定“旋转角度”和“倾斜角度”两个关键参数指定一个进刀平面。“旋转角度”和“倾斜角度”两参数共同确定刀具线性进刀的方向，进刀方向与进刀平面的交点为刀具进刀点的位置。

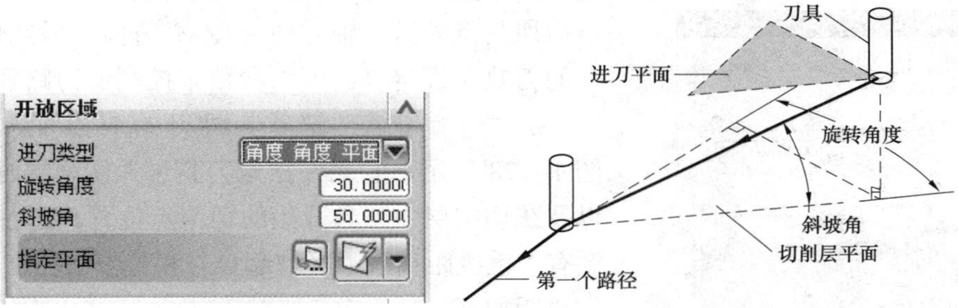

图 1–175 “角度 角度 平面”进刀类型的参数

h. 矢量平面：“矢量平面”进刀类型将产生一个线性运动的刀轨，刀具从进刀点开始沿指定的矢量方向做线性运动，直至到达切削层的开始切削点为止。“矢量平面”进刀类型仅适合用于开放区域。

如图 1–176 所示的是“矢量平面”进刀类型的参数，需要指定一个矢量方向和一个平面。其中矢量方向定义进刀移动方向，由矢量方向与平面的交点确定进刀点的位置。

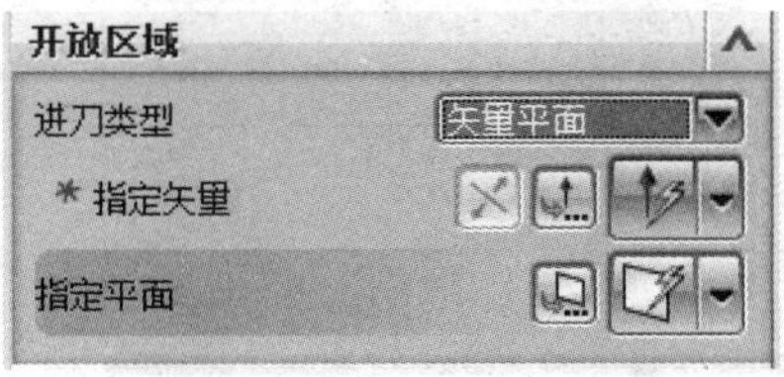

图 1–176 “矢量平面”进刀类型的参数

i. 无：“无”进刀类型不会产生任何进刀移动的刀轨，它可用于封闭区域和开放区域。

2）“退刀”选项卡。“退刀”选项卡，如图 1–177 所示，允许控制刀具在做退刀运动时的进刀类型及其参数。为了满足实际加工工艺需要，系统提供了“退刀”和“最终”两个组，分别制定刀具在完成一个区域的切削（如多区域切削）后与在完成所有切削的退刀类型。默认设置为最终刀具退刀与切削过程中退刀类型一致。

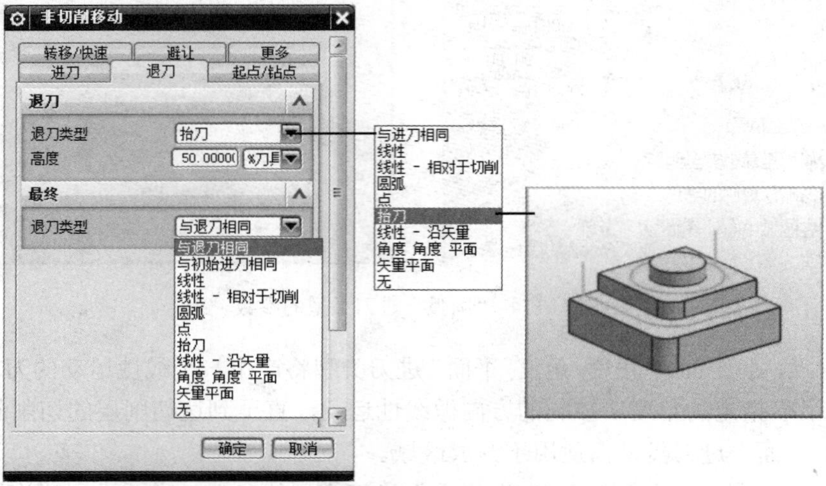

图 1–177 “退刀”选项卡

退刀类型与开放区域的进刀类型基本相同。添加了“抬刀”的退刀类型，“抬刀”退刀类型可以控制刀具在最后切削点处沿刀轴方向（+ZM 方向）做线性退刀移动的刀轨，设定“高度”参数来控制退刀路径的长度。

3）“开始/钻点”选项卡。“开始/钻点”选项卡，如图 1–178 所示，它允许指定刀具进入切削层时的位置，以及在切削层中刀具开始的切削点位置。设置的参数主要有“重叠距离”、“区域起点”和“预钻孔点”等，具体说明如下。

① 重叠距离。“重叠距离”用于设定切削点和结束切削点之间的弧长距离，如图 1–179 所示。通常在封闭

图 1–178 “开始/钻点”选项卡

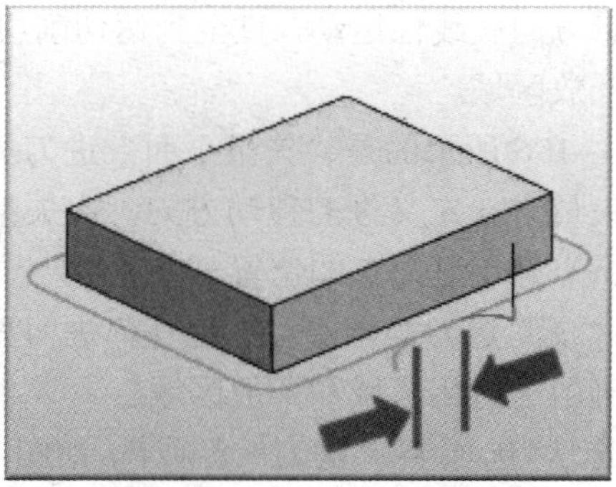
图 1–179 进刀和退刀的“重叠距离”

区域中，开始切削点和结束切削点为相同位置，由于刀具等实际因素，会在工件的侧壁上留下一定量的残余材料。设定一定长度的重叠距离，控制刀具在完成一个封闭路径回到开始切削点位置时，再向前运动一定距离后再退刀，进行重复切削，可以保证在侧壁上不会留下残余材料，从而可以提高表面加工质量。

② 区域起点。在“区域起点”组中，允许指定一个点用来定义切削区域开始切削的位置和步进方向。系统提供了两种方法：“中点”和“拐点”，允许指定默认区域起点。当使用“中点”定义默认区域起点时，则系统把当前切削区域中最长一条直线的中点作为区域起点。如果切削区域边界没有直线，则把边界中最长一段成员的中点作为区域起点。当使用“拐点”定义默认区域起点时，系统把边界的起点作为区域起点。

如果系统默认的区域起点还不能满足要求，可以利用“选择点”组各点控制方式选择一个或多个点作为切削区域的区域起点。

“有效距离”用于设定距离以忽略某些区域起点。当指定了多个点定义区域起点时，如果有效距离设置为“无”，则所有已指定的点均有效；如果有效距离设置为“指定”并指定了距离值，则在指定距离以外的点将被忽略。

③ 预钻孔点。在加工某些区域时，刀具不适宜于在区域内部切入材料，为保护刀具和保证加工质量，需要专门制定刀具的下刀位置，使刀具安全到达切削层。通常优先指定刀具从工件的“孔”或从工件的外部下刀，如果条件不够，则可以在材料中预先钻出工艺孔，并制定工艺孔为预钻孔。

在默认情况下，系统会根据每个切削层的边界自动确定一个预钻孔点。根据实际需要，可以在“选择点”组各点控制方式指定一个或多个预钻孔点。如果指定了多个预钻孔点，则在生成刀轨时，系统将把它与系统默认预钻孔点距离最近的点作为预钻孔点。

4）“转移/快速”选项卡。“转移/快速”选项卡，如图 1–180 所示，用于指定刀具从一个切削刀路运动到另一个切削刀路的移动方式，各参数说明如下。

① 安全设置。在安全设置组中，可以使用“安全设置选项”指定一个合适的安全平面，使刀具抬起到该平面并做横越运动，以安全跃过障碍物避免发生碰撞，具体选项说明如下。

使用继承值：使用该选项，系统将自动使用机床坐标系中所指定的安全平面。

无：使用该选项，刀轨将不会使用安全平面。如果不指定安全平面，并在区域之间和区域内的

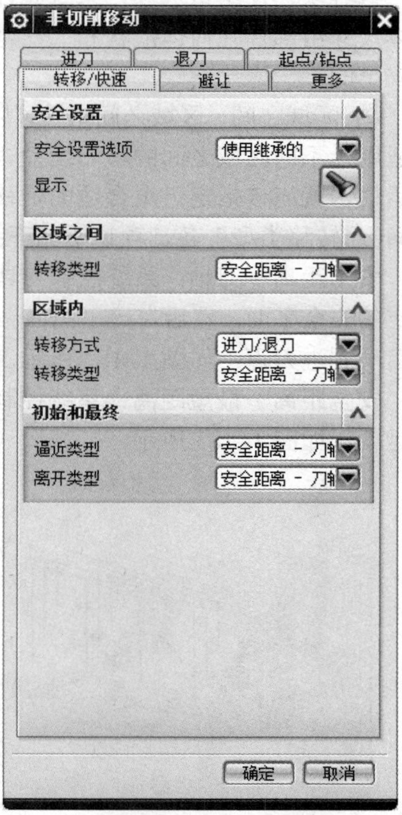

图 1–180 “转移/快速”选项卡

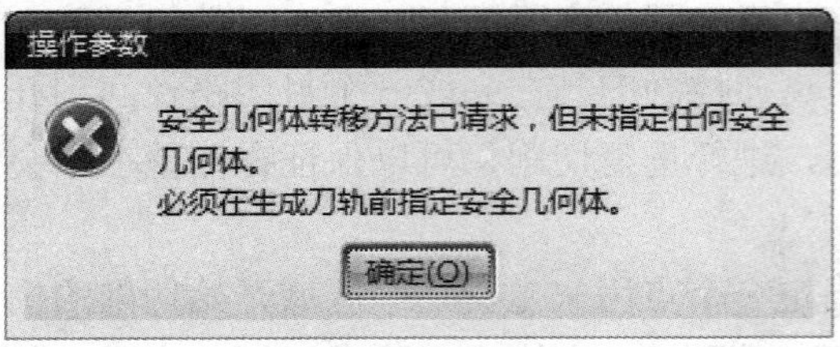

图 1–181　没有指定安全平面时的刀轨生成警示

转移类型为“间隙”，则在生成刀轨时，系统会弹出如图 1–181 所示的“操作参数”对话框，以起到警示作用。

自动平面：使用该选项，系统将沿着刀轴方向（+ZM 方向）计算部件几何体的最高位置，这个高度再加上“安全距离”值定义安全平面。

平面：使用该选项，系统将允许使用平面对话框指定一平面作为安全平面。

点：使用该选项，系统将允许使用点对话框指定一个点定义刀具转移和快递运动。

包容圆柱体：使用该选项，系统将允许指定一个包裹部件几何的圆柱体作为安全几何体。圆柱体尺寸由部件几何体形状和“安全距离”确定，系统假设刀具在圆柱体以外空间运动是安全的。

圆柱：使用该选项，系统允许指定一个点和矢量、半径定义一个圆柱体作为安全几何体。圆柱体的长度是无限长的，系统假设刀具在圆柱体以外空间运动是安全的。

球：使用该选项，系统允许指定一个点和半径定义一个球作为安全几何体，系统假设刀具在球体以外的空间是安全的。

包容块：使用该选项，系统允许指定一个包裹部件几何的方块体作为安全几何体。方块体尺寸由部件几何体形状和“安全距离”确定。系统假设刀具在包裹块以外空间的运动是安全的。

② 区域之间。区域之间组：可以指定刀具在切削区域之间做移刀运动的转移类型，它仅适用于不同区域之间的移刀运动。在一个刀轨中，如果刀具需要频繁地在区域之间做往复运动，就应该指定一个合适的转移类型，既可以避免撞刀，又可以减少刀具快速移动的时间。“转移类型”各选项说明如下：

安全距离—刀轴：系统控制刀具在完成退刀后将沿刀轴+ZM 方向抬起到由“间隙”所指定的安全平面，然后在该平面内做移刀运动到下一个路径进刀点上方，再沿刀轴–ZM 方向运动到进刀点，如图 1–182 所示。

安全距离—最短距离：系统控制刀具退回到一个认为是最短距离的安全平面，再做移刀运动，如图 1–183 所示。

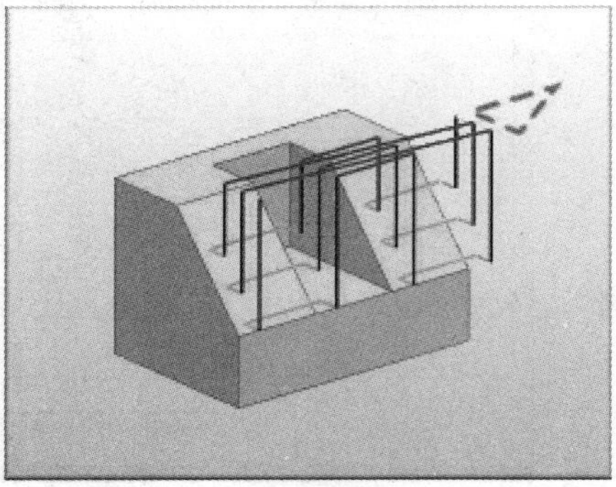

图 1–182 “安全距离—刀轴”选项

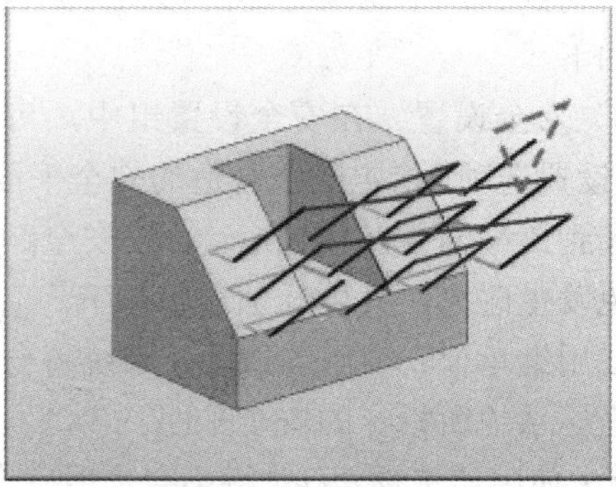

图 1–183 “安全距离—最短距离”选项

安全距离—切割平面：系统控制刀具沿着切削平面退回到安全几何体，再做移刀运动，如图 1–184 所示。

前一平面：系统控制刀具在完成退刀后沿着刀轴+ZM 方向抬起到前一切削层上方“安全距离”值定义的平面，然后在该平面内做移刀运动到下一个路径进刀点的上方，最后沿刀轴–ZM 方向运动到进刀点，如图 1–185 所示。

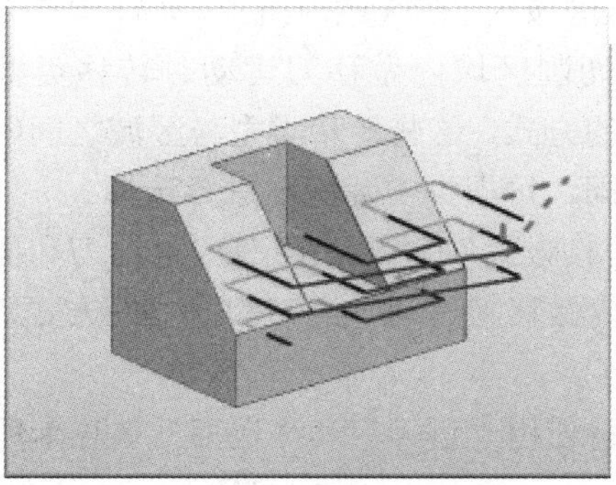

图 1–184 “安全距离—切割平面”选项

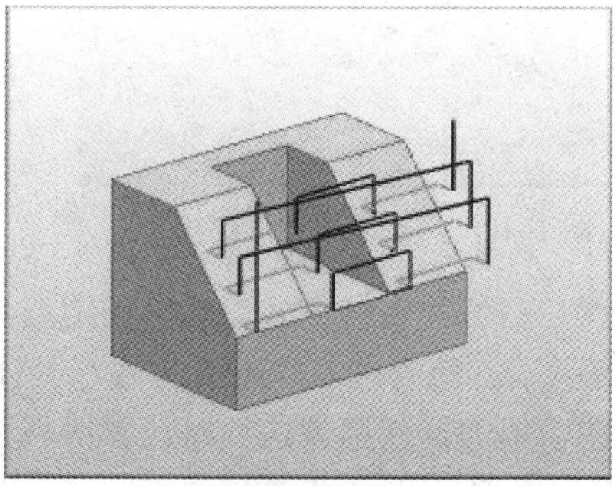

图 1–185 “前一平面”选项

移刀过程中，当刀具遇到岛屿时，如果刀具抬起到前一切削层上方“安全距离”值定义的平面做移刀运动时会发生干涉，则继续抬起到之前第二个切削层上方“安全平面”值定义的平面，依次类推，直到能安全避开障碍物为止，然后刀具再在该平面内做移刀运动。如果没有任何前一层的平面是安全的，则刀具抬起到几何体安全平面并在平面内做移刀运动。

直接：系统控制刀具在完成退刀后沿直线直接运动到下一个切削区域的进刀点，如果未指定进刀移动，则直接运动到初始切削点，如图 1–186 所示。如果遇到障碍物发生干涉时，刀具将抬起到在“间隙”值所指定的安全平面内做移刀运动到下一个切削区域的进刀点上方。如果没有定义安全平面，则刀具抬起到几何体安全平面内做移刀。

最小安全 Z：系统控制刀具在完成退刀后沿直线直接运动到下一个切削区域的进刀点，如图 1–187 所示。如果未指定进刀移动，则直接运动到切削点。产生的刀轨与“直接”转移类型相似，但与“直接”转移类型不同的是当发生干涉时，刀具将抬起到岛屿上面第一个切削层上方“安全距离”值定义的平面内做移刀。

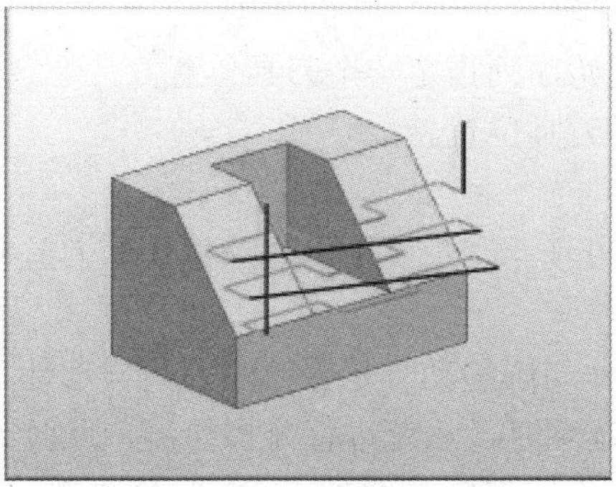

图 1–186 “直接”选项

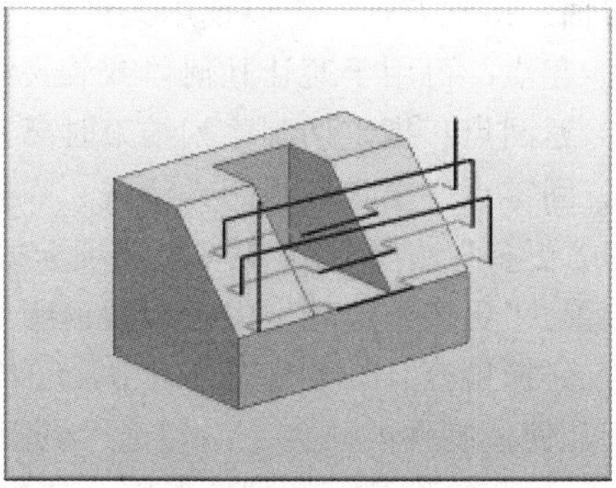

图 1–187 “最小安全 Z”选项

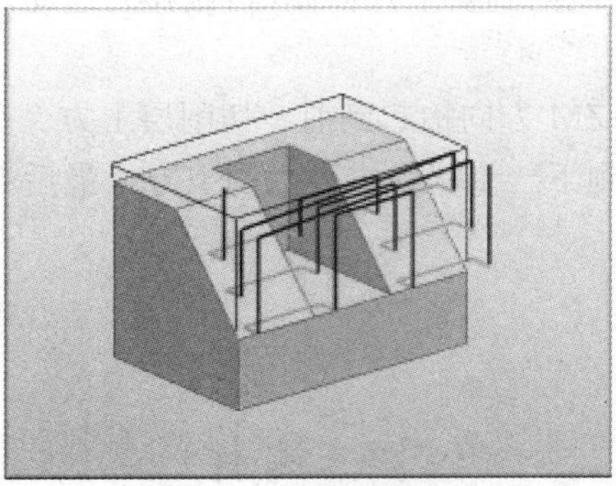

图 1–188 “毛坯平面”选项

毛坯平面：系统控制刀具在退刀后沿着刀轴+ZM 方向抬起到毛坯几何体平面上方“安全距离”值所定义的平面内做移刀至下一个路径进刀点的上方，再沿着刀轴–ZM 方向运动到进刀点，如图 1–188 所示。

③ 区域内。在区域内组中，允许指定刀具在同一个切削区域内做移刀运动时转移类型和转移使用的方式，这些转移类型与区域之间的转移类型相同，可根据实际情况进行选择。

“转移方式”有“进刀/退刀”、“抬刀和插削”和“无”三种。“转移方式”用于指定刀具在区域内做移刀运动时进刀和退刀的方式，以区别于在区域之间的进刀和退刀方式，具体说明如下。

进刀/退刀：使用该选项时，在区域内的移刀将使用“进刀”和“退刀”选项卡所制定的进刀和退刀运动方式。

抬刀和插削：使用该选项时，在区域内的移刀将使用插削进刀移动类型、使用抬刀退刀移动类型，但是在区域之间仍然使用“进刀”和“退刀”选项卡所指定的进刀和退刀移动类型。

无：使用该选项时，在区域内移刀没有进刀和退刀刀路，但在区域之间仍然使用“进刀”和“退刀”选项卡所指定的进刀和退刀移动类型。

④ 初始和最终。在“初始和最终”组中，允许指定刀轨中第一个逼近移动类型和最后一个分离移动类型，以区别于在刀轨内部的逼近和分离移动类型，这些移动类型基本上与在区域之间的移动类型是类似的。

5）“避让”选项卡。“避让”选项卡如图 1–189 所示，主要用于指定刀具在切削前后的非切削运动方向和位置。合理设置避让选项卡，能够有效地避免刀具与工件、夹具及机床的碰撞。“避让”选项卡中的各参数说明如下。

① 出发点：指定新刀轨开始处的初始刀具位置。

指定点：选择预定义点，或者使用点构造器来定义点。

刀轴：指定刀轴，可以使用矢量构造器来定义轴。

② 起点：可用于避让几何体或装夹组件的起始序列指定一个刀具位置。

③ 返回点：指定切削序列结束时离开部件的刀具位置。

④ 回零点：指定最终刀具位置。

6）“更多”选项卡。“更多”选项卡如图 1–190 所示，主要用于碰撞检查和刀具补偿方式的设置。“更多”选项卡中各参数说明如下。

① 碰撞检查。在碰撞检查组中，允许控制在非切削移动时是否检测刀具与部件几何体和检查几何体制件的碰撞。当勾选“碰撞检查”选项时，系统进行碰撞检测，此时刀具与部件几何体和检查几何体制件保持一定的距离，这个距离就是“安全距离”。当取消勾选“碰撞检查”时，则不进行碰撞检测，此时在进刀、退刀和移刀移动中可能会出现过切现象。

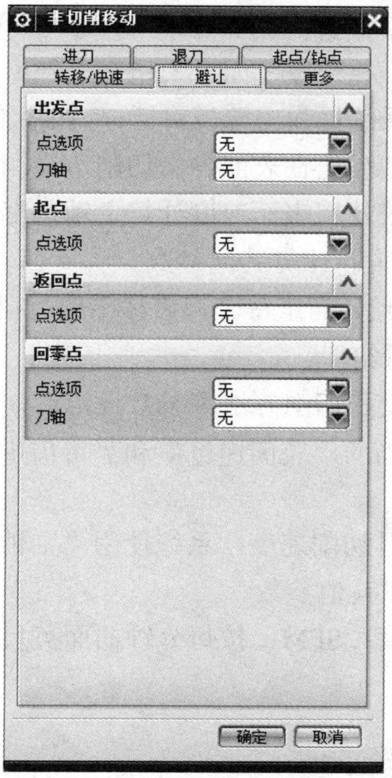

图 1–189 “避让”选项卡

图 1–190 “更多”选项卡

② 刀具补偿。在刀具补偿组中允许设定加工过程中是否进行刀具补偿、在何处应用刀具补偿等。

当使用了刀具补偿后，应设定刀具号和刀具补偿寄存器号，使系统在刀轨中输出自动换刀和刀具补偿寄存器命令。刀具号和刀具补偿寄存器号可以在创建刀槽、创建刀具或在创建操作时设定。当时用了刀具补偿后，系统会自动判断刀具补偿是左补偿还是右补偿。

（7）进给率和速度。主轴的转速和刀具的进给率主要取决于部件材料、刀具材料、切削方法和切削层深度这 4 个因素。设定合理的刀具进给率和主轴转速，既可以减少加工时间，还可以提高刀具的使用寿命，因此在设计加工过程中应该根据实际情况合理选择。

单击“平面铣”对话框刀轨设置中的“进给率和速度”按钮，系统弹出“进给率和速度”对话框，如图 1–191 所示，共有“自动设置”、“主轴转速”和“进给率”3 个选项组，各参数说明如下。

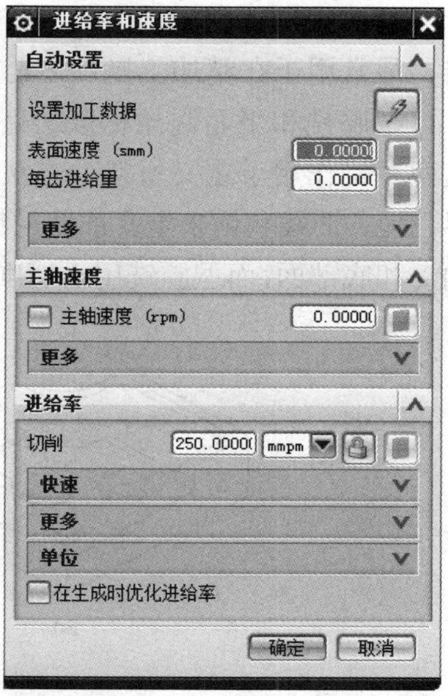

图 1–191 “进给率和速度”对话框

1）自动设置。

设置加工数据：如果在创建工序时指定了工件材料、刀具材料和切削方法等参数，单击“设置加工数

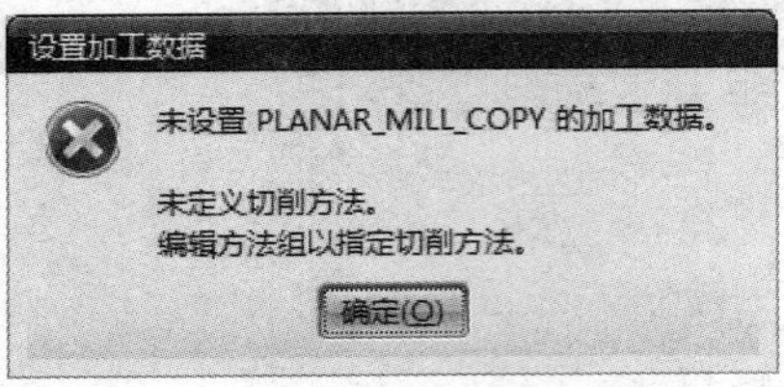

图 1–192 “设置加工数据”警告对话框

据”按钮，系统自动计算“进给率”、“主轴转速”、“切削深度”等参数，如果未指定工件材料或刀具材料等参数，系统将弹出警告对话框，如图 1–192 所示。

表面速度：定在表面各齿切削边缘测量的刀具切削速度。系统使用表面速度计算主轴速度和每齿进给，更改此值会重新计算其他参数。

每齿进给：测量每个刀齿移除的材料厚度。系统使用此值计算切削进给率，更改此值会重新计算进给率。

从表中重置：工件材料、刀具材料、切削深度和切削方法等参数设定后，单击“从表中重置”按钮，系统会从预定义表格中抽取适当的“表面速度”和“每齿进给”值。

2）主轴速度。

主轴速度：指定以“转/分”为单位测量的刀具切削速度。系统使用“主轴速度”计算“表面速度”和“每齿进给”，更改此值会重新计算其他参数。

输出模式：RPM：按每分钟转数定义主轴速度；SFM：按每分钟曲面英尺定义主轴速度；SMM：按每分钟曲面米定义主轴速度。

方向：定义主轴旋转方向。

范围状态：激活范围框，允许输入主轴速度范围。

文本状态：指定 CLS 输出过程中添加到 LOAD 或 TURRET 命令的文本。

3）进给率。进给率组：主要设置切削、快速、逼近、进刀、第一刀切削、移刀、退刀、离开等的进给和设置切削、非切削单位。

1.4.2 型腔铣

型腔铣加工用于切削具有带锥度的壁以及轮廓底面的部件，可移除平面层中的大量材料，最常用于在精加工操作之前对材料进行粗铣，比如型腔、型芯的粗加工。

型腔铣和平面铣的相似之处在于它们都可移除垂直于刀轴的切削层中的材料。但是，这两种操作用于定义材料的方法却不同。平面铣使用边界来定义部件材料，型腔铣使用边界、面、曲线和体来定义部件材料；平面铣用于切削具有竖直壁的部件以及垂直于刀轴的平面岛和底部面，而型腔铣用于切削具有带锥度的壁以及轮廓底部面的部件，如图 1–193 所示。

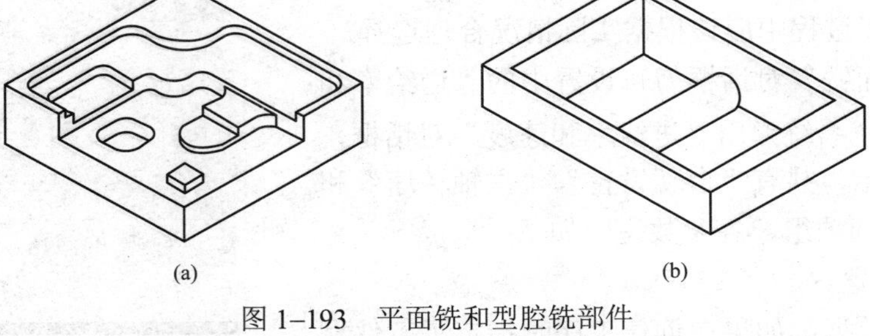

(a) (b)

图 1–193 平面铣和型腔铣部件

（a）平面铣部件；（b）型腔铣部件

1. 型腔铣加工步骤

（1）调入模型。

（2）进入加工模块。

（3）设置加工环境。

（4）创建父组（程序组、刀具组、几何体组和加工方法组）。

（5）创建工序。

1）设置几何体。

2）选择切削方法。

3）设置步距。

4）设置切削层。

5）选择切削参数。

6）设置非切削移动。

7）其他选项（进给率和机床控制等）。

（6）生成刀轨。

（7）刀轨模拟和检查。

（8）后处理。

2. 设置加工环境

打开 UG 8.5 软件，调入需要加工的产品模型，然后进入加工模块，如果该产品模型是第一次进入加工模块，系统将会弹出“加工环境设置”对话框，如图 1–194 所示，在“要创建的 CAM 设置”列表中选择“mill_contour”进入初始化。

3. 创建型腔铣操作

设置型腔铣操作 4 个父组（程序组、刀具组、几何体组和加工方法组）后即可创建型腔铣操作。

单击“刀片”工具条中的“创建工序”按钮，系统弹出“创建工序”对话框，如图 1–195 所示，“类型”选择“mill_contour”，默认型腔铣工序子类型共 20 个，对常用的子类型说明见表 1–7。

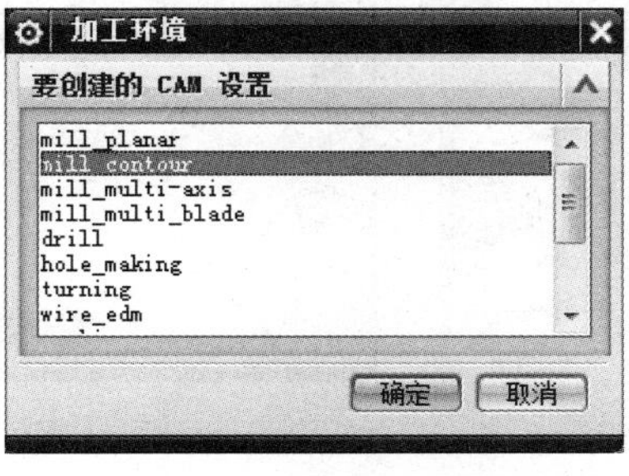

图 1–194 “加工环境”对话框

图 1–195 “创建工序”对话框

表 1–7　　型腔铣子类型说明

子类型	用　途	说　明
型腔铣	通过移除垂直于固定刀轴的平面切削层中的材料对轮廓形状进行粗加工	必须定义部件和毛坯几何体 建议用于移除模具型腔与型芯、凹模、铸造件和锻造件上的大量材料
插铣	通过沿连续插削运动中刀轴切削来粗加工轮廓形状	必须定义部件和毛坯几何体。将在之前粗加工工序中使用的刀具指定为“参考刀具”，以确定切削区域。 建议用于粗加工由于之前刀具直径和拐角半径的原因而处理不到的材料
拐角粗加工	通过型腔铣来对之前刀具出来处理不到拐角中的遗留材料进行粗加工	必须定义部件和毛坯几何体。将在之前粗加工工序中使用的刀具指定为“参考刀具”以确定切削区域
剩余铣	使用型腔铣来移除之前工序所遗留下来的材料	部件和毛坯几何体必须定义于 WORKPIECE 父级对象。切削区域由基于层的 IPW 定义。 建议用于粗加工由于部件余量、刀具大小或切削层导致被之前工序遗留的材料
深度轮廓加工	使用垂直于刀轴的平面切削层描绘轮廓壁。还可以清理各层之间缝隙中遗留的材料	指定部件几何体。指定切削区域以确定要描绘轮廓的面。指定切削层来确定轮廓刀路制件的距离。 建议用于半精加工和精加工轮廓形状，如注塑模、凹模和锻造
深度拐角加工	使用轮廓切削模式精加工之前刀具处理不到的指定层的拐角	必须定义部件几何体和参考刀具。指定切削层以确定轮廓刀路之间的距离。指定切削区域来确定要描绘轮廓的面。 建议用于移除由于之前刀具直径和拐角半径的原因而处理不到的材料

选择基本型腔铣“型腔铣”，设置父组和型腔铣名称，单击“确定”按钮，进入“型腔铣”对话框，如图 1–196 所示。

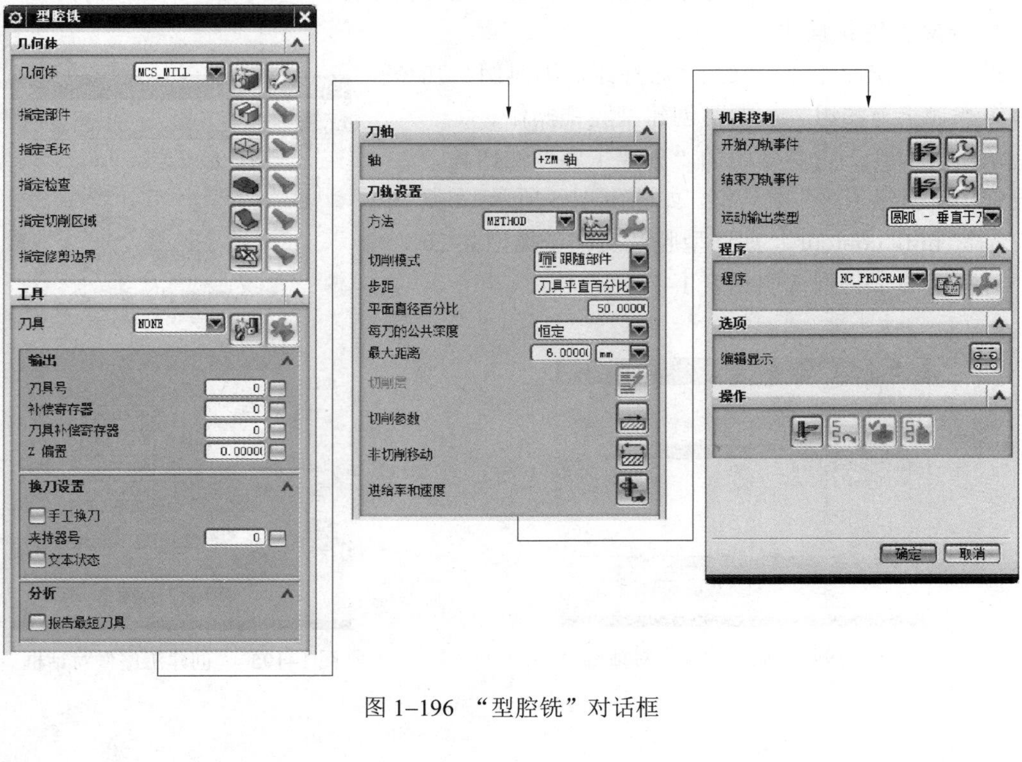

图 1–196　“型腔铣”对话框

4. 加工几何体

（1）部件几何体：表示为加工部件的几何体，系统使用“部件几何体”生成刀轨、动画演示刀轨。首选几何体选择为体（片体或实体）。其他有效的几何体选择为：小平面体、曲面区域和面。

在实际使用时为避免碰撞和过切，应当选择整个部件（包括不切削的面）作为部件几何体，然后使用“指定切削区域”和“指定修剪边界”来限制要切削的范围。

（2）毛坯几何体：表示为要从中进行切削的材料的实体几何体、特征或小平面体，例如锻件或铸件。

“毛坯几何体”不表示最终部件并且可以直接切削或进刀。

（3）检查几何体：代表夹具或其他避免加工区域的实体、面、曲线。当刀轨遇到检查曲面时，刀具将退出，直至到达下一个安全的切削位置。

与部件几何体和毛坯几何体的指定不同，系统不允许使用特征和小平面的方式指定检查几何体。

（4）切削区域：指定几何体或特征以创建此操作要加工的切削区域，切削区域的每个成员必须包括在部件几何体中。如果不指定切削区域，系统会使用刀具可以进入的整个已定义部件几何体（部件轮廓）作为切削区域。指定切削区域之前，必须指定部件几何体。

（5）修剪边界：指定边界以定义要从操作中排除的切削区域。

5. 参数设置

型腔铣操作的很多参数和平面铣操作一样，但也有一些参数不同，如切削模式（缺少标准驱动）、切削层和切削参数等，下面对这些不同参数进行说明。

（1）切削层。对于型腔铣，用户可以指定切削平面，这些切削平面确定了刀具在移除材料时的切削深度，其中切削操作在一个恒定的深度完成后才会移至下一深度。使用“切削层”对话框来执行这些操作。

型腔铣的最高范围的默认上限是部件、毛坯或切削区域几何体的最高点。如果在定义切削区域时没有使用毛坯，那么默认上限是切削区域的最高点。如果切削区域不具有深度，并且没有指定毛坯，那么默认的切削范围上限将是部件的顶部。

定义切削区域后，最低范围的默认下限将是切削区域的底部。当没有定义切削区域时，最低范围的下限将是部件或毛坯几何体的底部最低点。

一个刀轨必须至少具有一个切削范围，而每一个切削范围可以均分成多个切削层，每个切削范围的切削层深度可以不同。如图 1–197 所示，系统使用上下相邻的两个大三角形表示一个切削范围，而在每个切削范围内的每个切削层用虚线小三角形表示。

在型腔铣对话框中选择“切削层”按钮，系统弹出“切削层”对话框，如图 1–198 所示，各参数说明如下。

1）范围类型：共有“自动”、“用户定义”和“单个”3 个选项，允许对整个切削量在深度方向上进行范围划分。实际选择时应该根据集合模型的实际情况，指定合适的切削类型来划分多个切削范围，以使刀具更彻底地切除多余材料。系统默认使用“自动”类型定义切削范围深度。

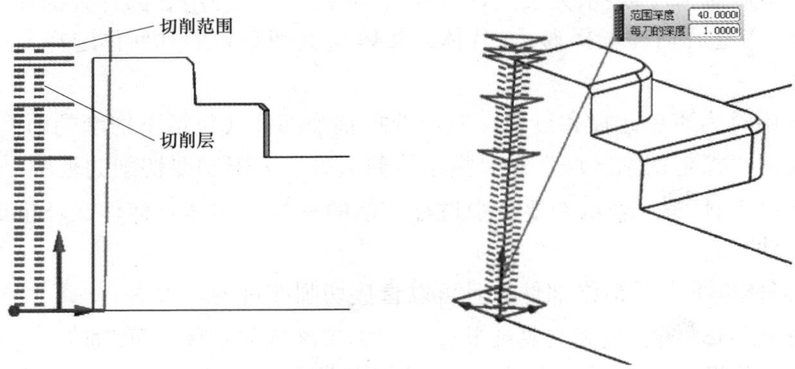

图 1–197　切削范围与切削层的表示

自动：选定“自动”类型后，系统将自动侦测部件几何体中的水平面，并把上下相连的两个平面之间定义为一个切削范围，然后在每个切削范围内均分为若干个切削层，如图 1–197 所示。切削范围与模型相关联，当部件上水平面高度位置发生改变时，切削范围自动做相应的改变。当部件上水平面减少或增加时，切削范围也会自动减少或增加。一旦修改“自动”类型生成的切削范围及切削层参数，系统自动将“自动”类型切换成“用户定义”类型。

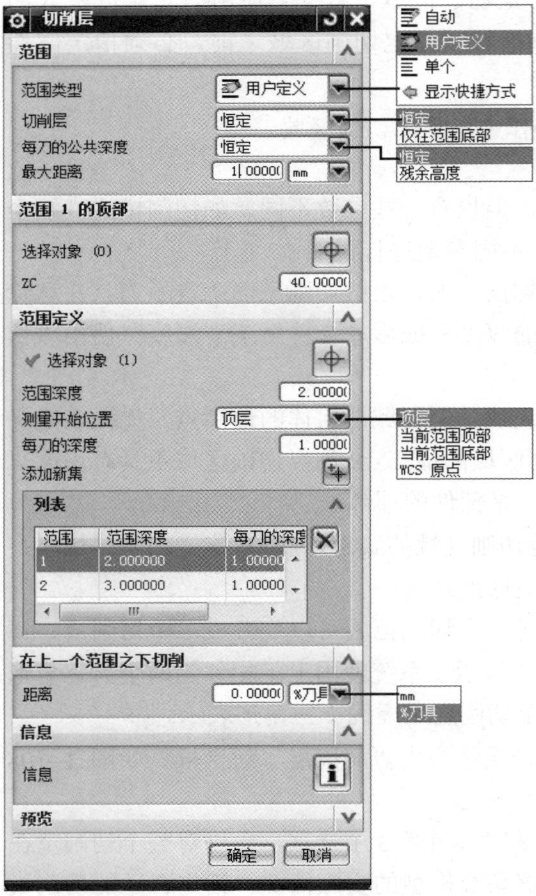

图 1–198　“切削层”对话框

用户定义：“用户定义”类型允许人为指定几何对象或设定坐标值来定义切削范围，并在每个切削范围内均分为若干个切削层。切削范围与选择的几何对象相关联，当所选几何对象位置改变后，切削范围也随之变化，但当模型增加或减少水平面时，切削范围不会自动增加或减少。

单个：“单个”类型仅由部件几何体或毛坯几何体两者之间的最高或最低位置定义一个切削范围，并在该切削范围内分成若干个切削层，如图 1–199 所示。如果部件几何体或者毛坯几何体的高度发生变化，则切削范围也会随着变化。

2）切削层：在型腔铣加工的操作中，系统提供了 2 种方式定义切削层，分别是：“恒定”和“仅在范围底部”，在使用时可根据实际加工要求选择合适的方式以获得不同的切削效果。

恒定："恒定"方式使系统在同一个切削范围内产生相等的切削层深度，如图 1–197 所示，在不同的切削范围内允许设定不同的切削深度。在默认情况下，系统使用"恒定"方式定义切削层，并且在每个切削范围的切削层深度也相同。

仅在范围底部："仅在范围底部"方式使系统仅在每一个切削范围的底部产生一层切削层刀轨，它不需要设定切削层的深度。应用此选项可以快速生成一个仅加工模型中水平表面的刀轨，系统将不会考虑曲面部分。

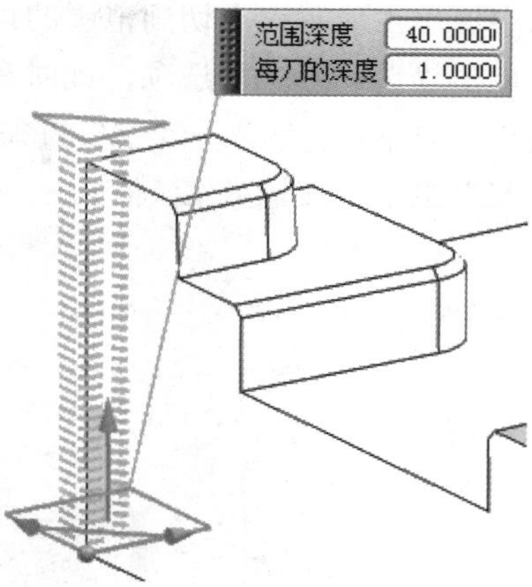

图 1–199　有"单个"类型定义的切削范围

3）每刀的公共深度：在系统默认条件下，所有切削范围的切削深度是相同的，但是也允许设定不同的切削层深度，以满足工艺要求。在"每刀的公共深度"中来定义所有切削范围的切削层深度，在"范围定义"中的"每刀深度"则是用来定义某一切削范围内的切削深度。

系统提供了两种定义每刀的公共深度，它们是"恒定"和"残余高度"，其中"恒定"方式允许直接输入一个距离值定义相等的切削层深度；"残余高度"方式允许设定残余材料的高度值，系统会自动计算各个切削层的实际切削层深度。

在计算切削层的层数时，系统首先使用每刀的公共深度值或每刀的深度值去均分每一个切削范围深度，以计算每个切削范围的层数。如果能被整除，则实际切削层深度就等于每刀的公共深度或每刀的深度值，否则系统将增加一个切削层，并使用总切削层数去均分切削范围，以计算出实际的切削层深度。因此实际的切削层深度总是小于或等于每刀的公共深度或每刀的深度值。

4）临界深度顶面切削：当"范围类型"选择为"单个"时应用，用于控制系统在那些与切削层不在同一高度的水平表面增加一层切削水平表面的刀轨。当应用"单一"类型定义一个切削范围时，由于无法确保切削层刚好位于模型中水平表面的高度位置，因而会在这些平面上留下过多的残留材料，为了保证零件加工质量，此时推荐勾选"临界深度顶面切削"选项。

5）范围定义：在默认情况下，第一个切削范围处于激活状态。只有当切削范围处于激活状态时，才可以编辑此切削范围。激活切削范围有两种方法：一是在图形窗口中用鼠标左键点选表示切削范围的大三角；二是在切削范围列表中选择一个目标范围。

如图 1–200 所示，当一个切削范围被激活后，则表示该切削范围及其切削层的三角形将呈高亮（系统默认为橙色）显示，同时在切削范围的底部显示一个平面和方向箭头，并且在旁边显示该切削范围及其切削层的深度值。

① 编辑切削范围：

a. 编辑第一个切削范围的顶部位置：如果要指定第一个切削方位的顶部位置，可以在窗口中用单击表示这个切削范围的顶部三角形，或者在切削层对话框中的“范围 1 的顶部”组，单击“选择对象”选项，此时在第一个切削范围的顶部会显示一个平面和一个简易的参数输入对话框，输入一个 ZC 值来修改第一个切削范围的顶部位置，也可直接在“范围 1 的顶部”组中直接输入 ZC 值。

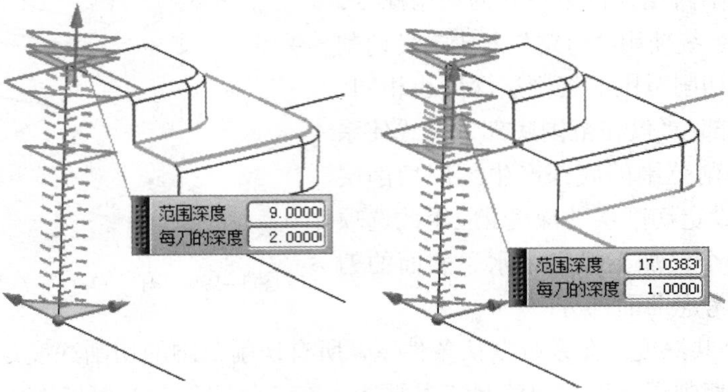

图 1–200　已激活的切削范围显示

b. 编辑切削范围的底部面：如果需要修改某个切削范围的底部位置，也就是切削范围的深度，先激活需要修改的切削范围，再通过以下几种方法设定切削范围的深度：一是在图形窗口中的简易参数输入对话框中输入“范围深度”参数值；二是用鼠标左键点选表示切削范围底部的平面箭头并进行拖动；三是在几何体上选择几何对象（包括：点或面），若选择的面是一个曲面，系统将自动捕获曲面的最高点位置。四是直接在“切削层”对话框的“范围定义”组中输入“范围深度”参数值。

② 切削范围的添加：如果要添加一个切削范围，需要先指定一个参考的切削范围，系统将在这个参考切削范围下方添加一个新的切削范围，然后在“切削层”对话框中的“范围定义”组中单击“添加新集”按钮，此时“列表”中就会列出一个新的切削范围，最后确定新加切削范围的范围深度和每刀的深度参数。

③ 切削范围的移除：在实际应用中需要移除某个切削范围，此时仅需选中需要移除的切削范围，然后单击“移除”按钮即可。如果移除了当前切削范围，则系统将下面一个切削范围的顶部上移到上面一个切削范围的底部位置。

④ 切削范围的测量：“测量开始位置”提供了 4 种测量切削范围深度的方式，它们是“顶层”、“当前范围顶部”、“当前范围底部”和“WCS 原点”，在操作时可以选择任何一种方式，从不同的参考平面查看切削范围的深度。

测量开始位置定义了测量切削范围深度的原点位置，也就是说切削范围深度是从测量开始位置所指定的参考平面开始测量的。刀轴的正向为测量反向，刀轴的反向为测量正向。

a. 顶层：当使用“顶层”测量方式时，系统以第一层的顶部作为测量切削范围深度的参考面。此时第一个切削层顶部的深度为 0，而在参考面以下的深度为正值。

b. 当前范围顶部：当使用“当前范围顶部”测量方式时，系统以当前激活的切削范围的顶面作为测量切削范围深度的参考平面。此时当前切削范围顶部的深度为 0，而在当前切削范围顶部以下的深度为正值、顶部以上的深度为负值。

c. 当前范围底部：当使用“当前范围底部”测量方式时，系统以激活的切削范围底部平面作为测量切削深度的参考平面。此时当前切削范围的底部面的切削深度为 0，而在此参考平面以下的深度为正值、以上的切削深度为负值。

d. WCS 原点：当时用“WCS 原点”测量方式时，系统以工作坐标系 WCS 的原点所在平面作为切削范围深度的参考平面。此时在工作坐标系 WCS 原点以下的测量深度为正值、以上的为负值。

（2）切削参数。

型腔铣操作切削参数中大部分参数与平面铣相同，下面仅对不同参数进行说明。

1）“策略”选项卡：该选项卡如图 1–201 所示。

与平面铣操作不同的是，在型腔铣操作中，多了“在边上延伸”选项。

使用“在边上延伸”来加工部件周围多余的铸件材料。还可以使用它在刀轨刀路的起点和终点添加切削运动，以确保刀具平滑地进入和退出部件。刀路将以相切的方式在切削区域的所有外部边缘上向外延伸，如图 1–202 所示。

图 1–201 “策略”选项卡

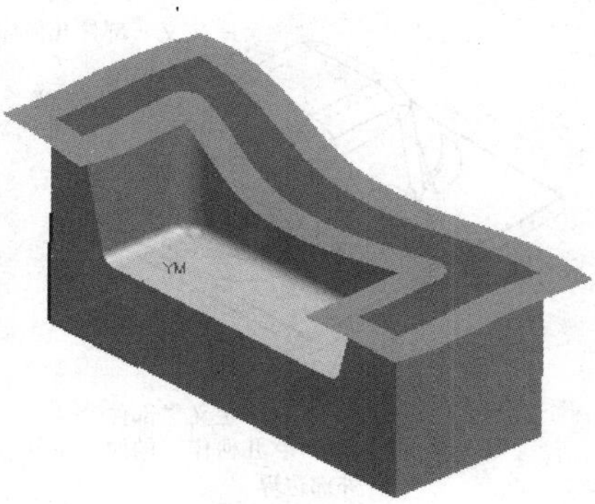

图 1–202 部件顶部周围的延伸曲面

2）“空间范围”选项卡：该选项卡如图 1–203 所示，是型腔铣操作新有的，其各参数说明如下。

① 修剪方式：可以使系统在没有明确定义毛坯几何体的情况下识别出型芯部件的毛坯几何体。

外部边：“更多”选项卡“原有的”中“容错加工”关闭时，使用面、片体或曲面区域的外部边在每个切削层中生成刀轨。方法是：沿边缘定位刀具，并将刀具向外偏置，偏置值为刀具的半径；而这些定义部件几何体的面、片体或曲面区域与定义部件几何体的其他边缘不相邻。

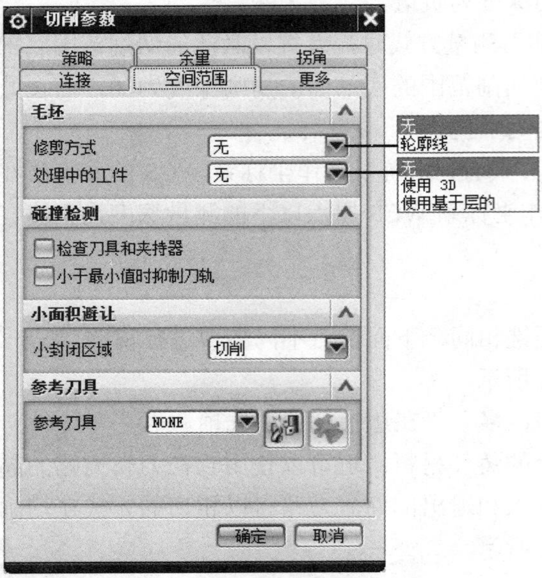

图 1–203 “空间范围”选项卡

轮廓线:“容错加工”打开时,使用“部件几何体”的轮廓来生成刀轨,方法是:沿部件几何体的轮廓定位刀具,并将刀具向外偏置,偏置值为刀具的半径。可以将轮廓线当作部件沿刀轴投影所得的阴影。当使用按轮廓修剪同时打开“容错加工”时,系统将使用所定义部件几何体底部的轨迹作为修剪形状,这些形状将沿刀轴投影到各个切削层上,并且将在生成可加工区域的过程中用作修剪形状,如图 1–204 所示。

② 处理中的工件:当希望在生成刀轨时考虑先前操作剩余的材料时,可在操作中使用 IPW。系统提供了 3 个选项:“无”、“使用 3D”和“使用基于层的”,允许指定使用一种处理中的工件。使用处理中的工件作为毛坯几何体,系统将根据实际工件的当前状态对区域进行加工,这可以避免在已加工区域中空切而浪费时间。

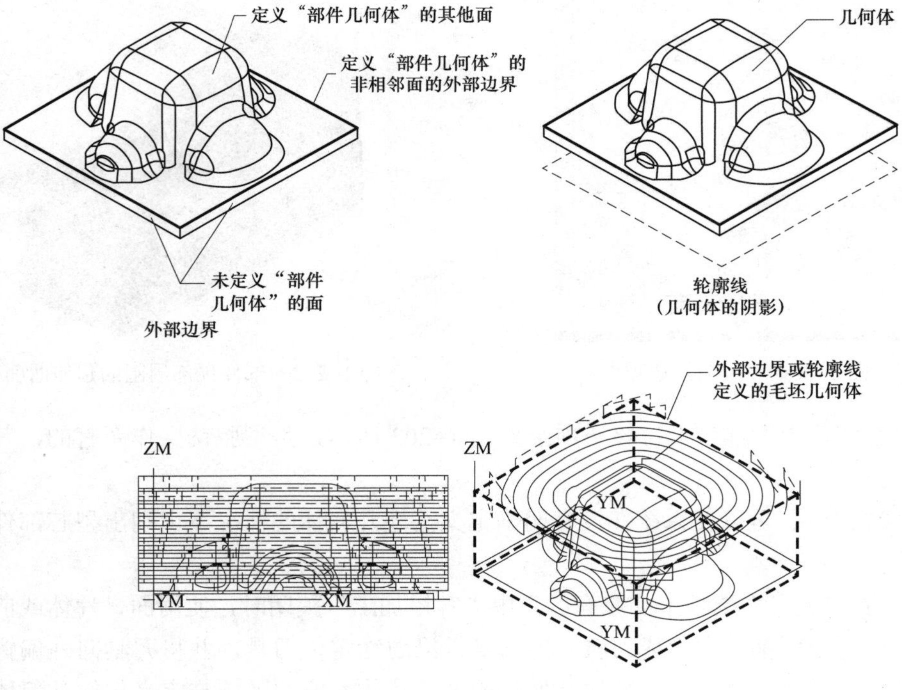

图 1–204 “轮廓线”修剪方式

无：不使用 IPW，系统直接使用几何体组中所定义的毛坯几何体进行刀路计算。

使用 3D：系统将使用在同一个几何体组下、执行先前操作后残留的 3D 形状材料（IPW）作为毛坯几何体计算刀轨，如图 1–205 所示。

使用基于层的：系统将使用在同一个几何体组下、执行先前操作残留的基于层状材料（IPW）作为毛坯几何体计算刀轨，如图 1–206 所示。基于层的 IPW 可以高效地切削先前操作中留下的拐角和阶梯面。当加工简单部件时，刀轨处理时间较 3D IPW 显著减少；加工大型的复杂部件时，所需时间更是大大减少。

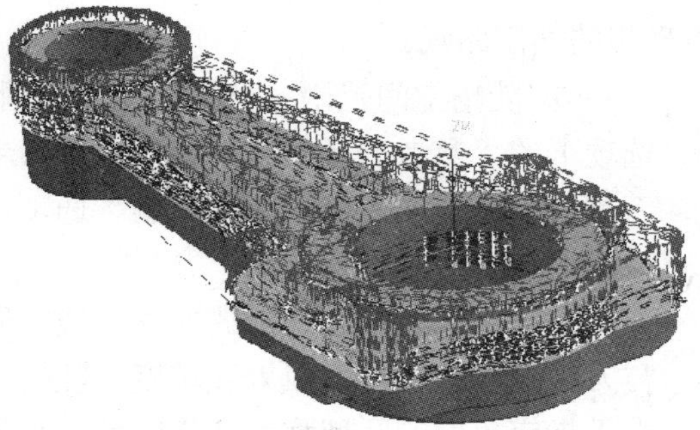

图 1–205 使用 3D IPW 生成的刀轨

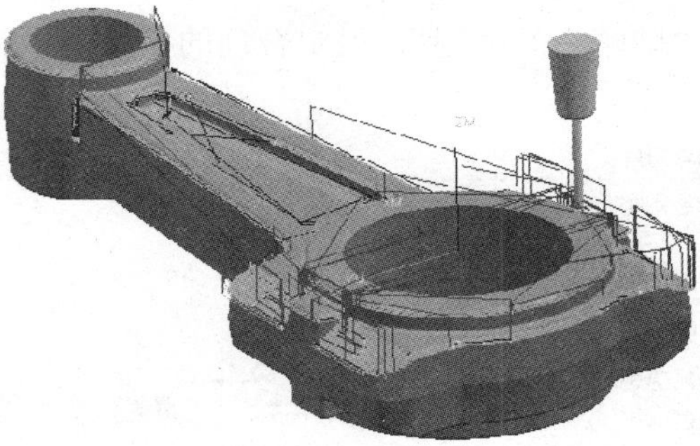

图 1–206 基于层的 IPW 生成的刀轨

最小材料移除：如果设定了最小移除材料值，当实际 IPW 材料厚度小于设定值时，系统将不会产生该部分材料的切削刀轨。

③ 小面积避让：在“空间范围”选项卡的“小面积避让”组中“小封闭区域”提供了两种方法：“切削”和“忽略”，允许指定当遇到面积尺寸较小的内凹形状时的切削的处理方法。

当使用“切削”方法处理时，如果遇到面积尺寸较小的内凹形状，刀具能够进入切削，则按正常情况产生切削刀轨，如图 1–207 所示。当使用“忽略”方法处理时，首先设定合适的“面积大小”值，如果遇到实际内凹形状的区域面积小于设定值，则系统将忽略该区域的切削，不产生切削刀轨，如图 1–208 所示。

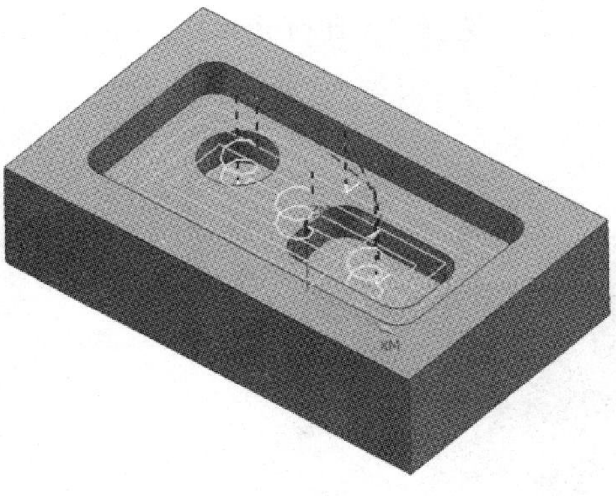

图 1–207 小封闭区域“切削”方法

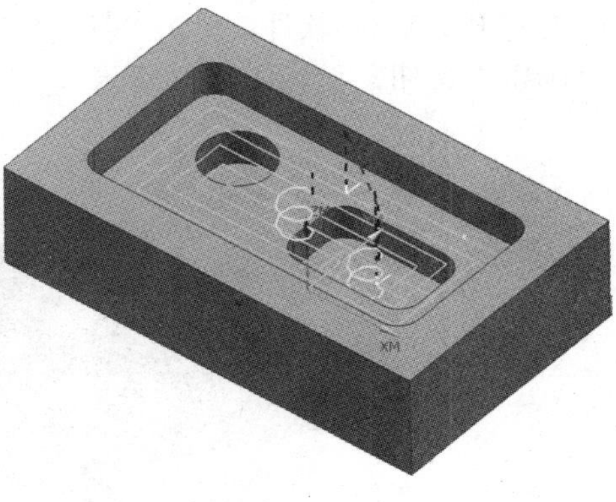

图 1–208 小封闭区域“忽略”方法

④ 参考刀具：在“空间范围”选项卡的“参考刀具”组，系统允许指定一个刀具作为参考刀具，以计算在拐角无法加工的残留材料，并使用较小尺寸的刀具，仅产生切削该残料的刀轨。参考刀具的直径应大于当前刀具直径。

如果参考刀具的半径与部件拐角的半径差很小，则所需取出材料的厚度可能会因过小而无法检测。此时可以尝试指定一个更小的加工公差，或选择一个更大直径的参考刀具，以获得更佳的效果。如果使用较小的加工公差，则系统将能检测更小的剩余残料，但会需要更多的计算时间。因此，使用较大尺寸的刀具可能是更佳的选择。

当指定了参考刀具后，系统将激活几个参数选项，包括“重叠距离”、“最小移除材料”和“陡峭空间范围”，设定合理的参数值以获得理想的切削路线。

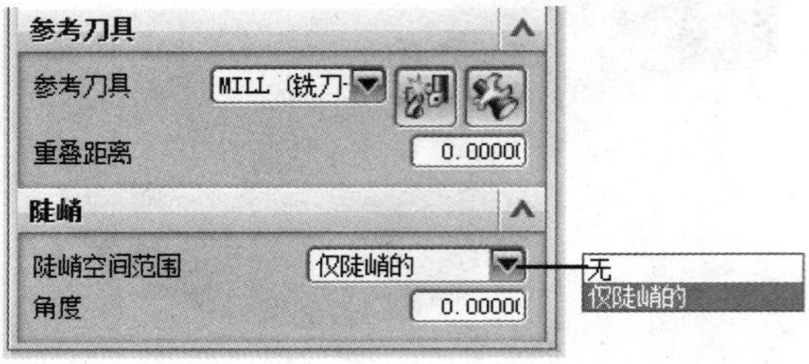

图 1–209　陡峭空间范围

⑤ 陡峭空间范围：当在“空间范围”选项卡的“参考刀具”组中指定一个参考刀具后，会出现“陡峭空间范围”选项，如图 1–209 所示。

切削区域中任意一点的曲面法线方向与刀轴方向的夹角，成为陡峭度。陡峭度大于指定角度的区域称为陡峭区域，另外一部分则称为平坦区域。“陡峭空间范围”用来控制是否根据部件几何体的陡峭度来限定切削区域，共有“无”和“仅陡峭的”两个选项，含义如下。

无：是指刀具将切削整个可切削区域，包括部件几何体中的陡峭和平坦区域。

仅陡峭的：是指系统将控制刀具仅切削陡峭度大于指定角度的陡峭区域，忽略其他平坦区域。

角度：指定部件陡峭度。

1.5　吸尘器风量调节阀前模加工设计

（1）打开 NX 8.5 软件，单击“打开”文件按钮，选择“part\project1\CA.prt”文件，单击“确定”按钮，如图 1–210 所示。

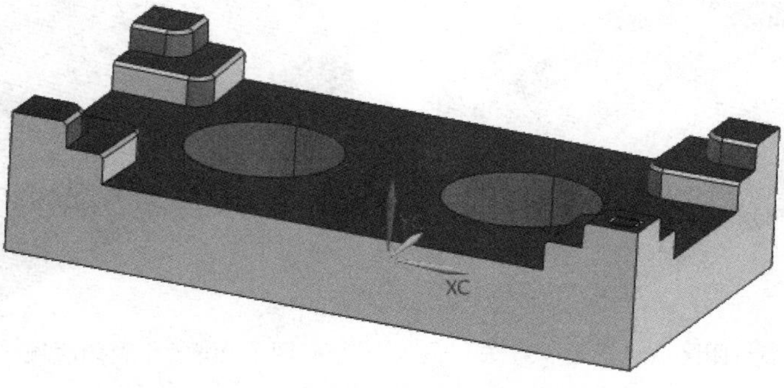

图 1–210　吸尘器风量调节阀前模

（2）单击“标准”工具条中的“开始”按钮，在下拉菜单中选择“ 加工(N)...”，进入 CAM 加工环境设置。在弹出的“加工环境”对话框中的“CAM 会话配置”中选择“cam_general”选项、在“要创建的 CAM 设置”中选择“mill_planar”选项，单击“确定”按钮。

（3）创建几何体。

在“导航器”工具中单击“几何视图”按钮，在“工序导航器”中修改“MCS_MILL”名字为“MCS_MILL_Z”。双击“MCS_MILL_Z”，弹出“Mill 铣削”对话框，按下“Ctrl+L”或者选择“格式”菜单下的“图层设置”选项，在弹出“图层设置”对话框中勾选图层 20，显示图层 20 中的毛坯，单击“关闭”按钮返回到“Mill 铣削”对话框。在“Mill 铣削”对话框中的“安全设置选项”下拉列表中选择“平面”选项，用鼠标选择毛坯的上顶面。在“距离”文本框中输入 5，回车确认，如图 1–211 所示。在“Mill 铣削”对话框中单击“确定”按钮。

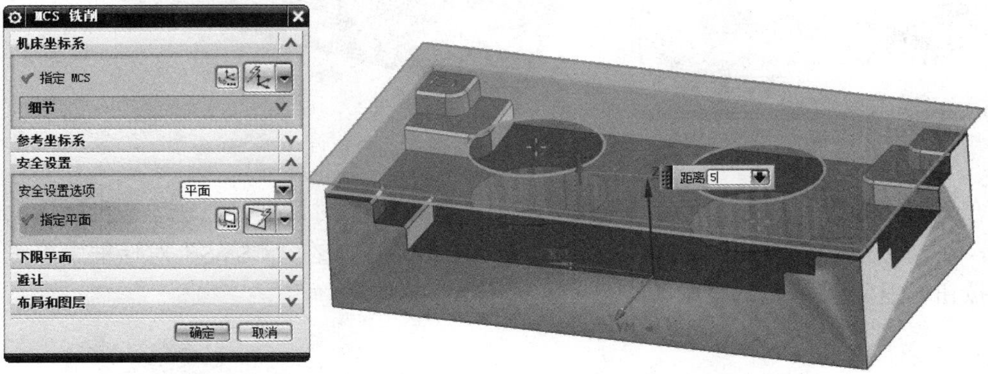

图 1–211　平面构造器与指定安全平面

在“刀片”工具条中单击“创建几何体”按钮，弹出“创建几何体”对话框，在对话中的“几何体子类型”中选中“MCS”按钮，输入几何体名称“MCS_MILL_F”，如图 1–212 所示。

图 1–212　创建几何体对话框

单击“确定”按钮。返回“MCS”对话框，在“机床坐标系”中单击“CSYS 会话”按钮，弹出“CSYS”对话框。在“CSYS”对话框中的控制器中单击“点对话框”按钮，弹出“点”对话框，在零件 20 层中选择直线的中点，如图 1–213 所示。

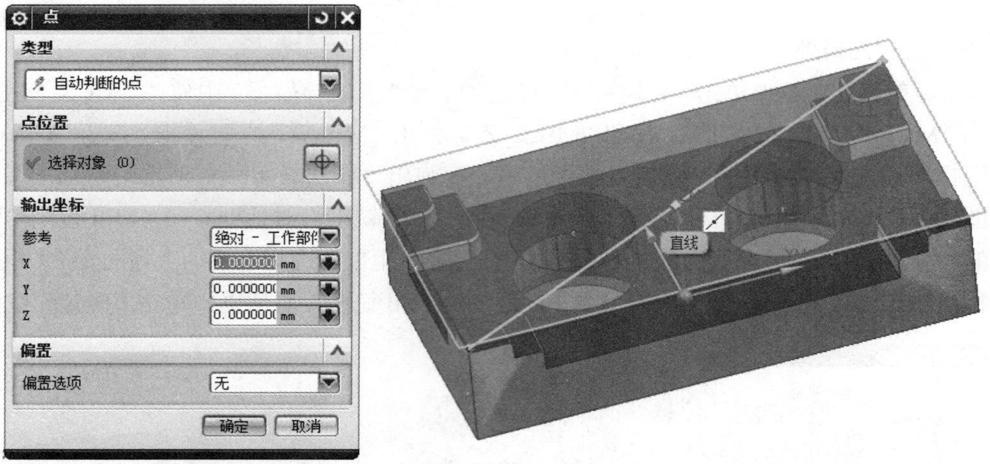

图 1–213　点对话框及选择直线重点

在“对话框”中单击“确定”按钮，返回到“CSYS”对话框。拖动动态坐标系上的控制球，将动态坐标系 XM 轴旋转 180°，如图 1–214 所示。在“CSYS”对话框中单击“确定”按钮，返回到“MCS”对话框。

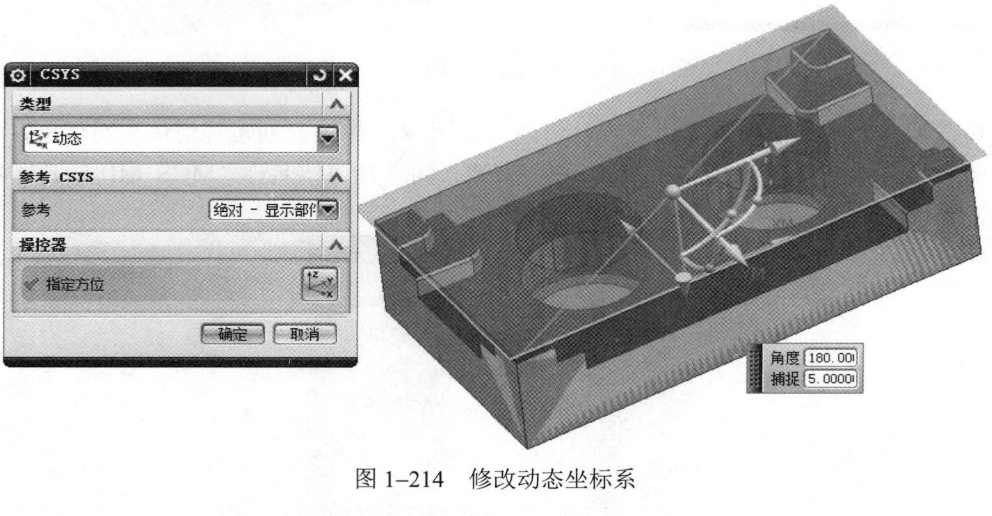

图 1–214　修改动态坐标系

在“Mill 铣削”对话框中的“安全设置选项”下拉列表中选择“平面”选项，用鼠标选择毛坯的上顶面。在“距离”文本框中输入 5，回车确认。在“MCS”对话框中单击“确定”按钮。

在“刀片”工具条中单击“创建几何体”按钮，弹出“创建几何体”对话框，在对话中的“几何体子类型”中选中“WORKPIECE”按钮，在“位置”中“几何体”下拉列表中选择“MCS_MILL_F”，输入几何体名称为“WORKPIECE1”，单击“确定”，弹出“工件”对话框，单击“确定”按钮，工序导航器显示结果如图 1–215 所示。

图 1–215　工序导航器几何视图

（4）指定毛坯几何体和部件几何体。

双击“MCS_MILL_Z”下的“WORKPIECE”，弹出“工件”对话框。在对话框中单击“选择或编辑毛坯几何体”按钮，弹出“毛坯几何体”对话框，选择 20 层中的毛坯，单击“确定”按钮。按下“Ctrl+L”或者选择“格式”菜单下的“图层设置”选项，在弹出“图层设置”对话框中取消勾选图层 20，隐藏图层 20 中的毛坯，单击“关闭”按钮返回到“工件”对话框。单击“工件”对话框中的“选择或编辑部件几何体”按钮，弹出“部件几何体”对话框，选择吸尘器风量调节阀前模零件，单击“确定”按钮。在“工件”对话框中单击“确定”按钮。

双击“MCS_MILL_F”下的“WORKPIECE1”，弹出“工件”对话框。在对话框中单击“选择或编辑毛坯几何体”按钮，弹出“毛坯几何体”对话框，选择 20 层中的毛坯，单击“确定”按钮返回到“工件”对话框（此处显示与隐藏层 20 方法同前）。单击“工件”对话框中的“选择或编辑部件几何体”按钮，弹出“部件几何体”对话框，选择吸尘器风量调节阀前模零件，单击“确定”按钮。在“工件”对话框中单击“确定”按钮。

（5）创建程序。

在“导航器”工具中单击“程序顺序视图”按钮。选中工序导航器中的“Program”并修改为“Z”。在“刀片”工具条中单击“创建程序”按钮，弹出“创建程序”对话框，在对话框中的“位置”下拉列表中选择“Z”，在名称文本框中输入“CAZ1”，单击“应用”按钮。弹出“程序”对话框，单击“确定”按钮，返回到“创建程序”对话框。用同样的方法创建“CAZ2”，“CAZ3”，“CAZ4”，“CAZ5”，“CAZ6”。单击“创建程序”对话框中的“取消”按钮。

图 1–216　创建程序

在“刀片”工具条中单击“创建程序”按钮，弹出“创建程序”对话框，在对话框中的“位置”下拉列表中选择“NC_PROGRAM”，在名称文本框中输入“F”，单击“应用”按钮。弹出“程序”对话框，单击“确定”按钮，返回到“创建程序”对话框。在对话框中的“位置”下拉列表中选择“F”，在名称文本框中输入“CAF1”，单击“应用”按钮。弹出“程序”对话框，单击“确定”按钮，返回到“创建程序”对话框。用同样的方法创建“CAF2”，“CAF3”。单击“创建程序”对话框中的“取消”按钮。

完成后，工序导航器的程序视图如图 1–216

所示。

（6）创建刀具。

在“导航器”工具中单击“机床视图”按钮。在“刀片”工具条中单击“创建刀具”按钮，弹出“创建刀具”对话框。在对话框中刀具类型选择“mill”，在名称文本框中输入“D30R5”，单击“应用”按钮，弹出“铣刀–5 参数”对话框，在对话框中设置刀具参数，如图 1–217 所示，单击“确定”按钮返回“创建刀具”对话框。

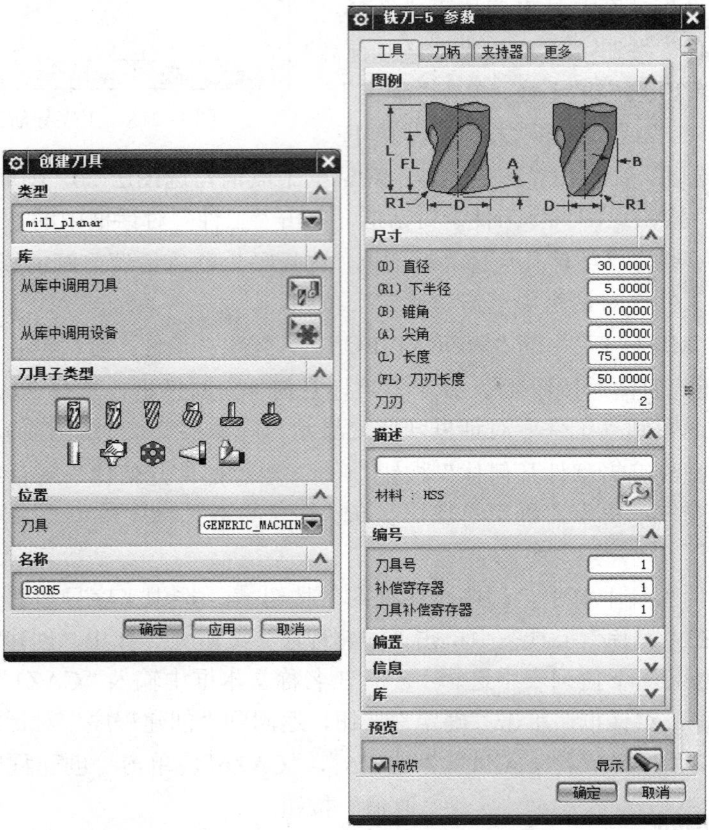

图 1–217　D30R5 刀具参数

用同样的方法创建 D16R0.4 和 D8，这两把刀具的参数如图 1–218 和图 1–219 所示。

完成刀具创建后，工序导航器中如图 1–220 所示。

（7）吸尘器风量调节阀前模正面加工。

1）前模开粗。

在“刀片”工具条中单击“创建工序”按钮，弹出“创建工序”对话框。在对话框窗口中：“类型”下拉列表框选择“mill_contour”；工序子类型中单击“型腔铣”按钮；位置中，程序下拉列表中选中“CAZ1”，刀具下拉列表中选中“D30R5（铣刀 5 参数）”，几何体下拉列表中选中“WORKPIECE”，方法下拉列表选中“METHOD”，名称文本框中输入“CAZ1–D30R5”，参数设置如图 1–221 所示，单击“确定”按钮，弹出型腔铣对话框。

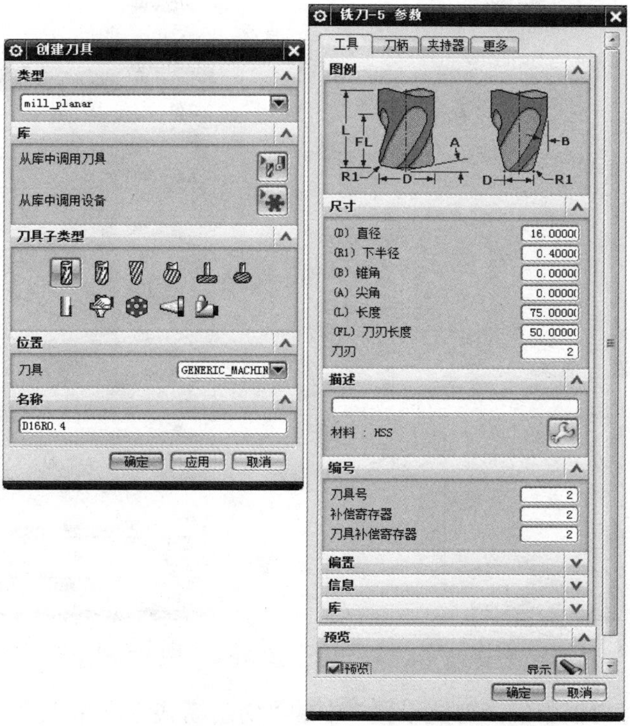

图 1–218　D16R0.4 刀具参数

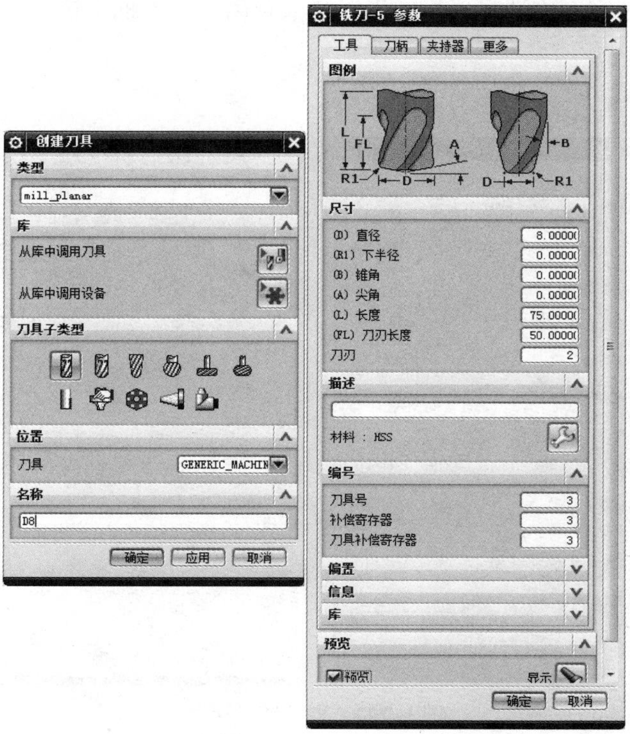

图 1–219　D8 刀具参数

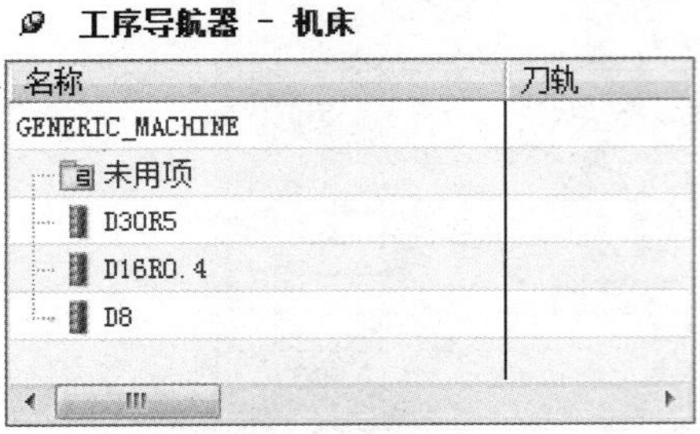

图 1–220　创建刀具

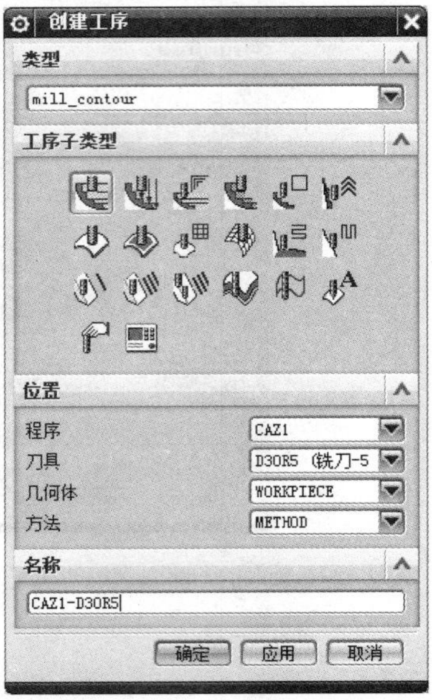

图 1–221　创建工序对话框

在“型腔铣”对话框中的“刀轨设置”中的“切削模式”选择“跟随部件”，“步距”下拉列表中选择“恒定”选项，“距离”文本框中输入“15”，下拉列表中选择“mm”，“每刀的公共深度”下拉列表中选择“恒定”，“最大距离”文本框中输入 0.3，设置如图 1–222 所示。

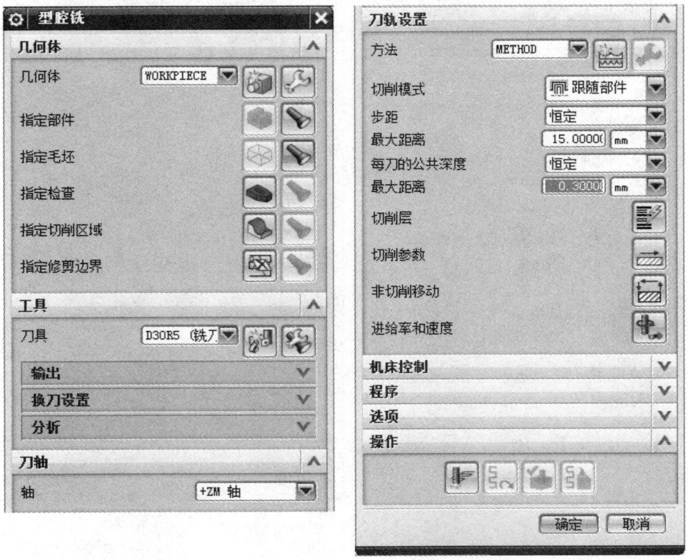

图 1–222　型腔铣对话框

单击“刀轨设置”中“切削层”按钮，弹出“切削层”对话框。在“切削层”对话框中“范围定义”区域“列表”中点选第5条选项，使得此层切削范围高亮显示，如图1–223所示。

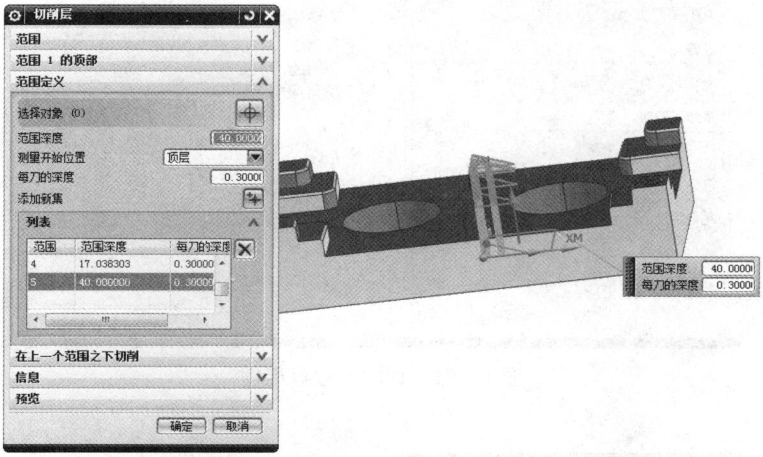

图1–223 高亮显示最底层切削范围

单击“移除”按钮，删除最底层切削范围，完成后如图1–224所示。单击“确定”按钮，返回“型腔铣”对话框。

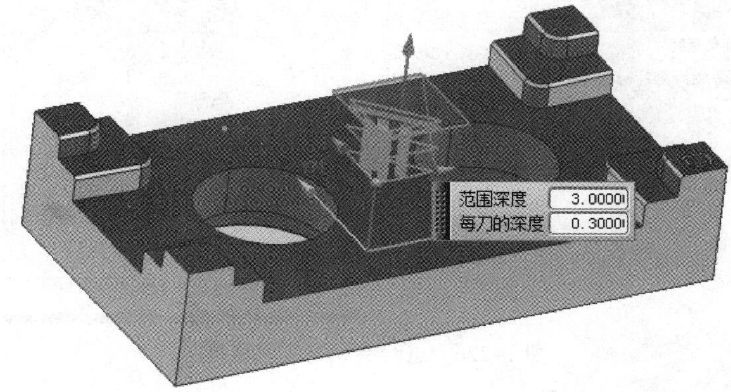

图1–224 删除完成

在“刀轨设置”中单击“切削参数”按钮，弹出切削参数对话框，选择“策略”标签，在“切削”中“切削顺序”下拉列表中选择“深度优先”；选择“余量”标签，在“部件侧面余量”右侧的文本框中输入0.2，如图1–225所示。单击“确定”按钮，返回“型腔铣”对话框。

在“刀轨设置”中单击“进给率和速度”按钮，弹出“进给率和速度”对话框。在“主轴速度”中勾选“主轴速度（rpm）”，并在后面的文本框中输入1600；在“进给率”中的“进刀”后的文本框中输入200，设置如图1–226所示。单击“确定”按钮，返回“型腔铣”对话框。

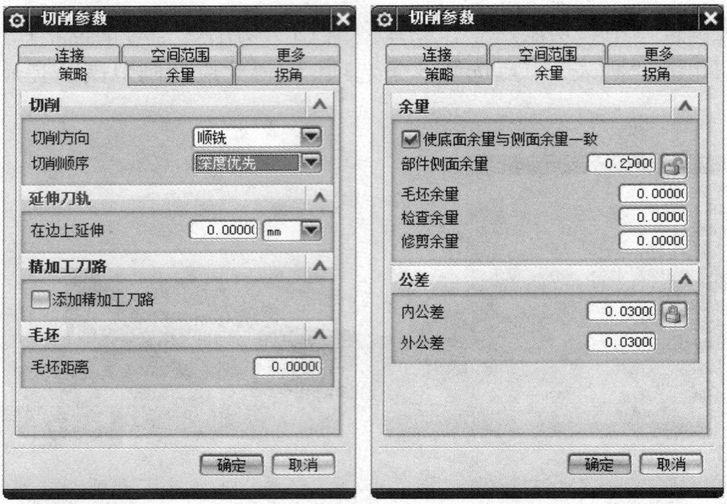

图 1–225　切削参数对话框

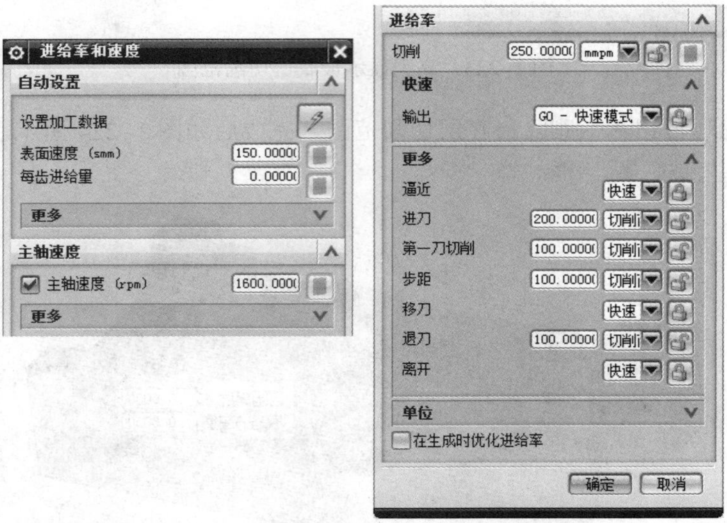

图 1–226　进给率和速度对话框

在“操作”中单击“生成”按钮，系统生成粗加工刀路，如图 1–227 所示。

在“操作”中单击“确认”按钮，弹出“刀轨可视化”对话框，在对话框中选择“2D”标签，调整“动画速度”为 4，单击“播放”按钮，系统进行刀轨仿真加工，如图 1–228 所示。仿真完成后单击“确定”按钮，返回“型腔铣”对话框，再次单击“确定”按钮，完成操作。

2）前模侧壁半精加工。

在工序导航器—程序顺序视图中的“Z→CAZ1→型腔铣 CA1–D30R5”单击鼠标右键，在右键快捷菜单中选择“复制”命令，如图 1–229 所示。在工序导航器—程序顺序视图中的“Z→CAZ2”单击鼠标右键，在右键快捷菜单中选择“内部粘贴”命令，如图 1–230 所示。在“CAZ2”下面会出现“CAZ1-D30R5_COPY”操作，如图 1-231 所示，修改操作的名称为“CAZ2-D16R0.4”，如图 1-232 所示。

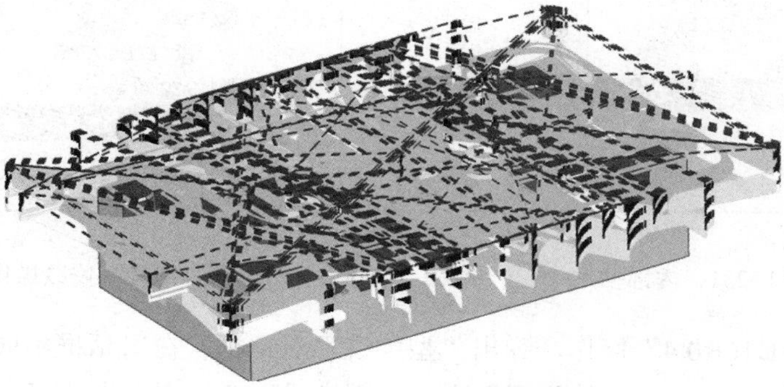

图 1-227　生成粗加工刀路

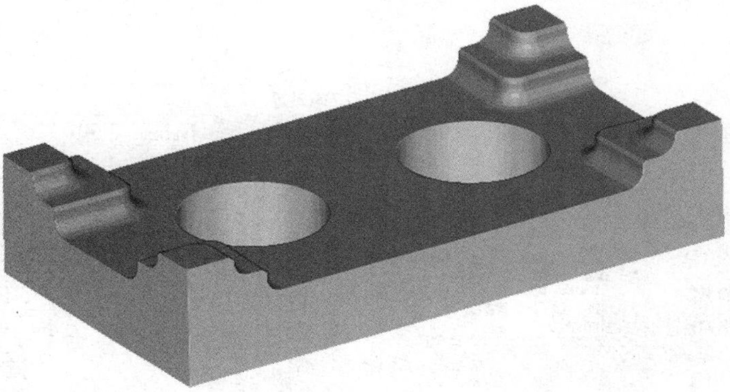

图 1-228　仿真与结果

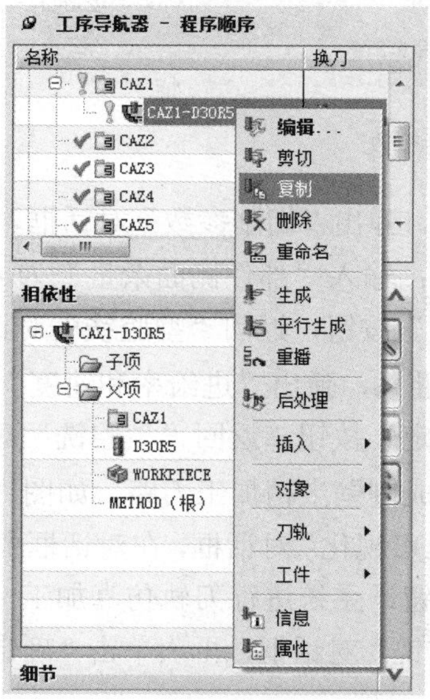

图 1-229　复制操作

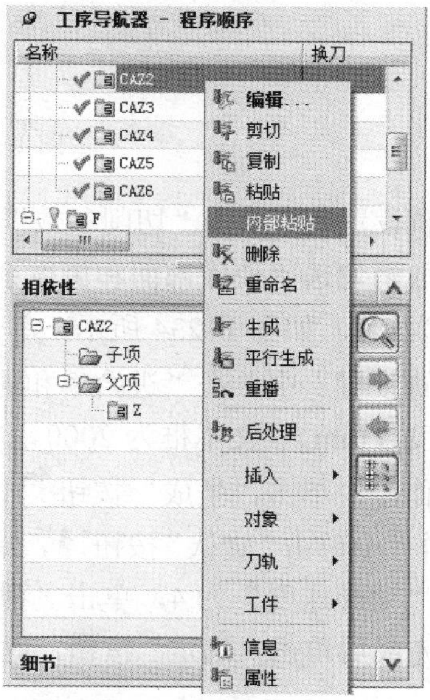

图 1-230　内部粘贴操作

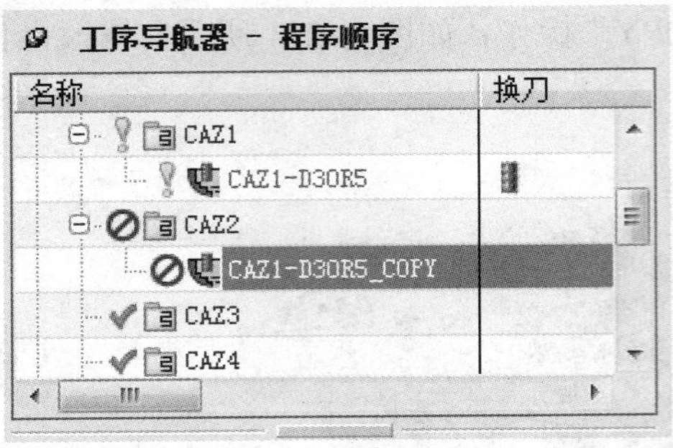

图 1–231　内部粘贴

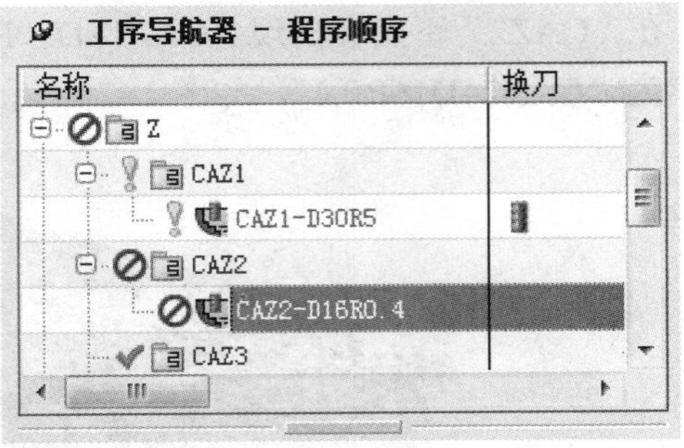

图 1–232　修改操作名称

双击“CA2–D16R0.4”操作，弹出“型腔铣”对话框。在对话框中的“刀具”下拉列表中选择“D16R0.4”，在“刀轨设置”中“切削模式”下拉列表中选择“轮廓加工”选项，步距“最大距离”文本框中输入 8，每刀的公共深度“最大距离”文本框中输入 0.2，如图 1–233 所示。

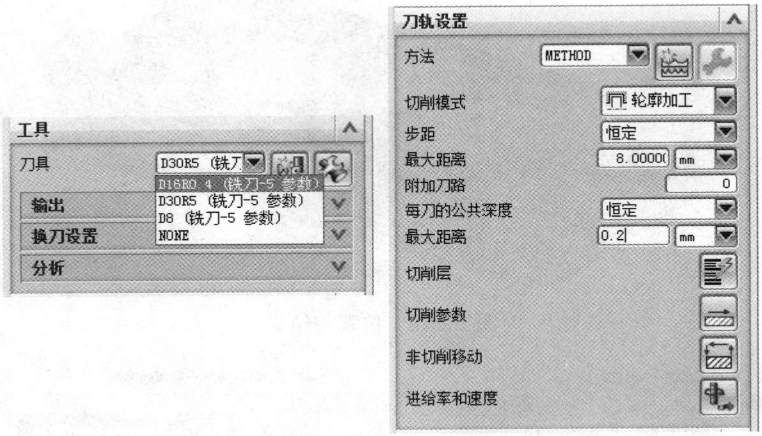

图 1–233　修改参数

在“刀轨设置”中单击“切削参数”按钮，弹出“切削参数”对话框，在对话框中修改余量：取消勾选“使底部面和侧壁余量一致”；输入“部件侧面余量”为 0.15，“部件底部”余量为 0.2。如图 1–234 所示，单击“确定”按钮，返回“型腔铣”对话框。

在“刀轨设置”中单击“进给率和速度”按钮，弹出“进给率和速度”对话框。修改“主轴速度（rpm）”文本框为 2000。单击“确定”按钮，返回“型腔铣”对话框。

在“操作”中单击“生成”按钮，系统生成侧壁半精加工刀路，如图 1–235 所示。

在“操作”中单击“确认”按钮，弹出“刀轨可视化”对话框，在对话框中选择“2D”标签，调整“动画速度”为 4，单击“播放”▶按钮，系统进行刀轨仿真加工，如图 1–236 所示。仿真完成后单击“确定”按钮，返回“型腔铣”对话框，再次单击“确定”按钮，完成操作。

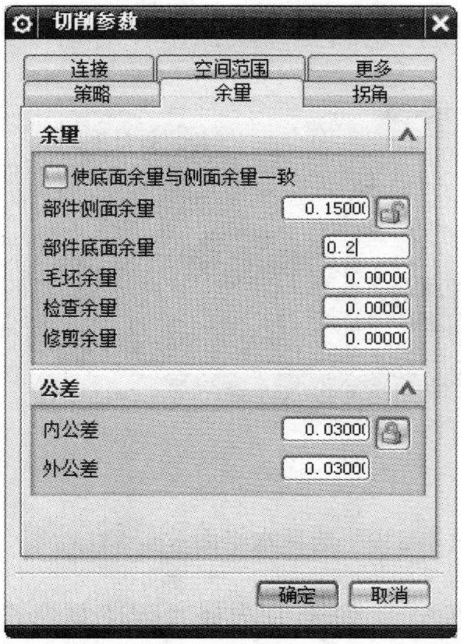

图 1–234　修改切削参数

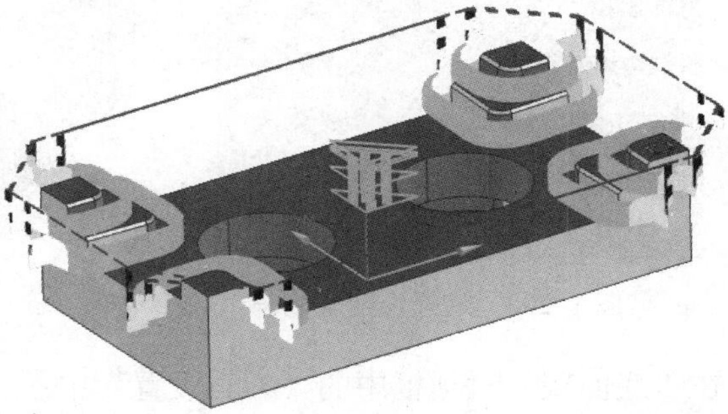

图 1–235　侧壁半精加工刀路

3）前模底面半精加工。

在“刀片”工具条中单击“创建工序”按钮，弹出“创建工序”对话框。在对话框窗口中：“类型”下拉列表框选择“mill_planar”；工序子类型中单击“底面和壁”按钮；位置中，程序下拉列表中选中“CAZ3”，刀具下拉列表中选中“D16R0.4（铣刀 5 参数）”，几何体下拉列表中选中“WORKPIECE”，方法下拉列表选中“METHOD”，名称文本框中输入“CAZ3–D16R0.4”，参数设置如图 1–237 所示，单击“确定”按钮，弹出“底面壁”对话框。

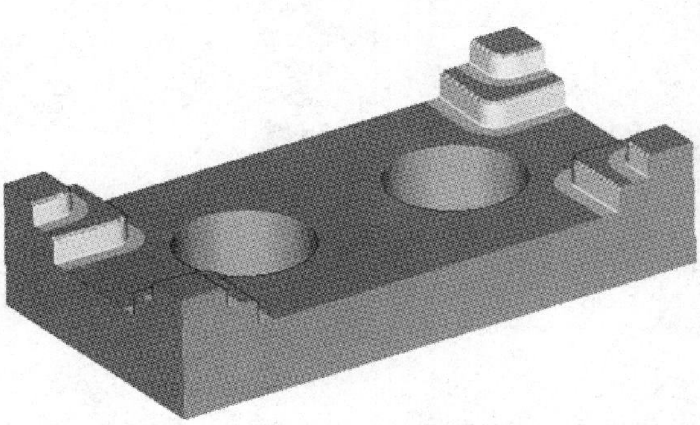

图 1–236　侧壁半精加工仿真结果

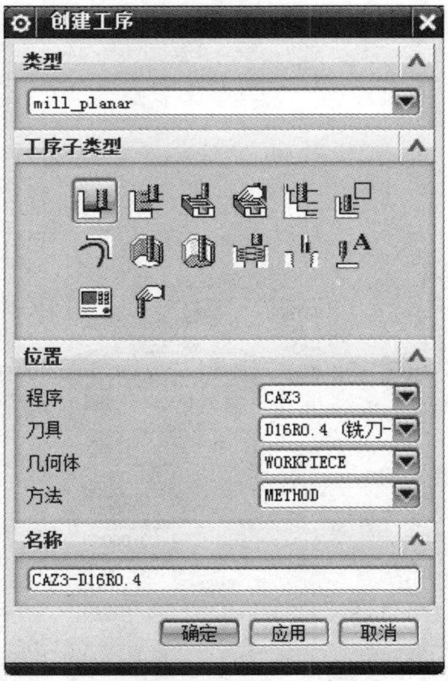

图 1–237　创建平面铣操作

在“底面壁”对话框中的“几何体”中单击“选择或编辑铣削区域几何体”按钮，如图 1–238 所示，弹出“切削区域”对话框，在前模零件上选择上表面所有水平面，如图

1–239 所示。在“切削区域”对话框上单击“确定”按钮，返回到“底面壁”对话框。

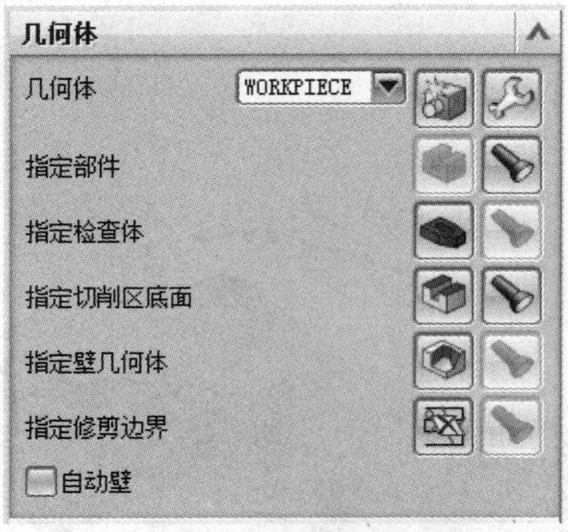

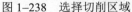

图 1–238　选择切削区域

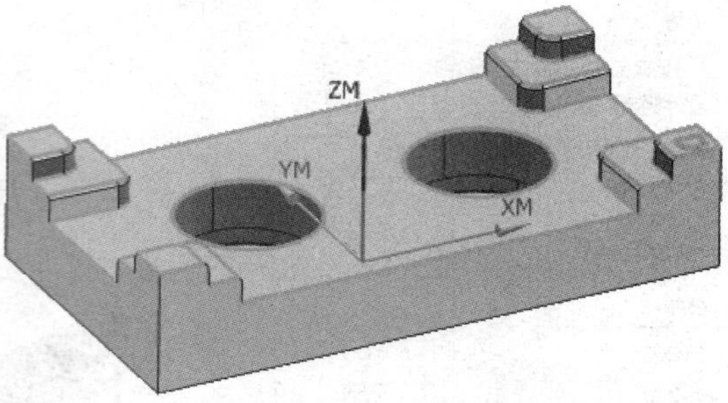

图 1–239　选择水平面

在“底面壁”对话框中的“刀轨设置”中：“切削模式”列表中选择“往复”选项，“平面直径百分比”文本框中输入 50，如图 1–240 所示。

在“底面壁”对话框“刀轨设置”中单击“切削参数”按钮，弹出“切削参数”对话框，在对话框中：“策略”标签，在“切削”中“切削角”下拉列表中选择“指定”，在“与 XC 的夹角”文本框中输入 90，在“精加工刀路”中勾选“添加精加工刀路”；“余量”标签，在“余量”中“壁余量”文本框中输入 0.15，“最终底部余量”文本框中输入 0.1，如图 1–241 所示。单击“确定”按钮，返回“底面壁”对话框。

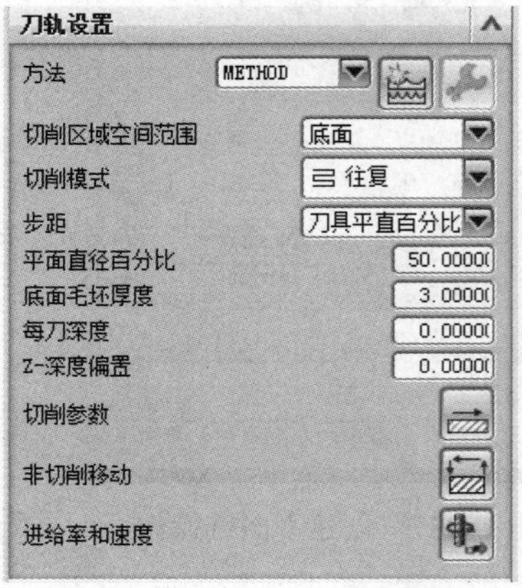

图 1–240　刀轨设置

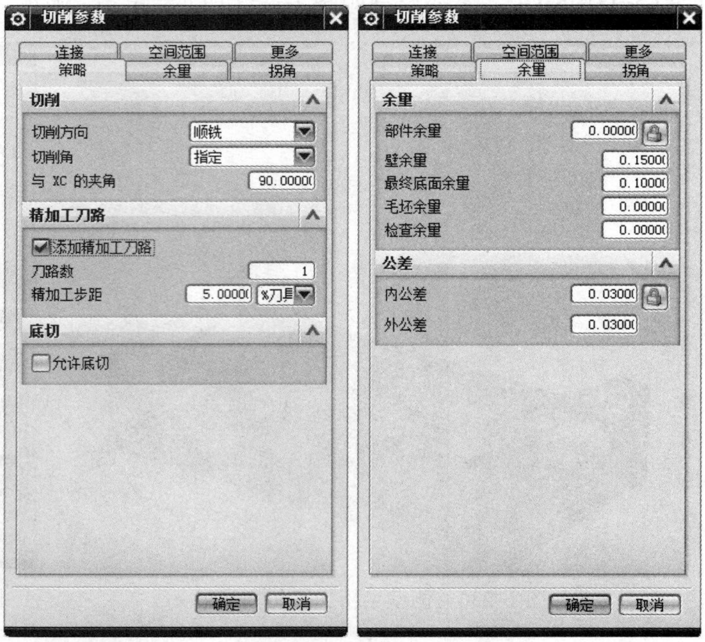

图 1–241　切削参数对话框

在“刀轨设置”中单击“进给率和速度”按钮，弹出“进给率和速度”对话框。在“主轴速度”中勾选“主轴速度（rpm）”，并在后面的文本框中输入2000；在“进给率”中的“进刀”后的文本框中输入200，设置如图1–242所示。单击“确定”按钮，返回“底面壁”对话框。

在“操作”中单击“生成”按钮，系统生成平面半精加工刀路，如图1–243所示。

在“操作”中“确认”按钮，弹出“刀轨可视化”对话框，在对话框中选择“2D”标签，调整“动画速度”为4，单击“播放”按钮，系统进行刀轨仿真加工，仿真结果如图1–244所示。仿真完成后单击“确定”按钮，返回“底面壁”对话框，再次单击“确定”按钮，完成操作。

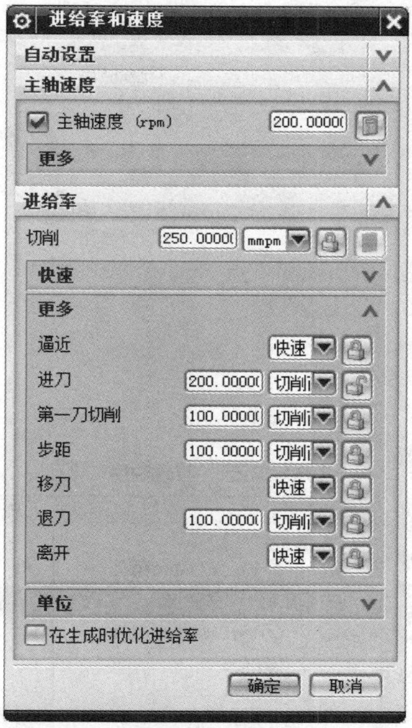

图1–242 进给率和速度对话框

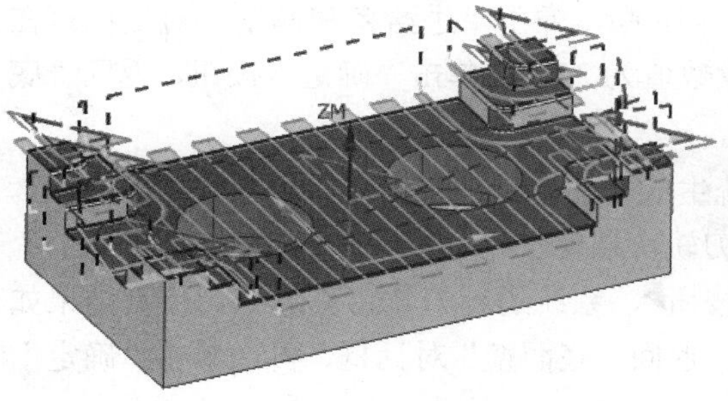

图1–243 生成平面半精加工刀路

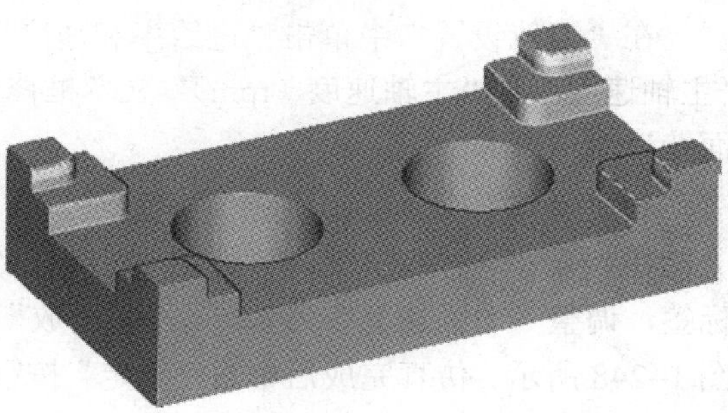

图1–244 生成平面半精加工仿真结果

4）前模底面精加工。

在工序导航器—程序顺序视图中的“Z→CAZ3→平面铣CAZ3–D16R0.4”单击鼠标右键，在右键快捷菜单中选择“复制”命令。在工序导航器—程序顺序视图中的“Z→CAZ4”单击鼠标右键，在右键快捷菜单中选择“内部粘贴”命令。在“CAZ4”下面会出现“CAZ3–D16R0.4_COPY”操作，修改操作的名称为“CAZ4–D16R0.4”，如图1–245所示。

双击“CAZ4–D16R0.4”操作，弹出“底面壁”对话框，单击“刀轨设置”中“切削参数”按钮，弹出“切削参数”对话框，在“余量”标签中修改“最终底部余量”文本框中数值为0，如图1–246所示。

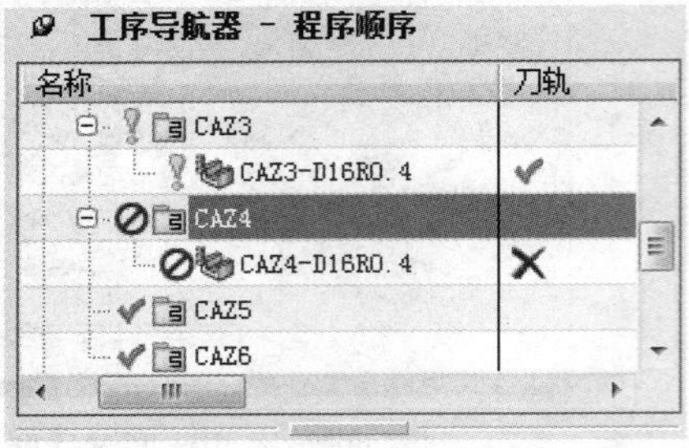

图 1–245　复制平面铣操作

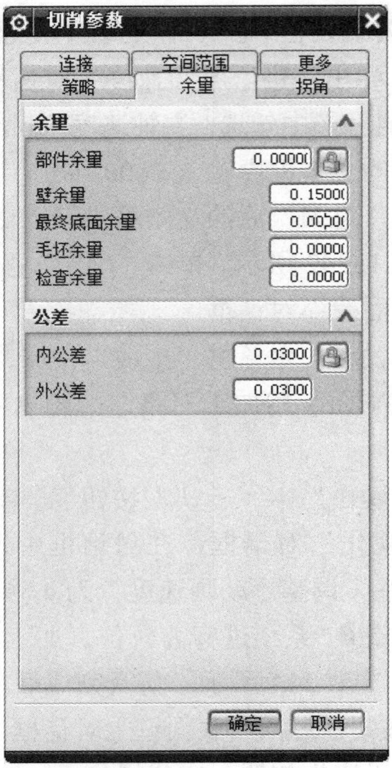

图 1–246　修改底部余量

在“刀轨设置”中单击“进给率和速度”按钮，弹出“进给率和速度”对话框。在“主轴速度”中“主轴速度（rpm）”文本框修改数值为 2500。单击“确定”按钮，返回“底面壁”对话框。

在“操作”中单击“生成”按钮，系统生成平面半精加工刀路，如图 1–247 所示。

在“操作”中单击“确认”按钮，弹出“刀轨可视化”对话框，在对话框中选择“2D”标签，调整“动画速度”为 4，单击“播放”按钮，系统进行刀轨仿真加工，仿真结果如图 1–248 所示。仿真完成后单击“确定”按钮，返回“底面壁”对话框，再次单击“确定”按钮，完成操作。

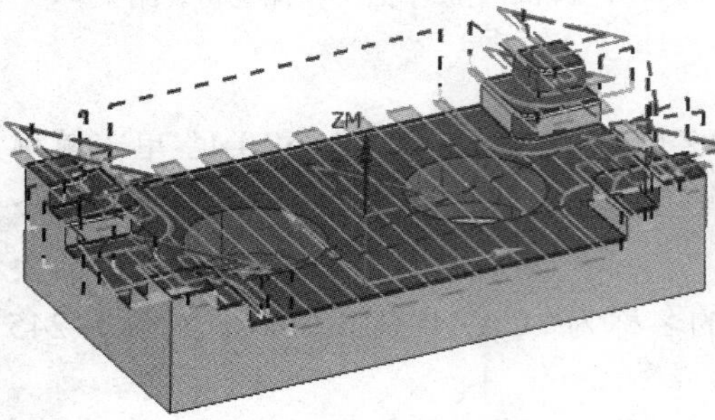

图 1–247　生成平面精加工刀路

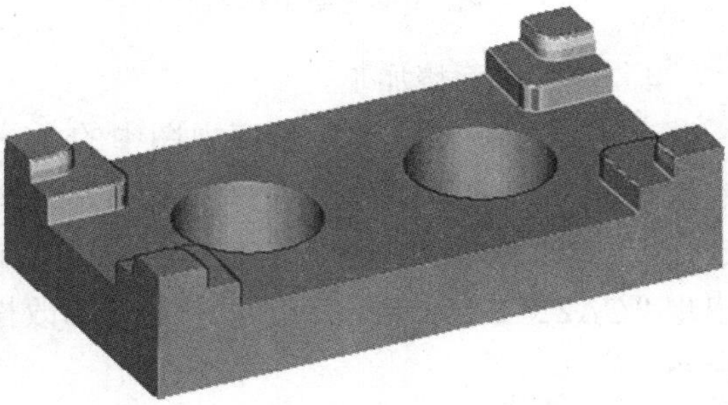

图 1–248　生成平面精加工仿真结果

5）前模侧壁精加工。

在工序导航器—程序顺序视图中的“Z→CAZ1→CA1–D30R5”单击鼠标右键，在右键快捷菜单中选择“复制”命令。在工序导航器—程序顺序视图中的“Z→CAZ5”单击鼠标右键，在右键快捷菜单中选择“内部粘贴”命令。修改“CAZ1–D30R5_COPY”为“型腔铣 CAZ5– D8”，如图 1–249 所示。

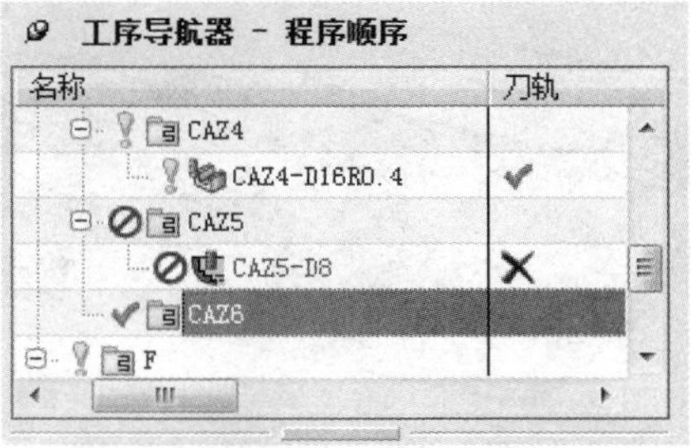

图 1–249　复制操作并修改名称

双击“CA5–D8”操作，弹出“型腔铣”对话框。在对话框中的“刀具”下拉列表中选择“D8”，在“刀轨设置”中“切削模式”下拉列表中选择“轮廓加工”选项，步距“最大距离”文本框中输入 4，每刀的公共深度“最大距离”文本框中输入 0.1，如图 1–250 所示。

在“刀轨设置”中单击“切削参数”按钮，弹出“切削参数”对话框，在对话框中修改“部件侧面余量”为 0。如图 1–251 所示。单击“确定”按钮，返回“型腔铣”对话框。

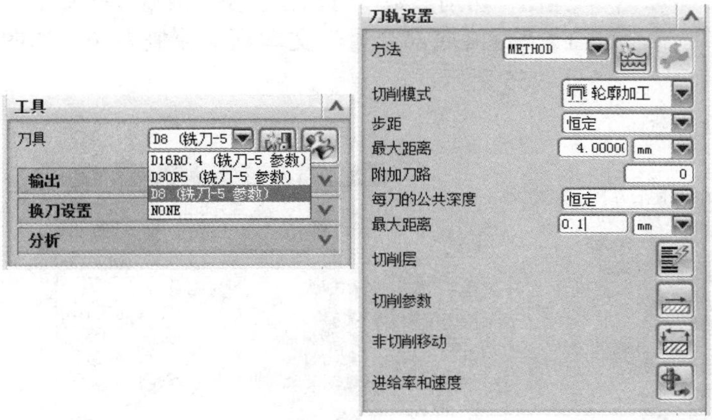

图 1–250　修改参数（1）

图 1–251　修改切削参数（2）

在“刀轨设置”中单击“进给率和速度”按钮，弹出“进给率和速度”对话框。修改“主轴速度（rpm）”文本框为 2500。单击“确定”按钮，返回“型腔铣”对话框。

在“操作”中单击“生成”按钮，系统生成侧壁精加工刀路，如图 1–252 所示。

在“操作”中单击“确认”按钮，弹出“刀轨可视化”对话框，在对话框中选择“2D”标签，调整“动画速度”为 4，单击“播放”按钮，系统进行刀轨仿真加工，如图 1–253 所示。仿真完成后单击“确定”按钮，返回“型腔铣”对话框，再次单击“确定”按钮，完成操作。

6）轮廓清角。

在工序导航器—程序顺序视图中的“Z→CAZ4→CAZ4–D16R0.4”单击鼠标右键，在右键快捷菜单中选择“复制”命令。在工序导航器—程序顺序视图中的“Z→CAZ6”单击鼠

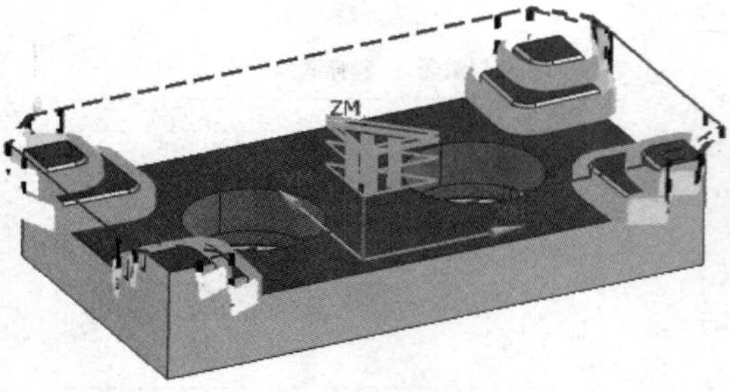

图 1–252　侧壁精加工刀路

图 1–253　侧壁精加工仿真结果

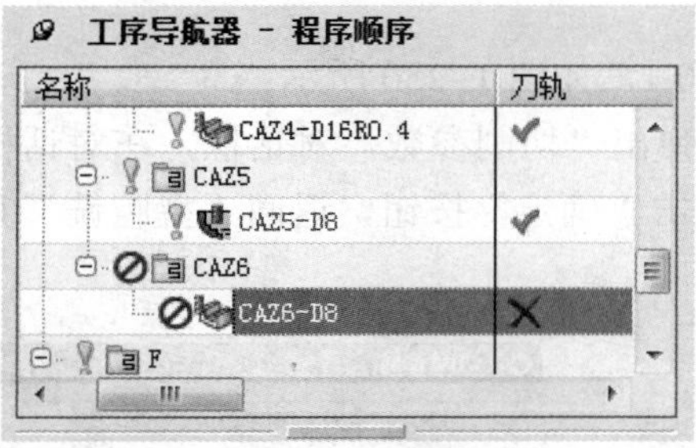

图 1–254　复制操作并修改名称

标右键，在右键快捷菜单中选择“内部粘贴”命令。修改“CAZ4–D16R0.4_COPY”为“CAZ6–D8”，如图 1–254 所示。

双击“CAZ6–D8 操作，弹出“底面壁”对话框：在“刀具”中的刀具列表中选择“D8”刀具；在“刀轨设置”中“切削模式”列表框中选择“轮廓加工”，单击“切削参数”按钮，弹出“切削参数”对话框，在“余量”标签中修改“最终底部余量”文本框中数值为 0，如图 1–255 所示。

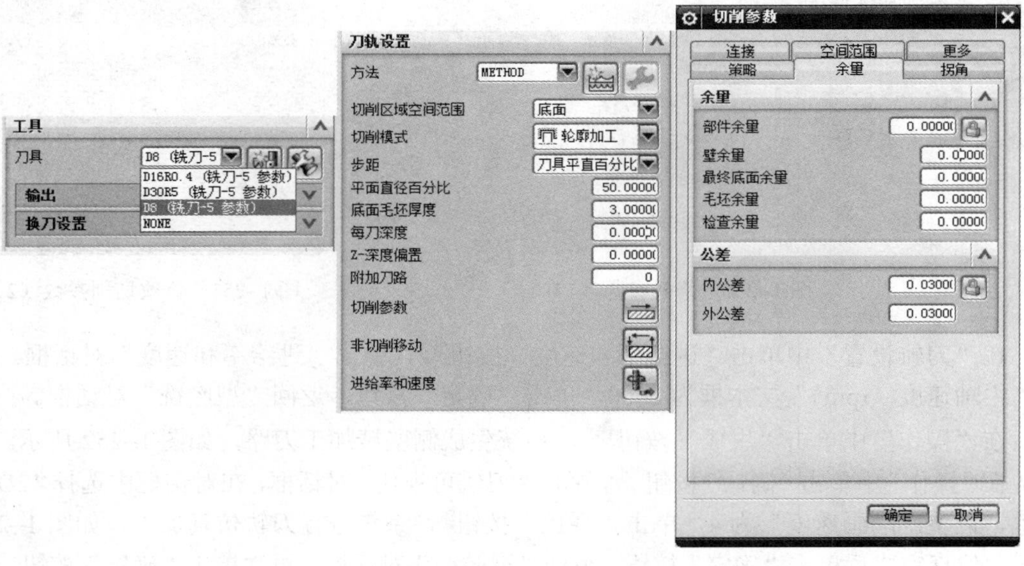

图 1–255　修改底部余量

在“操作”中单击“生成”按钮，系统生成轮廓清角加工刀路，如图 1–256 所示。

在“操作”中单击“确认”按钮，弹出“刀轨可视化”对话框，在对话框中选择“2D”标签，调整“动画速度”为 4，单击“播放”按钮，系统进行刀轨仿真加工，仿真结果如

图 1–257 所示。仿真完成后单击“确定”按钮，返回“底面壁”对话框，再次单击“确定”按钮，完成操作。

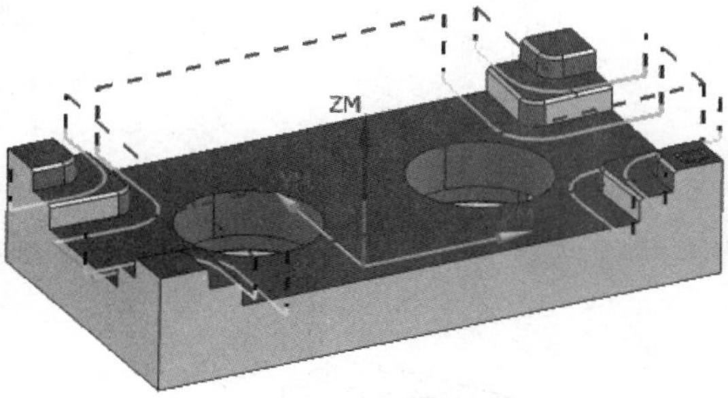

图 1–256　生成轮廓清角加工刀路

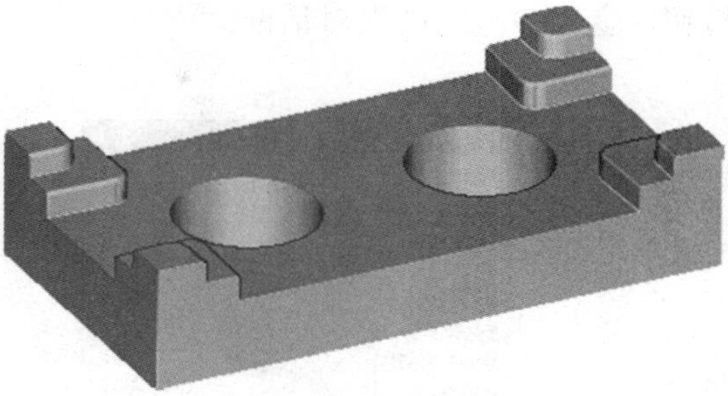

图 1–257　生成平面精加工仿真结果

（8）吸尘器风量调节阀前模反面加工。

1）开粗。

在“刀片”工具条中单击“创建工序”按钮，弹出“创建工序”对话框。在对话框窗口中：“类型”下拉列表框选择“mill_contour”；工序子类型中单击“型腔铣”按钮；位置中，程序下拉列表中选中“CAF1”，刀具下拉列表中选中“D8（铣刀 5 参数）”，几何体下拉列表中选中“WORKPIECE1”，方法下拉列表选中“METHOD”，名称文本框中输入“CAF1–D8”，参数设置如图 1–258 所示，单击“确定”按钮，弹出型腔铣对话框。

在“型腔铣”对话框中的“刀轨设置”中的“切削模式”选择“跟随部件”，“每刀的公共深度”下拉列表中选择“恒定”，“最大距离”文本框中输入“0.2”，设置如图 1–259 所示。

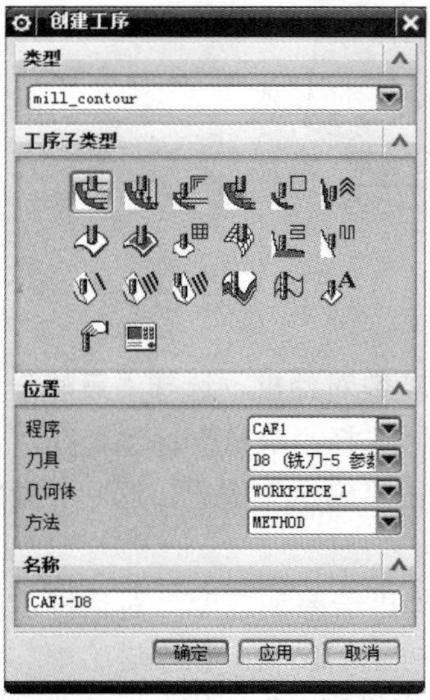

图 1–258　创建工序

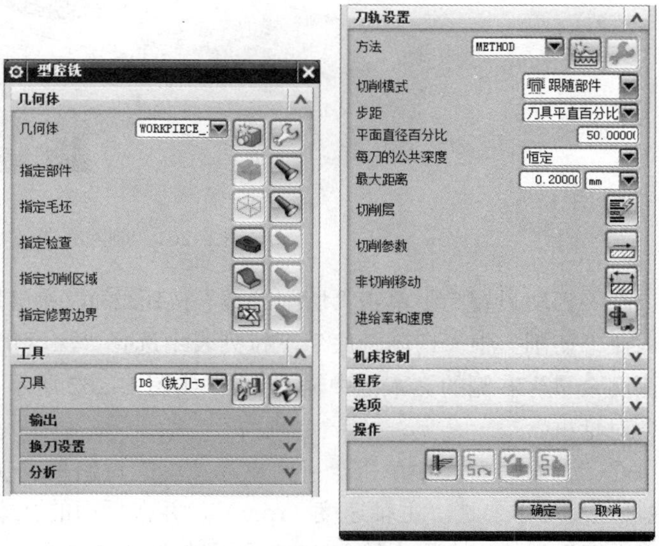

图 1–259　型腔铣对话框

单击“刀轨设置”中“切削层”按钮，弹出“切削层”对话框。在“切削层”对话框中“范围定义”区域“列表”中点选第 5 条选项，使得此层切削范围高亮显示，如图 1–260 所示。单击“移除”按钮，删除最底层切削范围，完成后如图 1–261 所示。单击“确定”按钮，返回“型腔铣”对话框。

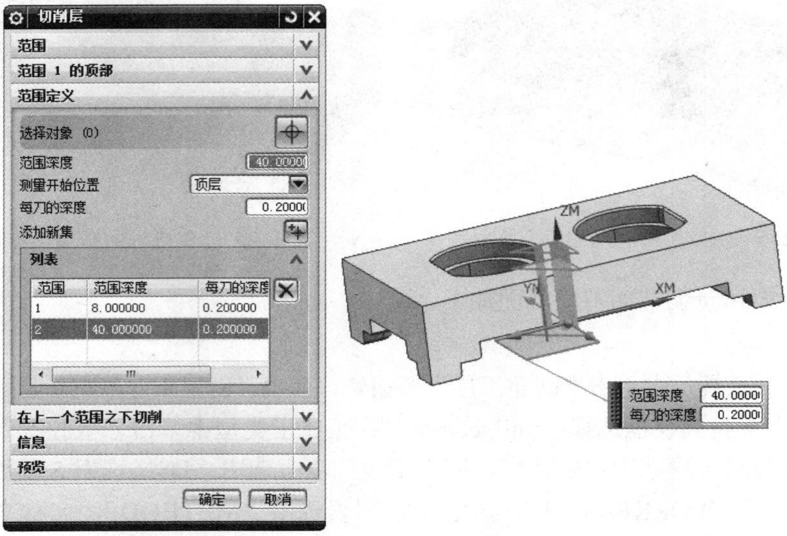

图 1–260　高亮显示最底层切削范围

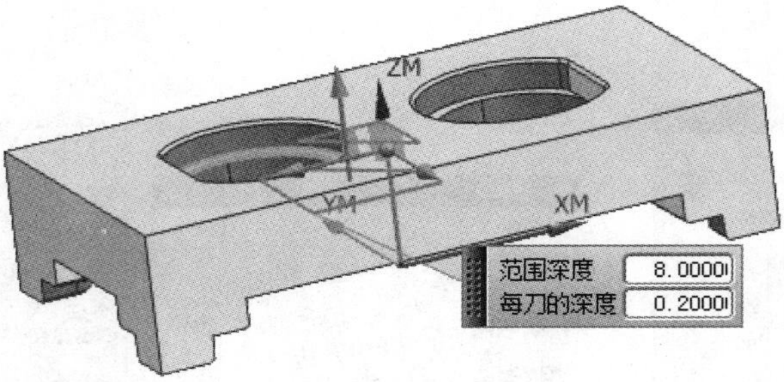

图 1–261　删除完成

在“刀轨设置”中单击“切削参数”按钮，弹出切削参数对话框，选择“策略”标签，在“切削”中“切削顺序”下拉列表中选择“深度优先”；选择“余量”标签，在“部件侧面余量”右侧的文本框中输入 0.2，如图 1–262 所示。单击“确定”按钮，返回“型腔铣”对话框。

在“刀轨设置”中单击“进给率和速度”按钮，弹出“进给率和速度”对话框。在“主轴速度”中勾选“主轴速度（rpm）”，并在后面的文本框中输入 1600；在“进给率”中的“进刀”后的文本框中输入 200，设置如图 1–263 所示。单击“确定”按钮，返回“型腔铣”对话框。

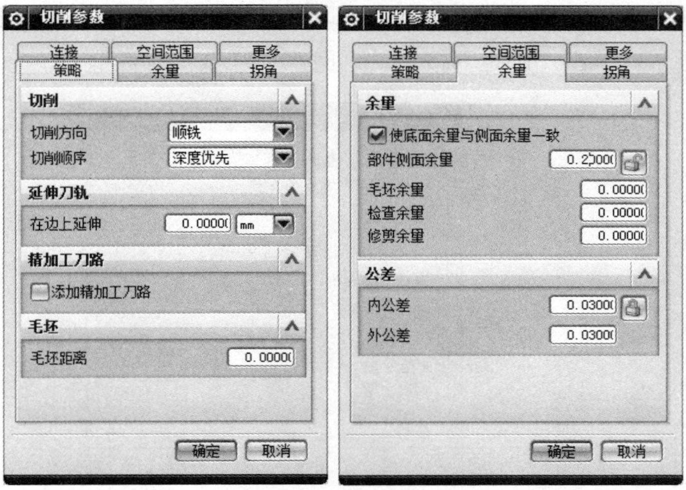

图 1–262 切削参数对话框

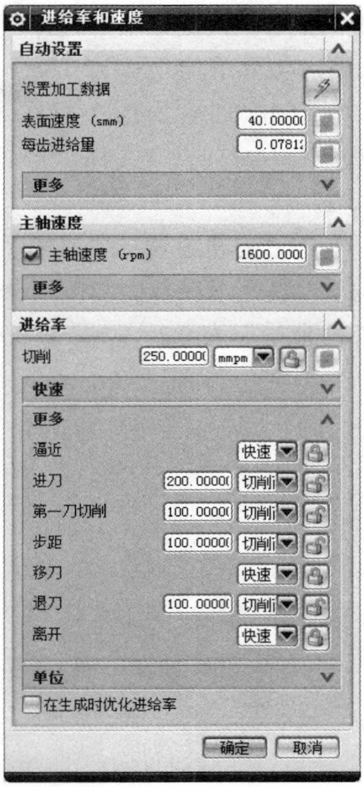

图 1–263 进给率和速度对话框

在“操作”中单击“生成”按钮，系统生成粗加工刀路，如图 1–264 所示。

在“操作”中单击“确认”按钮，弹出“刀轨可视化”对话框，在对话框中选择“2D”标签，调整“动画速度”为 4，单击“播放”按钮，系统进行刀轨仿真加工，如图 1–265 所示。仿真完成后单击“确定”按钮，返回“型腔铣”对话框，再次单击“确定”按钮，完成操作。

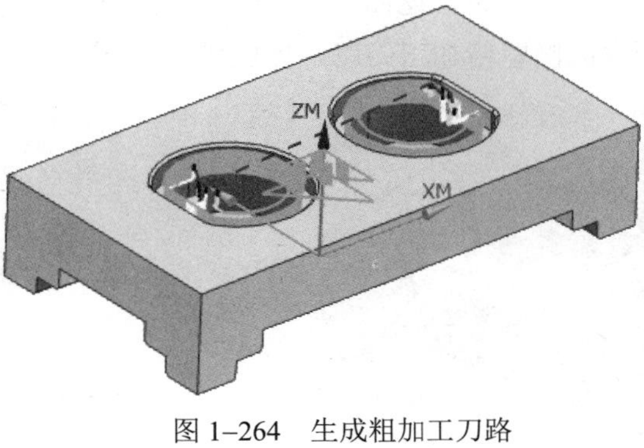

图 1–264 生成粗加工刀路

图 1–265 仿真与结果

2）侧壁精加工。

在工序导航器—程序顺序视图中的“F→CAF1→CAF1–D8”单击鼠标右键，在右键快捷菜单中选择“复制”命令。在工序导航器—程序顺序视图中的“F→CAF2”单击鼠标右键，在右键快捷菜单中选择“内部粘贴”命令。修改“CAF1–D8_COPY”为“CAF2–D8”，如图 1–266 所示。

双击“CAF2–D8”操作，弹出“型腔铣”对话框。在对话框的“刀轨设置”中“切削模式”下拉列表中选择“轮廓加工”选项，每刀的公共深度的“最大距离”文本框中输入 2。

在“刀轨设置”中单击“切削参数”按钮，弹出“切削参数”对话框，在对话框中取消“使用‘底部面和侧壁余量一致’”前面的勾选，修改“部件侧面余量”为 0，“部件底部面余量”为 0.2。如图 1–267 所示。单击“确定”按钮，返回“型腔铣”对话框。

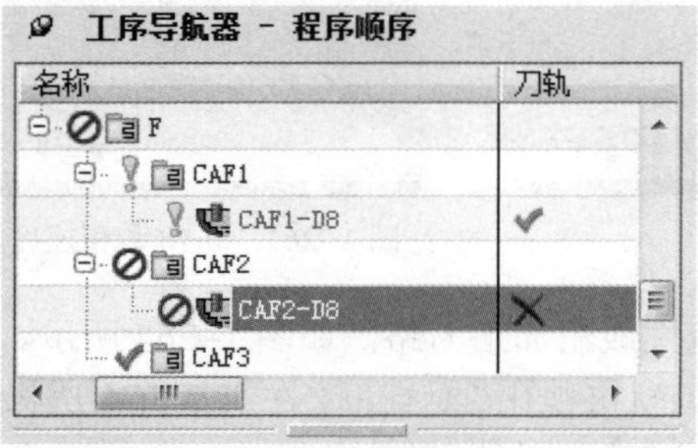

图 1–266　复制操作并修改名称

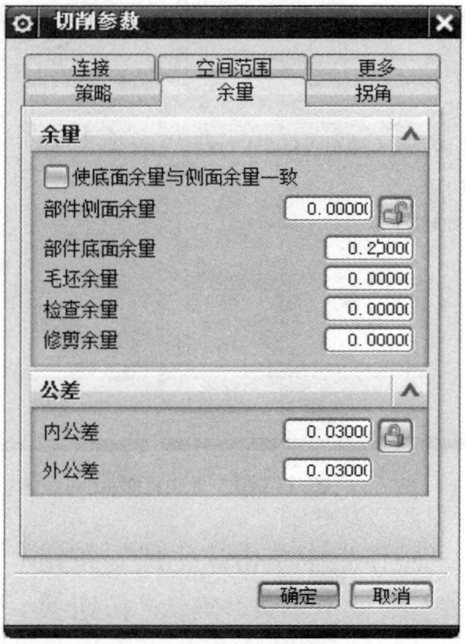

图 1–267　修改切削参数

在“刀轨设置”中单击“进给率和速度”按钮，弹出“进给率和速度”对话框。修改“主轴速度（rpm）”文本框为 2500。单击“确定”按钮，返回“型腔铣”对话框。

在“操作”中单击“生成”按钮，系统生成侧壁精加工刀路，如图 1–268 所示。

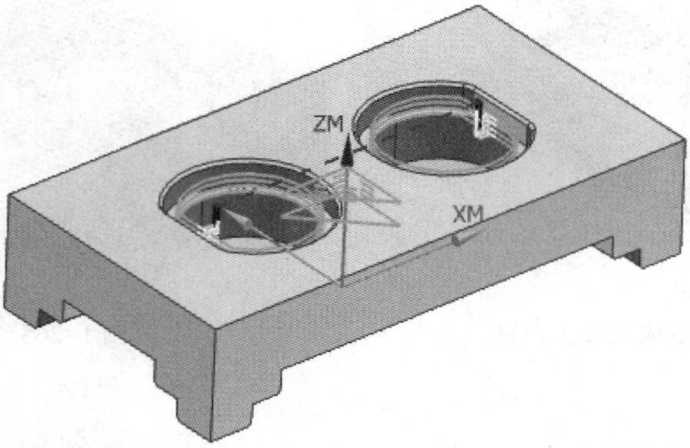

图 1–268　侧壁精加工刀路

在“操作”中单击“确认”按钮，弹出“刀轨可视化”对话框，在对话框中选择“2D”标签，调整“动画速度”为4，单击“播放”按钮，系统进行刀轨仿真加工，如图1–269所示。仿真完成后单击“确定”按钮，返回“型腔铣”对话框，再次单击“确定”按钮，完成操作。

图1–269　侧壁精加工仿真结果

3）底面精加工。

在工序导航器—程序顺序视图中的“F→CAF2→CAF2–D8”单击鼠标右键，在右键快捷菜单中选择“复制”命令。在工序导航器—程序顺序视图中的“F→CAF3”单击鼠标右键，在右键快捷菜单中选择“内部粘贴”命令。修改“CAF2–D8_COPY”为“CAF3–D8”，如图1–270所示。

双击“CAF2–D8”操作，弹出“型腔铣”对话框。在对话框中的“刀轨设置”中“切削模式”下拉列表中选择“跟随部件”选项，每刀的公共深度的“最大距离”文本框中输入4。

单击“刀轨设置”中“切削层”按钮，弹出“切削层”对话框。在“切削层”对话框“范围”区域中的“切削层”后面下拉列表中选择“仅在范围底部”选项，如图1–271所示。单击“确定”按钮，返回“型腔铣”对话框。

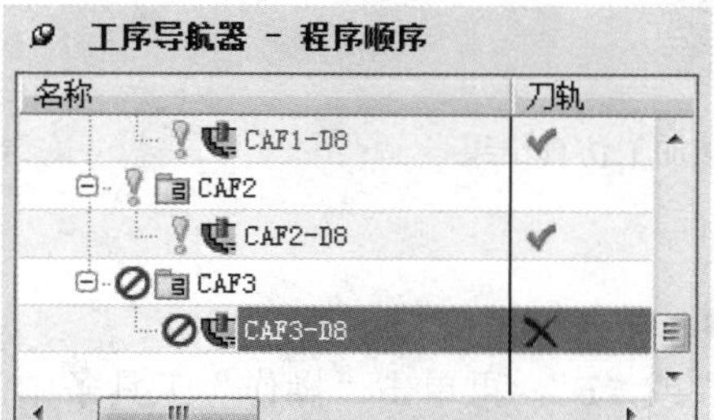

图1–270　复制操作并修改名称

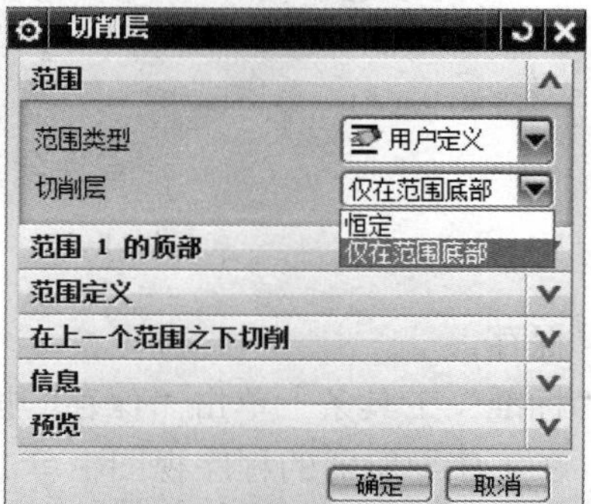

图1–271　切削层对话框

在“刀轨设置”中单击“切削参数”按钮，弹出“切削参数”对话框，在对话框“余量”标签中修改“部件底部面余量”为0。单击“确定”按钮，返回“型腔铣”对话框。

在“刀轨设置”中单击“进给率和速度”按钮，弹出“进给率和速度”对话框。修改“主轴速度（rpm）”文本框为2500。单击“确定”按钮，返回“型腔铣”对话框。

在“操作”中单击“生成”按钮，系统生成底面精加工刀路，如图1–272所示。

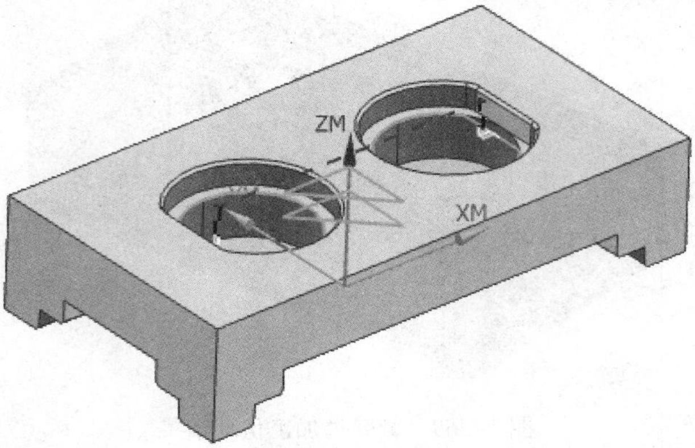

图1–272　侧壁精加工刀路

在“操作”中单击“确认”按钮，弹出“刀轨可视化”对话框，在对话框中选择“2D”标签，调整“动画速度”为4，单击“播放”按钮，系统进行刀轨仿真加工，如图1–273所示。仿真完成后单击“确定”按钮，返回“型腔铣”对话框，再次单击“确定”按钮，完成操作。

图1–273　底面精加工仿真结果

（9）保存。

在“标准”工具条上单击“保存”按钮，保存加工文件。

注：在工序导航器的程序视图中单击“Z”或“F”，再单击“操作”工具条中的“确认操作”按钮，弹出“刀轨可视化”对话框，此时即可完整模拟出正面或反面加工全过程。

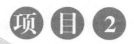

项目 2

吸尘器风量调节阀后模加工设计

本节中主要介绍应用 UG NX 8.5 完成吸尘器风量调节阀后模的加工设计，如图 2–1 所示。

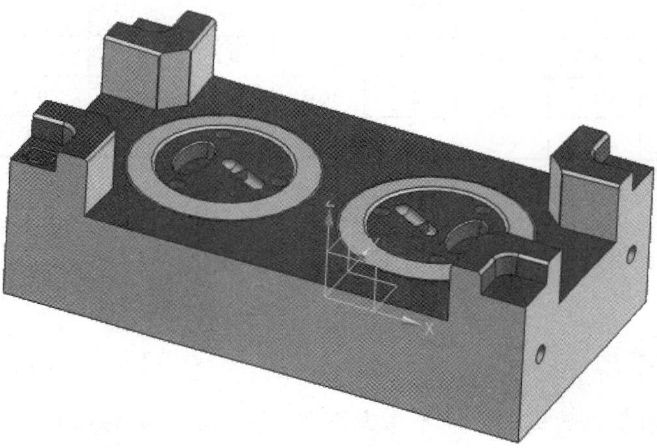

图 2–1　吸尘器风量调节阀后模

2.1 任 务 导 入

掌握应用UG 建模环境中同步建模命令对模型进行修改及加工环境中坐标系、几何体、面铣、型腔铣、固定轴轮廓铣等知识，完成吸尘器风量调节阀后模加工。

2.2 模具后模加工工艺分析

模具零件毛坯为 170×90×60 的方块体，在文件的 20 层中。根据数控加工工艺分析，吸尘器风量调节阀后模加工工艺过程如表 2–1 所示。

表 2–1　加 工 工 艺 表

程式名称	刀具名称	刀径	角 R	刀长	刀间距	底部余量	侧壁余量	每层深度	备注
CO1	D30R5	30	5	20	15	0.3	0.3	0.3	开粗
CO2	D16R0.4	16	0.4	20	8	0.2	0.2	0.15	二次开粗

续表

程式名称	刀具名称	刀径	角 R	刀长	刀间距	底部余量	侧壁余量	每层深度	备注
CO3	D16R0.4	16	0.4	20	8.3	0.1	0.2	2	平面半精加工
CO4	D16R0.4	16	0.4	20	8.3	0	0.2	2	平面精加工
CO5	D6	6	0	20	3	0	0.15	0.1	轮廓半精加工
CO6	D6	6	0	20		0	0	0.02	轮廓精加工
CO7	D6	6	0	20	2	0	0	2	轮廓精加工
CO8	D4	4	0	25	2	0.15	0.15	0.1	内轮廓开粗
CO9	D4	4	0	25	1.5	0.1	0	0.07	内轮廓侧壁精加工
CO10	D4	4	0	25		0	0		内轮廓底部精加工
CO11	R3	6	3	20	0.3	0.1	0.1	0	胶位半精加工
CO12	R3	6	3	20	0.05	0	0	0	胶位精加工
CO13	R2.5	5	2.5	22	0	0	0	0.05	加工流道

2.3 设计基础知识

2.3.1 同步建模技术

同步建模命令用于修改模型，而不考虑模型的原点、关联性或特征历史记录。模型可能是从其他 CAD 系统导入的、非关联的以及无特征的，或者可能是具有特征的原生 NX 模型。通过直接使用任何模型，NX 可省去用于重新构建或转换几何体的时间。

同步建模主要适用于由解析面（如平面、圆柱、圆锥、球、圆环）组成的模型。这未必指“简单”的部件，因为具有成千上万个面的模型也是由这些面类型组成的。同步建模工具条如图 2–2 所示。

图 2–2 “同步建模”工具条

在此仅介绍在数控加工中常用到的“替换面”和“删除面”命令。

1. 替换面

替换面：通过此命令可以用一表面来替换一组表面，并能重新生成光滑邻接的表面。使用此命令可以方便地使两平面一致，还可以用一个简单的面来替换一组复杂的面。

操作步骤如下：

（1）打开文件“Part\Project2\tihuan.prt”。

（2）单击“同步建模”工具条中“替换面”命令按钮，弹出“替换面”对话框。

（3）选择如图 2–3 所示的面后单击“确定”按钮，结果如图 2–4 所示。

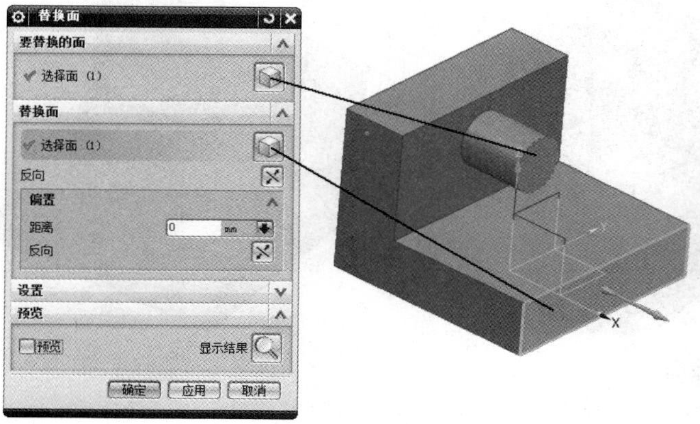

图 2–3　替换面

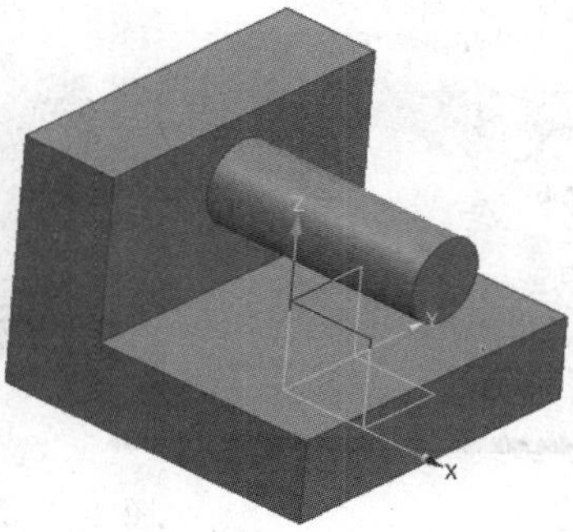

图 2–4　替换面平面

在“替换面”对话框中“偏置→距离”文本框中输入偏置值，可以设置替换面的偏置距离，单击“反向”按钮可以改变偏置方向。

2. 删除面

删除面：用于移除现有体上的一个或多个面，多用于删除圆角、孔及实体上的一些特征区域。如果选择了多个面，那么他们必须属于同一个实体。选择的面必须在没有参数化的实体上，如果存在参数则会提示将移除参数。

操作步骤如下：

（1）打开文件“Part\Project2\shanchu.prt”。

（2）单击“同步建模”工具条中“删除面”按钮，弹出“删除面”对话框。

（3）选择“类型”为“孔”，选择“按尺寸选择孔”复选框，输入“孔尺寸<=”为“30”，选择其中一个孔，系统自动选择其余满足条件的孔（共 2 个），如图 2–5 所示。

（4）单击“应用”按钮，结果如图 2–6 所示。

图 2–5　删除面

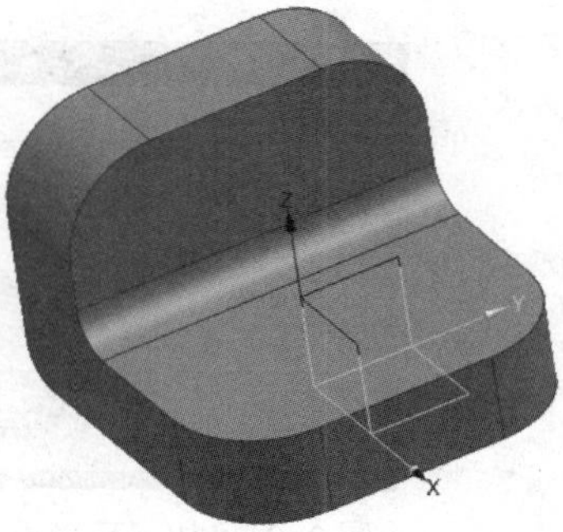

图 2–6　删除孔

（5）选择“类型”为“面”，选择如图 2–7 所示的四个圆角面。

（6）单击“确定”按钮，结果如图 2–8 所示。

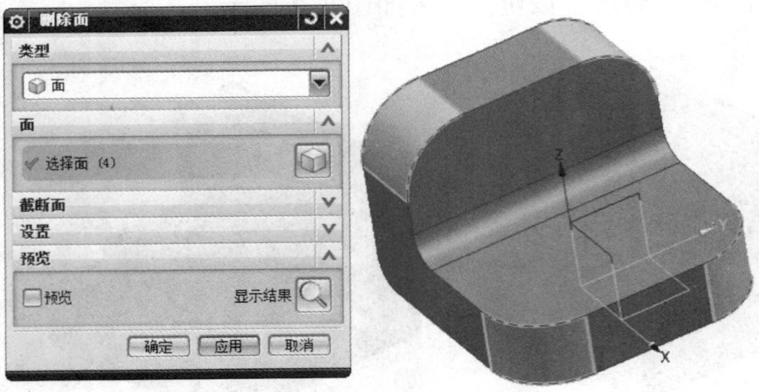

图 2–7　删除面

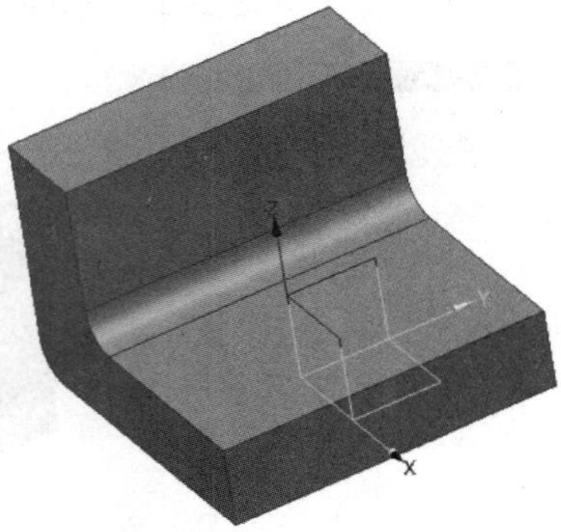

图 2–8　删除圆角面

2.3.2　固定轴轮廓铣

固定轴轮廓铣是用于精加工由轮廓曲面形成的区域的加工方法。它通过精确控制刀轴和投影矢量，使刀轨沿着非常复杂的曲面的轮廓移动，属于 3 轴联动加工方式。在本例中需使用固定轴轮廓铣加工后模的胶位面。

1. 设置加工环境

打开 UG 8.5 软件，调入需要加工的产品模型，然后进入加工模块，如果该产品模型是第一次进入“加工”模块，系统将会弹出“加工环境设置”对话框，如图 2–9 所示，在“要创建的 CAM 设置”列表中选择“mill_contour”，单击“确定”按钮进入加工环境。

2. 创建固定轮廓铣操作

设置固定轴轮廓铣操作 4 个父组（程序组、刀具组、几何体组和加工方法组）后即可创建固定轴轮廓铣操作。

单击“刀片”工具条中的“创建工序”按钮，系统弹出“创建工序”对话框，如图 2–10 所示，“类型”选择“mill_contour”，各子类型说明见表 2–2。

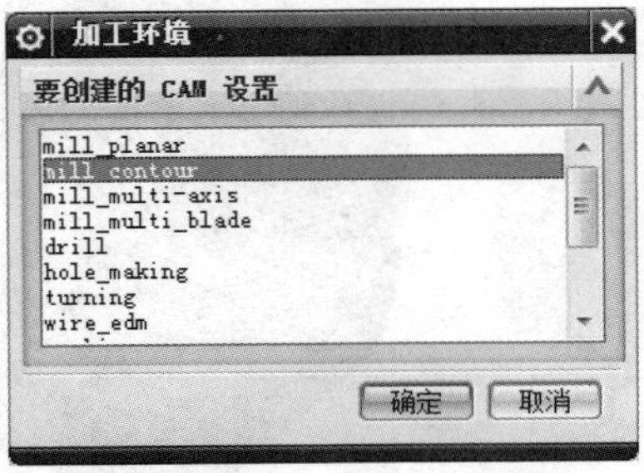

图 2–9　“加工环境设置”对话框

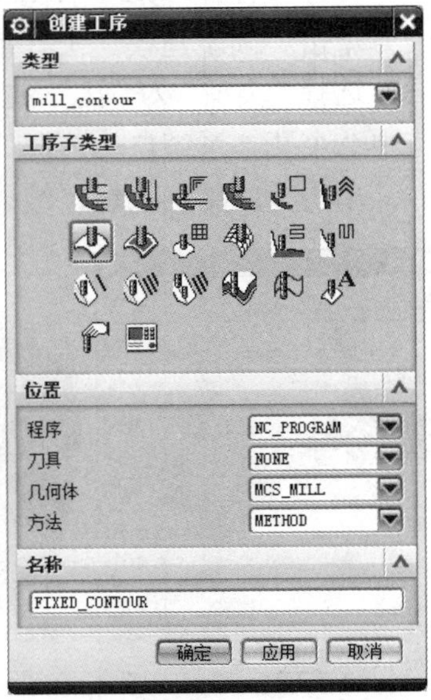

图 2–10　“创建工序”对话框

表 2–2　　　　固定轴轮廓铣子类型说明

子类型	用　途	说　明
固定轮廓铣	用于对具有各种驱动方法、空间范围和切削模式的部件或切削区域进行轮廓铣的基础固定轴曲面轮廓铣工序	根据需要指定部件几何体和切削区域。选择并编辑驱动方法来指定驱动几何体和切削模式。 建议通常用于精加工轮廓形状
轮廓区域	使用区域铣削驱动方法来加工切削区域中面的固定轴曲面轮廓铣工序	指定部件几何体。选择面以指定切削区域。编辑驱动方法以指定切削模式。 建议用于精加工特定区域
轮廓表面积	使用曲面区域驱动方法对选定面定义的驱动几何体进行精加工的固定轴曲面轮廓铣工序	指定部件几何体。编辑驱动方法以指定切削模式，并在矩形栅格中按行选择面以定义驱动几何体。 建议用于精加工包含顺序整齐的驱动曲面矩形栅格的单个区域
流线	使用流曲线和交叉曲线来引导切削模式并遵照驱动几何体形状的固定轴曲面轮廓铣工序	指定部件几何体和切削区域。编辑驱动方法来选择一组流曲线和交叉曲线以引导和包含路径。指定切削模式。 建议用于精加工复杂形状，尤其是要控制光顺切削模式的流和方向
非陡峭区域轮廓铣	使用区域铣削驱动方法来切削陡峭度大于特定陡角的区域的固定轴曲面轮廓铣工序	指定部件几何体。选择面以指定切削区域。编辑驱动方法以指定陡角和切削模式。 与 ZLEVEL_PROFILE 一起使用，以精加工具有不同策略的陡峭和非陡峭区域。切削区域将基于陡角在两个工序间划分
陡峭区域轮廓铣	使用区域铣削驱动方法来切削陡峭度大于特定陡角的区域的固定轴曲面轮廓铣工序	指定部件几何体。选择面以指定切削区域。编辑驱动方法以指定陡角和切削模式。 在 CONTOUR_AREA 后使用，以通过陡峭区域中往复切削进行十字交叉来减少残余高度
单刀路清根	通过清根驱动方法使用单刀路精加工或修整拐角和凹部的固定轴曲面轮廓铣	指定部件几何体。根据需要指定切削区域。 建议用于移除精加工前拐角处的多余材料
多刀路清根	通过清根驱动方法使用多刀路精加工或修正拐角和凹部的固定轴曲面轮廓铣	指定部件几何体。根据需要指定切削区域和切削模式。 建议用于一次精加工前后拐角处的多余材料
清根参考刀具	使用清根驱动方法在指定参考刀具确定的切削区域中创建多刀路	指定部件几何体。根据需要选择以指定切削区域。编辑驱动方法以指定切削模式和参考刀具。 建议用于移除由于之前刀具直径和拐角半径的原因而处理不到的拐角中的材料
实体轮廓 3D	沿着选定竖直壁的轮廓边描绘轮廓	指定部件和壁几何体。 建议用于精加工需要以下 3D 轮廓边（如在修边模上发现的）的竖直壁
轮廓 3D	使用部件边界描绘 3D 边或曲线轮廓	选择 3D 边以指定平面上的部件边界。 建议用于线框模型
轮廓文本	轮廓曲面上的机床文本	指定部件几何体。选择制图文本作为定义刀具的几何体。编辑本文深度来确定切削深度。文本将投影到沿固定刀轴的部件上。 建议用于加工简单文本，如标识号

选择“固定轮廓铣”，设置父组和固定轮廓铣名称，单击“确定”按钮，进入“固定轮廓铣”对话框，如图 2–11 所示。

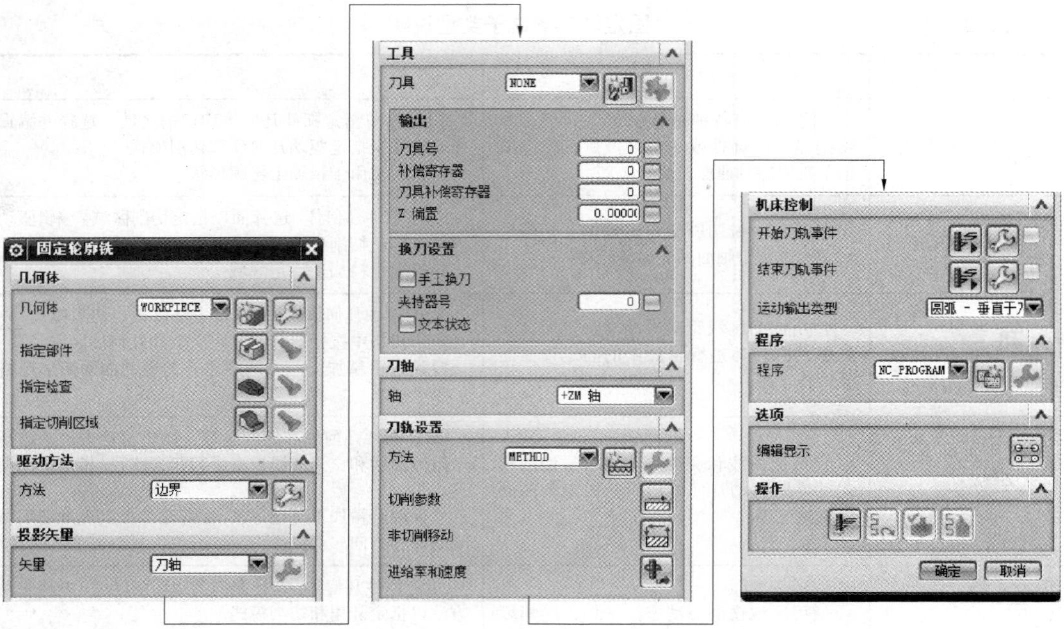

图 2–11 “固定轮廓铣”对话框

3. 驱动方法

驱动方法用于定义创建刀轨所需的驱动点。某些驱动方法可以沿一条曲线创建一串驱动点，而其他驱动方法则可以在边界内或在所选曲面上创建驱动点阵列。驱动点一旦定义，就可用于创建刀轨。如果没有选择部件几何体，则刀轨直接从驱动点创建。否则，驱动点投影到部件表面以创建刀轨。

根据固定轴轮廓加工的刀轨形成原理，每一种子类型的操作都必须指定驱动几何体，以产生驱动点，而驱动方法决定了几何体类型。驱动方法允许设定驱动参数如切削类型、步距等，以控制驱动点的排列分布，驱动方法还确定了定义投影矢量和刀轴矢量的方法。

单击“固定轴轮廓铣”对话框中的“驱动方法”组中的“方法”下拉列表，系统共提供了 11 种驱动方法，如图 2–12 所示，各参数说明如下。

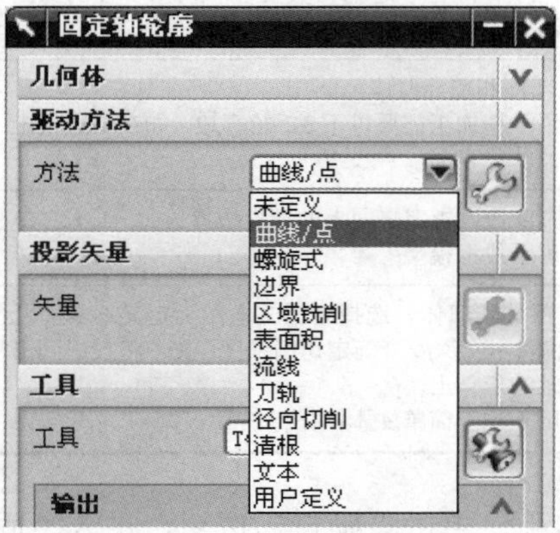

图 2–12 驱动方法

曲线/点：指定点和选择曲线来定义驱动几何体。

螺旋式：从指定的中心点向外螺旋的驱动点。

边界：指定边界和环定义切削区域。

区域铣削：指定切削区域几何体，定义切削区域。不需要驱动几何体。

曲面区域：定义位于驱动曲面栅格中的驱动点阵列。

刀轨：沿着现有的 CLSF 的刀轨定义驱动点，以在当前操作中创建类似的曲面轮廓铣刀轨。

径向切削：使用指定的步距、带宽和切削类型，生成沿给定边界的和垂直于给定边界的驱动轨迹。

流线：根据选中的几何体来构建隐式驱动曲面。

清根：沿部件表面形成的凹角和凹部生成驱动点。

文本：选择注释并指定要在部件上雕刻文本的深度。

用户定义：通过临时退出系统并执行内部用户函数程序来生成驱动轨迹。

根据零件结构，在此仅介绍“区域铣削”的驱动方式。

“区域铣削”驱动方法能够定义固定轴轮廓铣操作，方法是：指定切削区域并且在需要的情况下添加陡峭空间范围和修剪边界约束。这种驱动方法不需要驱动几何体，而且使用一种稳固的自动免碰撞空间范围计算。它仅可用于固定轴曲面轮廓操作。

可以通过选择曲面区域、片体或面来定义切削区域。如果不指定切削区域，系统将使用完整定义的部件几何体（刀具无法接近的区域除外）作为切削区域。换言之，系统将使用部件轮廓线作为切削区域。如果使用整个部件几何体而没有定义切削区域，则不能移除边缘追踪。

“区域铣削”驱动方法如图 2–13 所示。

选择“区域铣削”驱动方法，系统弹出“区域铣削驱动方法”对话框，如图 2–14 所示。

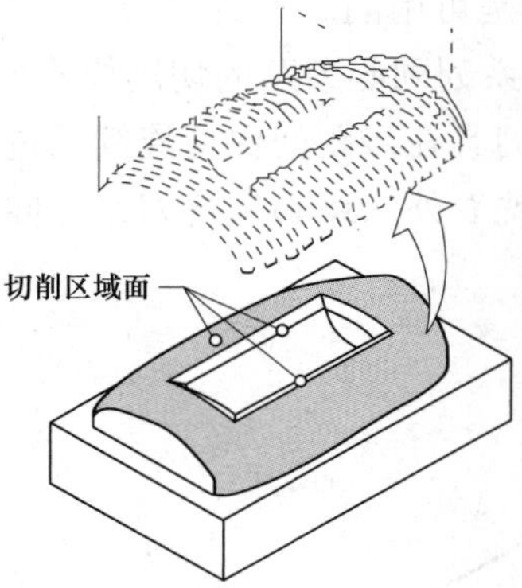

图 2–13 “区域铣削”驱动方法

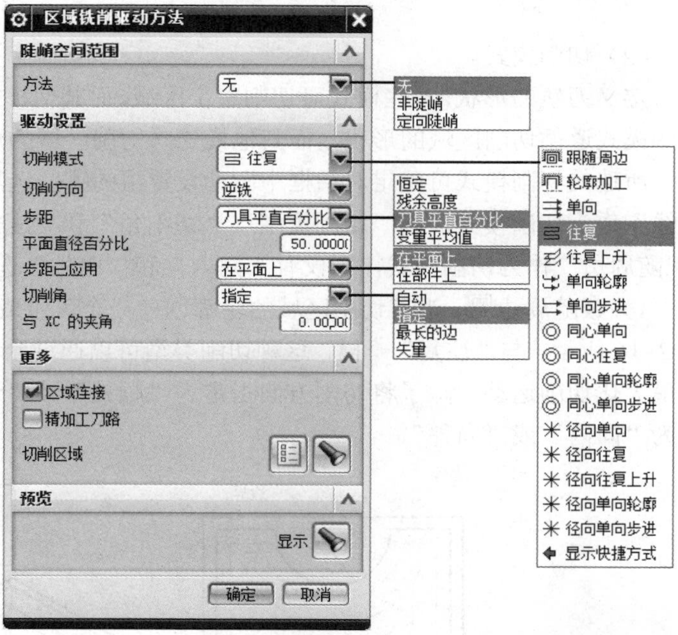

图 2–14 “区域铣削驱动方法”对话框

（1）陡峭空间范围。

在“陡峭空间范围”组的方法中提供了 3 个选项：“无”、“非陡峭”和“定向陡峭”，允许控制是否对切削区域进行限制切削。当部件几何体包含了明显的陡峭和非陡峭区域时，应该使用合适的陡峭空间范围方法对区域进行自动区分，以产生合理的切削刀轨，保证加工质量。

1）无：选择“无”选项系统将会生成由部件几何体或切削区域所定义的整个切削范围的切削刀轨，如图 2–15（a）所示。

2）非陡峭：选择“非陡峭”选项系统允许设定合适的陡峭度，使得仅在小于设定的陡峭度的区域生成切削刀轨，而余下的陡峭区域则需要使用其他切削方法处理，如图 2–15（b）所示。

3）定向陡峭：选择“定向陡峭”选项系统允许设定合适的陡峭度，使得仅在沿着切削方向并大于已设定的陡峭度的区域生成切削刀轨，如图 2–15（c）所示。

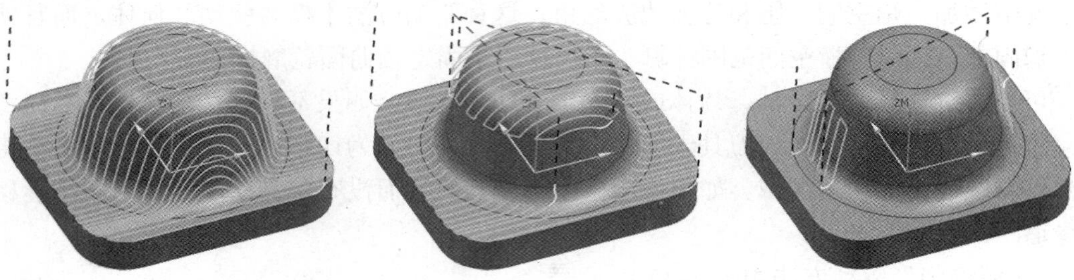

(a) (b) (c)

图 2–15　应用“陡峭空间范围”的刀轨

（2）切削模式。

定义刀轨的形状，某些模式可切削整个区域，而其他模式仅围绕区域的周界进行切削。某些模式遵循切削区域的形状，而其他模式与切削区域的形状无关。

所选的切削模式可确定对话框中驱动设置组的哪些选项是可用的。例如，如果选择“平行线”作为切削模式，则“切削类型”、“切削角”和“度数”选项都是可用的。如果选择“跟随周边”作为切削模式，则仅有“向内”和“向外”选项是可用的。

1）跟随周边：沿着切削区域的轮廓创建一个可生成一系列同心刀路的切削模式，如图 2–16 所示。与“往复”一样，这种切削类型可以通过允许刀具在步距间保持连续的进刀来最大化切削运动。除了将切削方向指定为“顺铣”或“逆铣”外，还必须将刀路方向指定为“向内”或“向外”。

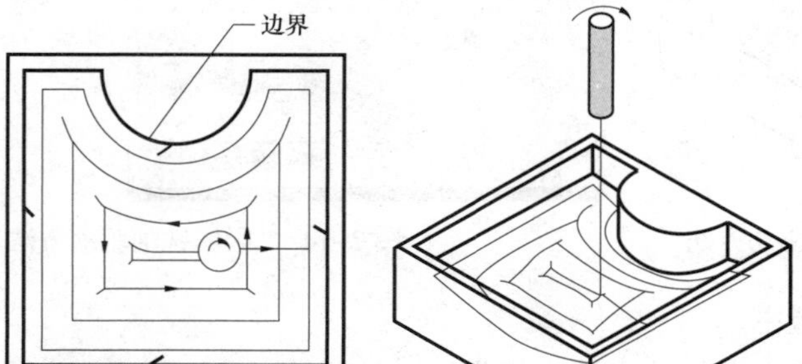

图 2–16　跟随周边

2）轮廓加工：创建跟随切削区域周界的切削模式，如图 2–17 所示。与可抽空整个区域的跟随部件不同，此选项仅用于沿着边界进行切削。“轮廓加工”可激活“附加刀路”选项，它可以用来移除指定数目的连续步距中的材料。

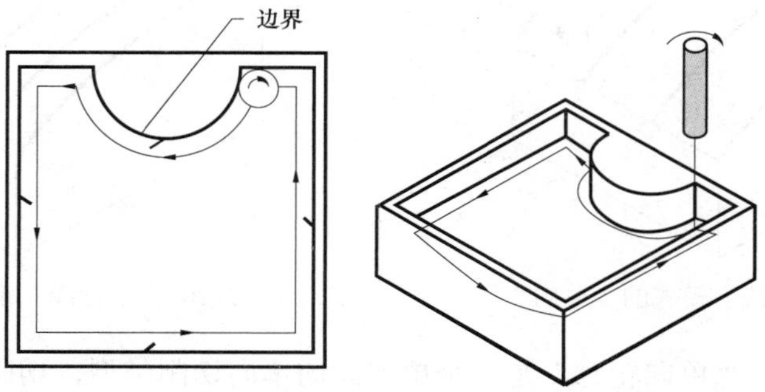

图 2–17 轮廓加工

通过在附加刀路字段指定一个值来在连续的同心切削中创建附加刀路，这些刀路允许刀具朝边界步进以沿着壁面移除材料。

“轮廓加工”可修改刀轨使其不会自相交，这样就使得刀具不会在刀显得太大的区域过切部件，如图 2–18 所示。

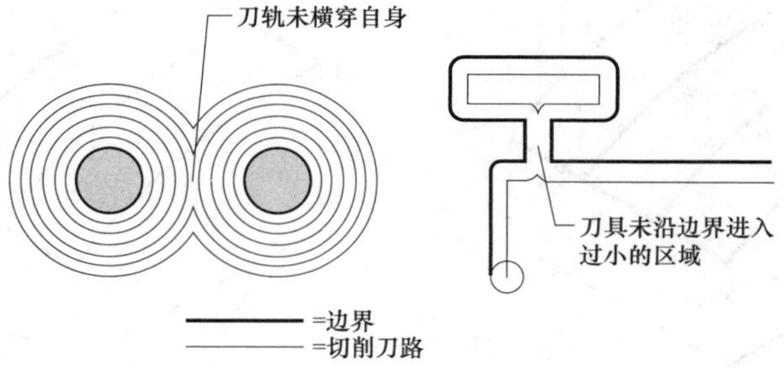

图 2–18 轮廓加工刀轨

3）平行线：创建一个由一系列的平行刀路定义的切削模式。此选项要求将切削类型指定为“往复”、“单向”、“单向轮廓”或“单向步进”，并允许指定一个“切削角”。

① 单向：“单向”是一个单方向的切削类型，它通过退刀使刀具从一个切削刀路转换到下一个切削刀路，转向下一个刀路的起点，然后再以同一方向继续切削，如图 2–19 所示。

② 往复：在刀具以一个方向步进时创建相反方向的刀路，如图 2–20 所示。它与“平行线”、“径向线”以及“同心圆弧”结合使用。系统在一个方向上生成单向刀路，继续切削时进入下一个刀路，并按相反的方向创建一个回转刀路。这种切削类型可以通过允许刀具在步距间保持连续的进刀来最大化切削运动。在相反方向切削的结果是生成一系列的交替顺铣和逆铣。

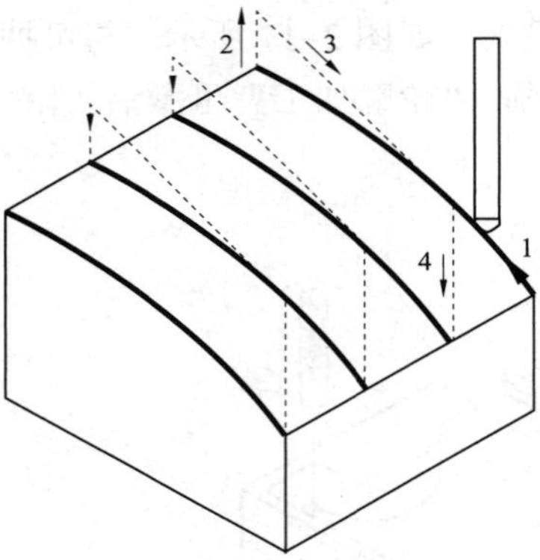

图 2–19 “平行线”模式的“单向”铣

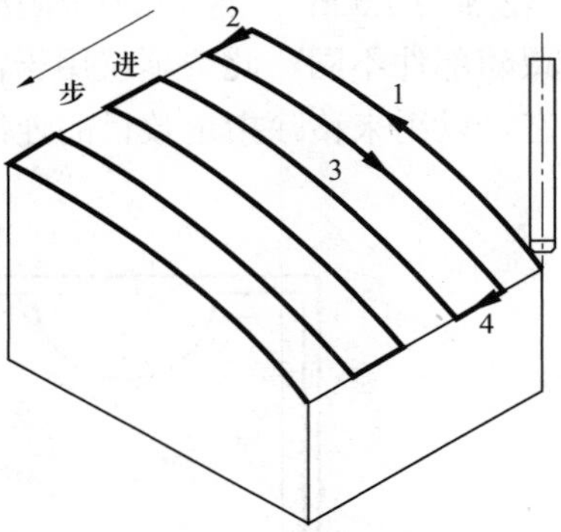

图 2–20 “平行线”模式的“往复”铣

③ 单向轮廓：“单向轮廓”是一个单方向的单向切削类型，切削过程中刀具沿着步距的边界轮廓移动，如图 2–21 所示。

④ 单向步进：创建带有切削步距的单向模式。图 2–22 说明了“单向步进”的切削和非切削移动序列。刀路 1 是一个切削运动。刀路 2、3 和 4 是非切削移动。刀路 5 是一个步距和切削运动。刀路 6 重复序列。

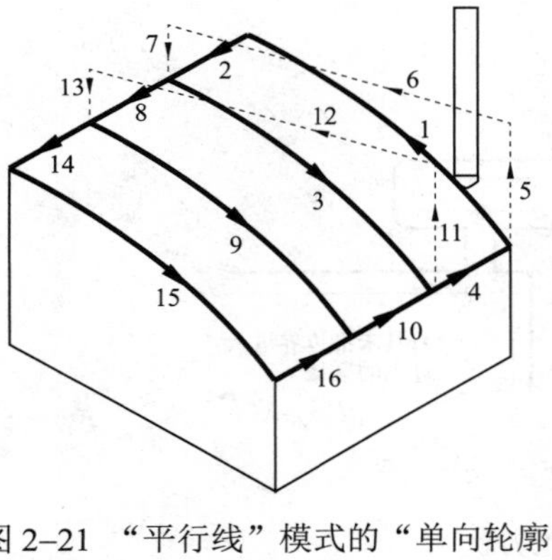

图 2–21 “平行线”模式的“单向轮廓”

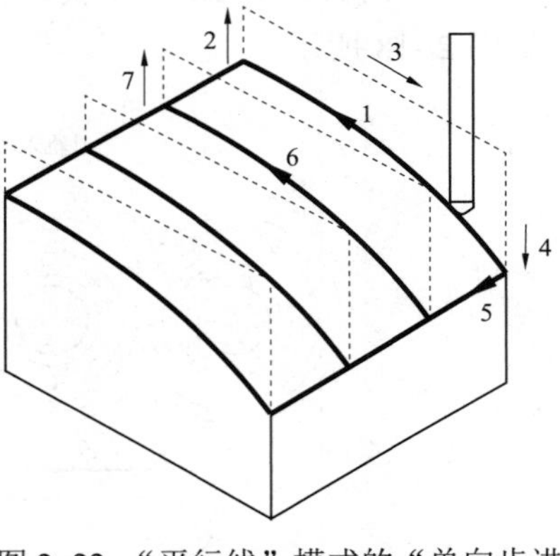

图 2–22 “平行线”模式的“单向步进”

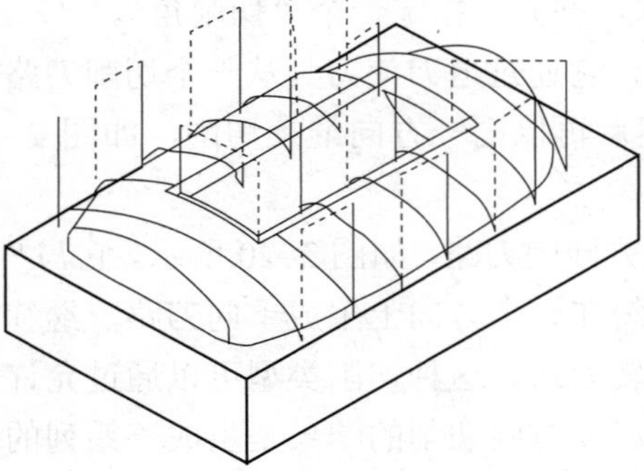

图 2–23 往复上升

⑤ 往复上升：根据指定的局部进刀、退刀和移刀运动，在刀路之间抬刀，如图 2–23 所示。

⑥ 切削角：“切削角”只能确定“平行线”切削模式的旋转角度，如图 2–24 所示。旋转角是相对于工作坐标系（WCS）的 XC 轴测量的。选择此选项后，可以通过选择用户定义从键盘输入一个角度，选择 “自动”以使系统确定每个切削区域的切削角度，或者选择“最长的线”以使系统建立与周边边界中最长的

线段平行的切削角。“最长的线”选项仅可用于包含可区分的线段的边界。如果周边边界不包含线段，则系统搜索最长的内部边界线段。

4）径向线✳：创建线性切削模式，如图 2–25 所示，这种切削模式可从用户指定的或系统计算的最优中心点延伸。此切削模式允许指定一个切削类型、一个模式中心，也允许将加工腔体的方法指定为“向内”或“向外”。它还允许指定一个对于此切削模式是唯一的角度步距。此切削模式的步距是在距中心最远的边界点处沿着圆弧测量的。

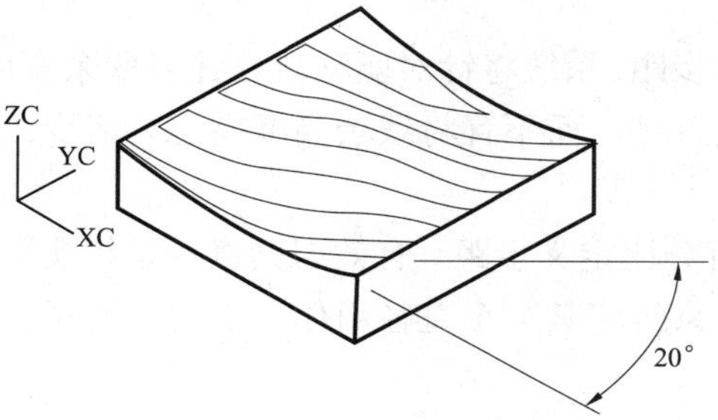

图 2–24 为“往复”指定的 20° 的切削角

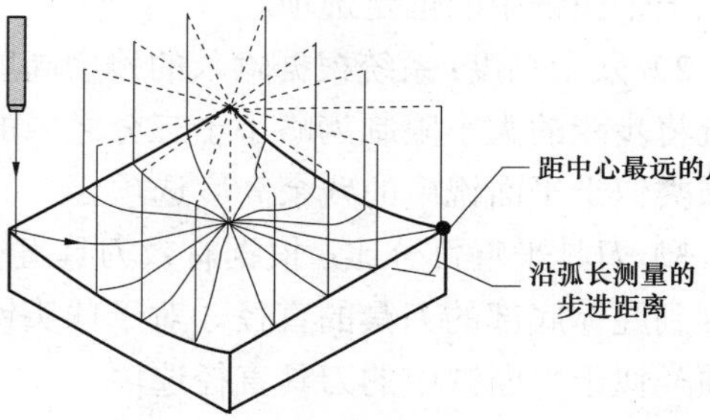

图 2–25 径向线

● 阵列中心：交互式地或自动地定义“同心圆弧”和“径向线”切削模式的中心点。使用点功能交互式地定义中心点。自动允许系统根据切削区域的形状和大小确定最有效的模式中心位置。

● 向外/向内：指定一种加工腔体的方法，如图 2–26 所示，可以确定“跟随周边”、“同心圆弧”或“径向线”切削类型中的切削方向，可以是由内向外，也可以是由外向内。

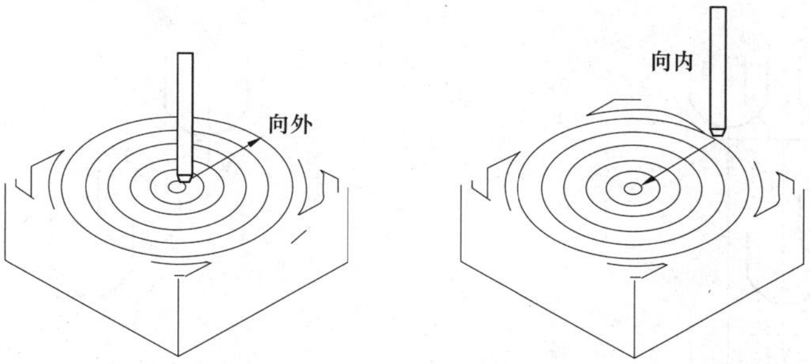

图 2–26 “向外”与“向内”

5）同心圆弧◎：从用户指定的或系统计算的最优中心点创建逐渐增大的或逐渐减小的圆形切削模式，如图 2–27 所示。此切削模式允许指定一个切削类型、一个阵列中心，还允许将加工腔体的方法指定为“向内”或“向外”。在完整的圆形模式无法延伸到的区域，如拐角处，系统在刀具运动至下一个拐角以继续切削之前会生成同心圆弧，且这些圆弧由指定的切削类型进行连接。

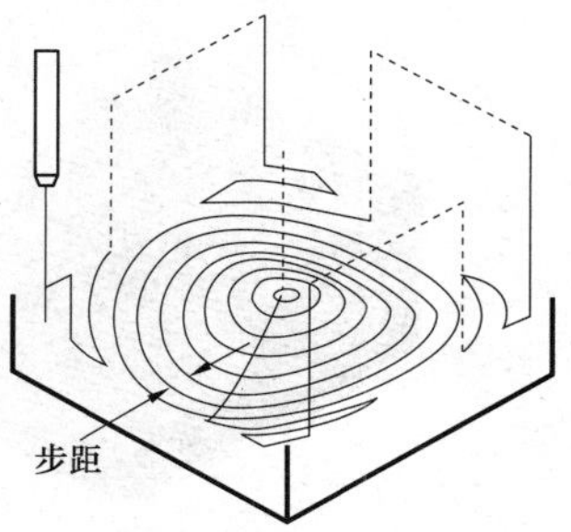

图 2–27 同心圆弧

（3）步距。

指定连续切削刀路之间的距离。定义“步距”所需的数值或值将根据所选的步距选项的不同而有所变化。“步距”控制提供了四种方式：“恒定”、“残余高度”、“刀具平直百分比”和“变量平均值”，具体如下：

1）恒定：在连续的切削刀路间指定固定距离。步距在驱动轨迹的切削刀路之间测量。用于径向线切削类型时，恒定距离从距离圆心最远的边界点处沿着弧长进行测量。此选项类似于平面铣中的恒定选项。

2）残余高度：系统根据输入的残余高度确定步距。系统将针对驱动轨迹计算残余高度。系统将步距的大小限制为略小于三分之二的刀具直径，而不管将残余高度指定为多少。此选项类似于平面铣中的残余高度选项。

3）刀具平直百分比：根据有效刀具直径的百分比定义步距。有效刀具直径是指实际上接触到腔体底部的刀具的直径。对于球头铣刀，系统将其整个直径用作有效刀具直径。此选项类似于平面铣中的刀具直径选项。

4）变量平均值：使用介于指定的最小值和最大值之间的不同步距。所需的输入值根据所选择的切削类型的不同而有所变化。此选项类似于平面铣中的可变选项。

（4）步距已应用：

“步距已应用”提供了两种方法：“在平面上”和“在部件上”，允许指定切削步距的应用方式。

1）在平面上：测量垂直于刀轴的平面上的步距，如图 2–28 所示，它最适合非陡峭区域。

2）在部件上：测量沿部件的步距，如图 2–29 所示，它最适合陡峭区域。

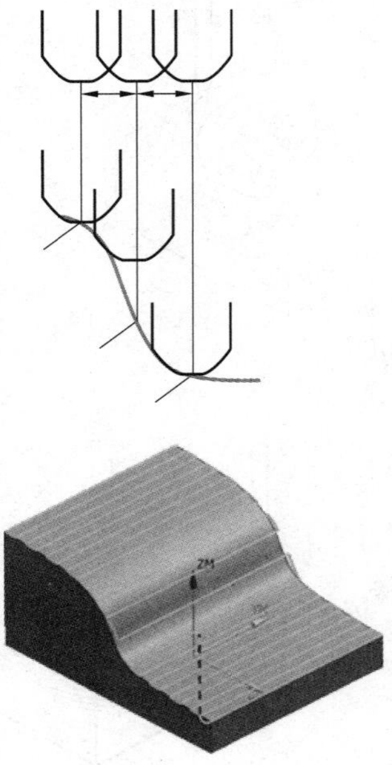

图 2–28　在平面上

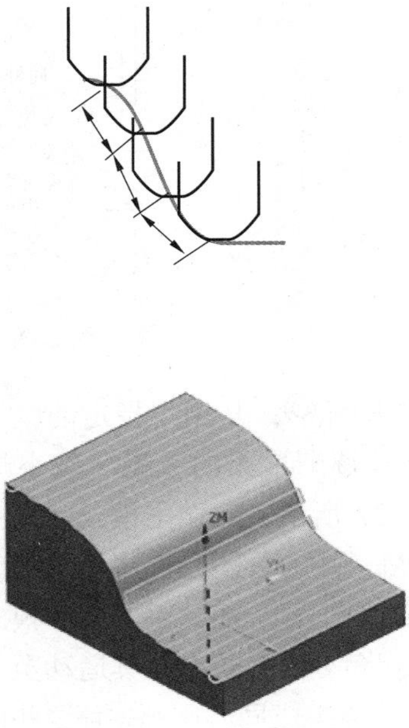

图 2–29　在部件上

（5）区域连接：区域连接可以最小化发生在一个部件的不同切削区域之间的进刀、退刀和移刀运动数。系统针对以下情况建立了不同的切削区域：只有超出边界或余量值，刀具才能到达部件的每个位置。

（6）精加工刀路：在正常切削操作的末端添加精加工切削刀路，以便沿着边界进行追踪。

（7）切削区域：对话框的“切削区域”部分包含两个按钮（“选项”和“显示”），使用这两个按钮可定义起点并指定切削区域如何以图形方式显示，以供视觉参考。

2.4 吸尘器风量调节阀后模加工设计

打开 NX 8.5 软件，单击“打开”文件按钮，选择“Part\Project2\co1.prt”文件，单击“确定”按钮，如图 2–30 所示。

图 2–30 吸尘器风量调节阀后模

1. 加工前处理

图 2–30 所示吸尘器风量调节阀后模在加工过程中零件上的若干冷却水孔需采用专用深孔钻机床完成，在铣加工过程中不加工这些孔，因此为了避免铣加工中操作错误应在 UGCAM 前将这些冷却孔删除。

单击“同步建模”工具条中“删除面”按钮，弹出“删除面”对话框。在对话框中“类型”选择“孔”，“孔尺寸<=”后文本框中输入 10，选择零件上任意孔，如图 2–31 所示，单击“确定”按钮。

单击“同步建模”工具条中“删除面”按钮，弹出“删除面”对话框。在对话框中“类型”选择“面”，在零件上选择前面没有被删除的面。选择完成后在“删除面”对话框中单击“确定”按钮，完成后如图 2–32 所示。

2. 加工

单击“标准”工具条中的“开始”按钮，在下拉菜单中选择“加工”，进入 CAM 加工环境设置。在弹出的“加工环境”对话框中的“要创建的 CAM 设置”中选择“mill_contour”选项，单击“确定”按钮。

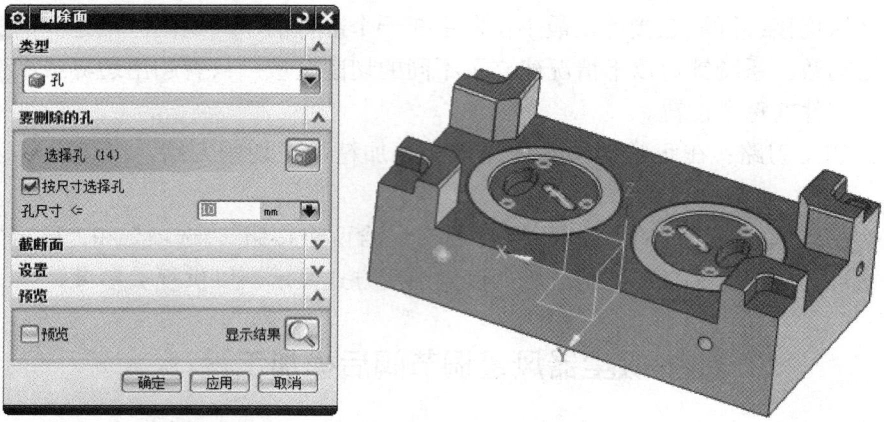

图 2–31　删除孔

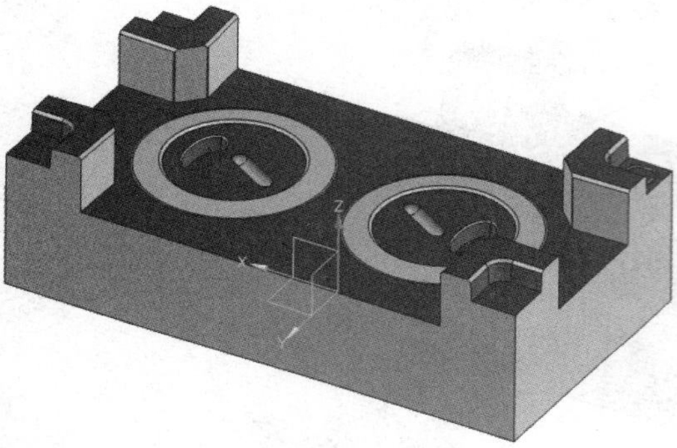

图 2–32　已删除孔

3. 创建几何体

在“导航器”工具中单击“几何视图”按钮，在“工序导航器”中双击“MCS_MILL”，弹出“MCS 铣削”对话框，按下“Ctrl+L”或者选择“格式”菜单下的“图层设置”选项，在弹出“图层设置”对话框中勾选图层 20，显示图层 20 中的毛坯，单击“关闭”按钮返回到“MCS 铣削”对话框。在“MCS 铣削”对话框中的“安全设置选项”下拉列表中选择“平面”选项，用鼠标选择毛坯的上顶面。在“距离”文本框中输入 5，单击“确定”按钮。如图 2–33 所示。在“MCS 铣削”对话框中单击“确定”按钮。

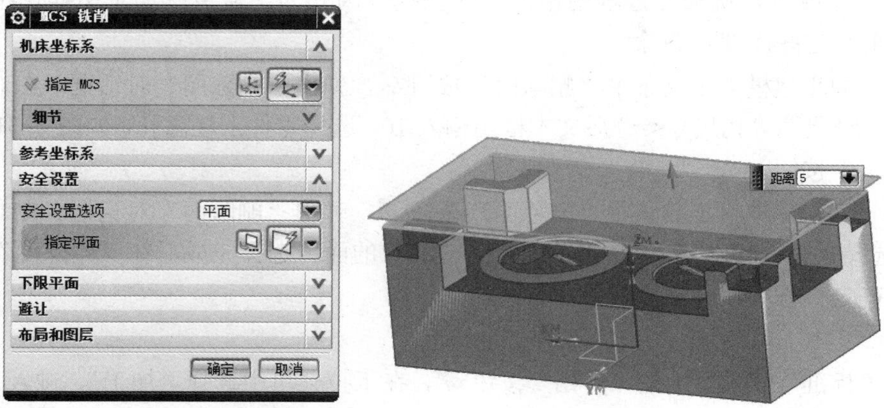

图 2–33　平面构造器与指定安全平面

4. 指定毛坯几何体和部件几何体

双击“MCS_MILL”下的“WORKPIECE”，弹出“工件”对话框。在对话框中单击“选择或编辑毛坯几何体”按钮，弹出“毛坯几何体”对话框，选择20层中的毛坯，单击“确定”按钮。按下“Ctrl+L”或者选择“格式”菜单下的“图层设置”选项，在弹出“图层设置”对话框中取消勾选图层20，隐藏图层20中的毛坯，单击“关闭”按钮返回到“工件”对话框。单击“工件”对话框中的“选择或编辑部件几何体”按钮，弹出“部件几何体”对话框，选择吸尘器风量调节阀后模零件，单击“确定”按钮。在“工件”对话框中单击“确定”按钮。

5. 创建程序

在“导航器”工具中单击“程序顺序视图”按钮。在“刀片”工具栏中单击“创建程序”按钮，弹出“创建程序”对话框，在对话框中的“位置”下拉列表中选择“Program”，在名称文本框中输入“CO1”，单击“应用”按钮。弹出“程序”对话框，单击“确定”按钮，返回到“创建程序”对话框。用同样的方法创建“CO2”，“CO3”，“CO4”，…，“CO12”，“CO13”。单击“创建程序”对话框中的“取消”按钮。

完成后，工序导航器的程序视图如图2–34所示。

6. 创建刀具

在“导航器”工具中单击“机床视图”按钮。在“刀片”工具栏中单击“创建刀具”按钮，弹出“创建刀具”对话框。设置各项刀具参数完成D30R5、D16R0.4、D6、D4、R3、R2.5，完成后如图2–35所示。

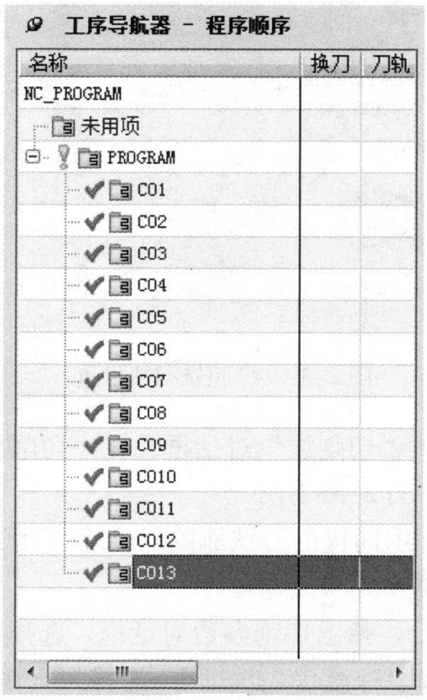

图2–34 创建程序

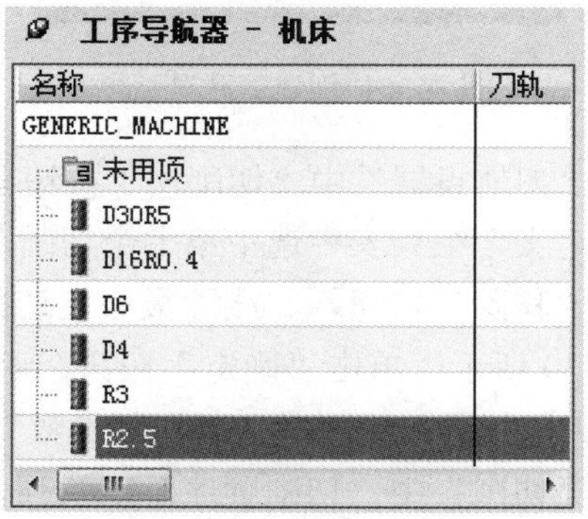

图2–35 创建刀具

7. 吸尘器风量调节阀后模加工

（1）后模开粗。

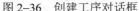

在“刀片”工具栏中单击“创建工序”按钮，弹出“创建工序”对话框。在对话框窗口中：“类型”组下拉列表框选择“mill_contour”；工序子类型中单击“型腔铣”按钮；“位置”中，程序下拉列表中选中“CO1”，刀具下拉列表中选中“D30R5（铣刀 5 ...）”，几何体下拉列表中选中“WORKPIECE”，方法下拉列表选中“METHOD”，名称文本框中输入“CO1–D30R5”，参数设置如图 2–36 所示，单击“确定”按钮，弹出型腔铣对话框。

在“型腔铣”对话框中的“刀轨设置”中的“切削模式”选择“跟随部件”，“步距”下拉列表中选择“恒定”选项，“最大距离”文本框中输入“15”，单位“mm”；“每刀的公共深度”下拉列表中选择“恒定”，“最大距离”文本框中输入 0.3，单位“mm”，设置如图 2–37 所示。

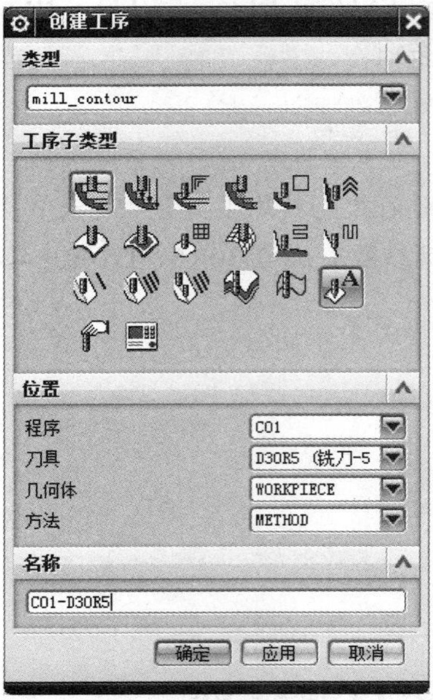

图 2–36　创建工序对话框

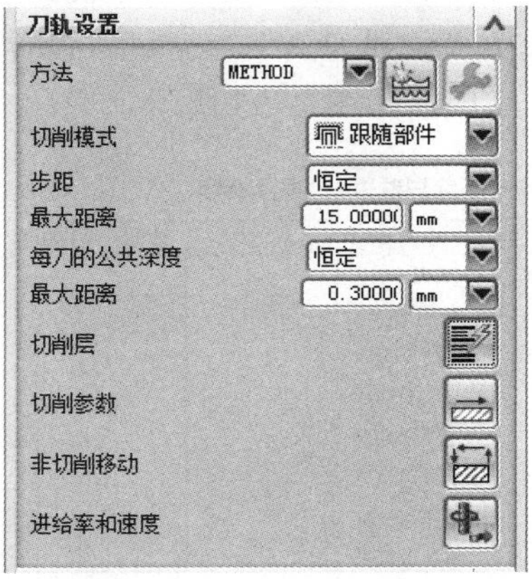

图 2–37　型腔铣刀轨设置

单击“刀轨设置”中“切削层”按钮，弹出“切削层”对话框。在“切削层”对话框“范围定义”组列表中选中第七个切削范围，如图 2–38 所示。

单击“移除”按钮，删除最底层切削范围。用同样的方法删除第六个切削范围完成后如图 2–39 所示。单击“确定”按钮，返回“型腔铣”对话框。

在“刀轨设置”组中单击“切削参数”按钮，弹出切削参数对话框，选择“策略”标签，在“切削”中“切削顺序”下拉列表中选择“深度优先选项”；选择“余量”标签，在“余量”中勾选“使底面余量与侧面余量一致”，在“部件侧面余量”右侧的文本框中输入 0.2，如图 2–40 所示。单击“确定”按钮，返回“型腔铣”对话框。

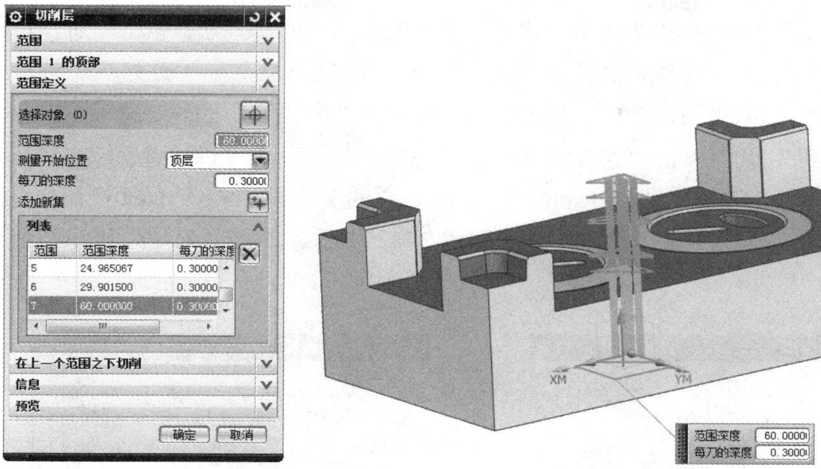

图 2–38　高亮显示最底层切削范围

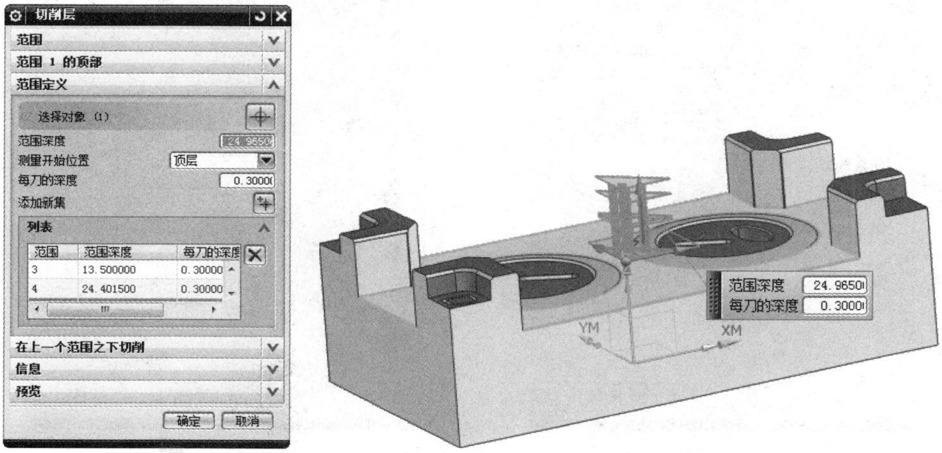

图 2–39　删除完成

图 2–40　切削参数对话框

在“刀轨设置”组中单击“非切削移动”按钮，弹出“非切削移动”对话框。在对话框中选择“转移/快速”标签，在“区域之间”→“转移类型”后下拉列表中选择“毛坯平面”选项，如图 2–41 所示。单击“确定”按钮返回“型腔铣”对话框。

在“刀轨设置”组中单击“进给率和速度”按钮，弹出“进给率和速度”对话框。在“主轴速度”中勾选“主轴速度（rpm）”，并在后面的文本框中输入 1600；在“进给率”中的“进刀”后的文本框中输入 200，设置如图 2–42 所示。单击“确定”按钮，返回“型腔铣”对话框。

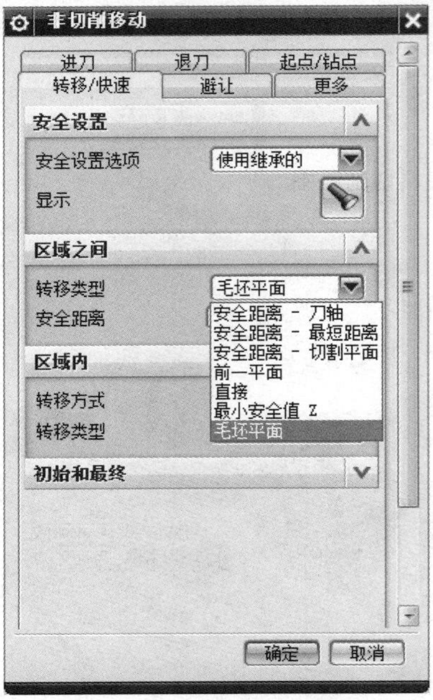

图 2–41　设置非切削移动

图 2–42　进给率和速度对话框

在“操作”中单击“生成”按钮，系统生成粗加工刀路，如图 2–43 所示。

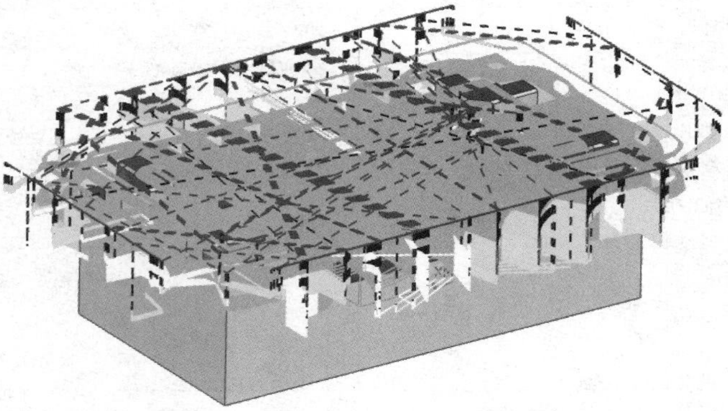

图 2–43　生成粗加工刀路

在“操作”中单击“确认”按钮，弹出“刀轨可视化”对话框，在对话框中选择“2D”标签，调整“动画速度”为4，单击“播放”按钮，系统进行刀轨仿真加工，如图2–44所示。仿真完成后单击“确定”按钮，返回“型腔铣”对话框，再次单击“确定”按钮，完成操作。

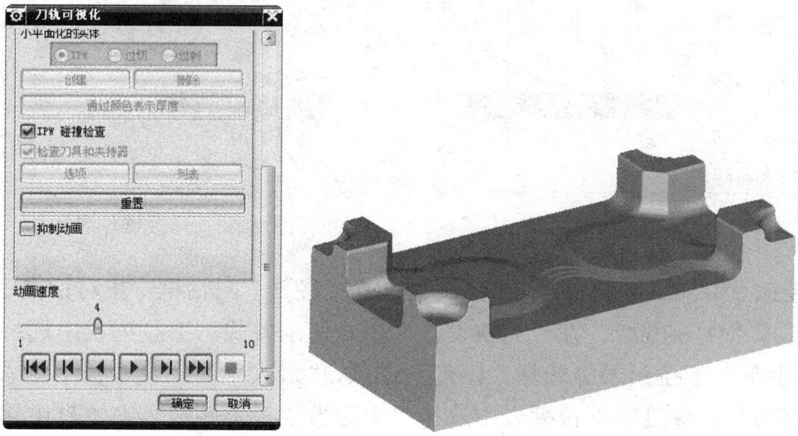

图2–44　仿真与结果

（2）二次开粗。

在工序导航器—程序顺序视图中的“CO1→CO1–D30R5”单击鼠标右键，在右键快捷菜单中选择“复制”命令，如图2–45所示。在工序导航器—程序顺序视图中的“CO2”单击鼠标右键，在右键快捷菜单中选择“内部粘贴”命令，如图2–46所示。在“CO2”下面会出现“型腔铣CO1–D30R5_COPY”操作，如图2–47所示，修改操作的名称为“型腔铣CO2–D16R0.4”，如图2–48所示。

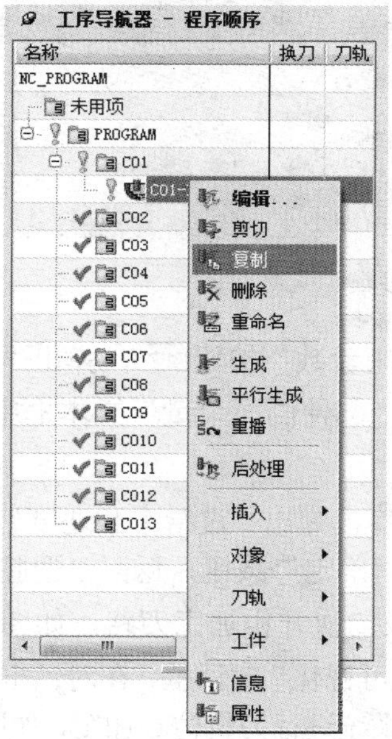

图2–45　复制操作

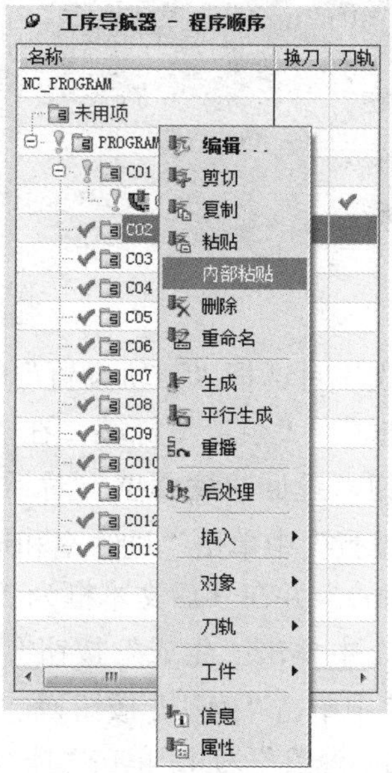

图2–46　内部粘贴操作

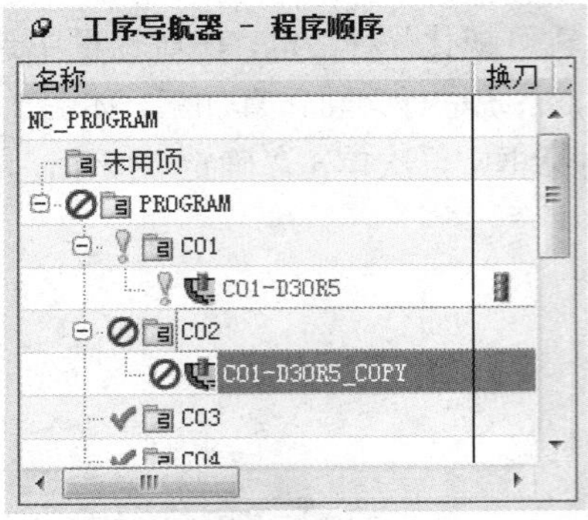

图 2–47　内部粘贴

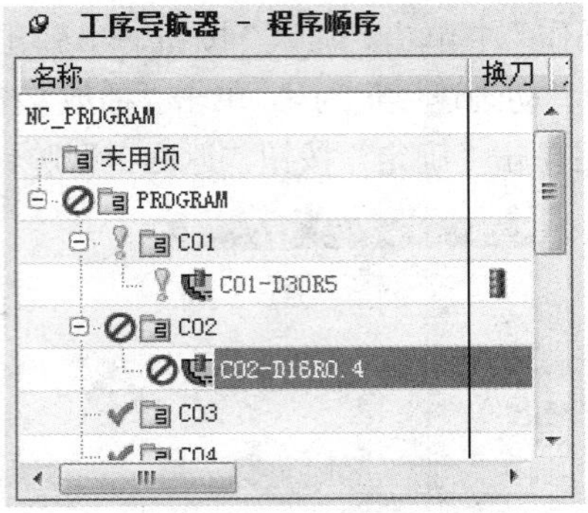

图 2–48　修改操作名称

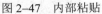

双击型腔铣“CO2–D16R0.4”操作，弹出“型腔铣”对话框。在对话框中的“刀具”下拉列表中选择“D16R0.4”，在“刀轨设置”中“切削模式”下拉列表中选择“轮廓加工”选项，“步距”下拉列表中选择“恒定”选项，“最大距离”文本框中输入“8”，单位“mm”；“每刀的公共深度”下拉列表中选择“恒定”，“最大距离”文本框中输入 0.15，单位“mm”，如图 2–49 所示。

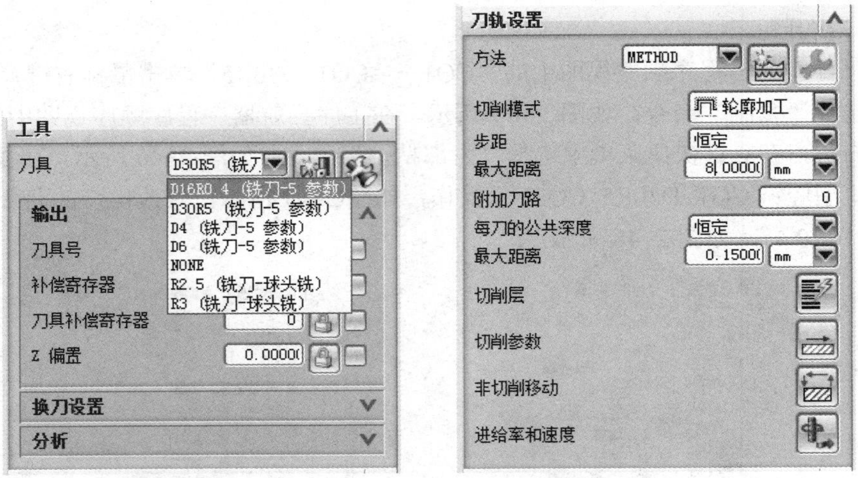

图 2–49　修改参数

在“型腔铣”对话框“刀轨设置”中单击“切削参数”按钮，弹出“切削参数”对话框，在对话框中：“余量”标签，在“余量”中“部件侧面余量”文本框中输入 0.2。单击“确定”按钮，返回“底面壁”对话框。

在“刀轨设置”中单击“进给率和速度”按钮，弹出“进给率和速度”对话框。勾选“主轴速度（rpm）”并在其后文本框为 2000。单击“确定”按钮，返回“型腔铣”对话框。

在“操作”中单击“生成”按钮，系统生成二次开粗加工刀路，如图 2–50 所示。

在“操作”中单击“确认”按钮，弹出“刀轨可视化”对话框，在对话框中选择“2D”标签，调整“动画速度”为 4，单击“播放”按钮，系统进行刀轨仿真加工，如图 2–51 所示。仿真完成后单击“确定”按钮，返回“型腔铣”对话框，再次单击“确定”按钮，完成操作。

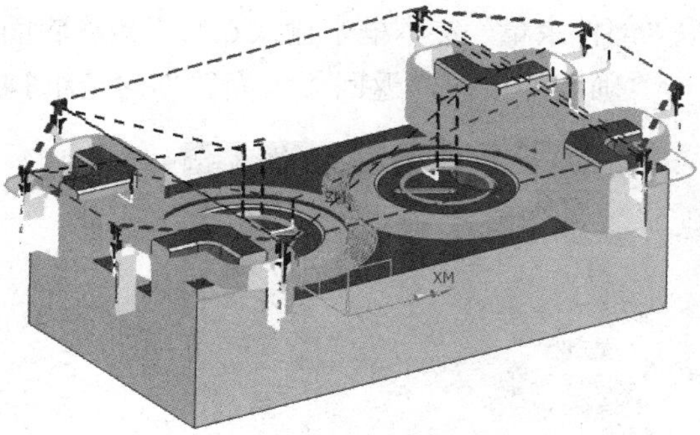

图 2–50 二次开粗加工刀路

图 2–51 二次开粗精加工仿真结果

（3）后模底面半精加工。

在“刀片”工具栏中单击“创建工序”按钮，弹出“创建工序”对话框。在对话框窗口中：“类型”下拉列表框选择“mill_planar”；工序子类型中单击“底面和壁”按钮；位置中，程序下拉列表中选中“CO3”，刀具下拉列表中选中“D16R0.4（铣刀 5 参数）”，几何体下拉列表中选中“WORKPIECE”，方法下拉列表选中“METHOD”，名称文本框中输入“CO3–D16R0.4”，参数设置如图 2–52 所示，单击“确定”按钮，弹出“底面壁”对话框。

在“底面壁”对话框的“几何体”组中单击“选择或编辑铣削区域几何体”按钮，弹出“切削区域”对话框，在前模零件上选择上表面所有水平面，如图 2–53 所示。在“切削区域”对话框上单击“确定”按钮，返回到“底面壁”对话框。

图 2–52 创建平面铣操作

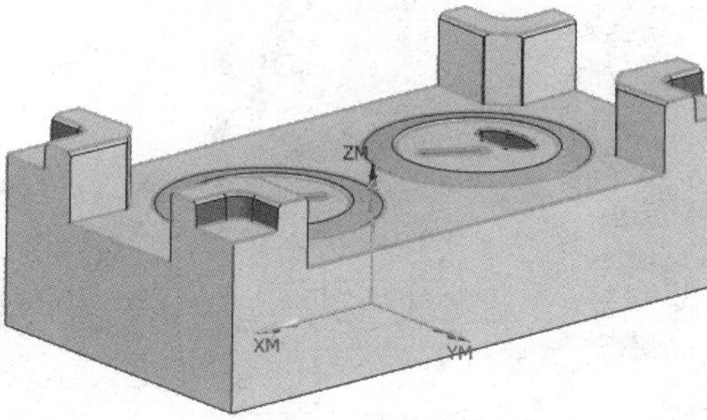

图 2–53 选择水平面

在“底面壁”对话框的“刀轨设置”组中：“切削模式”列表中选择“跟随部件”选项，“刀具平直百分比”文本框中输入 50，“底面毛坯厚度”文本框中输入 2，“每刀深度”文本框中输入 2，如图 2–54 所示。

在“底面壁”对话框“刀轨设置”中单击“切削参数”按钮，弹出“切削参数”对话框，在对话框中：“余量”标签，在“余量”中“部件余量”文本框中输入 0.2，“最终底面余量”文本框中输入 0.1，如图 2–55 所示。单击“确定”按钮，返回“底面壁”对话框。

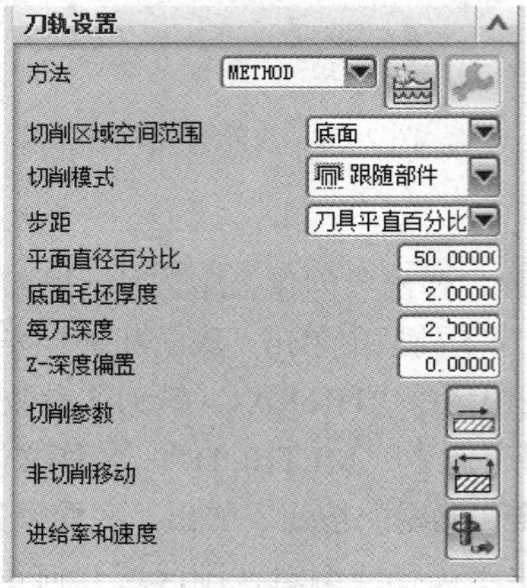

图 2–54　刀轨设置

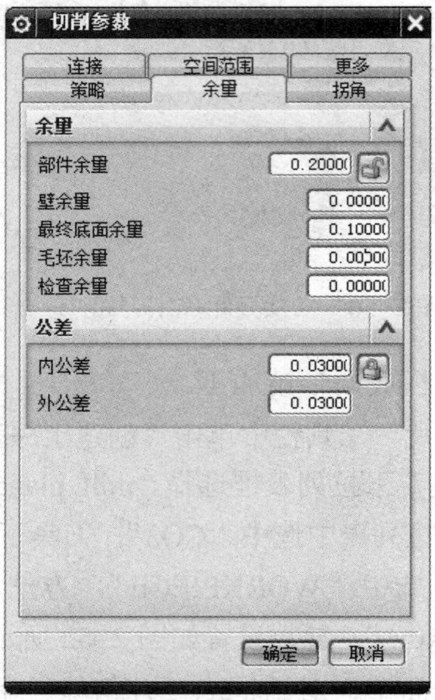

图 2–55　切削参数对话框

在“底面壁”对话框“刀轨设置”中单击“非切削移动”按钮，弹出“非切削移动”对话框，在对话框中：选择“转移/快速”标签中“安全设置”→“安全设置选项”中选择平面，选择后模零件顶面，在对话框中的“距离”文本框中输入 5，如图 2–56 所示。单击“确定”按钮，返回“底面壁”对话框。

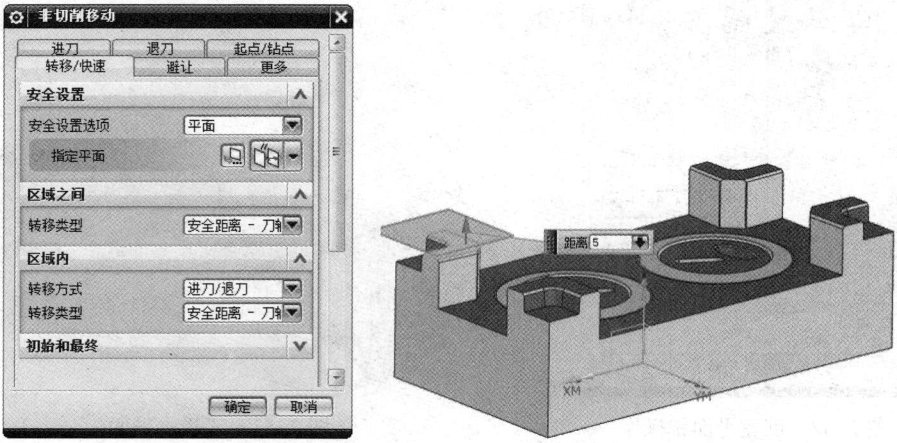

图 2–56　安全设置

在“刀轨设置”中单击“进给率和速度”按钮，弹出“进给率和速度”对话框。在“主轴速度”中勾选“主轴速度（rpm）”，并在后面的文本框中输入 2000；在“进给率”中的“进刀”后的文本框中输入 200。单击“确定”按钮，返回“底面壁”对话框。

在“操作”中单击“生成”按钮，系统生成平面半精加工刀路，如图 2–57 所示。

在“操作”中单击“确认”按钮，弹出“刀轨可视化”对话框，在对话框中选择“2D”标签，调整“动画速度”为 4，单击“播放”按钮，系统进行刀轨仿真加工，仿真结果如图 2–58 所示。仿真完成后单击“确定”按钮，返回“底面壁”对话框，再次单击“确定”按钮，完成操作。

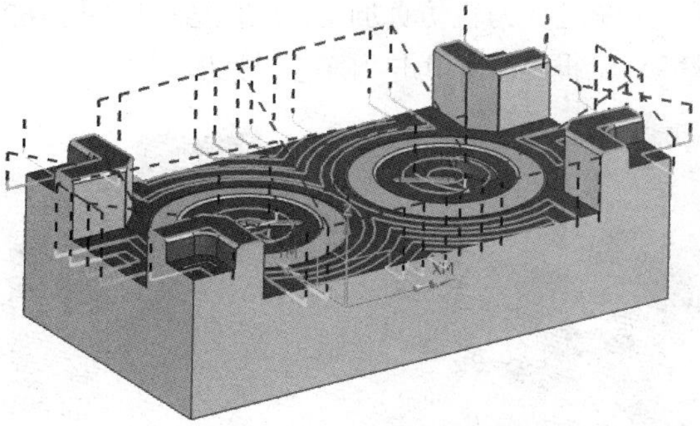

图 2–57 生成面铣半精加工刀路

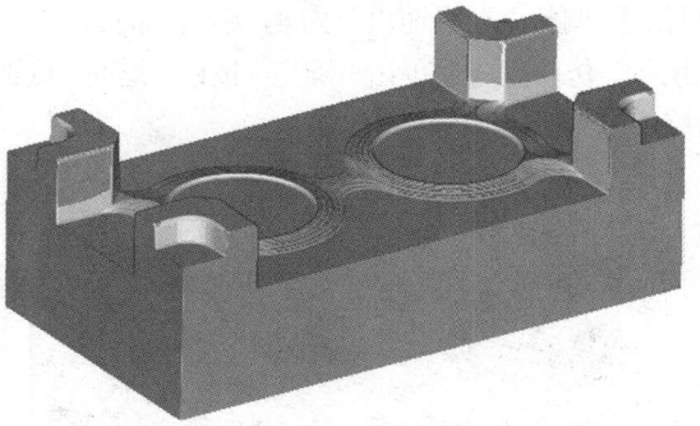

图 2–58 面铣半精加工仿真结果

（4）后模底面精加工。

在工序导航器—程序顺序视图中的“CO3→CO3–D16R0.4”单击鼠标右键，在右键快捷菜单中选择“复制”命令。在工序导航器—程序顺序视图中的“CO4”单击鼠标右键，在右键快捷菜单中选择“内部粘贴”命令。在“CO4”下面会出现“CO3–D16R0.4_COPY”操作，修改操作的名称为“CO4–D16R0.4”，如图 2–59 所示。

双击“CA4–D16R0.4”操作，弹出“底面壁”对话框，在“刀轨设置”中单击“切削参数”按钮，弹出“切削参数”对话框，在对话框中：“余量”标签，“最终底面余量”文本框中输入 0，如图 2–60 所示。单击“确定”按钮，返回“底面壁”对话框。

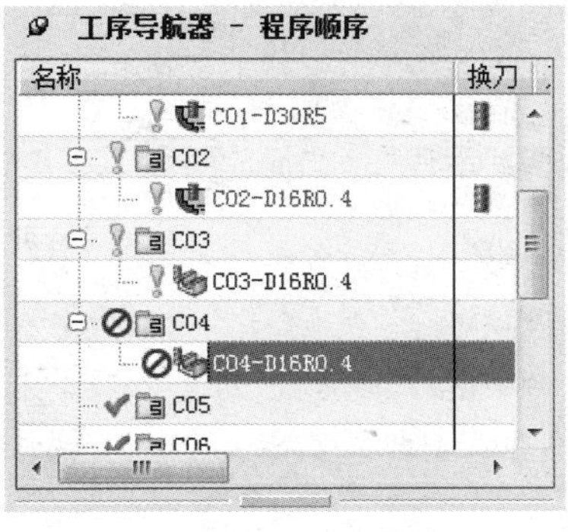

图 2–59 复制面铣操作

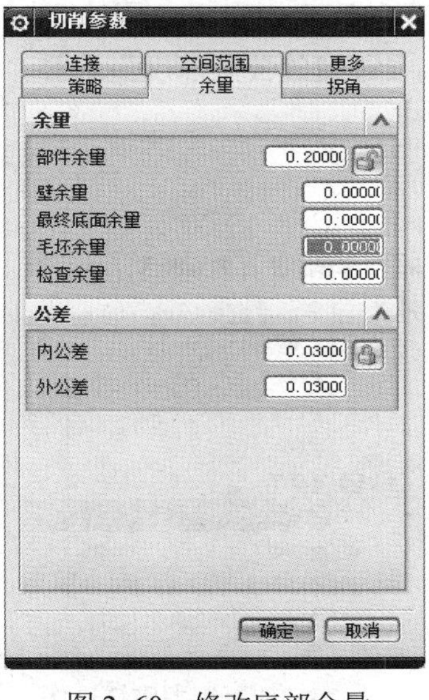

图 2–60 修改底部余量

在“刀轨设置”中单击“进给率和速度”按钮，弹出“进给率和速度”对话框。在“主轴速度”中“主轴速度（rpm）”文本框修改数值为 2500。单击“确定”按钮，返回“底面壁”对话框。

在“操作”中单击“生成”按钮，系统生成平面精加工刀路，如图 2–61 所示。

在“操作”中单击“确认”按钮，弹出“刀轨可视化”对话框，在对话框中选择“2D”标签，调整“动画速度”为 4，单击“播放”按钮，系统进行刀轨仿真加工，仿真结果如图 2–62 所示。仿真完成后单击“确定”按钮，返回“底面壁”对话框，再次单击“确定”按钮，完成操作。

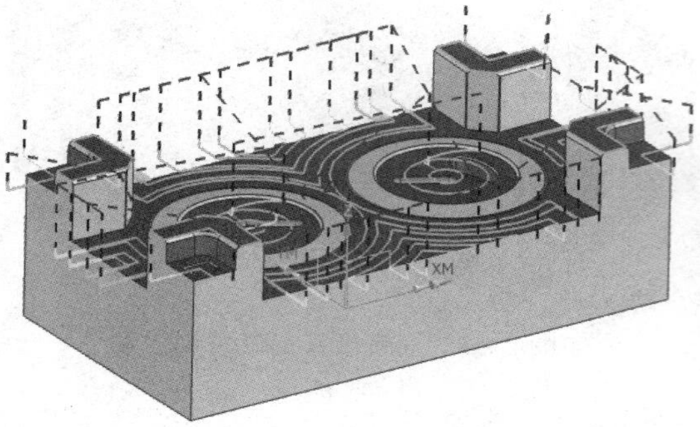

图 2–61　平面精加工刀路

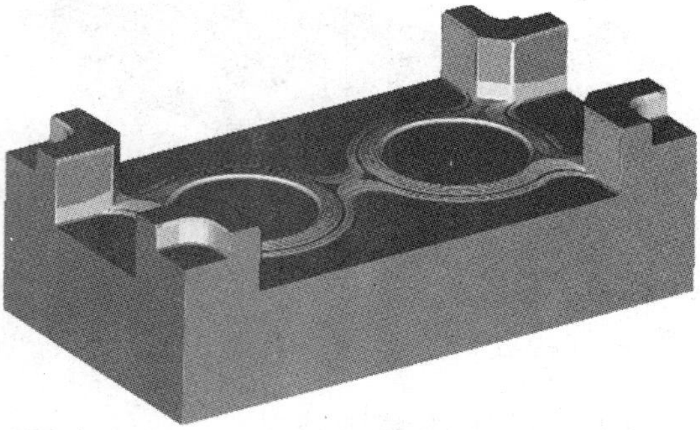

图 2–62　生成平面精加工仿真结果

（5）后模轮廓半精加工。

在工序导航器—程序顺序视图中的“CO1→CO1–D30R5”单击鼠标右键，在右键快捷菜单中选择“复制”命令。在工序导航器—程序顺序视图中的“CO5”单击鼠标右键，在右键快捷菜单中选择“内部粘贴”命令。在“CO5”下面会出现“CO1–D30R5_COPY”操作，修改操作的名称为“CO5–D6”，如图 2–63 所示。

在工序导航器中双击“CO5–D6”，弹出型腔铣对话框。在对话框中“刀轨设置”→“切削模式”后下拉列表中选择“轮廓加工”选项，“步距”选择“恒定”，“最大距离”文本框中输入 3，“每刀的公共深度”选择“恒定”，“最大距离”文本框中输入 0.1，如图 2–64

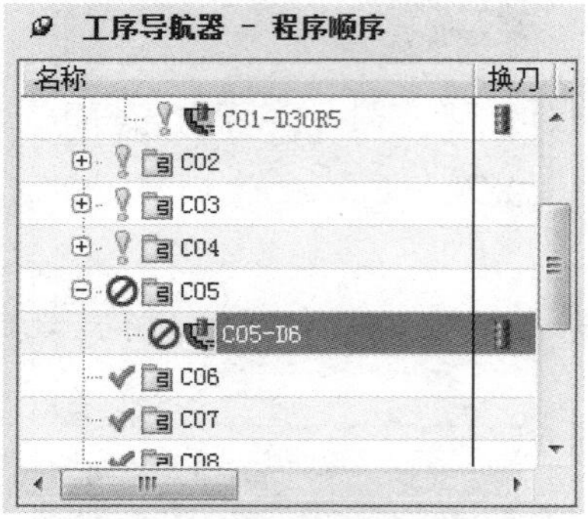

图 2–63　复制型腔铣操作

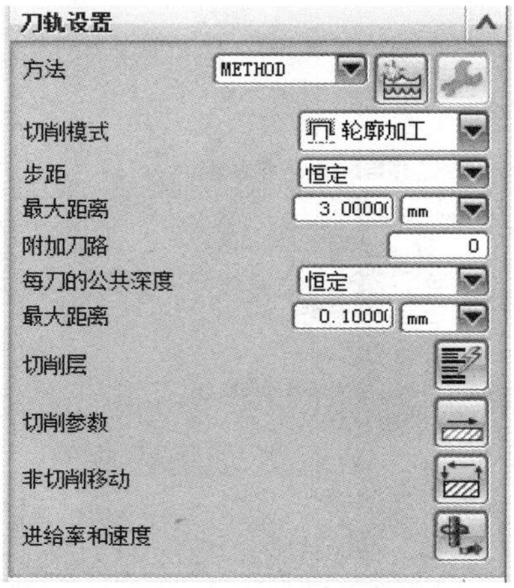

图 2–64　刀轨设置

所示。单击“切削参数”按钮，弹出切削参数对话框，在对话框中选择“余量”标签，在“余量”中取消勾选“使底面余量与侧面余量一致”，在“部件侧面余量”后文本框中输入“0.15”，如图 2–65 所示。单击“确定”按钮，返回“型腔铣”对话框。

在“刀轨设置”中单击“进给率和速度”按钮，弹出“进给率和速度”对话框。在“主轴速度”中“主轴速度（rpm）”文本框修改数值为 2000。单击“确定”按钮，返回“型腔铣”对话框。

在“刀具”→“刀具”后下拉列表中选择“D6（铣刀–5 参数）”，如图 2–66 所示。

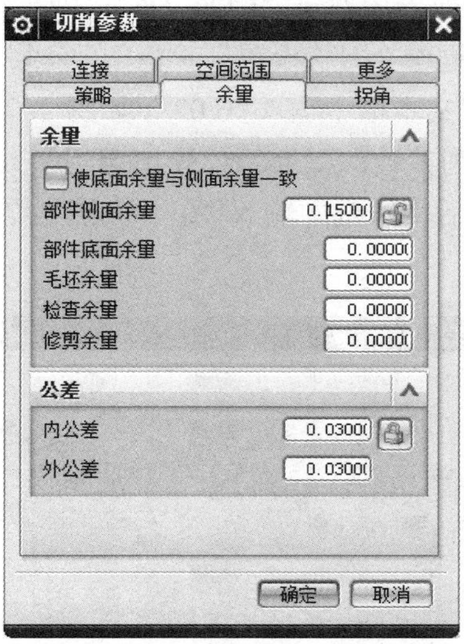

图 2–65　设置切削参数

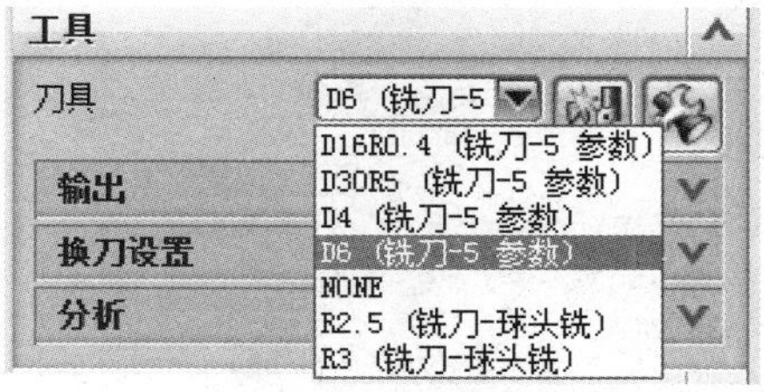

图 2–66　选择刀具

在“操作”中单击“生成”按钮，系统生成轮廓半精加工刀路，如图 2–67 所示。

在“操作”中单击“确认”按钮，弹出“刀轨可视化”对话框，在对话框中选择“2D”标签，调整“动画速度”为 4，单击“播放”按钮，系统进行刀轨仿真加工，仿真结果如图 2–68 所示。仿真完成后单击“确定”按钮，返回“型腔铣”对话框，再次单击“确定”按钮，完成操作。

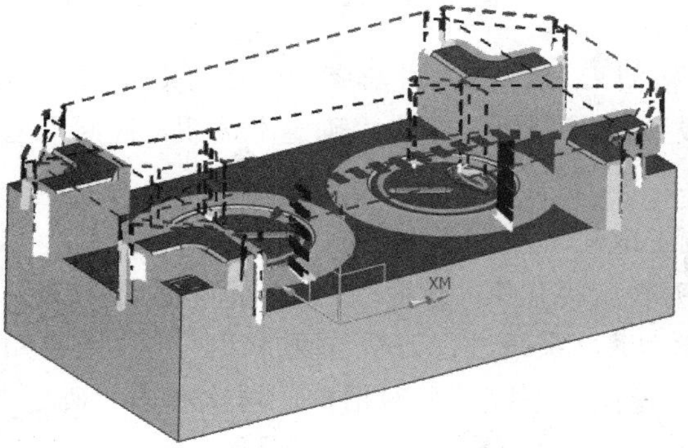

图 2–67　轮廓半精加工刀路

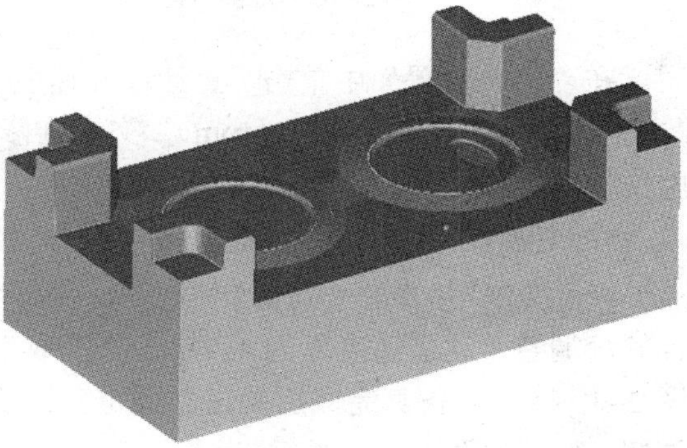

图 2–68　轮廓半精加工仿真结果

（6）后模轮廓精加工。

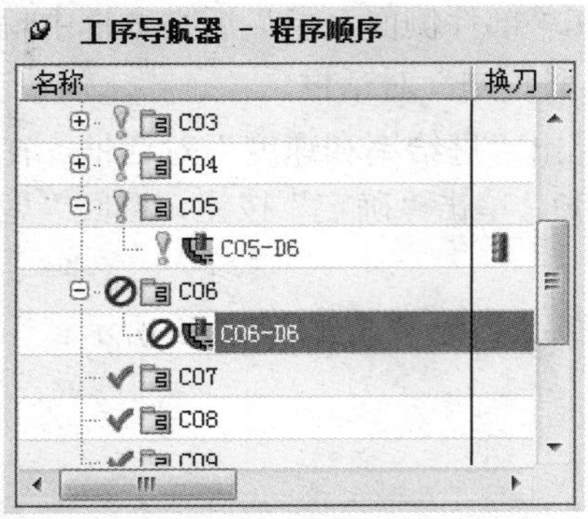

图 2–69 复制型腔铣操作

在工序导航器—程序顺序视图中的“CO5→CO5–D6”单击鼠标右键，在右键快捷菜单中选择“复制”命令。在工序导航器—程序顺序视图中的“CO6”单击鼠标右键，在右键快捷菜单中选择“内部粘贴”命令。在“CO6”下面会出现“CO5–D6_COPY”操作，修改操作的名称为“CO6–D6”，如图 2–69 所示。

在工序导航器中双击“CO6–D6”，弹出型腔铣对话框。在对话框中“刀轨设置”→“刀的公共深度”的“最大距离”后文本框中输入“0.02”，如图 2–70 所示。

单击“切削参数”按钮，弹出切削参数对话框，在对话框中选择“余量”标签，在“部件侧面余量”后文本框中输入“0”，如图 2–71 所示。单击“确定”按钮，返回“型腔铣”对话框。

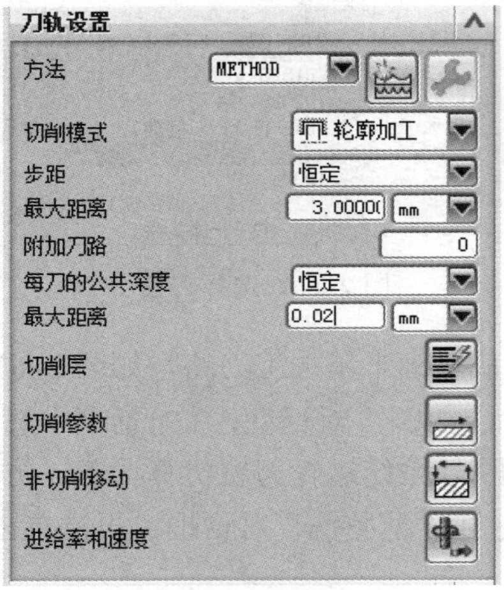

图 2–70 刀轨设置

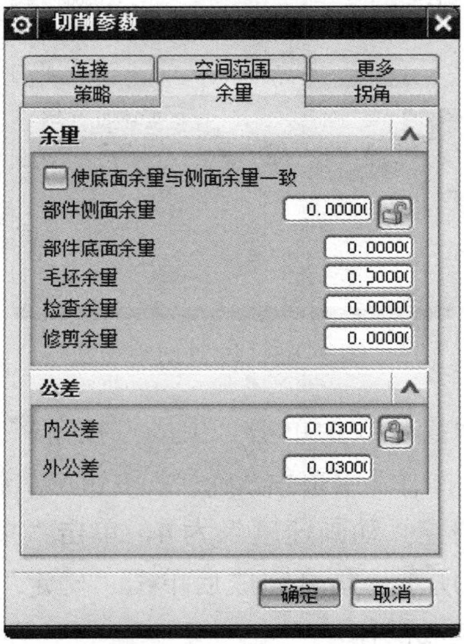

图 2–71 设置余量

在“刀轨设置”中单击“进给率和速度”按钮，弹出“进给率和速度”对话框。在“主轴速度”中“主轴速度（rpm）”文本框修改数值为 2500。单击“确定”按钮，返回“型腔铣”对话框。

在“操作”中单击“生成”按钮，系统生成轮廓精加工刀路，如图 2–72 所示。

在“操作”中单击“确认”按钮，弹出“刀轨可视化”对话框，在对话框中选择“2D”标签，调整“动画速度”为 4，单击“播放”按钮，系统进行刀轨仿真加工，仿真结果如图 2–73 所示。仿真完成后单击“确定”按钮，返回“型腔铣”对话框，再次单击“确定”按钮，完成操作。

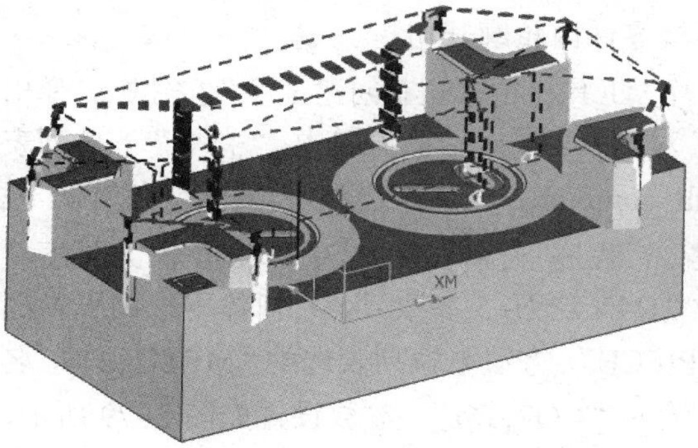

图 2–72　轮廓半精加工刀路

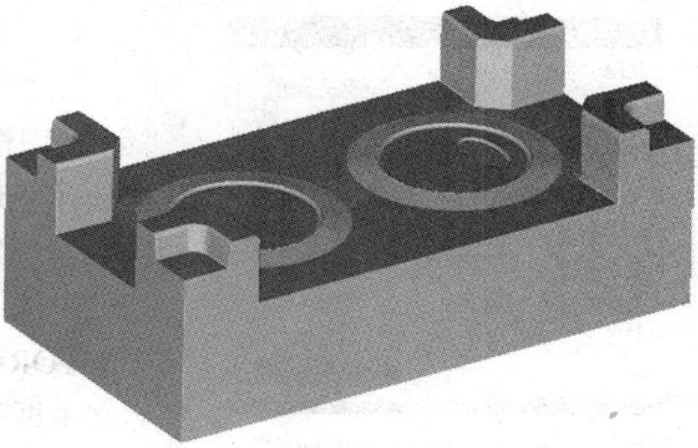

图 2–73　轮廓精加工仿真结果

（7）后模轮廓精加工（清根）。

在工序导航器—程序顺序视图中的“CO6→CO6–D6”单击鼠标右键，在右键快捷菜单中选择“复制”命令。在工序导航器—程序顺序视图中的“CO7”单击鼠标右键，在右键快捷菜单中选择“内部粘贴”命令。在“CO7”下面会出现“CO6–D6_COPY”操作，修改操作的名称为“CO7–D6”，如图 2–74 所示。

在工序导航器中双击“CO7–D6”，弹出型腔铣对话框。在对话框中“刀轨设置”→“每刀的公共深度”的“最大距离”文本框中输入“2”，如图 2–75 所示。

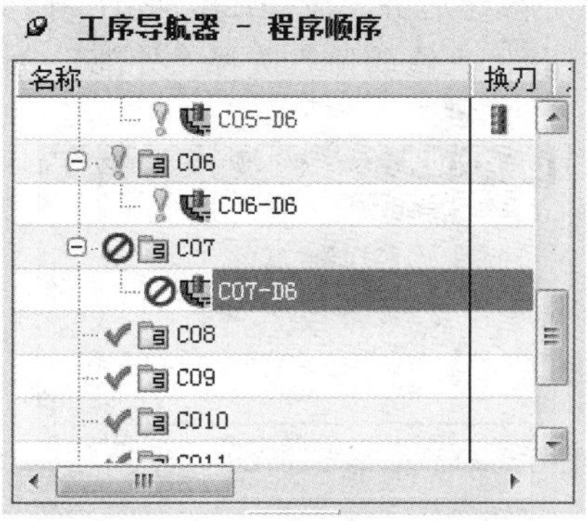

图 2–74　复制型腔铣操作

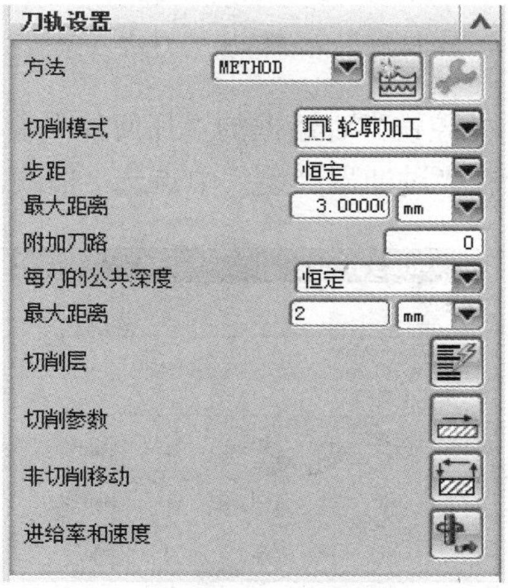

图 2–75　刀轨设置

单击“刀轨设置”中“切削层”按钮，弹出“切削层”对话框。在“范围”组“切削层”下拉列表中选择“仅在范围底部”，如图 2–76 所示。

在“操作”中单击“生成”按钮，系统生成轮廓精加工（清根）刀路，如图 2–77 所示。

在“操作”中单击“确认”按钮，弹出“刀轨可视化”对话框，在对话框中选择“2D”标签，调整“动画速度”为 4，单击“播放”按钮，系统进行刀轨仿真加工，仿真结果如图 2–78 所示。仿真完成后单击“确定”按钮，返回“型腔铣”对话框，再次单击“确定”按钮，完成操作。

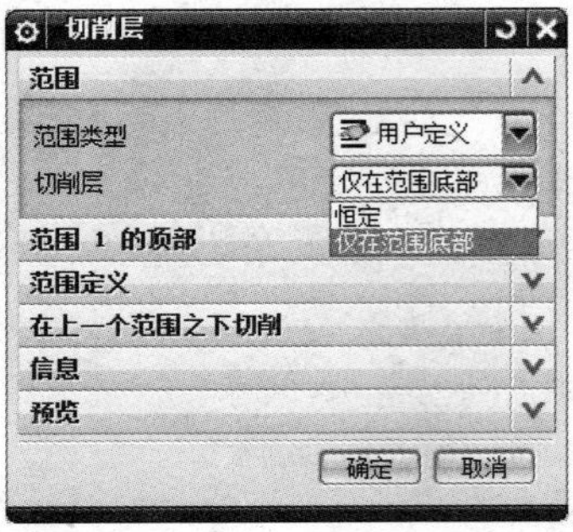

图 2–76　切削层设置

（8）后模零件内轮廓开粗。

在“刀片”工具栏中单击“创建工序”按钮，弹出“创建工序”对话框。在对话框窗口中：“类型”下拉列表框选择“mill_contour”；工序子类型中单击“型腔铣”按钮；位置中，程序下拉列表中选中“CO8”，刀具下拉列表中选中“D4（铣刀–5 参数）”，几何体下拉列表中选中“WORKPIECE”，方法下拉列表选中“METHOD”，名称文本框中输入“CO7–D4”，参数设置如图 2–79 所示，单击“确定”按钮，弹出型腔铣对话框。

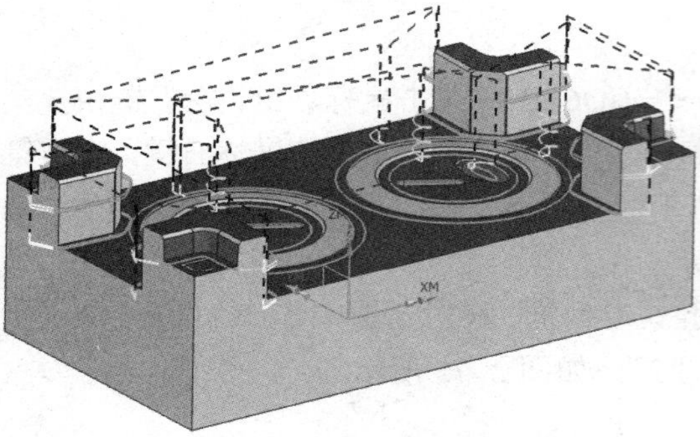

图 2–77　轮廓精加工刀路

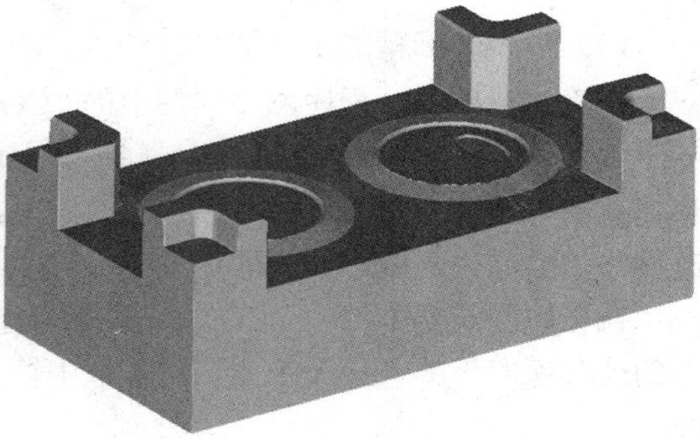

图 2–78　轮廓精加工仿真结果

在“型腔铣”对话框的“几何体”中单击“指定修建边界”按钮，弹出“修剪边界”对话框，在“过滤器类型”中点选“曲线边界”按钮，“修剪侧”选择“外部”，如图 2–80

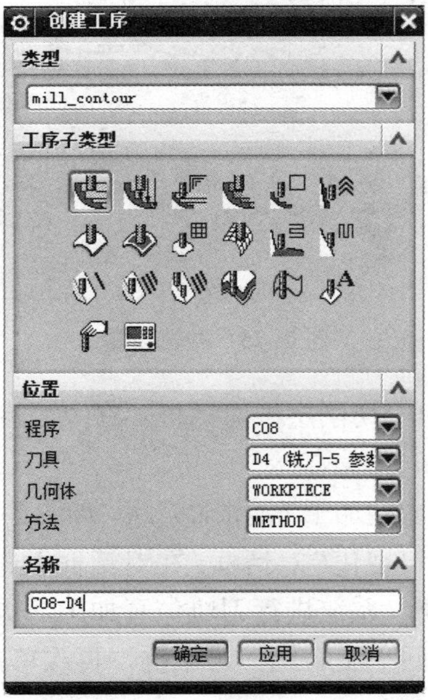

图 2–79　创建工序对话框

图 2–80　修剪边界对话框

所示。在模型上选择如图 2–81 所示内轮廓的顶部边界。选择图示边界 1 两条曲线后在“修剪边界”对话框中单击“创建下一个边界”，再选择边界 2 两条曲线，单击“确定”按钮，返回“型腔铣”对话框。（创建边界顺序可以颠倒）

在“型腔铣”对话框中的“刀轨设置”中的“切削模式”选择“跟随部件”，“步距”下拉列表中选择“恒定”选项，“最大距离”文本框中输入“2”，下拉列表中选择“mm”，“每刀的公共深度”下拉列表中选择“恒定”，“最大距离”文本框中输入 0.1，单位“mm”设置如图 2–82 所示。

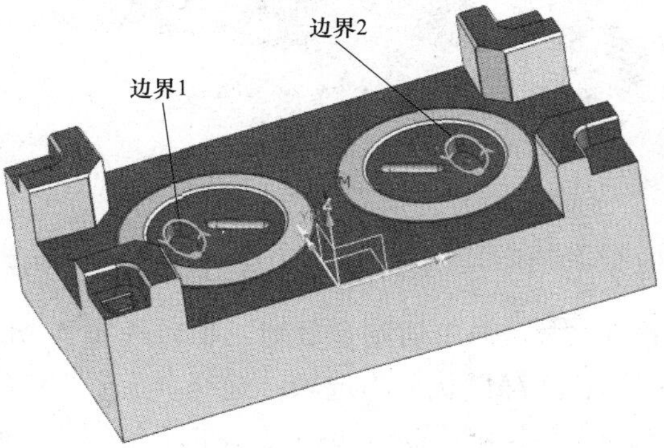

图 2–81 零件上边界

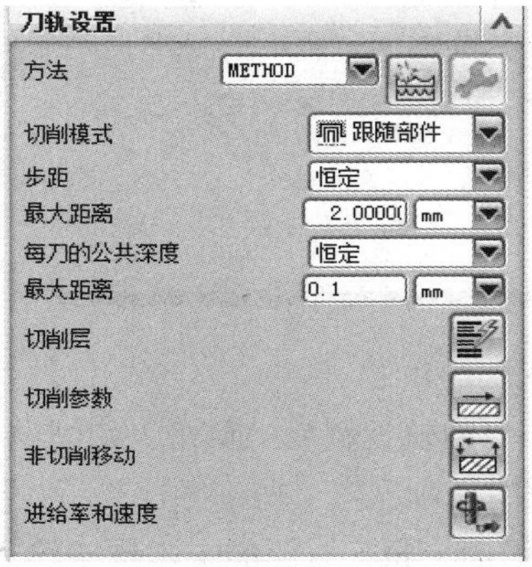

图 2–82 型腔铣刀轨设置

单击“刀轨设置”中“切削层”按钮，弹出“切削层”对话框。在绘图区域中选择“切削范围”的“顶层”，如图 2–83（a）所示。选中后用鼠标选择如图 2–83（b）所示的关键点，确定“顶层”高度。

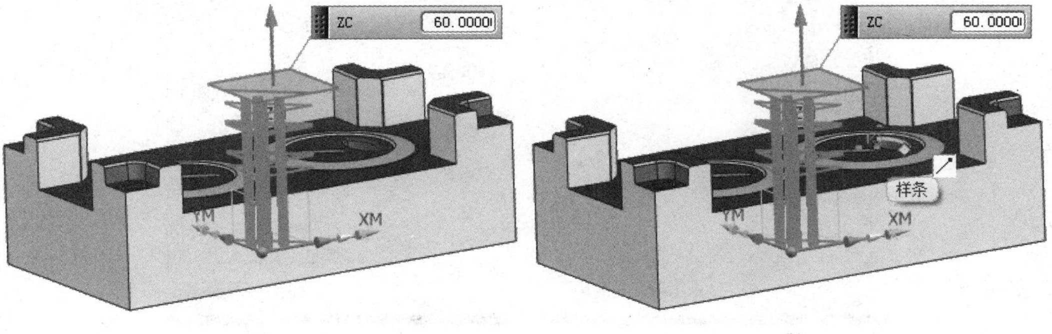

(a) (b)

图 2–83 调整切削范围顶层位置

（a）选中切削范围的顶层；（b）选择关键点

删除“范围定义”组中列表中第三个切削范围，完成后如图 2–84 所示。单击“确定”按钮，返回“型腔铣”对话框。

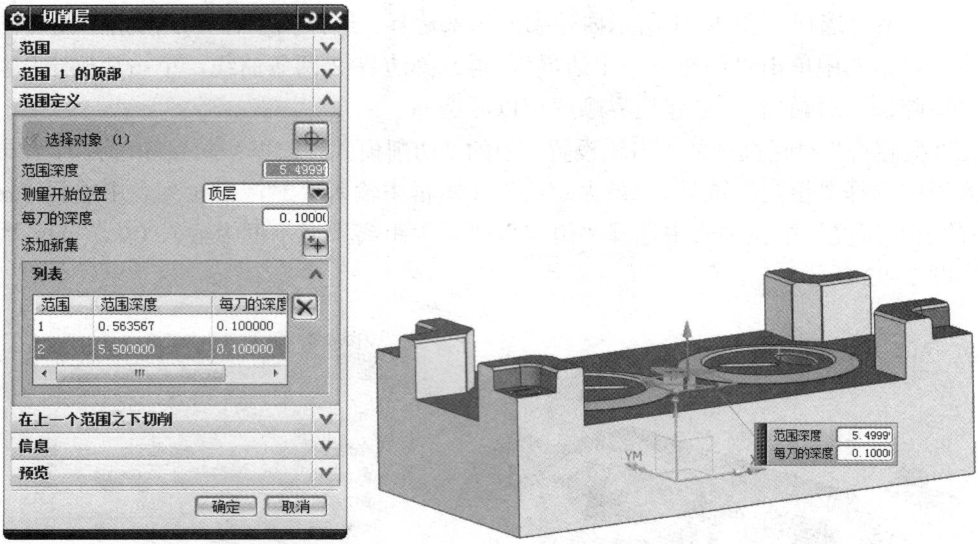

图 2–84　设置切削范围

在“刀轨设置”中单击“切削参数”按钮，弹出切削参数对话框，选择“策略”标签，在“切削”中“切削顺序”下拉列表中选择“深度优先”选项；选择“余量”标签，在“部件侧面余量”右侧的文本框中输入 0.15，如图 2–85 所示。单击“确定”按钮，返回“型腔铣”对话框。

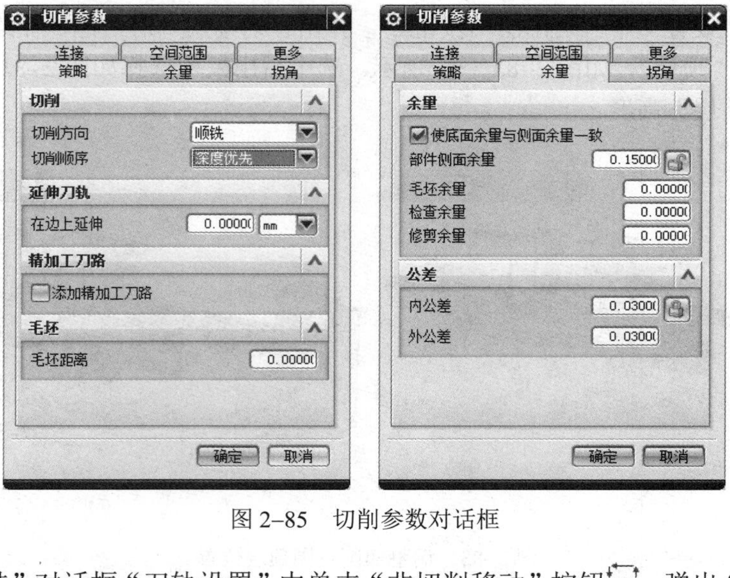

图 2–85　切削参数对话框

在“型腔铣”对话框“刀轨设置”中单击“非切削移动”按钮，弹出“非切削移动”对话框，在对话框中：选择“转移/快速”标签中“安全设置”→“安全设置选项”中选择平面，选择后模零件顶面，在对话框中的“距离”文本框中输入 5，单击“确定”按钮，返回“型腔铣”对话框。

在“刀轨设置”中单击“进给率和速度”按钮，弹出“进给率和速度”对话框。在

“主轴速度”中勾选“主轴速度（rpm）”，并在后面的文本框中输入1600；在“进给率”中的“进刀”后的文本框中输入200。单击“确定”按钮，返回“型腔铣”对话框。

在“操作”中单击“生成”按钮，系统生成内轮廓粗加工刀路，如图2–86所示。

在“操作”中单击“确认”按钮，弹出“刀轨可视化”对话框，在对话框中选择“2D”标签，调整“动画速度”为4，单击“播放”按钮，系统进行刀轨仿真加工，如图2–87所示。仿真完成后单击“确定”按钮，返回“型腔铣”对话框，再次单击“确定”按钮，完成操作。

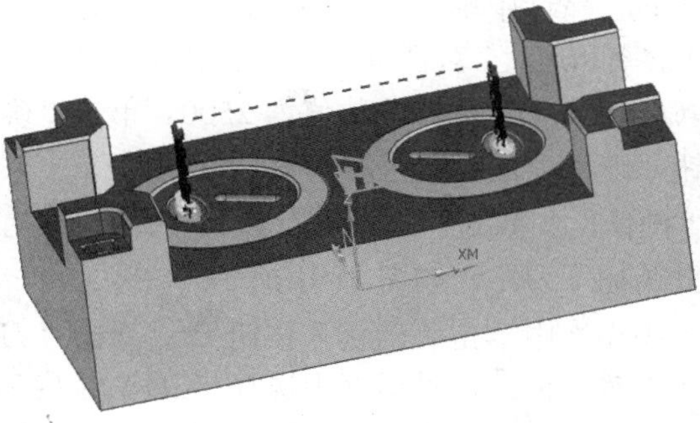

图2–86 生成内轮廓粗加工刀路

图2–87 仿真结果

（9）后模零件内轮廓侧壁精加工。

在工序导航器—程序顺序视图中的“CO8→CO8–D4”单击鼠标右键，在右键快捷菜单中选择“复制”命令。在工序导航器—程序顺序视图中的“CO9”单击鼠标右键，在右键快捷菜单中选择“内部粘贴”命令。在“CO9”下面会出现“CO8–D4_COPY”操作，修改操作的名称为“CO9–D4”，如图2–88所示。

在工序导航器中双击“CO9–D4”，弹出型腔铣对话框。在对话框中“刀轨设置”→“切削模式”后下拉列表中选择“轮廓加工”，“每刀的公共深度”的“最大距离”文本框中输入“0.07”，如图2–89所示。

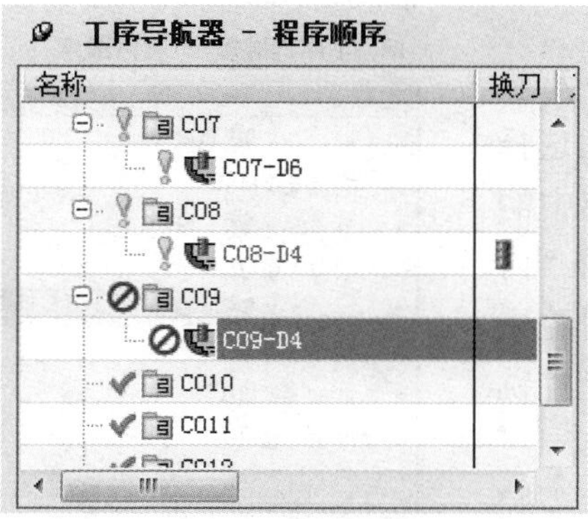

图2–88 复制型腔铣操作

图2–89 刀轨设置

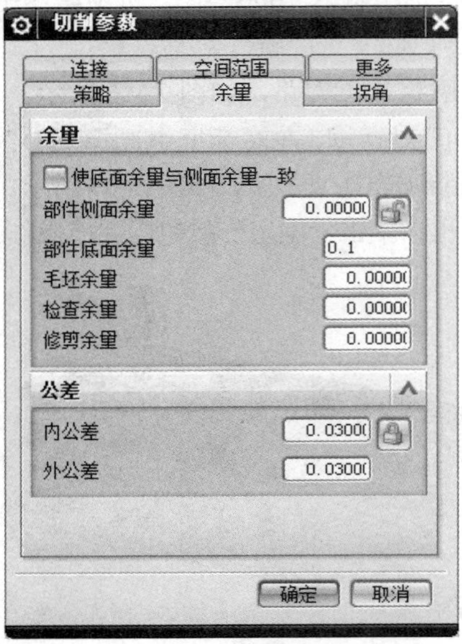

图 2–90　设置余量

单击“切削参数”按钮，弹出切削参数对话框，在对话框中选择“余量”标签，在“余量”中取消勾选“使用‘底部面和侧壁余量一致’”，在“部件侧面余量”后文本框中输入“0”，“部件底部余量”后文本框中输入“0.1”如图 2–90 所示。单击“确定”按钮，返回“型腔铣”对话框。

在“刀轨设置”中单击“进给率和速度”按钮，弹出“进给率和速度”对话框。在“主轴速度”中“主轴速度（rpm）”文本框修改数值为 2500。单击“确定”按钮，返回“面铣削区域”对话框。

在“操作”中单击“生成”按钮，系统生成内轮廓侧壁精加工刀路，如图 2–91 所示。

在“操作”中单击“确认”按钮，弹出“刀轨可视化”对话框，在对话框中选择“2D”标签，调整“动画速度”为 4，单击“播放”按钮，系统进行刀轨仿真加工，仿真结果如图 2–92 所示。仿真完成后单击“确定”按钮，返回“型腔铣”对话框，再次单击“确定”按钮，完成操作。

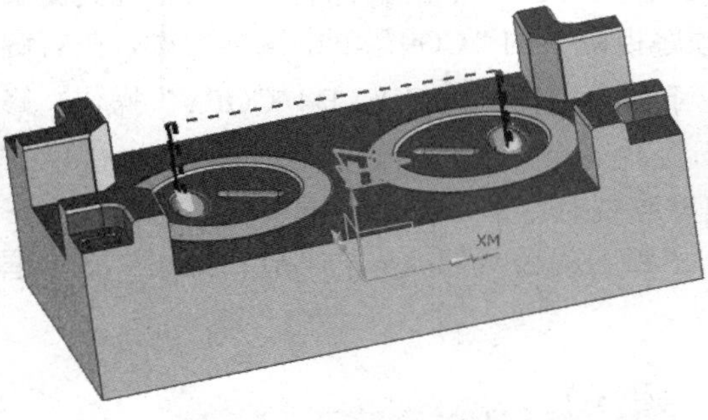

图 2–91　内轮廓侧壁精加工刀路

图 2–92　内轮廓侧壁精加工仿真结果

（10）后模零件内轮廓底面精加工。

在工序导航器—程序顺序视图中的“CO8→型腔铣 CO8–D4”单击鼠标右键，在右键快捷菜单中选择“复制”命令。在工序导航器—程序顺序视图中的“CO10”单击鼠标右键，在右键快捷菜单中选择“内部粘贴”命令。在“CO10”下面会出现“型腔铣 CO8–D4_COPY”操作，修改操作的名称为“型腔铣 CO10–D4”，如图 2–93 所示。

图 2–93　复制型腔铣操作

在工序导航器中双击“CO10–D4”，弹出“型腔铣”对话框。在对话框“刀轨设置”中单击“刀轨设置”中“切削层”按钮，弹出“切削层”对话框。在对话框中“范围”组的“切削层”下拉列表中选择“仅在范围底部”，如图 2–94 所示。单击“确定”按钮返回“型腔铣”对话框。

单击“切削参数”按钮，弹出切削参数对话框，在对话框中选择“余量”标签，在“余量”组中勾选“使用‘底部面和侧壁余量一致’”，在“部件侧面余量”后文本框中输入“0”，如图 2–95 所示。单击“确定”按钮，返回“型腔铣”对话框。

图 2–94 切削层对话框

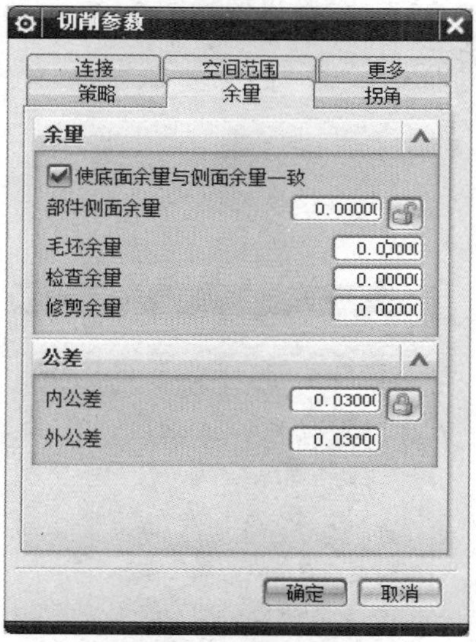

图 2–95 设置余量

在“刀轨设置”中单击“进给率和速度”按钮，弹出“进给率和速度”对话框。在“主轴速度”中“主轴速度（rpm）”文本框修改数值为 2500。单击“确定”按钮，返回“型腔铣”对话框。

在“操作”中单击“生成”按钮，系统生成内轮廓底面精加工刀路，如图 2–96 所示。

在“操作”中单击“确认”按钮，弹出“刀轨可视化”对话框，在对话框中选择“2D”标签，调整“动画速度”为 4，单击“播放”按钮，系统进行刀轨仿真加工，仿真结果如图 2–97 所示。仿真完成后单击“确定”按钮，返回“面铣削区域”对话框，再次单击“确定”按钮，完成操作。

图 2–96 内轮廓底部精加工刀路

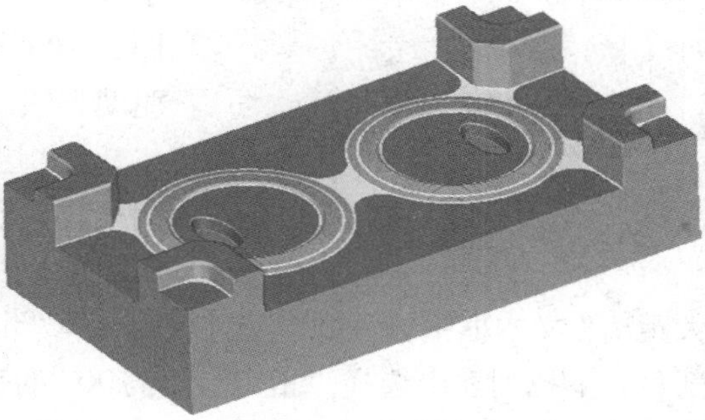
图 2–97 内轮廓侧壁精加工仿真结果

（11）后模胶位半精加工。

在“刀片”工具栏中单击“创建工序”按钮，弹出“创建工序”对话框。在对话框窗口中：“类型”下拉列表框选择“mill_contour”；工序子类型中单击“固定轮廓铣”按钮；位置中，程序下拉列表中选中“CO11”，刀具下拉列表中选中“R3（铣刀—球头铣）”，几何体下拉列表中选中“WORKPIECE”，方法下拉列表选中“METHOD”，名称文本框中输入“CO11-R3”，参数设置如图 2-98 所示，单击“确定”按钮，弹出固定轮廓对话框，如图 2-99 所示。

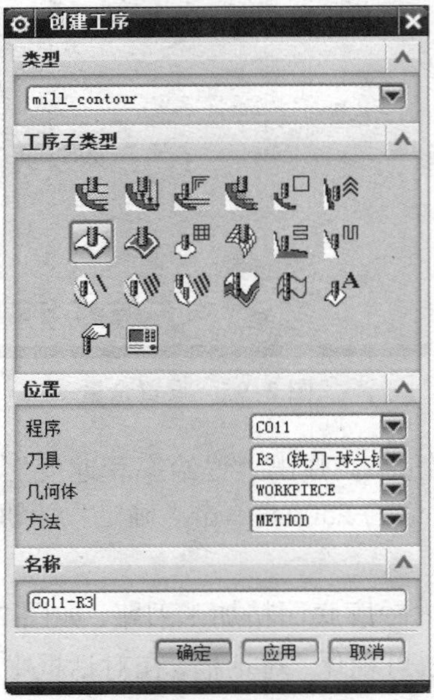

图 2-98　创建固定轴轮廓铣操作

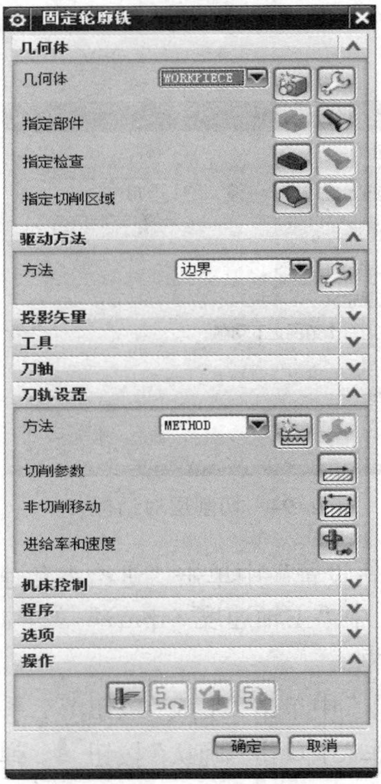

图 2-99　固定轴轮廓铣对话框

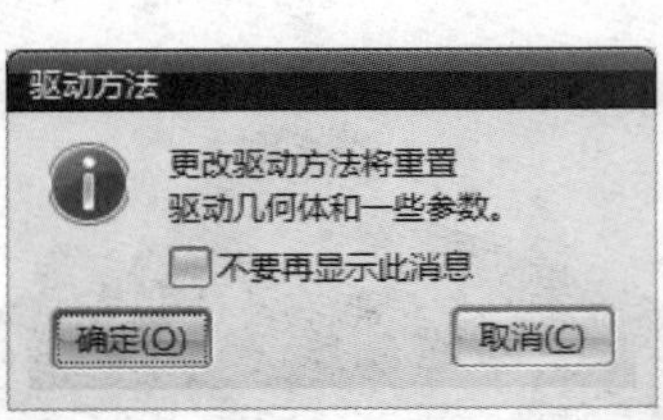

图 2-100　驱动方法对话框

在固定轮廓铣对话框中“驱动方法”中“驱动”列表中选择“区域铣削”，系统弹出“驱动方法”对话框，如图 2-100 所示，直接单击“确定”按钮，弹出“区域铣削驱动方法”对话框，如图 2-101 所示。

在“区域铣削驱动方法”对话框“驱动设置”中：“切削模式”下拉列表中选择“往复”，“切削方向”下拉列表中选择“逆铣”，“步距”下拉列表中选择“恒定”，“最大距离”文本框中输入 0.3，单位“mm”，“步距已应用”下拉列表中选择“在部件上”，“切削角”下拉列表中选择“指定”，“与 XC 的夹角”文本框中输入 45，如图 2-102 所示。单击“确定”按钮，返回“固定轮廓铣”对话框。

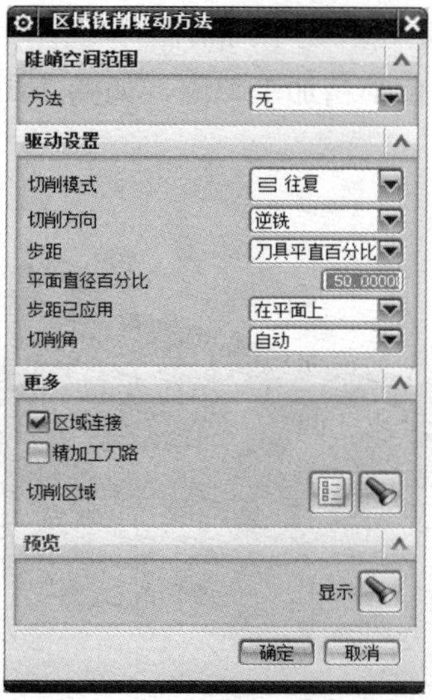

图 2–101 区域铣削驱动方法对话框

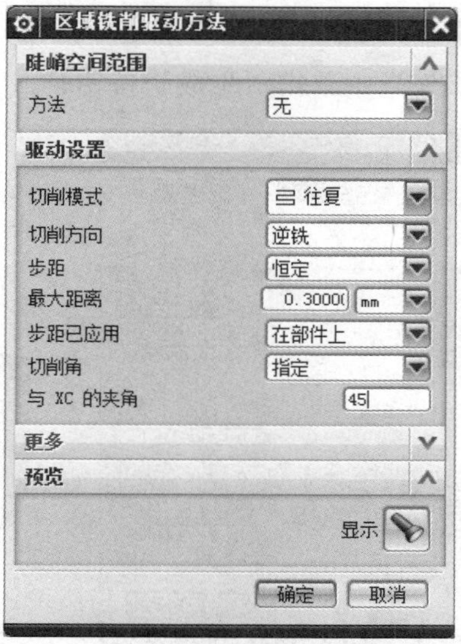

图 2–102 “区域铣削驱动方法”设置

在“固定轮廓铣”对话框“几何体”中单击“指定切削区域”按钮，弹出“切削区域”对话框，选择后模零件上两胶位面，如图 2–103 所示。单击“确定”按钮，返回“固定轮廓铣”对话框。

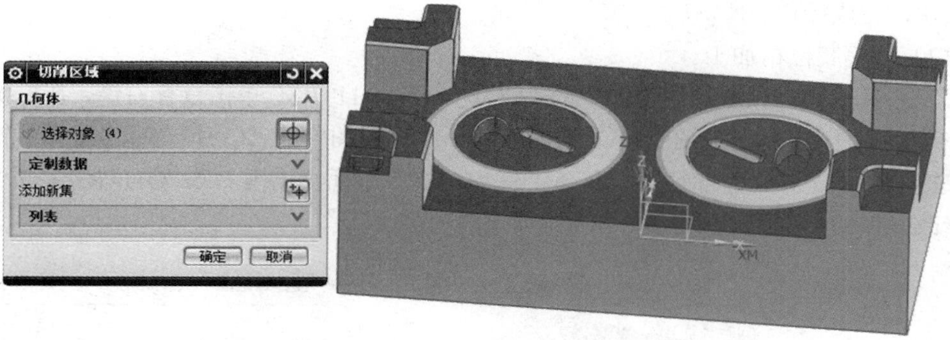

图 2–103 指定切削区域

单击“切削参数”按钮，弹出切削参数对话框，在对话框中选择“余量”标签，在“余量”中“部件余量”后文本框中输入“0.1”，如图 2–104 所示。单击“确定”按钮，返回“固定轮廓铣”对话框。

在“固定轮廓铣”对话框“刀轨设置”中单击“非切削移动”按钮，弹出“非切削移动”对话框，在对话框中：选择“转移/快速”标签中“安全设置”→“安全设置选项”中选择平面，选择后模零件顶面，在对话框中的“距离”文本框中输入 5，单击“确定”按钮，返回“固定轮廓铣”对话框。

在“刀轨设置”中单击“进给率和速度”按钮，弹出“进给率和速度”对话框。在“主轴速度”中“主轴速度（rpm）”文本框修改数值为 2000，在“进给率”中的“进刀”后的文本框中输入 200。单击“确定”按钮，返回“固定轮廓铣”对话框。

在“操作”中单击“生成”按钮，系统生成胶位半精加工刀路，如图 2–105 所示。

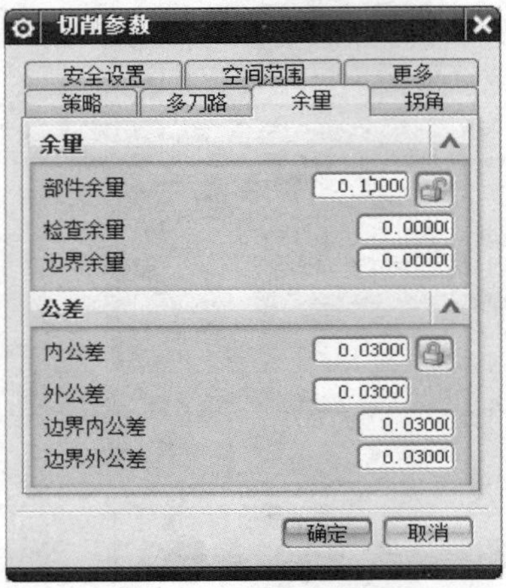

图 2–104　设置余量

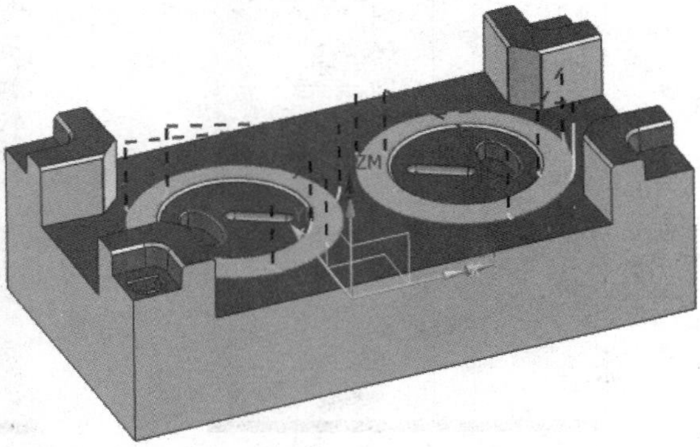

图 2–105　胶位半精加工刀路

在“操作”中单击“确认”按钮，弹出“刀轨可视化”对话框，在对话框中选择“2D”标签，调整“动画速度”为 4，单击“播放”按钮，系统进行刀轨仿真加工，仿真结果如图 2–106 所示。仿真完成后单击“确定”按钮，返回“固定轮廓铣”对话框，再次单击“确定”按钮，完成操作。

（12）后模胶位精加工。

在工序导航器—程序顺序视图中的“CO11→CO11–R3”单击鼠标右键，在右键快捷菜单中选择“复制”命令。在工序导航器—程序顺序视图中的“CO12”单击鼠标右键，在右键快捷菜单中选择“内部粘贴”命令。在“CO12”下面会出现“CO11–R3_COPY”操作，修改操作的名称为“CO12–R3”，如图 2–107 所示。

图 2–106　胶位半精加工仿真结果

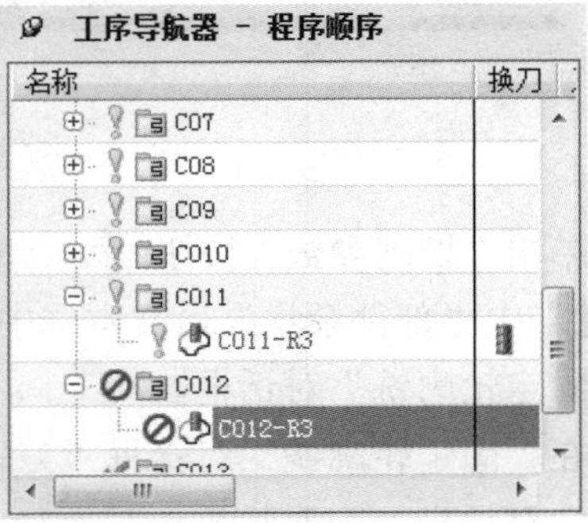

图 2–107　复制操作

在工序导航器中双击“CO12–R3”，弹出固定轮廓铣对话框。单击“驱动方法”，“方法”中“编辑”按钮，弹出“区域铣削驱动方法”对话框。在“区域铣削驱动方法”对话框“驱动设置”中：修改“最大距离”文本框中数值为 0.05。单击“确定”按钮，返回“固定轮廓铣”对话框。

单击“切削参数”按钮，弹出切削参数对话框，在对话框中选择“余量”标签，在“余量”中“部件余量”后文本框中输入“0”。单击“确定”按钮，返回“固定轮廓铣”对话框。

在“刀轨设置”中单击“进给率和速度”按钮，弹出“进给率和速度”对话框。在“主轴速度”中“主轴速度（rpm）”文本框修改数值为2600。单击“确定”按钮，返回“固定轮廓铣”对话框。

在“操作”中单击“生成”按钮，系统生成胶位精加工刀路，如图2–108所示。

在“操作”中单击“确认”按钮，弹出“刀轨可视化”对话框，在对话框中选择“2D”标签，调整“动画速度”为4，单击“播放”按钮，系统进行刀轨仿真加工，仿真结果如图2–109所示。仿真完成后单击“确定”按钮，返回“固定轮廓铣”对话框，再次单击“确定”按钮，完成操作。

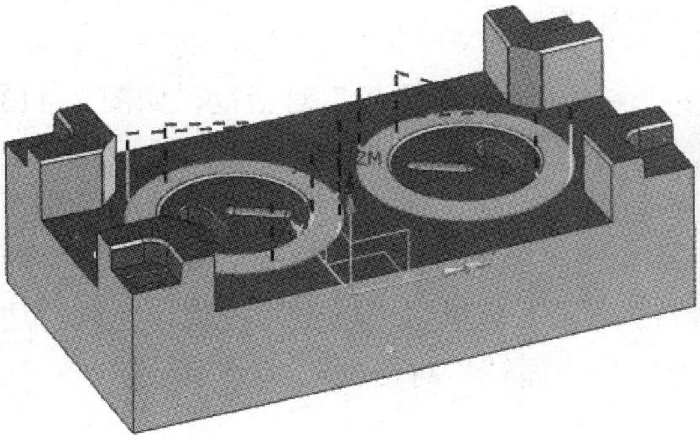

图2–108 胶位精加工刀路

图2–109 胶位精加工仿真结果

（13）加工流道。

在“刀片”工具栏中单击“创建工序”按钮，弹出“创建工序”对话框。在对话框窗口中：“类型”下拉列表框选择“mill_planar”；工序子类型中单击“平面铣”按钮；位置中，程序下拉列表中选中“CO13”，刀具下拉列表中选中“R2.5（铣刀—球头铣）”，几何体下拉列表中选中“WORKPIECE”，方法下拉列表选中“METHOD”，名称文本框中输入“CO13–R2.5–1”，参数设置如图2–110所示，单击“确定”按钮，弹出“平面铣”对话框，如图2–111所示。

图2–110 创建面铣削操作

在“平面铣”对话框：“导轨设置”中“切削模式”后下拉列表选择“轮廓加工”，如图2–111所示；在“几何体”中单击“指定部件边界”后“选择或编辑部件边界”按钮，弹出“边界几何体”对话框，如图2–112

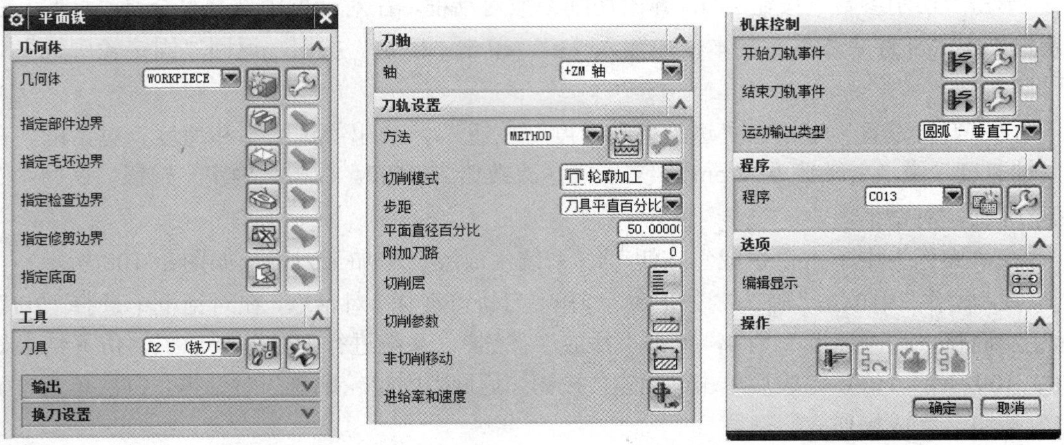

图 2–111　平面铣对话框

所示。在“模式”后下拉列表中选择“曲线/边…”，弹出“创建边界”对话框，如图 2–113 所示。在“创建边界”对话框中“类型”后列表框选择“开放的”；“刀具位置”后下拉列表框中选择“对中”；“平面”后下拉列表框中选择“用户定义”，弹出“平面”对话框，如图 2–114 所示，选中图示平面，在“平面”对话框中单击“确定”按钮，返回“创建边界”对话框。用鼠标点选流道中间的直线段（如图 2–115 所示）后单击“确定”按钮，返回“边界几何体”对话框。再次单击“确定”按钮，返回“平面铣”对话框。

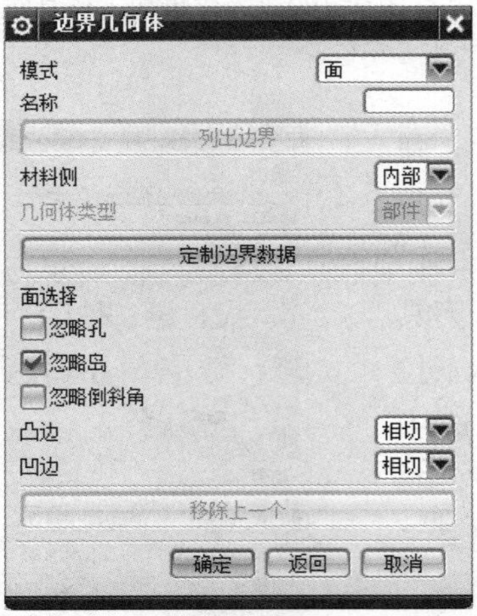

图 2–112　“边界几何体”对话框

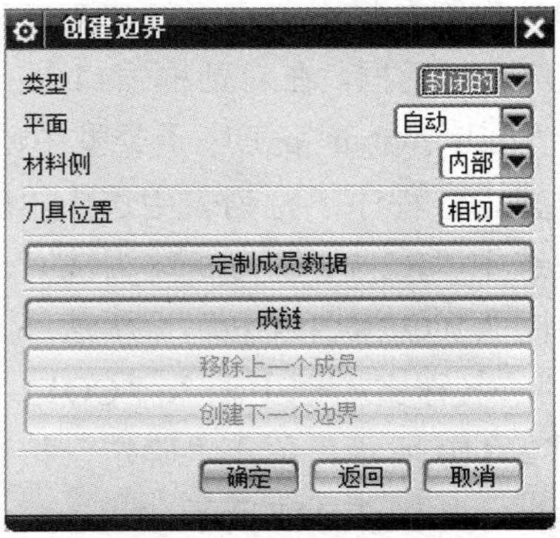

图 2–113　“创建边界”对话框

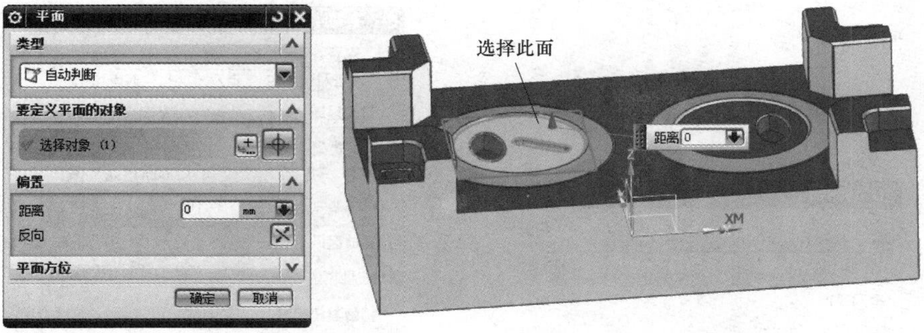

图 2–114 选择“用户定义”平面

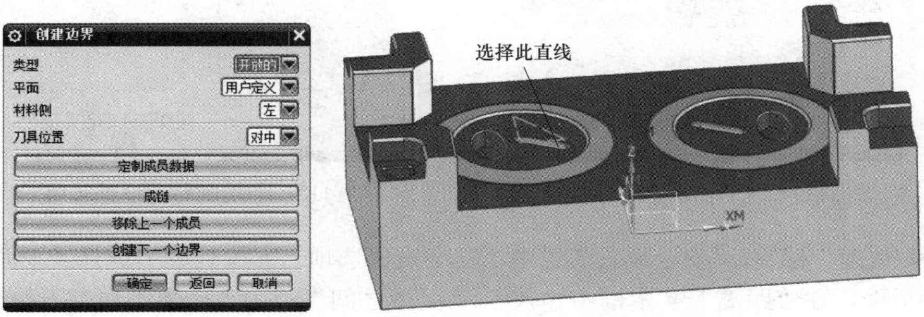

图 2–115 选择驱动直线

在“平面铣”对话框“几何体”中单击“指定底面”后“选择或编辑地平面几何体”按钮，弹出“平面”对话框，如图 2–116 所示，选择图示平面，在距离文本框中输入“–2.5”，单击“确定”按钮，返回“平面铣”对话框。

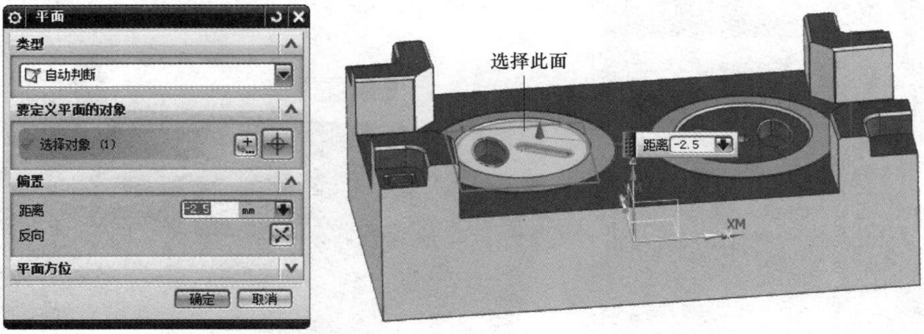

图 2–116 平面构造器对话框

在“平面铣”对话框：单击“刀轨设置”中“切削层”按钮，弹出“切削层”对话框，“类型”下拉列表中选择“恒定，“每刀深度”组中，“公共”文本框中输入 0.05，如图 2–117 所示。单击“确定”按钮，返回“平面铣”对话框。

在“刀轨设置”中单击“非切削移动”按钮，弹出“非切削移动”对话框。选择“进刀”标签，“封闭区域”中“进刀类型”后下拉列表选择“插削”，“开放区域”中“进刀类型”后下拉列表选择“与封闭区域相同”，如图 2–118 所示。

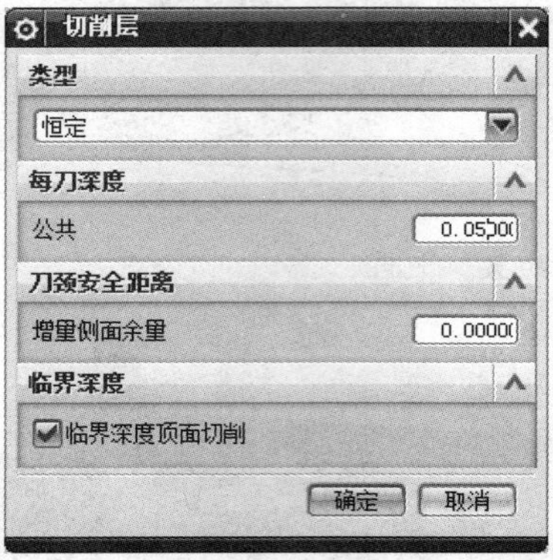

图 2–117 “切削层”对话框

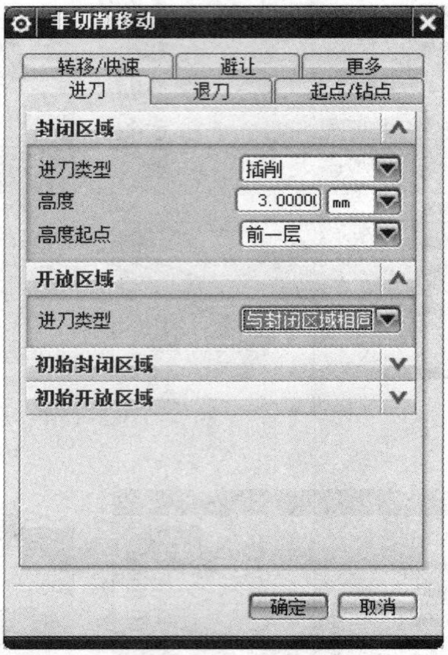

图 2–118 非切削移动设置（1）

“转移/快速”标签，“安全设置”组中“安全设置选项”下拉列表中选择“平面”，选择后模零件顶面，在“距离”文本框中输入 5。“区域之间”组中“传递类型”下拉列表中选择“毛坯平面”，如图 2–119 所示。单击“确定”按钮，返回“平面铣”对话框。

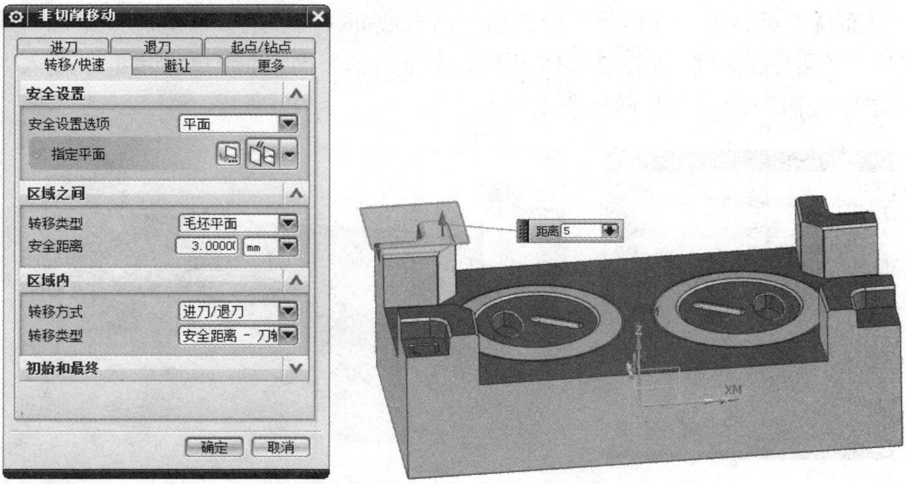

图 2–119 非切削移动设置（2）

在“刀轨设置”中单击“进给率和速度”按钮，弹出“进给率和速度”对话框。在“主轴速度”中勾选“主轴速度（rpm）”并在其后文本框修改数值为 2600，在“进给率”中的“进刀”后的文本框中输入 200。单击“确定”按钮，返回“平面铣”对话框。

在“操作”中单击“生成”按钮，系统生成流道加工刀路，如图 2–120 所示。在“平面铣”对话框中单击“确定”按钮完成操作。

在工序导航器—程序顺序视图中的“CO13→CO13–R2.5–1”单击鼠标右键，在右键快捷菜单中选择“复制”命令。在工序导航器—程序顺序视图中的“CO13”单击鼠标右键，在右键快捷菜单中选择“内部粘贴”命令。在“CO13”下面会出现“平面铣 CO13–R2.5–1_COPY”操作，修改操作的名称为“平面铣 CO13–R2.5–2”，如图 2–121 所示。

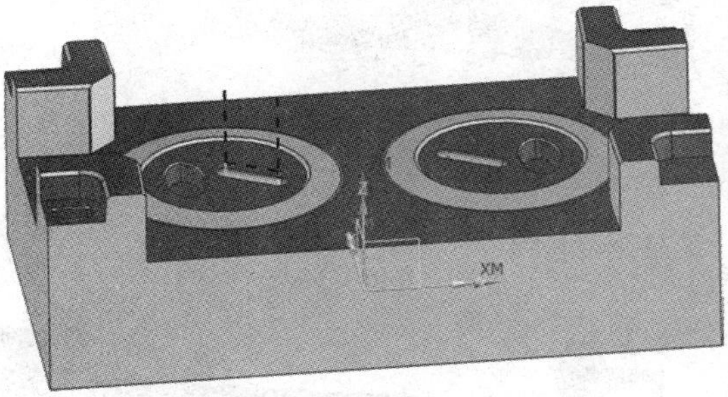

图 2–120　流道加工刀路（1）

图 2–121　复制操作

双击“平面铣 CO13–R2.5–2”弹出“平面铣”对话框。在“几何体”中单击“指定部件边界”后“选择或编辑部件边界”按钮，弹出“边界几何体”对话框，如图 2–122 所示。单击对话框中“全重选”按钮，在弹出的“全重选”对话框中单击“确定”按钮，删除已定义的边界。系统弹出“边界几何体”对话框，重复前面的操作，选择图 2–123 所示的驱动直线。单击“确定”按钮，直至返回到“平面铣”对话框。

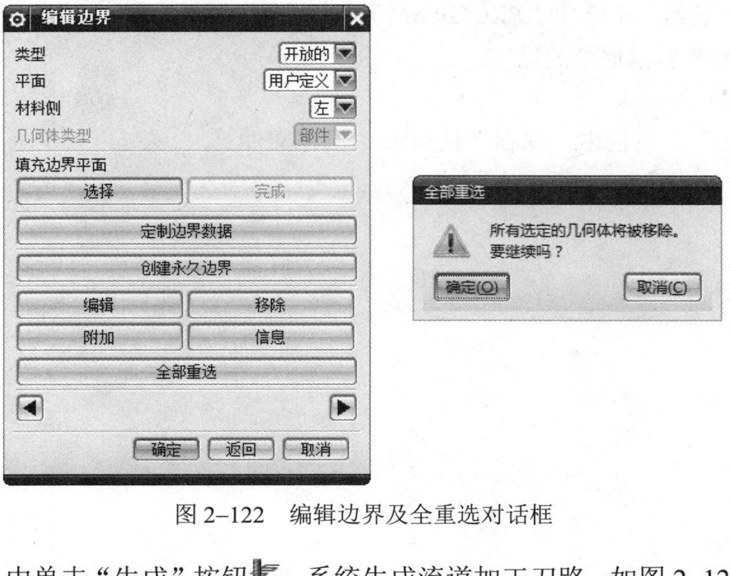

图 2–122　编辑边界及全重选对话框

在“操作”中单击“生成”按钮，系统生成流道加工刀路，如图 2–124 所示。在“平面铣”对话框中单击“确定”按钮完成操作。

在“工序导航器”中选中“CO13”，在“操作”工具栏中单击“确认刀轨”按钮，弹出“刀轨可视化”对话框，在对话框中选择“2D”标签，调整“动画速度”为 4，单击“播放”按钮，系统进行刀轨仿真加工，仿真结果如图 2–125 所示。仿真完成后单击“确定”按钮，返回“平面铣”对话框，再次单击“确定”按钮，完成操作。后模加工完成。

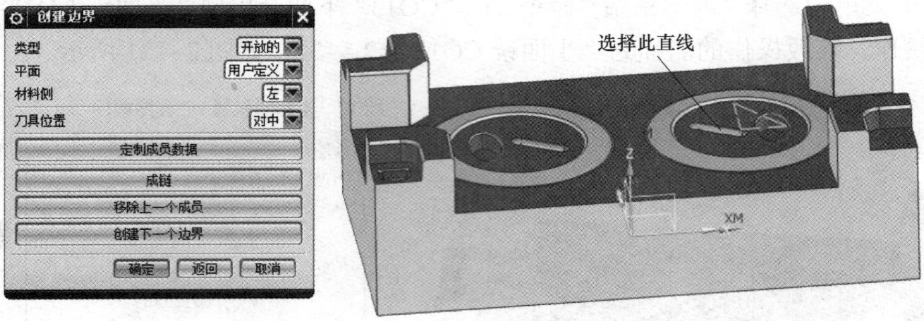

图 2–123 选择驱动直线

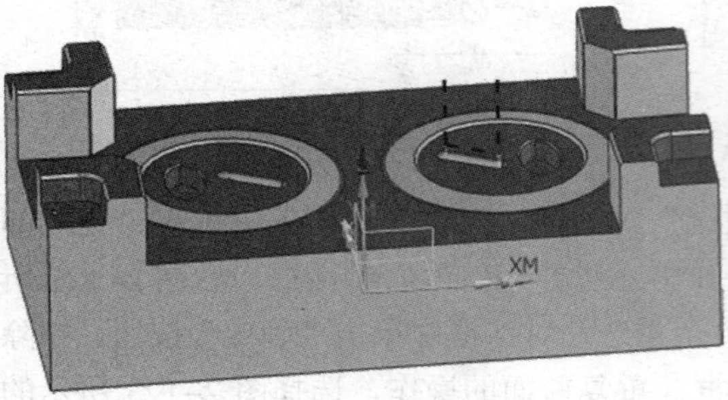

图 2–124 流道加工刀路（2）

图 2–125 流道加工仿真结果

在“工序导航器”中选中“PROGRAM”，在“操作”工具栏中单击“确认刀轨”按钮，可以确认整个后模加工的过程。

（14）保存。

单击“标准”工具栏中“保存”按钮，保存文件。

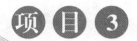

项目 3

吸尘器网筒底盖前模加工设计

本节中主要介绍应用 UG NX 8.5 完成吸尘器网筒底盖前模的加工设计，如图 3–1 所示。

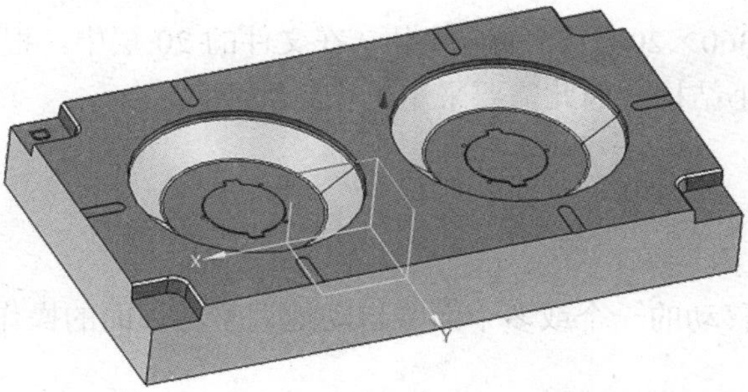

图 3–1 吸尘器网筒底盖前模

3.1 任 务 导 入

掌握应用 UG 建模环境中同步建模命令对模型进行电极设计及加工环境中坐标系、几何体、平面铣、型腔铣、固定轴轮廓铣等知识，完成吸尘器网筒底盖前模加工。

3.2 模具前模加工工艺分析

经过对零件模型的分析，对模具零件上胶面圆角尺寸较小，需采用电火花加工，在进行铣加工时对此部分需留有余量，其余部分的加工工艺过程如表 3–1 所示。

表 3–1 加 工 工 艺 表

程式名称	刀具名称	刀径	角 R	刀长	刀间距	底部余量	侧壁余量	每层深度	备注
CA1	D30R5	30	5	20	15	0.3	0.3	0.3	开粗
CA2	D16R0.4	16	0.4	20	8	0.1	0.1	0.15	二次开粗
CA3	D16R0.4	16	0.4	20	8.3	0	0.1	0	平面精加工（虎口及顶平面）
CA4	D8	8	0	20		0	0	0.1	虎口侧壁精加工
CA5	D8	8	0	20		0	0		排气槽精加工

续表

程式名称	刀具名称	刀径	角 R	刀长	刀间距	底部余量	侧壁余量	每层深度	备注
CA6	D8	8	0	20		0	0		腔体内平面精加工
CA7	R3	6	3	20			0.1	0.3	胶位半精加工
CA8	R2	4	2	20			0	0.1	胶位精加工

3.3 模具前模加工前准备

模具零件毛坯为 360×200×55 的方块体，在文件的 20 层中。根据数控加工工艺分析，前模上有部分属于细小结构，因此需要采用电火花加工。

3.3.1 同步建模

1. 移动面

移动面：用于移动的一个或多个面并自动地调整相邻面的操作。

操作步骤如下：

（1）打开文件“Part\Project3\yidong.prt”。

（2）单击“同步建模”工具条中的“移动面”按钮，弹出“移动面”对话框。移动面命令提供了十种移动方式，此处使用“距离”移动方式，在距离文本框中输入 30，如图 3–2 所示。

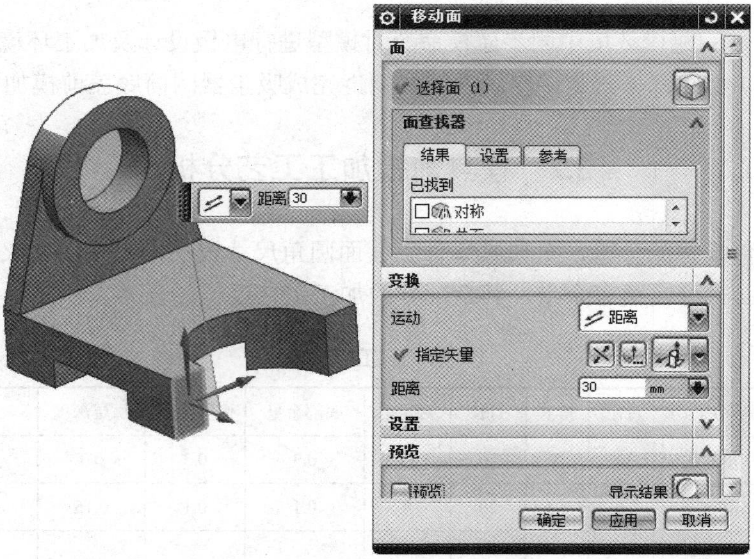

图 3–2　移动面

（3）单击“确定”按钮，结果如图 3–3 所示。由图中可以看出，移动面操作会因相邻面的形状而自动适应。

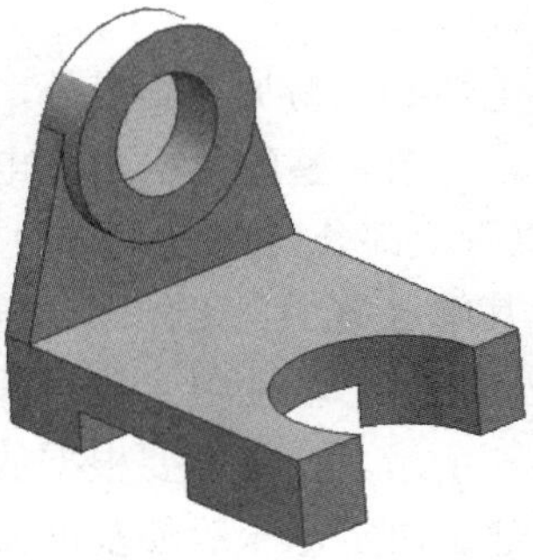

图 3–3 移动完成

2. 拉出面

拉出面：用于移动一个或多个面并自动地调整相邻的面，并且可通过移动位置而实现减料或增料的操作。

操作步骤如下：

（1）打开文件“Part\Project3\lachu.prt”。

（2）单击“同步建模”工具条中的“拉出面”按钮，弹出“拉出面”对话框。移动面命令提供了四种拉出方式，此处使用“距离”移动方式，在距离文本框中输入 30，如图 3–4 所示。

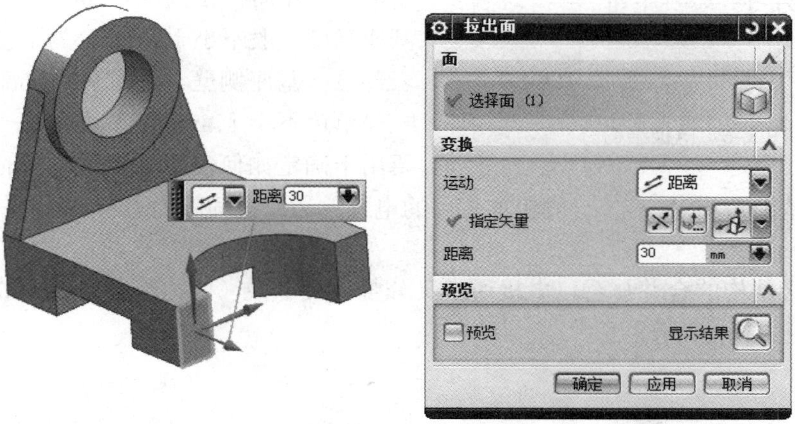

图 3–4 拉出面

（3）单击“确定”按钮，结果如图 3–5 所示。由图中可以看出，拉出面操作会在选择面上添加了材料。

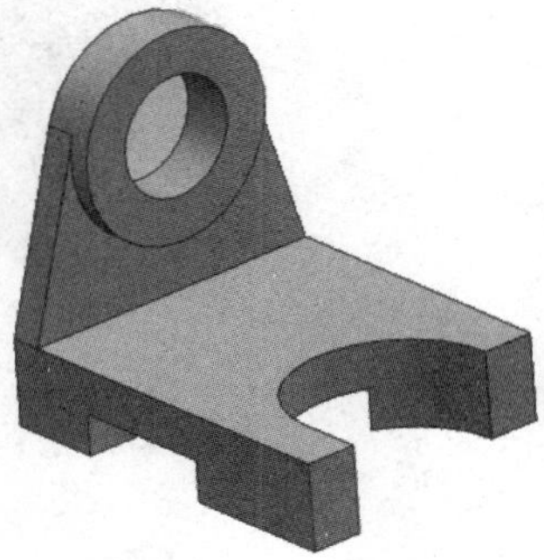

图 3–5 拉出完成

3.3.2 电火花加工与电极

1. 电火花加工

当模具型腔或型芯的结构比较复杂，材料比较硬，模具型腔或型芯上有深孔、柱位、窄槽、小圆角、复杂曲面及尖角时，受刀具的硬度和规格尺寸等特性限制，无法用数控机床加工出全部的余量时，此时需要加工出电火花加工用的电极，用电火花进行加工。电火花加工利用电腐蚀的原理工作。加工时，电极和钢料分别连接电源两极，在电极和钢料之间充入绝缘液体。通电后，电极移近，接近钢料，间隙减少到一定值时，电极和钢料之间发生放电现象，放电电弧使放电间隙处产生高温，引起放电部位局部的钢料熔化，熔化产生的残渣被绝缘液体冲刷并带走。电火花加工过程中，电极和钢料间没有直接的加工作用力，即使所需加工的孔或槽的尺寸小、深度大、加工材料硬度高，也可采用电火花加工。

2. 电极

电极因大部分都采用紫铜制作，所以也称铜公。因为紫铜导电性好，易加工。另外，也经常采用石墨制作。一个完整的电极由放电加工工作部分、避空直身位部分（俗称冲水位）和基座 3 部分组成，其中放电加工工作部分包含了放电间隙（俗称火花位），基座包含校表部位和基准角，如图 3–6 所示。避空位要根据放电加工零件的形状与部位决定，一般使基准面离放电加工零件部位的最高处不少 3mm，以便于放电加工时冲走残渣，防止产生积碳现象。基座高度一般不小于 8mm。为了便于校表，校表部位（基座侧壁与避空直身位部位的距离）一般单边不小于 3mm。基准角是一个标记，主要用于确定如何安装电极（电极的基准角要与模具零件的基准角相对应）。一般粗加工用的电极单边放电间隙为 0.3mm 左右，精加工用的则为 0.1mm 左右。

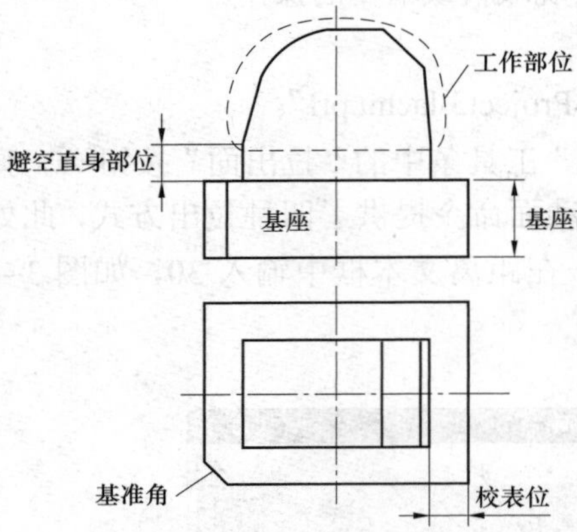

图 3–6　电极结构

根据电极结构的合并与否，电极通常又分整体式电极（俗称整公）和分散式电极（俗称散公），如图 3–7 所示。

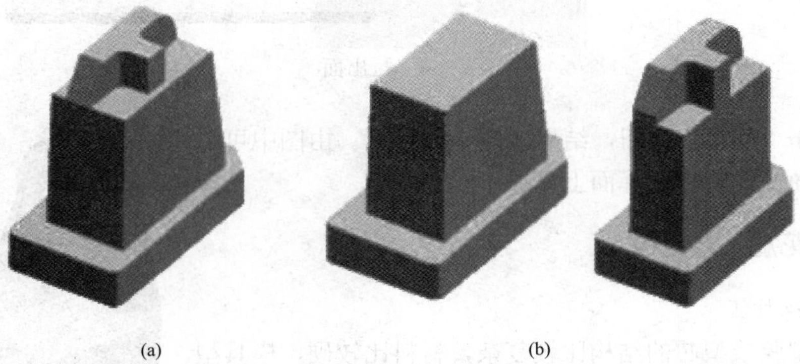

(a)　(b)

图 3–7　电极结构形式

（a）整体式电极；（b）分散式电极

根据加工工艺，电极可分为粗加工用电极（俗称粗公）、半精加工用电极（俗称中公）、精加工用电极（俗称精公或幼公）。

3.3.3　零件电极设计

（1）打开 NX 8.5 软件，单击“打开”文件按钮，选择“Part\Project3\CA2.prt”文件，单击“确定”按钮，如图 3–8 所示。

（2）打开“注塑模向导”工具栏。单击“开始”→“所有应用模块”→“注塑模向导”，打开“注塑模向导”工具栏，如图 3–9 所示。

（3）选择“格式”菜单中“图层设置”菜单，或者按下组合键 Ctrl+L，弹出“图层设置”对话框，在对话框中“工作图层”的“工作图层”后文本框中输入 2 并按回车键，新建 2 层并设为当前层，如图 3–10 所示。单击对话框中的“确定”按钮。

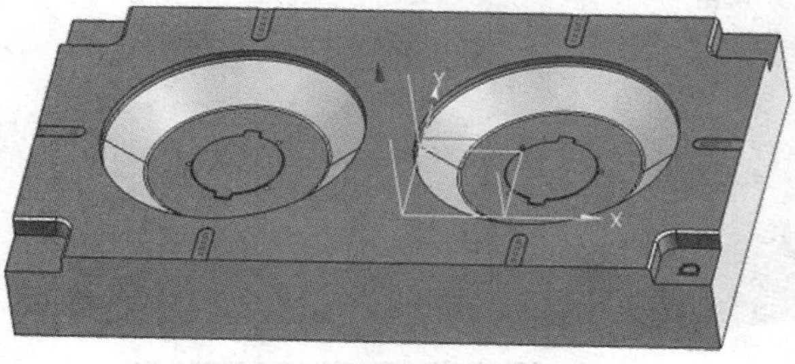

图 3–8 吸尘器网筒底盖前模

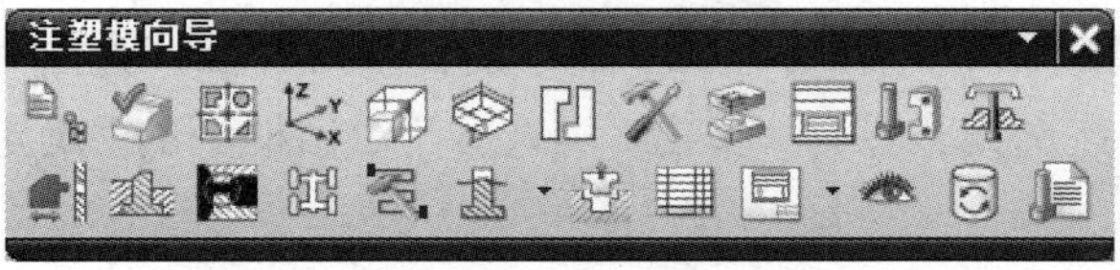

图 3–9 注塑模向导工具栏

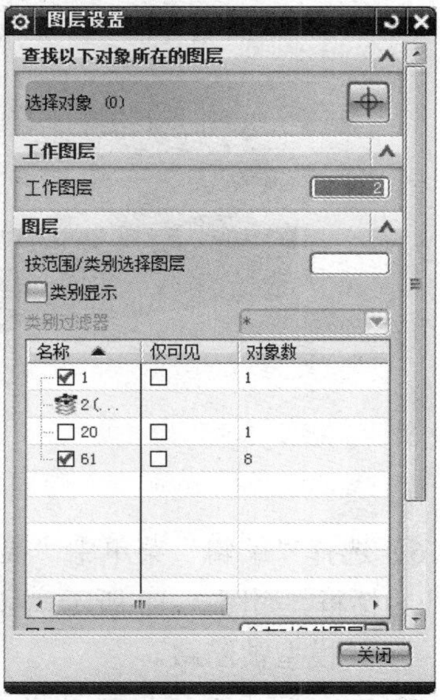

图 3–10 图层设置对话框

（4）创建包络方块体。单击“注塑模向导”中“注塑模工具”按钮，弹出“注塑模工具”工具栏。单击“注塑模工具”工具栏中“创建方块”按钮，弹出“创建方块”对话框，在“间隙”文本框中输入 5，在零件模型上选择内腔中的小圆角及凸起面，如图 3–11 所示。单击“确定”按钮。

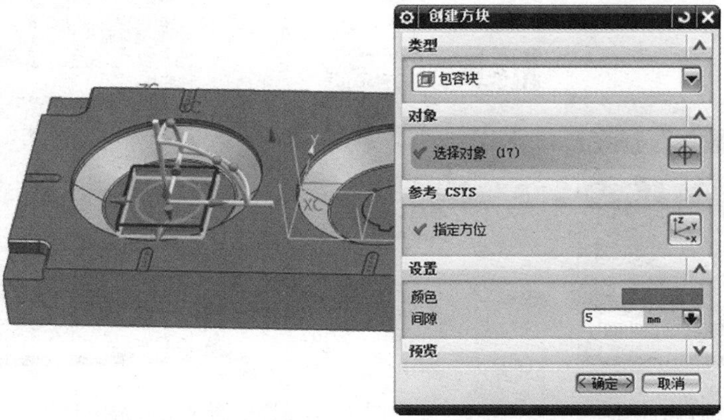

图 3–11 创建方块

（5）单击“特征”工具栏中“求差”按钮，弹出“求差”工具栏，按照图 3–12 所示选择“目标”和“工具”几何体。注意：在设置中请勾选“保存工具”选项。单击“确定”按钮。

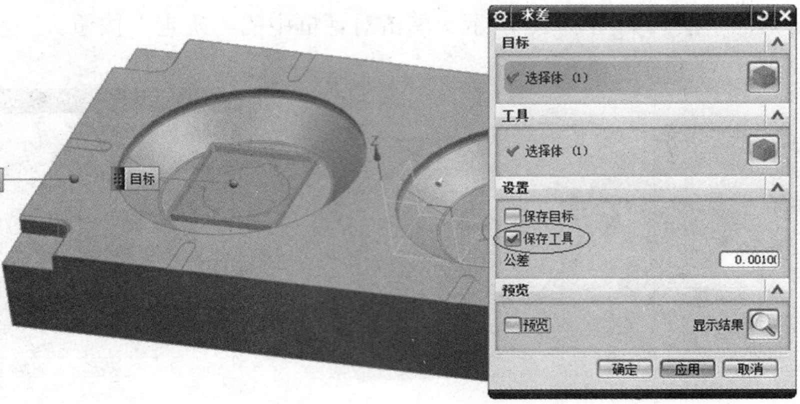

图 3–12　求差操作

（6）选择“编辑”菜单中“显示/隐藏”下“隐藏”菜单命令或者按 Ctrl+B，弹出“类选择”对话框，如图 3–13 所示，用鼠标点选模具零件，单击“类选择”对话框中的“确定”按钮。模具模型被隐藏。

（7）在“同步建模”工具栏中单击“拉出面”按钮，弹出“拉出面”对话框，如图 3–14 所示，选择模型的顶面，在“拉出面”对话框“变换”中“距离”文本框中输入 10，单击“应用”按钮。翻转模型，选择如图 3–15 所示的面，在“拉出面”对话框“变换”中“距离”文本框中输入–5，单击“确定”按钮。

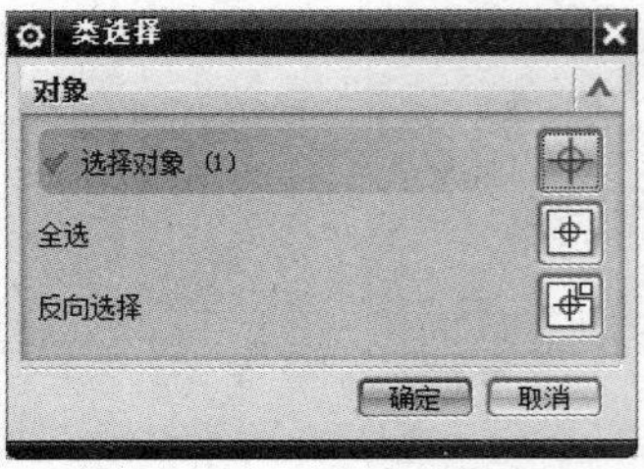

图 3–13　类选择对话框

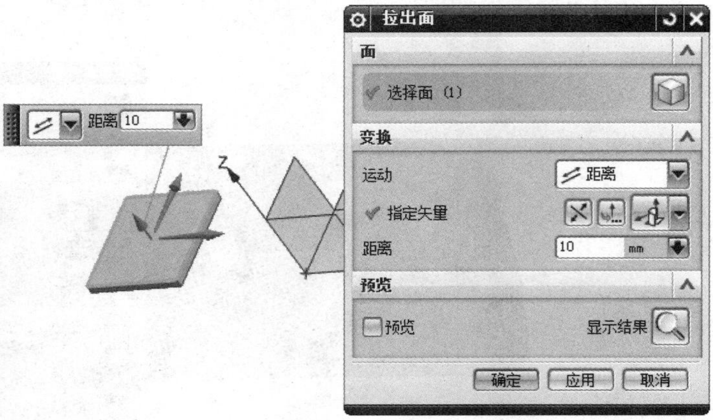

图 3–14　拉出面对话框及选择的面（1）

完成后电极如图 3–16 所示。

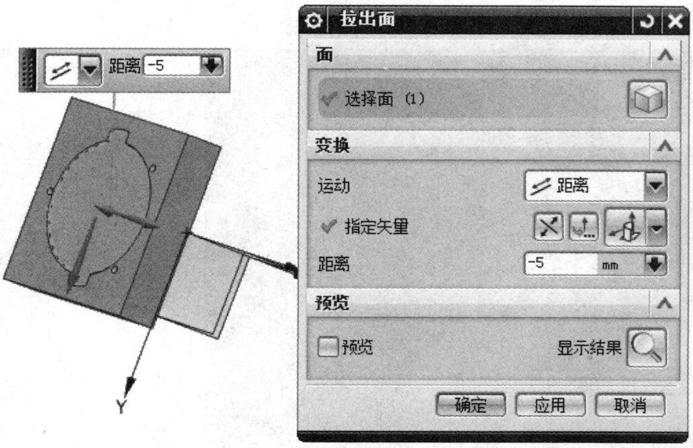

图 3–15 拉出面对话框及选择的面（2）

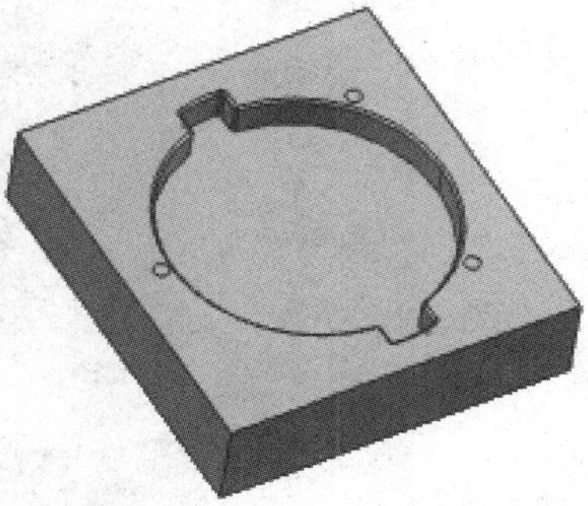

图 3–16 拉出面完成结果

（8）单击“特征操作”工具栏上的“边倒圆”按钮，弹出“边倒圆”对话框，如图 3–12 所示，在对话框“要倒圆的边”中“半径 1”文本框中输入 20，用鼠标点选图 3–17 中所示的 4 条边，单击“确定”按钮。

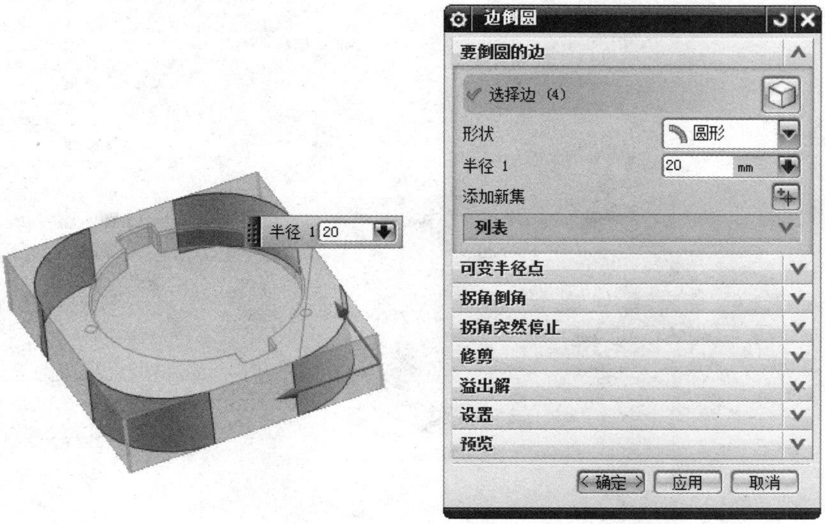

图 3–17 边倒圆

（9）选择“编辑”菜单中“显示/隐藏”下“全部显示”菜单命令或者按 Ctrl+Shift+U，将模具前模显示出来。

（10）创建基准台。单击“特征”工具栏上“拉伸”按钮，弹出拉伸对话框，单击电极模型顶面，进入草图环境，绘制如图 3–18 所示的草图，单击工具栏上“完成草图”按钮。

在“拉伸”对话框中设置如图 3–19 所示，单击“确定”按钮。

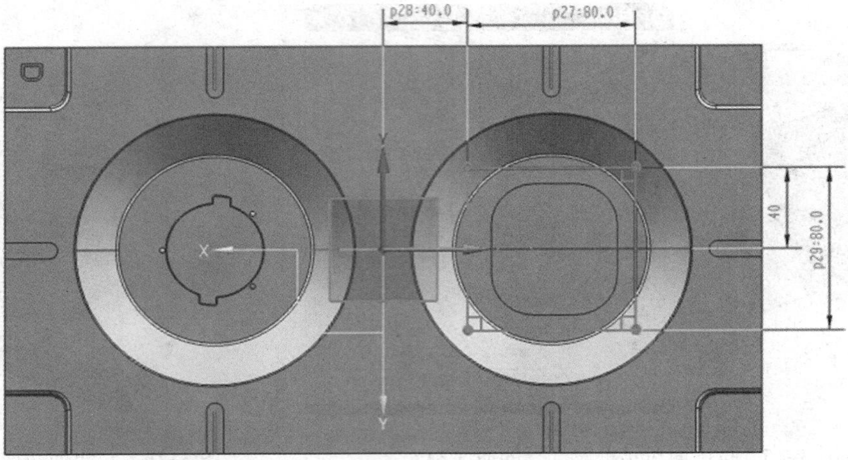

图 3–18　基准台草图

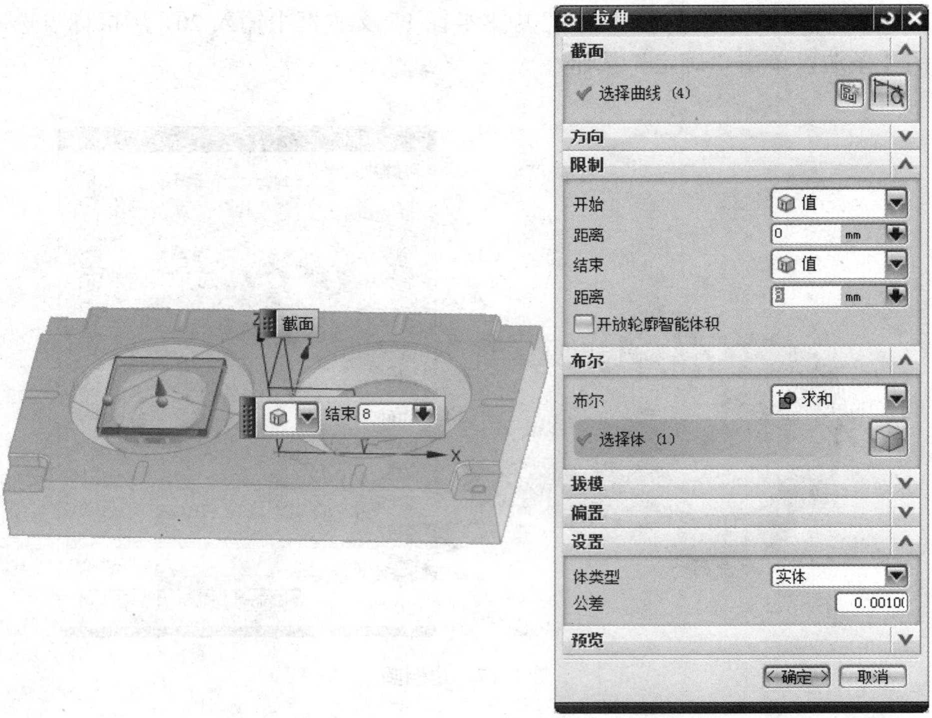

图 3–19　拉伸基准台

（11）将模具前模隐藏。单击“曲线”工具栏上“直线”按钮╱，选择如图 3–20 所示基准台下底面两顶点（作为安装基准台定位用），单击“确定”按钮。

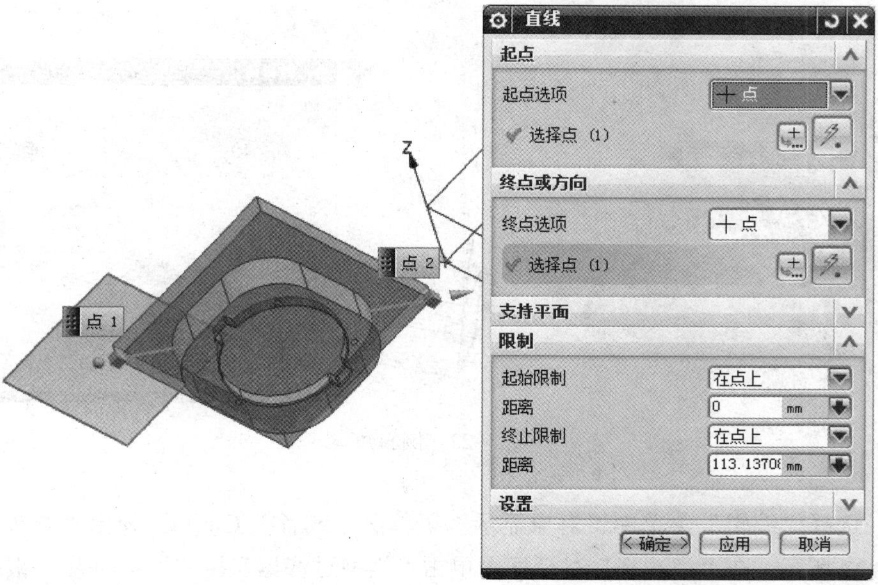

图 3–20 绘制直线

（12）单击“特征”工具栏上的“边倒圆”按钮，弹出“边倒圆”对话框。在对话框“要倒圆的边”中“半径 1”文本框中输入 1，用鼠标点选图 3–21 中所示的 3 条边，单击“确定”按钮。

图 3–21 边倒圆

（13）单击“特征操作”工具栏上的“倒斜角”按钮，如图 3–22 所示为“倒斜角”参数设置。

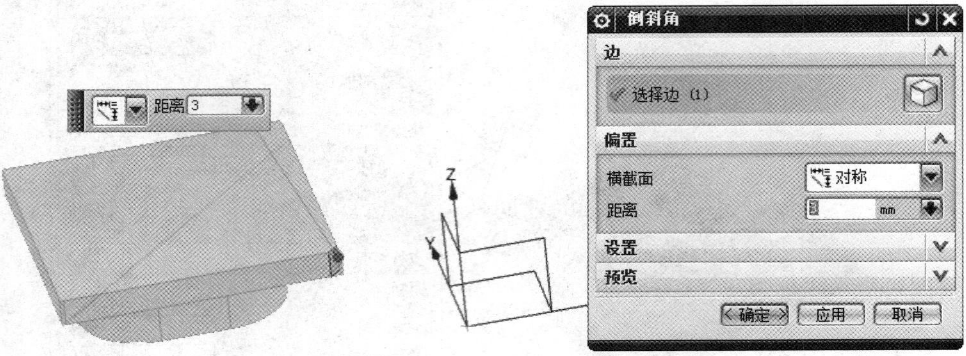

图 3–22　倒斜角

（14）选择“编辑”菜单中“对象显示”菜单命令或者按 Ctrl+J，弹出“类选择”对话框如图 3–23 所示，在“类选择”对话框中单击“类型过滤器”按钮，弹出“根据类型选择”对话框，如图 3–24 所示，选中“根据类型选择”对话框中“面”，单击“确定”按钮，返回“类选择”对话框。用鼠标拾取基准台上顶面后单击“确定”按钮。

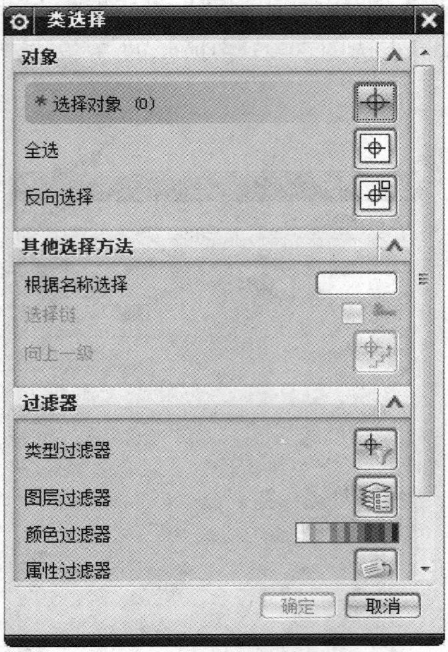

图 3–23　类选择对话框

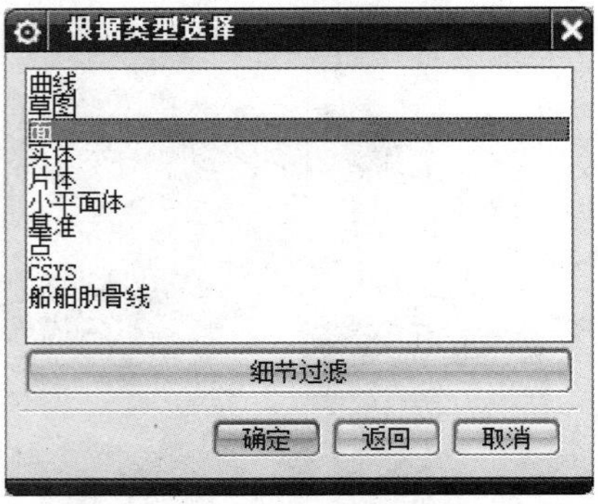

图 3–24　根据类型选择对话框

系统弹出“编辑对象显示”对话框，在“着色显示”中拖动“透明度”条至 100，如图 3–25 所示。单击“确定”按钮。此时，可以观察到电极内部情况。

（15）单击“编辑特征”工具栏中“移除参数”按钮，弹出“移除参数”对话框，选择所有几何模型对象，在弹出的对话框中单击“是”按钮。

（16）按 Ctrl+Shift+U。选择“编辑”菜单中“移动对象”菜单命令或者按 Ctrl+T，弹出“移动对象”对话框，如图 3–26 所示。选择电极模型及基准直线；“变换”中“运动”下拉列表中选择“角度”；“指定矢量”选择“+Z”向，中心点直接选择模型的绝对零点；角度文本框中输入 180；“结果”中，选中“复制原先”单选选项，单击“确定”按钮。完成后如图 3–27 所示。

（17）该模具为一模两腔，两个电极是一样的，所以加工时只需要加工一个即可，另外，零件需要放电处已经进行了加工，电加工的余量较少，所以加工时只需要精电极。选择“文件”菜单下“导出”→“部件”菜单命令，弹出“导出部件”对话框，如图 3–28 所示。在对话框中单击“指定部件”按钮，弹出“选择部件名”对话框，如图 3–29 所示。在此对话框中选择需要导出文件的存储位置及文件名，单击“OK”按钮，返回“导出部件”对话框。

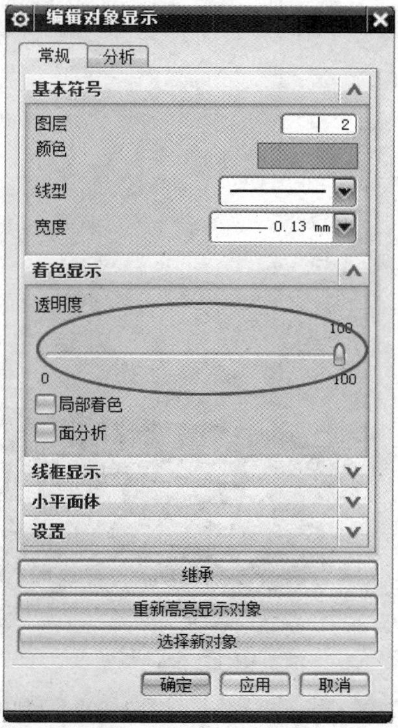

图 3–25 编辑对象显示对话框

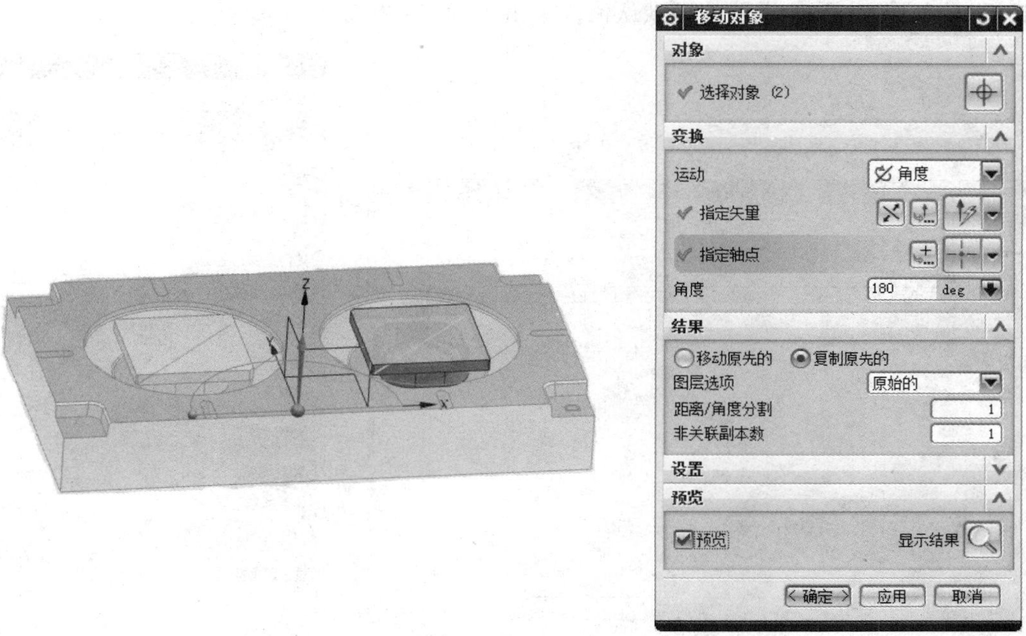

图 3–26 移动/复制对象

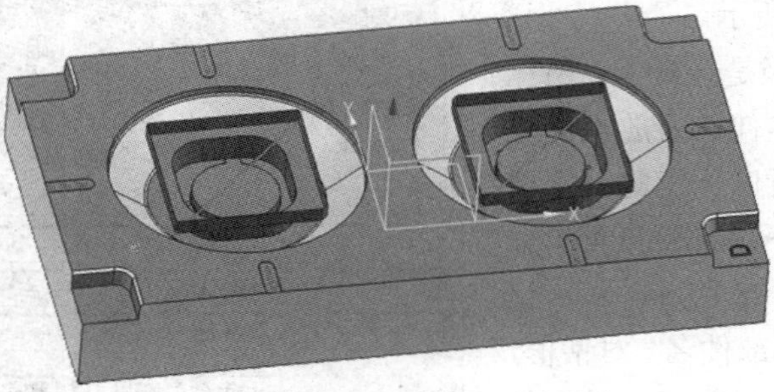

图 3–27　复制电极

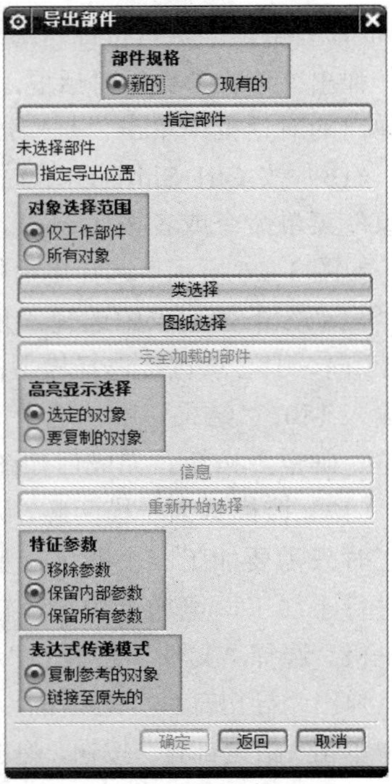

图 3–28　导出部件对话框

“导出部件”对话框中单击“类选择”按钮，弹出“类选择”对话框，如图 3–30 所示。用鼠标在工作区域中点选一个电极模型及基准直线后单击“确定”按钮，返回“导出部件”对话框，对话框中其他设置使用默认值，单击“确定”按钮。

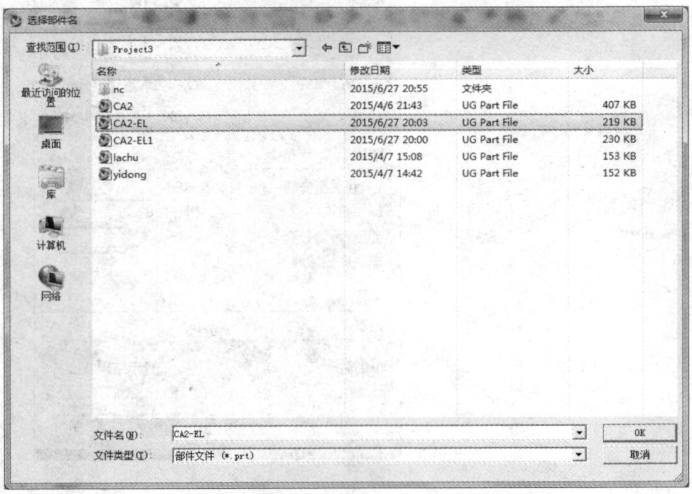

图 3–29　选择部件名对话框

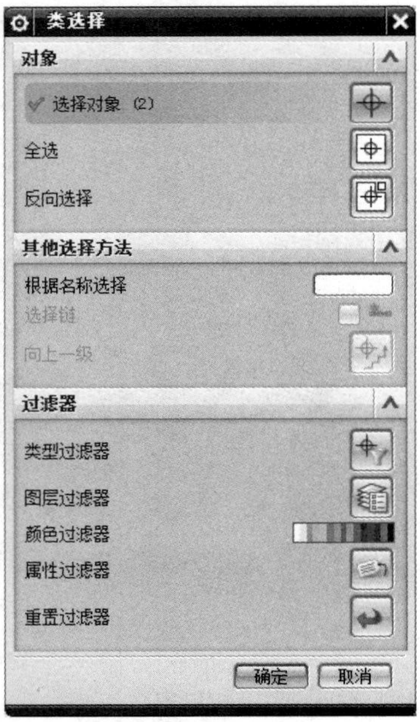

图 3–30　类选择对话框

（18）将图层 1 作为工作层，图层 2 不显示。并保存文件。

3.4 吸尘器网筒底盖前模加工设计

打开 NX 8.5 软件，单击“打开”文件按钮，选择“Part\Project3\CA2.prt”文件，单击“确定”按钮。

单击“标准”工具条中的“开始”按钮，在下拉菜单中选择“加工”，进入 CAM 加工环境设置。在弹出的“加工环境”对话框中在“要创建的 CAM 设置”组中选择“mill_contour”选项，单击“确定”按钮。

1. 创建几何体

在“导航器”工具中单击“几何视图”按钮，在“操作导航器”中双击“MCS_MILL”，弹出“MCS 铣削”对话框，按下“Ctrl+L”或者选择“格式”菜单下的“图层设置”选项，在弹出“图层设置”对话框中勾选图层 20，显示图层 20 中的毛坯，单击“关闭”按钮返回到“MCS 铣削”对话框。在“MCS 铣削”对话框中“安全设置”的“安全设置选项”下拉列表中选择“平面”选项，用鼠标选择毛坯的上顶面，在“距离”文本框中输入 5，单击“确定”按钮。如图 3–31 所示，在“MCS 铣削”对话框中单击“确定”按钮。

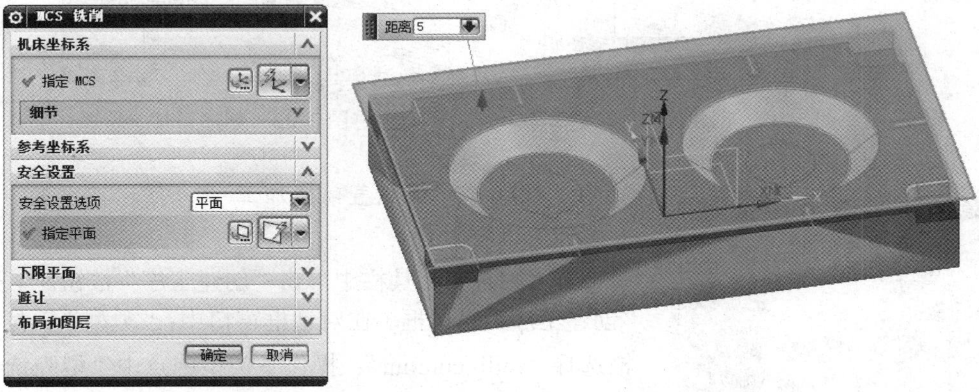

图 3–31 平面构造器与指定安全平面

2. 指定毛坯几何体和部件几何体

双击“MCS_MILL”下的“WORKPIECE”，弹出“工件”对话框。在对话框中单击“选择或编辑毛坯几何体”按钮，弹出“毛坯几何体”对话框，选择 20 层中的毛坯，单击“确定”按钮。按下“Ctrl+L”或者选择“格式”菜单下的“图层设置”选项，在弹出“图层设置”对话框中取消勾选图层 20，隐藏图层 20 中的毛坯，单击“关闭”按钮返回到“铣削几何体”对话框。单击“工件”对话框中的“选择或编辑部件几何体”按钮，弹出“部件几何体”对话框，选择吸尘器风量调节阀后模零件，单击“确定”按钮。在“工件”对话框中单击“确定”按钮。

3. 创建程序

在“导航器”工具中单击“程序顺序视图”按钮。在“刀片”工具栏中单击“创建程序”按钮，弹出“创建程序”对话框，在对话框中的“位置”下拉列表中选择“Program”，在名称文本框中输入“CA1”，单击“应用”按钮。弹出“程序”对话框，单击“确定”按钮，返回到“创建程序”对话框。用同样的方法创建“CA2”，“CA3”，“CA4”，…，“CA7”，“CA8”。单击“创建程序”对话框中的“取消”按钮。

完成后，操作导航器的程序视图如图 3–32 所示。

4. 创建刀具

在“导航器”工具中单击“机床视图”按钮。在“刀片”工具栏中单击“创建刀具”按钮，弹出“创建刀具”对话框。设置各项刀具参数完成 D30R5、D16R0.4、D8、R3、R2，完成后如图 3–33 所示。

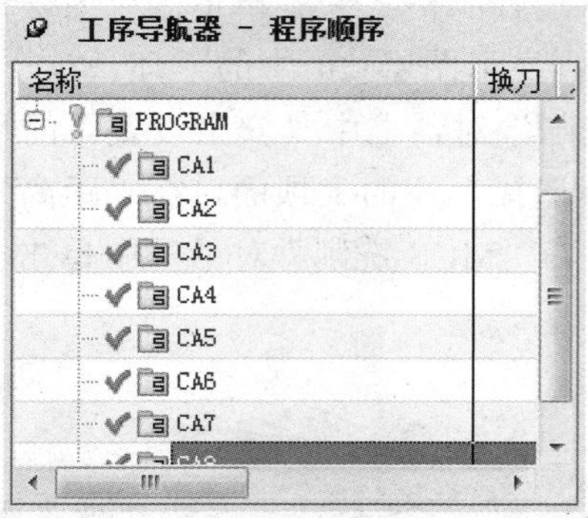

图 3–32　创建程序

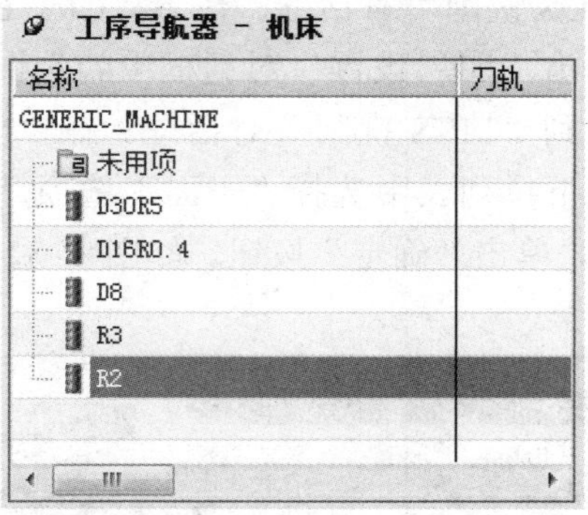

图 3–33　创建刀具

5. 吸尘器网筒底盖前模加工

（1）前模开粗。

在“刀片”工具栏中单击“创建工序”按钮，弹出“创建工序”对话框。在对话框窗口中：“类型”下拉列表框选择“mill_contour”；操作子类型中点中“型腔铣”按钮；位置中，程序下拉列表中选中“CA1”，刀具下拉列表中选中“D30R5（铣刀–5 参数）”，几何体下拉列表中选中“WORKPIECE”，方法下拉列表选中“METHOD”，名称文本框中输入“CA1–D30R5”，参数设置如图 3–34 所示，单击“确定”按钮，弹出型腔铣对话框。

图 3–34　创建工序对话框

在“型腔铣”对话框中的“刀轨设置”中的“切削模式”选择“跟随部件”，“步距”下拉列表中选择“刀具平直百分比”选项，“平面直径百分比”文本框中输入“50”，“每刀的公共深度”下拉列表中选择“恒定”，“最大距离”文本框中输入 0.3，设置如图 3–35 所示。

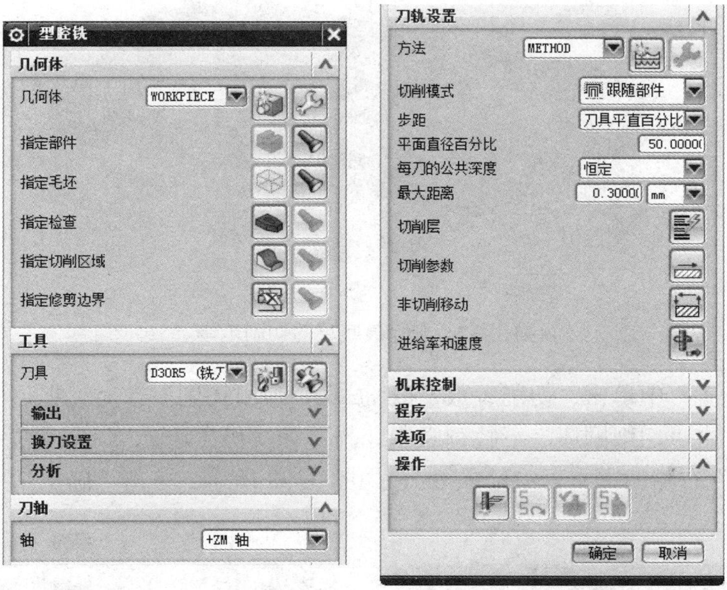

图 3–35　型腔铣对话框

单击“刀轨设置”中“切削层”按钮，弹出“切削层”对话框。在“切削层”对话框中的列表或在绘图区中选中最下一层切削范围，使得最层切削范围高亮显示，如图 3–36 所示。

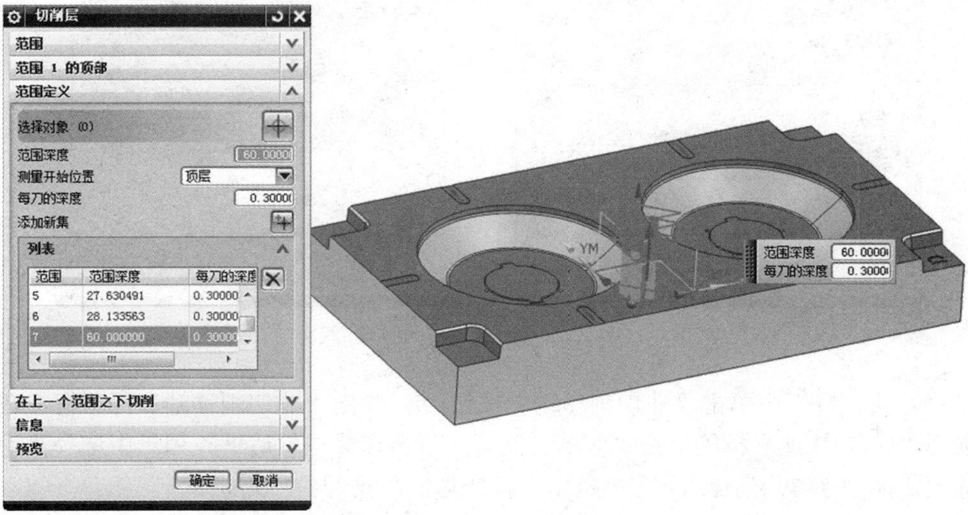

图 3–36　高亮显示最底层切削范围

单击“移除”按钮，删除最底层切削范围，完成后如图 3–37 所示。单击“确定”按钮，返回“型腔铣”对话框。

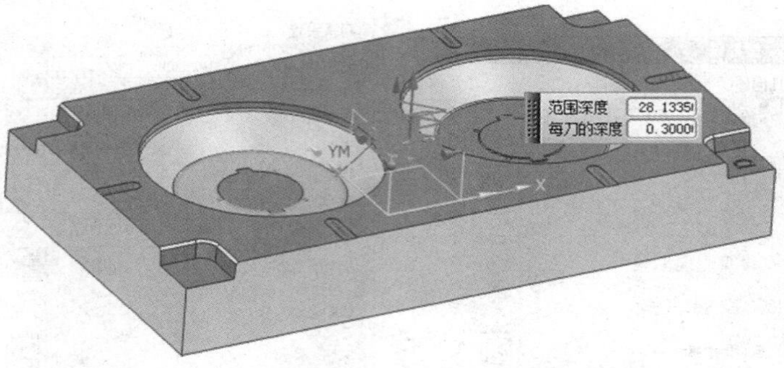

图 3–37　删除最底层的切削范围

在“刀轨设置”中单击“切削参数”按钮，弹出切削参数对话框，选择“策略”标签，在“切削”中“切削顺序”下拉列表中选择“深度优先选项”；选择“余量”标签，在“部件侧面余量”右侧的文本框中输入 0.3，如图 3–38 所示。单击“确定”按钮，返回“型腔铣”对话框。

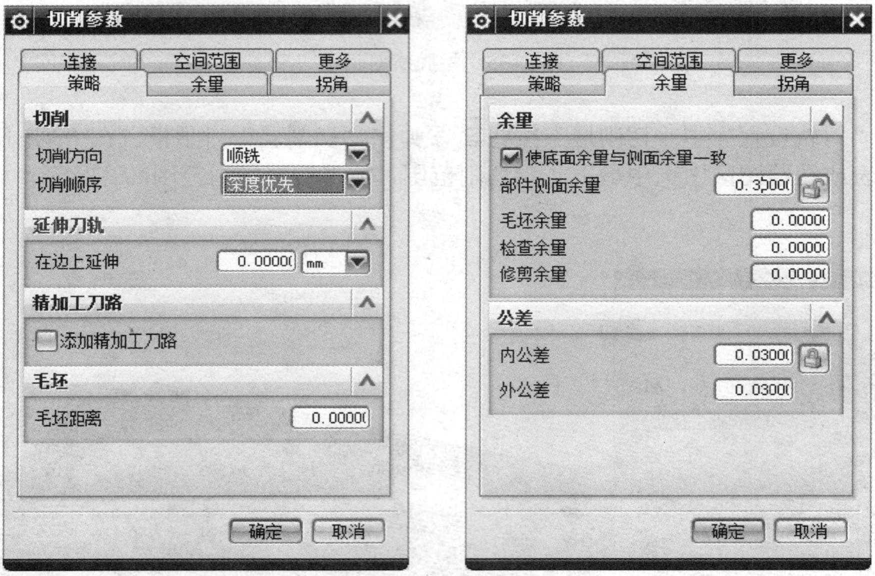

图 3–38　切削参数对话框

在“刀轨设置”中单击“非切削移动”按钮，弹出“非切削移动”对话框。在对话框中选择“转移/快速”标签，在“区域之间”→“传递类型”后下拉列表中选择“毛坯平面”选项，如图 3–39 所示。单击“确定”按钮返回“型腔铣”对话框。

在“刀轨设置”中单击“进给率和速度”按钮，弹出“进给率和速度”对话框。在“主轴速度”中勾选“主轴速度（rpm）”，并在后面的文本框中输入 1600；在“进给率”中的“进刀”后的文本框中输入 200，设置如图 3–40 所示。单击“确定”按钮，返回“型腔铣”对话框。

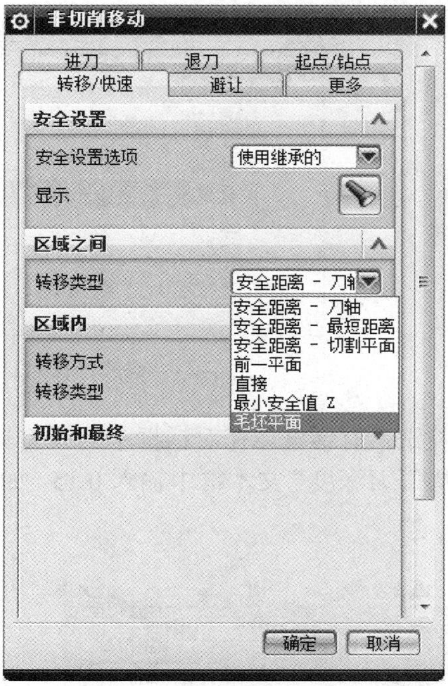

图 3–39 设置非切削移动

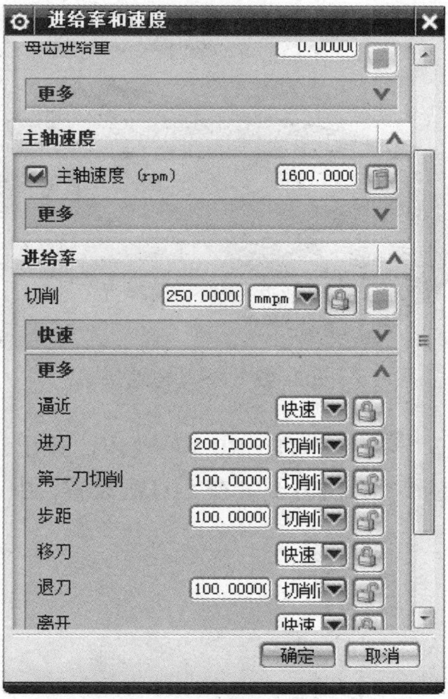

图 3–40 进给率和速度对话框

在“操作”中单击“生成”按钮，系统生成粗加工刀路，如图 3–41 所示。

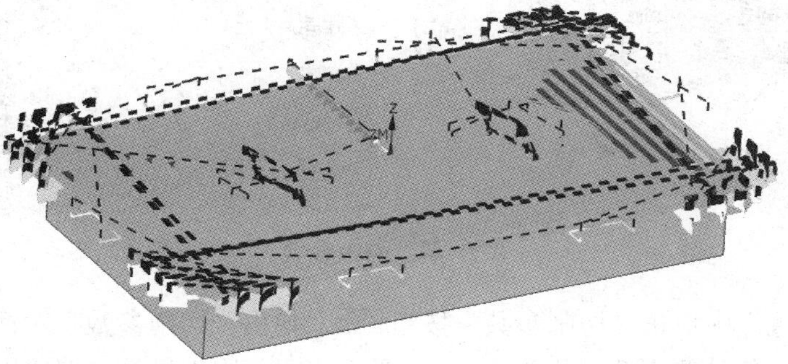

图 3–41 生成粗加工刀路

在“操作”中单击“确认”按钮，弹出“刀轨可视化”对话框，在对话框中选择“2D”标签，调整“动画速度”为 4，单击“播放”按钮，系统进行刀轨仿真加工，如图 3–42 所示。仿真完成后单击“确定”按钮，返回“型腔铣”对话框，再次单击“确定”按钮，完成操作。

（2）二次开粗。

在操作导航器—程序顺序视图中的“CA1→CA1–D30R5”单击鼠标右键，在右键快捷菜单中选择“复制”命令。在操作导航器—程序顺序视图中的“CA2”单击鼠标右键，在右键快捷菜单中选择“内部粘贴”命令。修改“CA2”下“CA1–D30R5_CAPY”操作的名称为“CA2–D16R0.4”，如图 3–43 所示。

图 3–42　仿真与结果

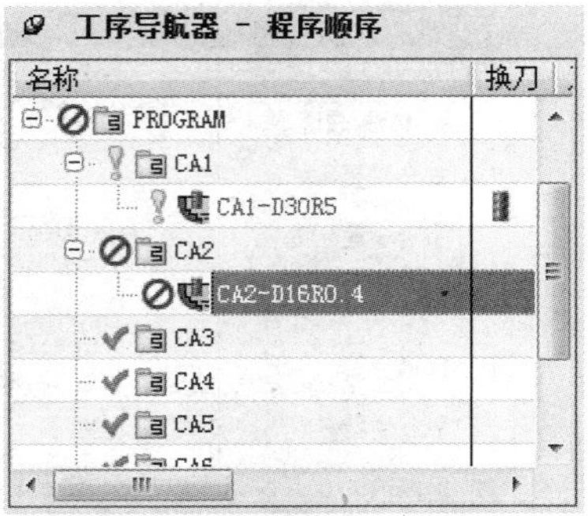

图 3–43　修改操作名称

双击“CA2–D16R0.4”操作，弹出“型腔铣”对话框。在对话框中的“刀具”下拉列表中选择“D16R0.4”，在“刀轨设置”中“全局每刀深度”文本框中输入 0.15，如图 3–44 所示。

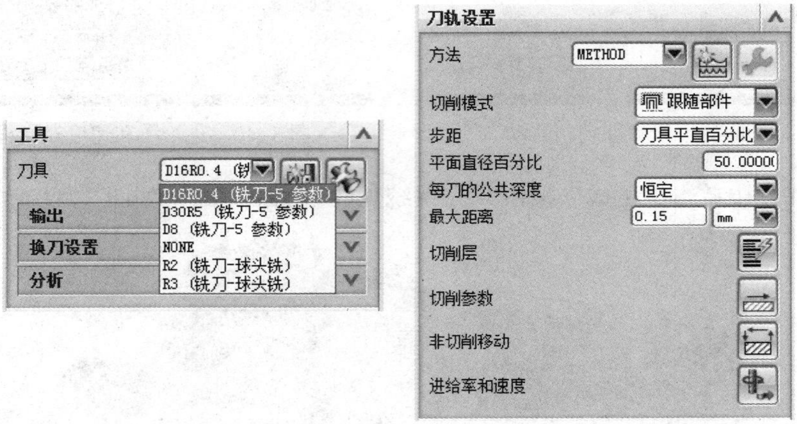

图 3–44　修改参数

在“刀轨设置”中单击“切削参数”按钮，弹出“切削参数”对话框，在对话框中修改余量：输入“部件侧面余量”为 0.1；选择“空间范围”标签，在“毛坯”中“处理中的工件”后下拉列表中选择“使用 3D”选项，如图 3–45 所示。单击“确定”按钮，返回“型腔铣”对话框。

在“刀轨设置”中单击“进给率和速度”按钮，弹出“进给率和速度”对话框。勾选“主轴速度（rpm）”并在其后文本框为 2000。单击“确定”按钮，返回“型腔铣”对话框。

在“操作”中单击“生成”按钮，系统生成二次开粗加工刀路，如图 3–46 所示。

在“操作”中单击“确认”按钮，弹出“刀轨可视化”对话框，在对话框中选择“2D”标签，调整“动画速度”为 4，单击“播放”按钮，系统进行刀轨仿真加工，如图 3–47 所示。仿真完成后单击“确定”按钮，返回“型腔铣”对话框，再次单击“确定”按钮，完成操作。

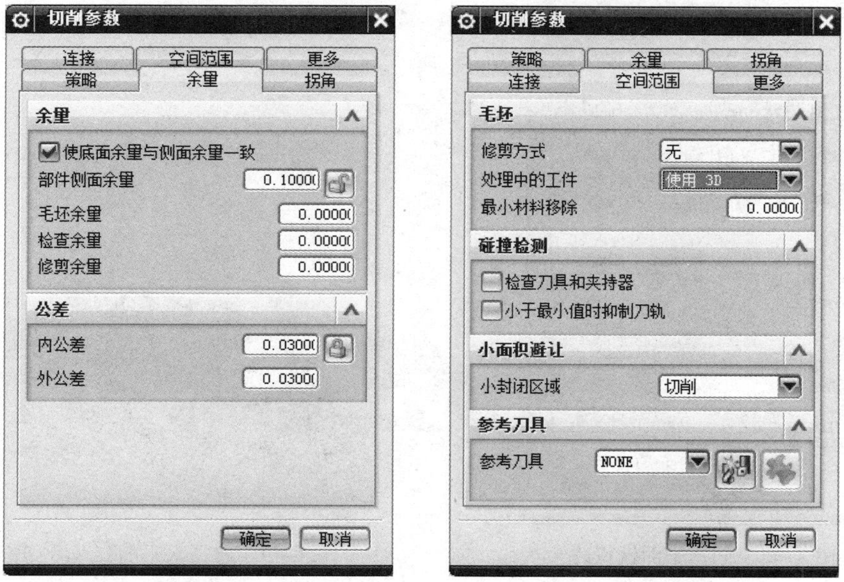

图 3–45 修改切削参数

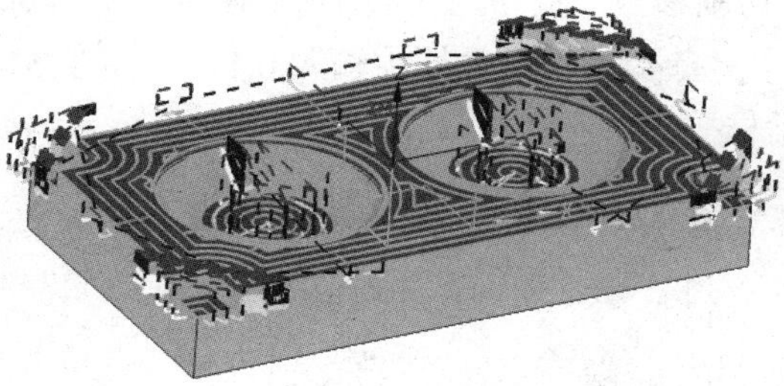

图 3–46 二次开粗加工刀路

图 3–47 二次开粗精加工仿真结果

（3）虎口及顶平面精加工。

在“刀片”工具栏中单击“创建工序”按钮，弹出“创建工序”对话框。在对话框窗口中:“类型”下拉列表框选择“mill_planar”；工序子类型中单击“底面和壁”按钮；位置中，程序下拉列表中选中“CA3”，刀具下拉列表中选中“D16R0.4（铣刀–5 参数）”，几何体下拉列表中选中“WORKPIECE”，方法下拉列表选中“METHOD”，名称文本框中输入“CA3–D16R0.4”，参数设置如图 3–48 所示，单击“确定”按钮，弹出“底面壁”对话框。

在“底面壁”对话框中的“几何体”中单击“选择或编辑铣削区域几何体”按钮，弹出“切削区域”对话框，鼠标点选前模零件顶面及四个虎口底面，如图 3–49 所示。在“切削区域”对话框上单击“确定”按钮，返回到“底面壁”对话框。

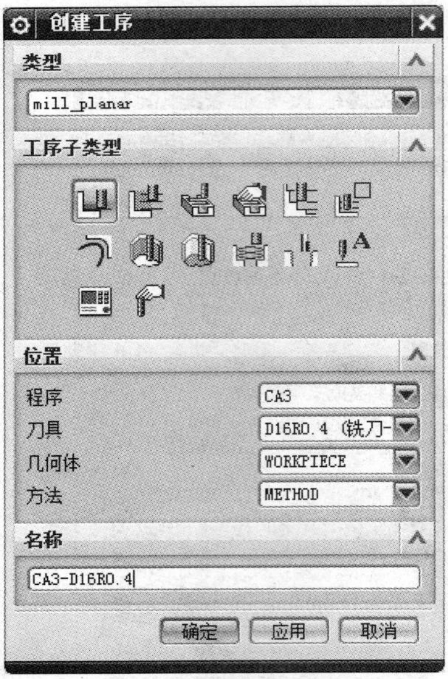

图 3–48　创建平面铣操作

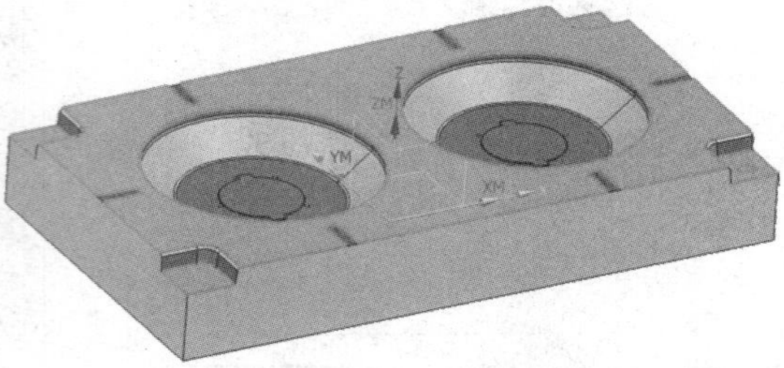

图 3–49　选择水平面

在“底面壁”对话框中的“刀轨设置”中：“切削模式”列表中选择“往复”选项，“平面直径百分比”文本框中输入 50，如图 3–50 所示。

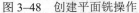

在“底面壁”对话框“刀轨设置”中单击“切削参数”按钮，弹出“切削参数”对话框，在对话框中：“余量”标签，在“余量”中“壁余量”文本框中输入 0.1，如图 3–51 所示。单击“确定”按钮，返回“底面壁”对话框。

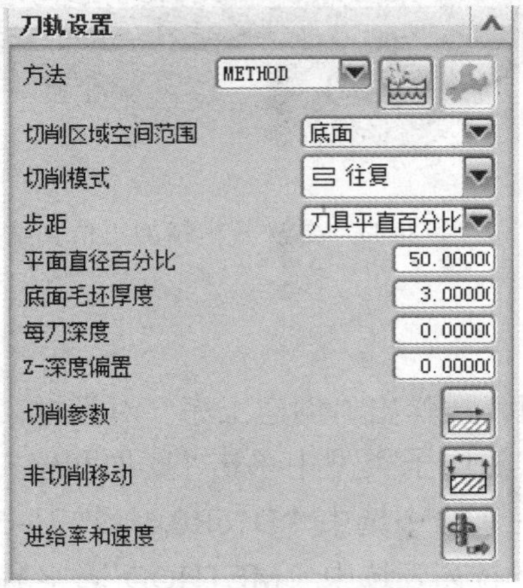

图 3–50　刀轨设置

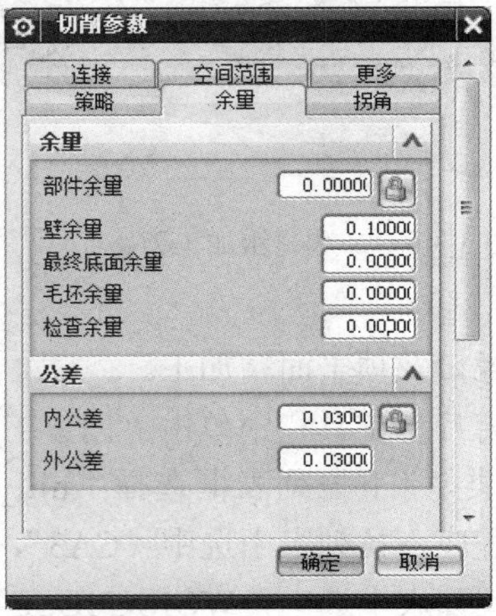

图 3–51　切削参数对话框

在“底面壁”对话框“刀轨设置”中单击“非切削移动”按钮，弹出“非切削移动”对话框，在对话框中：在“转移/快速”标签中“安全设置”→“安全设置选项”中选择“平面”，选择前模零件顶面，在对话框中的“距离”文本框中输入 5，如图 3–52 所示。单击“确定”按钮，返回“底面壁”对话框。

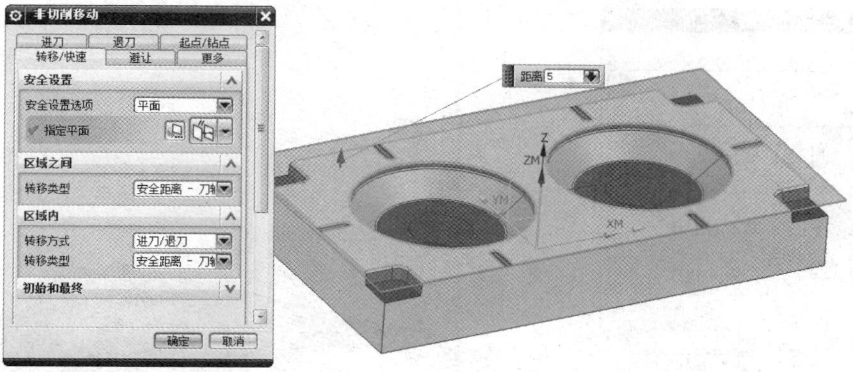

图 3–52　安全设置

在“刀轨设置”中单击“进给率和速度”按钮，弹出“进给率和速度”对话框。在“主轴速度”中勾选“主轴速度（rpm）”，并在后面的文本框中输入 2600；在“进给率”中的“进刀”后的文本框中输入 200。单击“确定”按钮，返回“底面壁”对话框。

在“操作”中单击“生成”按钮，系统生成平面精加工刀路，如图 3–53 所示。

在“操作”中单击“确认”按钮，弹出“刀轨可视化”对话框，在对话框中选择“2D”标签，调整“动画速度”为 4，单击“播放”按钮，系统进行刀轨仿真加工，仿真结果如图 3–54 所示。仿真完成后单击“确定”按钮，返回“底面壁”对话框，再次单击“确定”按钮，完成操作。

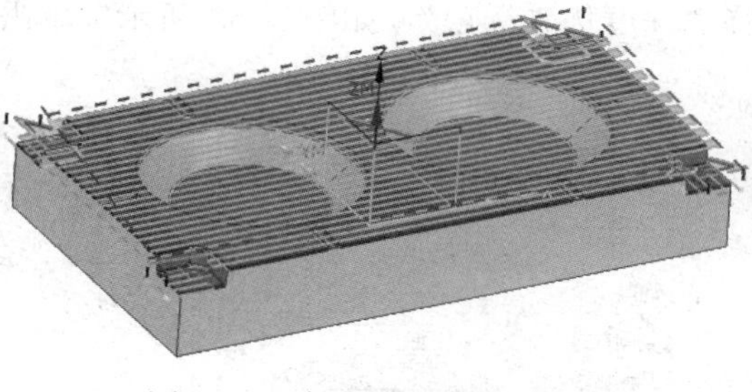

图 3–53　生成平面精加工刀路

图 3–54　生成平面半精加工仿真结果

（4）虎口侧壁精加工。

在“刀片”工具栏中单击“创建工序”按钮，弹出“创建工序”对话框。在对话框窗口中：“类型”下拉列表框选择“mill_contour”；操作子类型中单击“型腔铣”按钮；位置中，程序下拉列表中选中“CA4”，刀具下拉列表中选中“D8（铣刀–5 参数）”，几何体下拉列表中选中“WORKPIECE”，方法下拉列表选中“METHOD”，名称文本框中输入“CA4–D8”，参数设置如图 3–55 所示，单击“确定”按钮，弹出型腔铣对话框。

在“型腔铣”对话框中的“刀轨设置”中的“几何体”中单击“指定切削区域”后“指定或编辑切削区域几何体”按钮，弹出“切削区域”对话框，选择虎口侧壁面，如图 3–56 所示。单击“确定”按钮，返回“型腔铣”对话框。

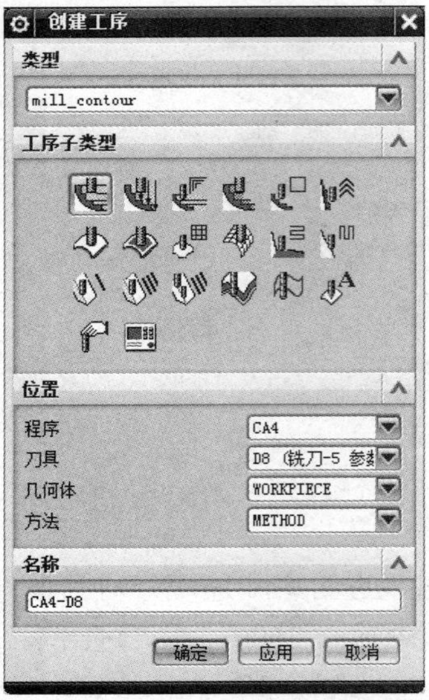

图 3–55　创建工序对话框

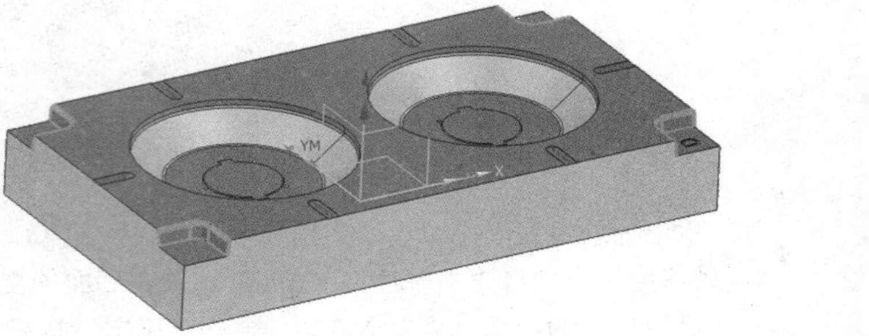

图 3–56　选择虎口侧壁面

在“刀轨设置”中的“切削模式”选择“轮廓加工”，“步距”下拉列表中选择“刀具平直百分比”选项，“平面直径百分比”文本框中输入“50”，“每刀的公共深度”下拉列表中选择“恒定”，“最大距离”文本框中输入 0.1，设置如图 3–57 所示。

在“刀轨设置”中单击“切削参数”按钮，弹出切削参数对话框，选择“策略”标签，在“切削”中“切削顺序”下拉列表中选择“深度优先选项”，如图 3–58 所示。单击“确定”按钮，返回“型腔铣”对话框。

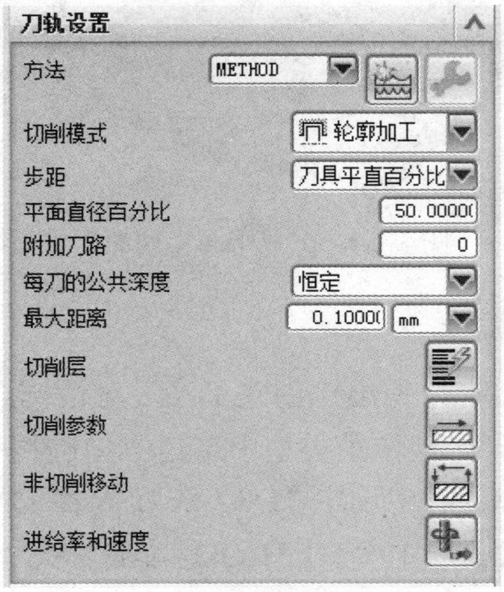

图 3–57　型腔铣对话框

图 3–58　切削参数对话框

在“刀轨设置”中单击“进给率和速度”按钮，弹出“进给率和速度”对话框。在“主轴速度”中勾选“主轴速度（rpm）”，并在后面的文本框中输入 2600；在“进给率”中的“进刀”后的文本框中输入 200。单击“确定”按钮，返回“型腔铣”对话框。

在“操作”中单击“生成”按钮，系统生成粗加工刀路，如图 3–59 所示。

在“操作”中单击“确认”按钮，弹出“刀轨可视化”对话框，在对话框中选择“2D”标签，调整“动画速度”为 4，单击“播放”按钮，系统进行刀轨仿真加工，如图 3–60 所示。仿真完成后单击“确定”按钮，返回“型腔铣”对话框，再次单击“确定”按钮，完成操作。

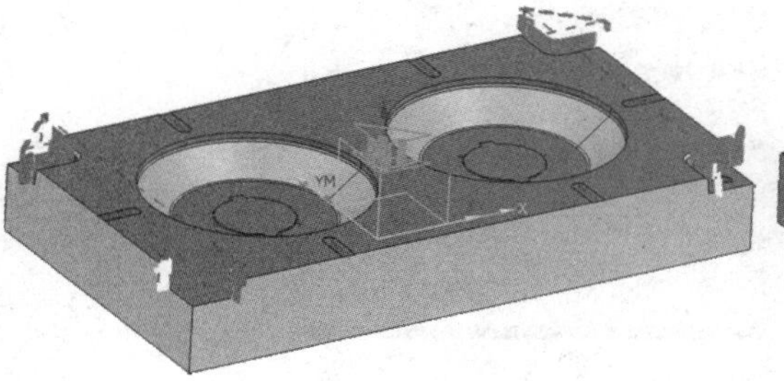

图 3–59 生成虎口侧壁精加工刀路

图 3–60 仿真与结果

（5）排气槽精加工。

在“刀片”工具栏中单击“创建工序”按钮，弹出“创建工序”对话框。在对话框窗口中：“类型”下拉列表框选择“mill_planar”；操作子类型中单击“平面铣”按钮；位置中，程序下拉列表中选中“CA5”，刀具下拉列表中选中“D8（铣刀–5 参数）”，几何体下拉列表中选中“WORKPIECE”，方法下拉列表选中“METHOD”，名称文本框中输入“CA5–D8”，参数设置如图 3–61 所示，单击“确定”按钮，弹出“平面铣”对话框，如图 3–62 所示。

图 3–61 创建面铣削操作

在“平面铣”对话框：“刀轨设置”中“切削模式”后下拉列表选择“轮廓加工”，如图 3–59 所示；在“几何体”中单击“指定部件边界”后“选择或编辑部件边界”按钮，弹出“边界几何体”对话框，如图 3–63 所示。在“模式”后下拉列表中选择“曲线/边…”，弹出“创建边界”对话框，如图 3–64 所示。在“创建边界”对话框中“类型”后列表框选择“开放的”；“刀具位置”后下拉列表框中选择“对中”；“平面”后下拉列表框中选择“用户定义”，弹出“平面”对话框，如图 3–65 所示，选中图示平面，在“平面”对话框中单击“确定”按钮，返回“创建边界”对话框。依次用鼠标点选排气槽中间的直线段（如图 3–66 所示），选择一条直线后单击一次图 3–64 所示对话框中的“创建下一个边界”按钮，全部点选完成后单击“确定”按钮，返回“边界几何体”对话框。再次单击“确定”按钮，返回“平面铣”对话框。

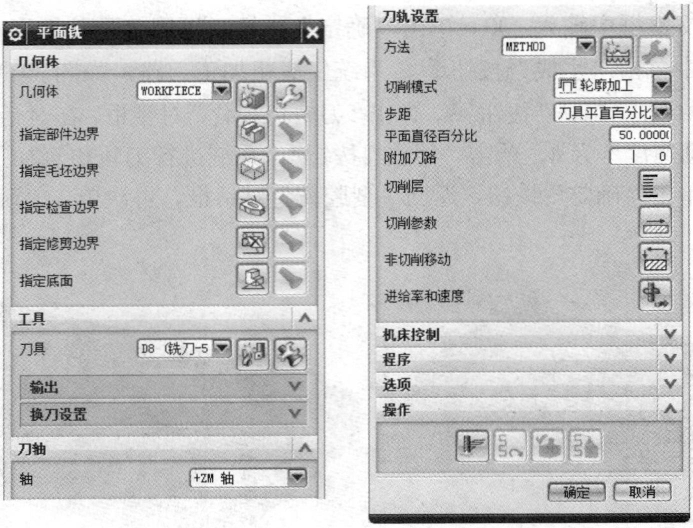

图 3–62　平面铣对话框

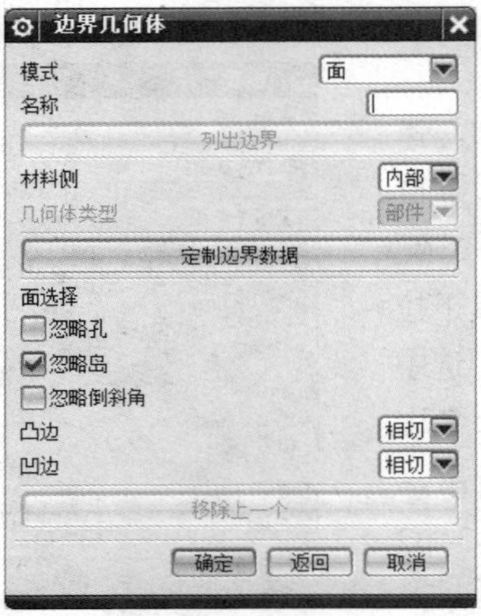

图 3–63　“边界几何体”对话框

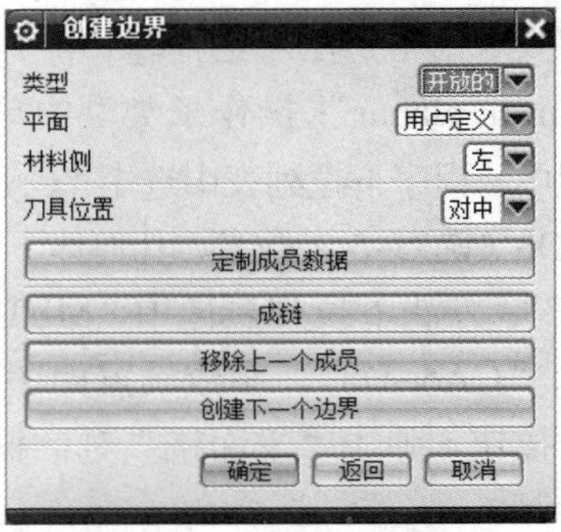

图 3–64　“创建边界”对话框

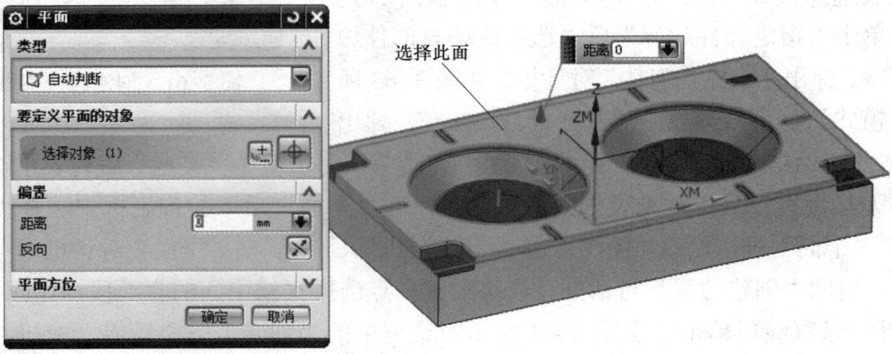

图 3–65　选择“用户定义”平面

在“平面铣”对话框“几何体”中单击“指定底面”后“选择或编辑地平面几何体”按钮，弹出“平面”对话框，如图3–67所示，选择任意排气槽的底平面，单击“确定”按钮，返回“平面铣”对话框。

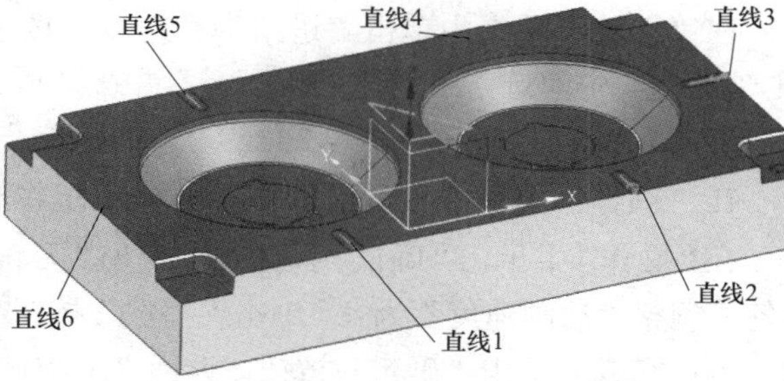

图3–66 点选驱动直线

在“刀轨设置”中单击“非切削移动”按钮，弹出“非切削移动”对话框。“进刀”标签，“开放区域”组中选择“进刀类型”后下拉列表选择“线性”，“长度”文本框中输入75；“退刀”标签，“退刀”组中“退刀类型”选择“抬刀”，“高度”文本框中输入100；“选择/快递”标签，“安全”组中“安全设置选项”下拉列表中选择“平面”，用鼠标点选前模零件顶面并在距离文本框中输入5。“区域之间”中“传递类型”下拉列表中选择“毛坯平面”，如图3–68所示。单击“确定”按钮，返回“平面铣”对话框。

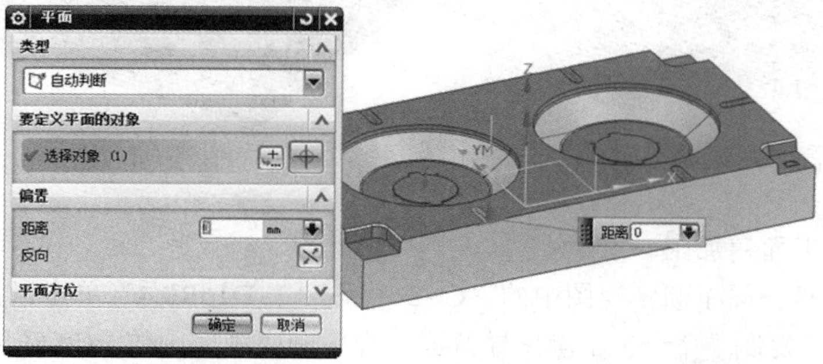

图3–67 选择底平面

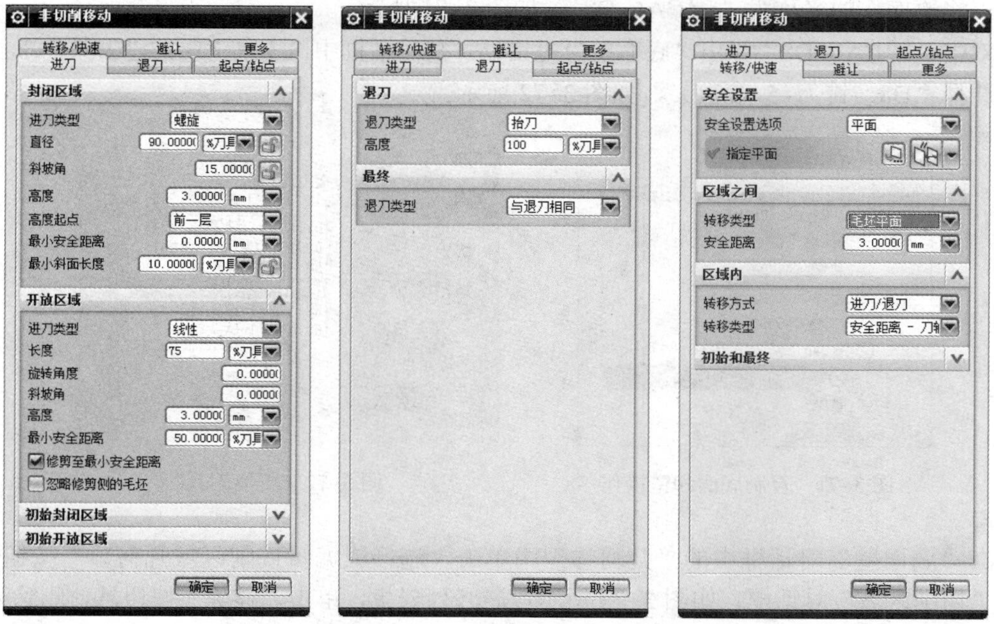

图3–68 非切削移动设置

在“刀轨设置”中单击“进给率和速度”按钮，弹出“进给率和速度”对话框。在“主轴速度”中勾选“主轴速度（rpm）”并在其后文本框修改数值为2600，在“进给率”中的“进刀”后的文本框中输入200。单击“确定”按钮，返回“平面铣”对话框。

在“操作”中单击“生成”按钮，系统生成排气槽加工刀路，如图3–69所示。

在“操作”中单击“确认”按钮，弹出“刀轨可视化”对话框，在对话框中选择“2D”标签，调整“动画速度”为4，单击“播放”按钮，系统进行刀轨仿真加工，如图3–70所示。仿真完成后单击“确定”按钮，返回“型腔铣”对话框，再次单击“确定”按钮，完成操作。

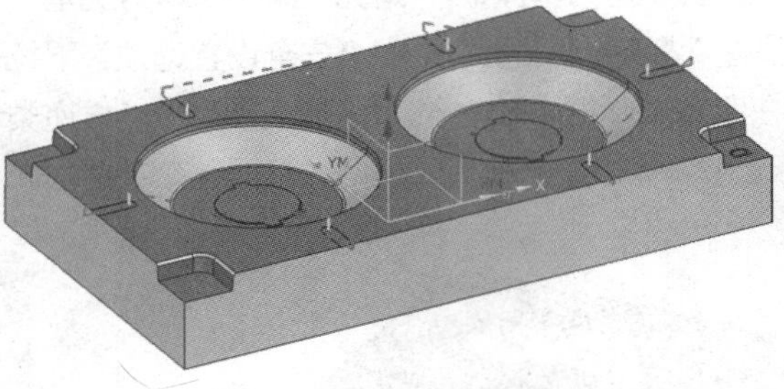

图3–69　排气槽加工刀路

图3–70　仿真与结果

（6）腔体内平面精加工。

在操作导航器—程序顺序视图中的“CA3→CA3–D16R0.4”单击鼠标右键，在右键快捷菜单中选择“复制”命令。在操作导航器—程序顺序视图中的“CA6”单击鼠标右键，在右键快捷菜单中选择“内部粘贴”命令。在“CA6”下面会出现“CA3–D16R0.4_CAPY”操作，修改操作的名称为“CA6–D8”，如图3–71所示。

双击“CA6–D8”弹出“底面壁”对话框，在对话框中“工具”组的“刀具”下拉列表中选择“D8（铣刀–5 参数）”，如图3–72所示。

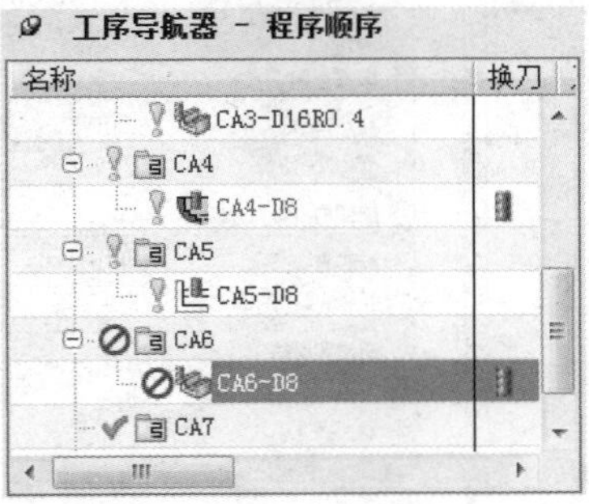

图3–71　复制底面和壁操作

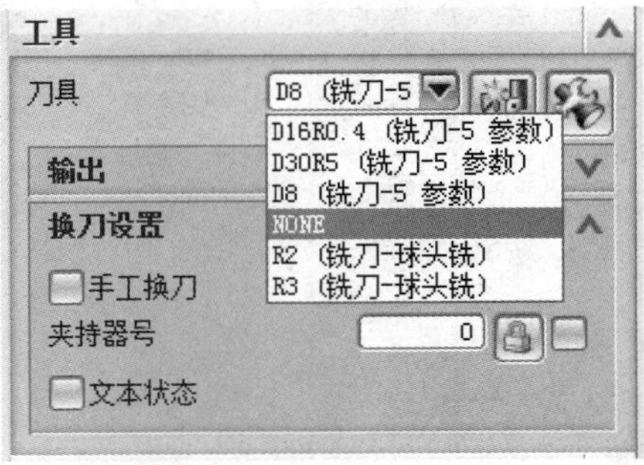

图3–72　更换刀具

在“底面壁”对话框中的“几何体”中单击“选择或编辑铣削区域几何体”按钮，弹出“切削区域”对话框，如图3–73所示，展开列表集，单击“移除”按钮，删除列表中数据从新定义铣削区域几何体。在绘图区中用鼠标点选前模零件上选择腔体内的平面，如图 3–74 所示。单击“确定”按钮，返回到“底面壁”对话框。

图 3–73　切削区域对话框

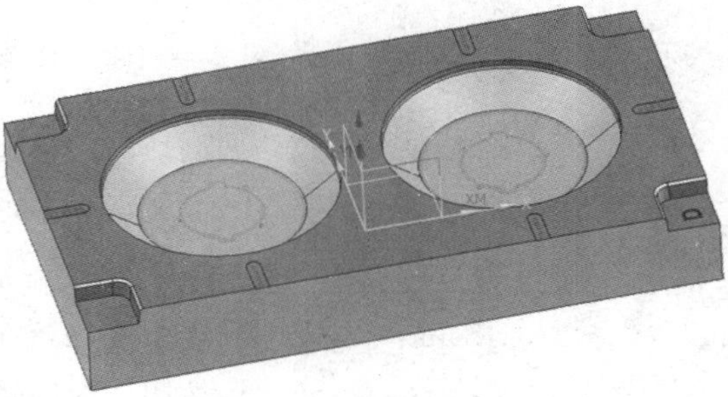

图 3–74　选择面铣平面

在“底面壁”对话框“刀轨设置”中“切削模式”下拉列表框中选择“跟随部件”。

在“底面壁”对话框“刀轨设置”中单击“切削参数”按钮，弹出“切削参数”对话框，在对话框中：“余量”标签，在“余量”中“壁余量”文本框中输入 0。单击“确定”按钮，返回“底面壁”对话框。

在“操作”中单击“生成”按钮，系统生成腔内平面精加工刀路，如图 3–75 所示。

在“操作”中单击“确认”按钮，弹出“刀轨可视化”对话框，在对话框中选择“2D”标签，调整“动画速度”为 4，单击“播放”按钮，系统进行刀轨仿真加工，如图 3–76 所示。仿真完成后单击“确定”按钮，返回“底面壁”对话框，再次单击“确定”按钮，完成操作。

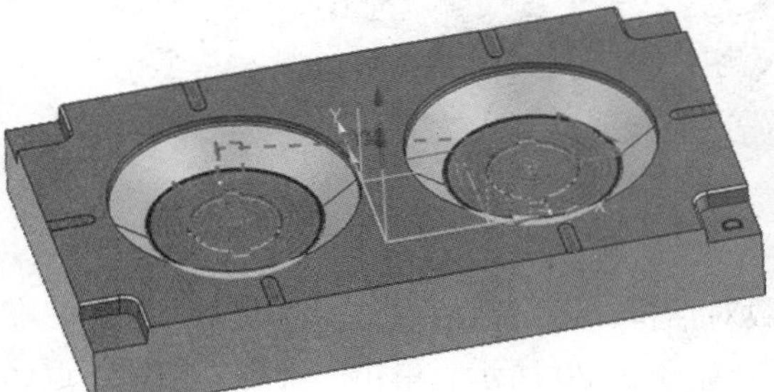

图 3–75　腔内平面精加工刀路　　图 3–76　仿真与结果

（7）胶位半精加工。

在“刀片”工具栏中单击“创建工序”按钮，弹出“创建工序”对话框。在对话框窗口中：“类型”下拉列表框选择“mill_contour”；操作子类型中点中“固定轮廓铣”按钮；位置中，程序下拉列表中选中“CA7”，刀具下拉列表中选中“R3（铣刀–球头铣）”，几何体下拉列表中选中“WORKPIECE”，方法下拉列表选中“METHOD”，名称文本框中输入“CA7–R3”，参数设置如图 3–77 所示，单击“确定”按钮，弹出固定轴轮廓对话框。

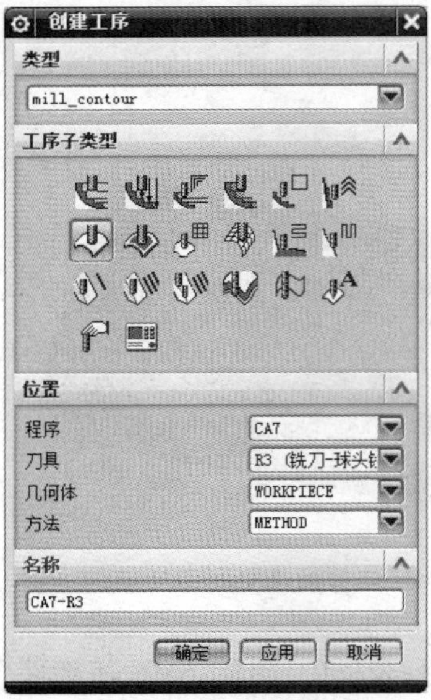

图 3–77 创建固定轮廓铣操作

在固定轮廓铣对话框中“驱动方法”中“驱动”列表中选择“区域铣削”，系统弹出“驱动方法”对话框，直接单击“确定”按钮，弹出“区域铣削驱动方法”对话框。

在“区域铣削驱动方法”对话框“驱动设置”中：“切削模式”下拉列表中选择“跟随周边”，“刀路方向”下拉列表中选择“向内”，“切削方向”下拉列表中选择“逆铣”，“步距”下拉列表中选择“恒定”，“距离”文本框中输入 0.3，单位“mm”，“步距已应用”下拉列表中选择“在部件上”，如图 3–78 所示。单击“确定”按钮，返回“固定轮廓铣”对话框。

在“固定轮廓铣”对话框“几何体”中单击“指定切削区域”按钮，弹出“切削区域”对话框，选择前模零件上两胶位面，如图 3–79 所示。单击“确定”按钮，返回“固定轮廓铣”对话框。

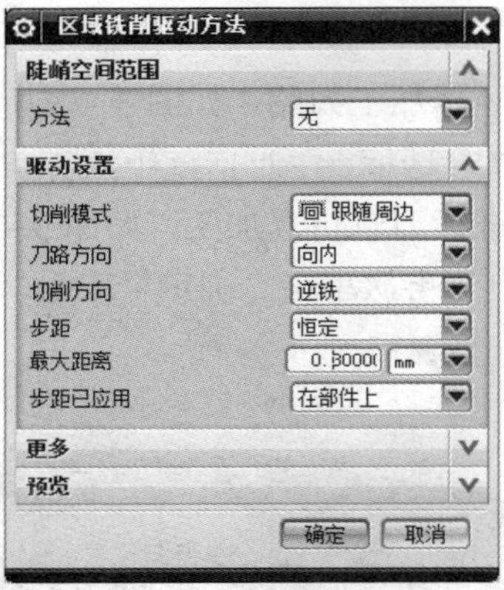

图 3–78 区域铣削驱动方法对话框

图 3–79 指定切削区域

单击“切削参数”按钮，弹出切削参数对话框，在对话框中选择“余量”标签，在“余量”中“部件余量”后文本框中输入“0.1”，如图 3–80 所示。单击“确定”按钮，返回“固定轮廓铣”对话框。

在“固定轮廓铣”对话框“刀轨设置”中单击“非切削移动”按钮，弹出“非切削移动”对话框，在对话框中：选择“转移/快速”标签中“公共安全设置”→“安全设置选项”中选择“平面”，选择前模零件顶面，在对话框中的“距离”文本框中输入 5。单击“确定”按钮，返回“固定轮廓铣”对话框。

在“刀轨设置”中单击“进给率和速度”按钮，弹出“进给率和速度”对话框。在“主轴速度”中“主轴速度（rpm）”文本框修改数值为 2000，在“进给率”中的“进刀”后的文本框中输入 200。单击“确定”按钮，返回“固定轮廓铣”对话框。

在“操作”中单击“生成”按钮，系统生成胶位半精加工刀路，如图 3–81 所示。

图 3–80 设置余量

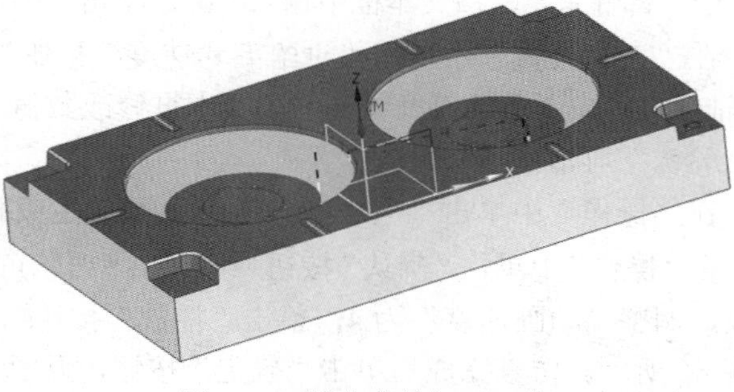

图 3–81 胶位半精加工刀路

在“操作”中单击“确认”按钮，弹出“刀轨可视化”对话框，在对话框中选择“2D”标签，调整“动画速度”为 4，单击“播放”按钮，系统进行刀轨仿真加工，仿真结果如图 3–82 所示。仿真完成后单击“确定”按钮，返回“底面壁”对话框，再次单击“确定”按钮，完成操作。

图 3–82 胶位半精加工仿真结果

（8）胶位精加工。

在操作导航器—程序顺序视图中的“CA7→CA7–R3”单击鼠标右键，在右键快捷菜单中选择“复制”命令。在操作导航器—程序顺序视图中的“CA8”单击鼠标右键，在右键快捷菜单中选择“内部粘贴”命令。在“CA8”下面会出现“CA7–R3_CAPY”操作，修改操作的名称为“CA8–R2”，如图 3–83 所示。

在操作导航器中双击“CA8–R2”，弹出“固定轮廓铣”对话框。在对话框中“工具”组的“刀具”下拉列表中选择“R2（铣刀–球头铣）”，如图 3–84 所示。

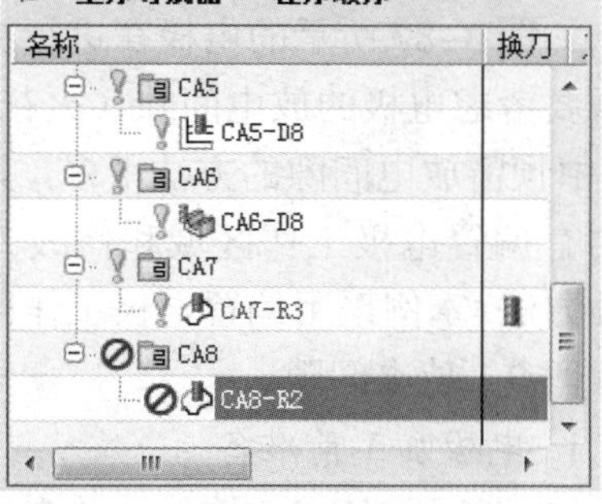

图 3–83 复制操作

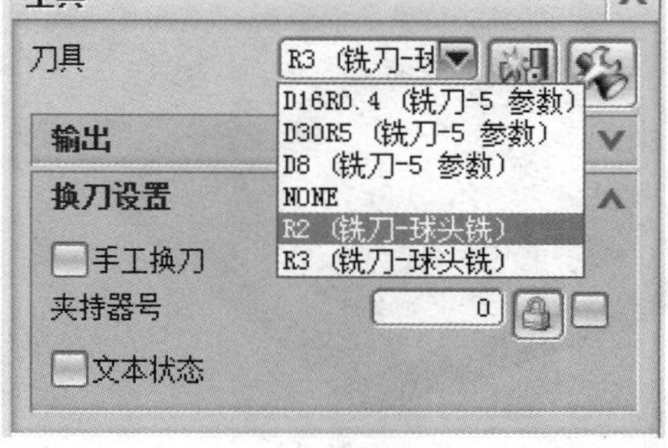

图 3–84 更换刀具

单击“驱动方法”，“方法”中“编辑”按钮，弹出“区域铣削驱动方法”对话框。在“区域铣削驱动方法”对话框“驱动设置”中：修改“距离”文本框中数值为 0.1。单击“确定”按钮，返回“固定轮廓铣”对话框。

单击“切削参数”按钮，弹出切削参数对话框，在对话框中选择“余量”标签，在“余量”中“部件余量”后文本框中输入“0”。单击“确定”按钮，返回“固定轮廓铣”对话框。

在“刀轨设置”中单击“进给率和速度”按钮，弹出“进给率和速度”对话框。在“主轴速度”中“主轴速度（rpm）”文本框修改数值为 2600。单击“确定”按钮，返回“固定轮廓铣”对话框。

在“操作”中单击“生成”按钮，系统生成胶位精加工刀路，如图 3–85 所示。

在“操作”中单击“确认”按钮，弹出“刀轨可视化”对话框，在对话框中选择“2D”标签，调整“动画速度”为 4，单击“播放”按钮，系统进行刀轨仿真加工，仿真结果如图 3–86 所示。仿真完成后单击“确定”按钮，返回“固定轮廓铣”对话框，再次单击“确定”按钮，完成操作。

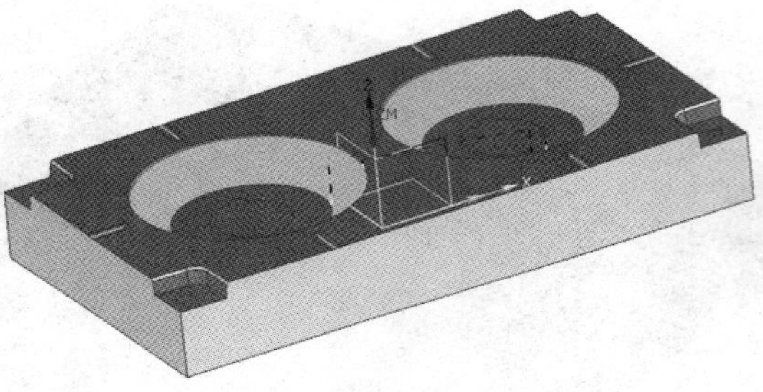

图 3–85　胶位精加工刀路

图 3–86　胶位精加工仿真结果

在“操作导航器”中选中“PROGRAM”，在“操作”工具栏中单击“确认刀轨”按钮，可以确认整个后模加工的过程。

3.5　吸尘器网筒底盖前模电极加工设计

3.5.1　模具前模电极加工工艺分析与准备

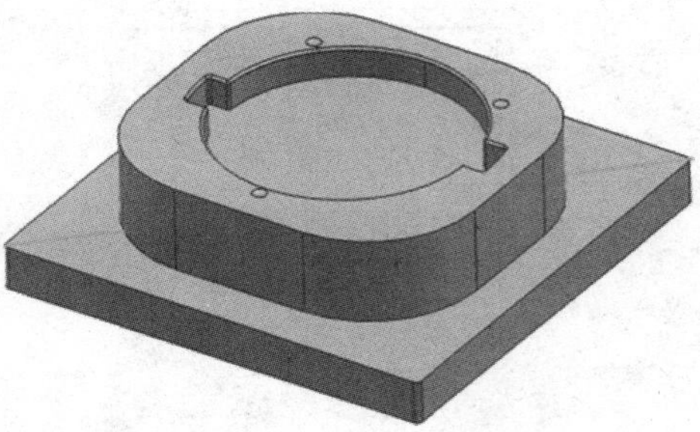

图 3–87　前模电极模型

如图 3–87 所示的电极在进行放电加工时需要考虑电极的放电间隙（火花位）。在 UG 中预留放电间隙的方法很多，其中最常用的有偏置电极工作区域和修改刀具参数两种方法。本例采用偏置电极工作区域的方法预留 0.1 放电间隙。

1. 电极加工前准备

（1）打开 NX 8.5 软件，单击“打开”

文件按钮，选择“Part\Project3\CA2–EL.prt”文件，单击“确定”按钮，如图 3–87 所示。单击“开始”按钮，选择“建模”命令。

（2）选择“编辑”菜单中“移动对象”命令或者按 Ctrl+T，弹出“移动对象”对话框。选择模型中直线，在“移动对象”对话框中“变换”的“运动”下拉列表中选择“点之点”，如图 3–88 所示。单击“指定出发点”标签，选择图示位置圆弧圆心；单击“指定终止点”标签，选择图示位置圆弧圆心。“结果”中选择“移动原先的”单选，其余默认。单击“移动对象”对话框中“确定”按钮，直线移动到了电极底部，如图 3–89 所示。

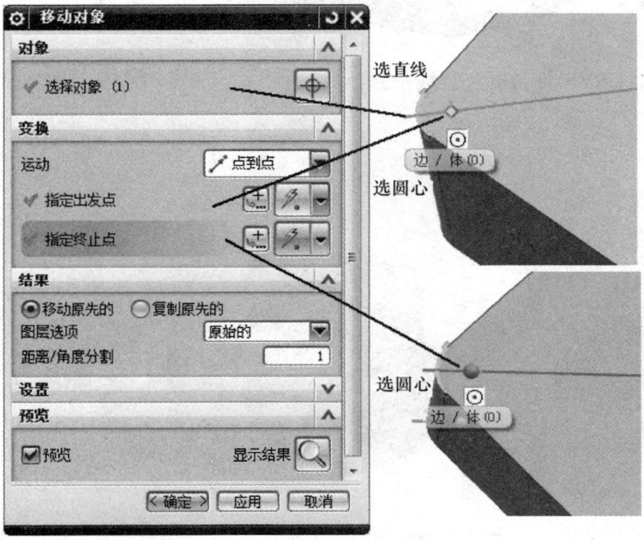

图 3–88 移动对象操作

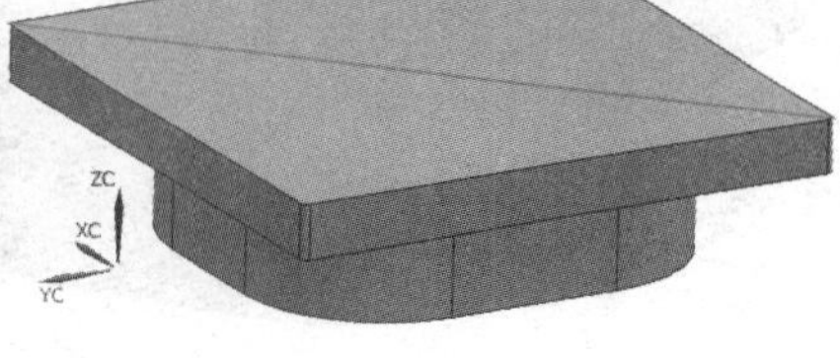

图 3–89 移动后结果

（3）选择“编辑”菜单中“移动对象”命令或者按 Ctrl+T，弹出“移动对象”对话框。选择电极模型及直线，在“移动对象”对话框中“变换”的“运动”下拉列表中选择“CSYS 到 CSYS”，如图 3–90 所示。单击“变换”中“指定起始 CSYS”标签后“CSYS 回话”按钮，弹出“CSYS”对话框，在“类型”中下拉列表中选择“动态”，用鼠标拾取直线中点，如图 3–91 所示。选中中点后，CSYS 显示在中点上，拖动 CSYS 使其绕 XC 轴旋转 180°，如图 3–92 所示。

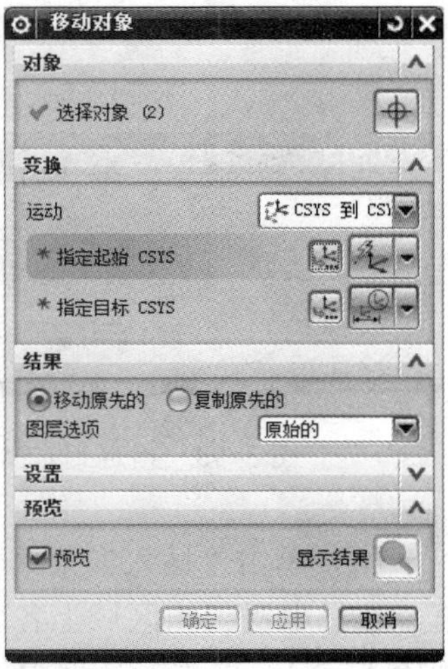

图 3–90 移动对象对话框

单击 CSYS 对话框中“确定”按钮，返回“移动对象”对话框，单击“变换”中“指定到 CSYS”标签后“CSYS 回话”按钮，弹出“CSYS”对话框，在“类型”下拉列表中选择“绝对 CSYS”选项，如图 3–93 所示。单击“确定”按钮。单击“移动对象”对话框中“确定”按钮。完成后如图 3–94 所示。

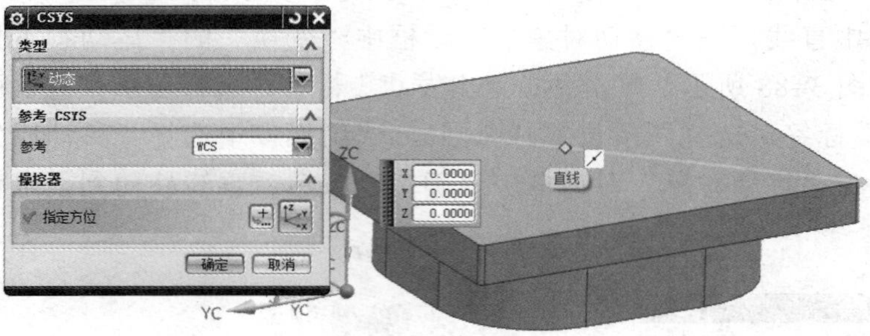

图 3–91　CSYS 对话框及直线中点

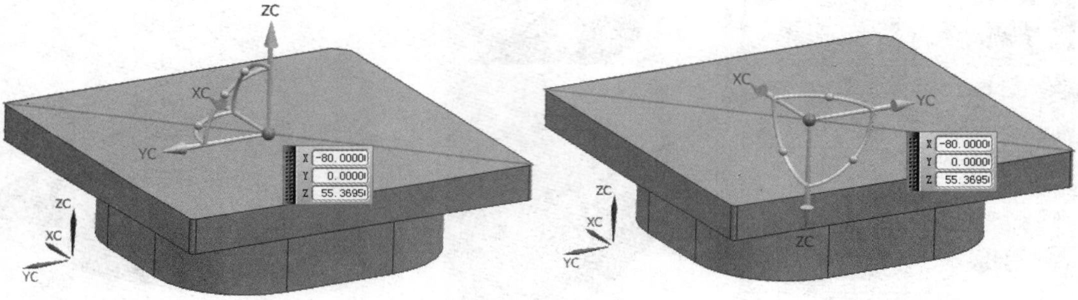

图 3–92　放置 CSYS 及指定起始 CSYS

图 3–93　指定到 CSYS

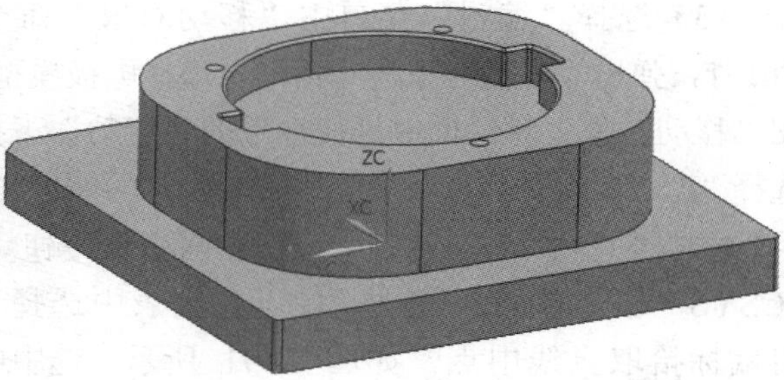

图 3–94　零件移动完成

（4）单击“插入”菜单下“偏置/缩放”下“偏置面”菜单命令，弹出“偏置面”对话框，选择电极工作区域上各面，如图 3–95 所示。在对话框中“偏置”中“偏置”后文本框中输入–0.1，单击对话框中“确定”按钮，完成电极放电间隙的预留。

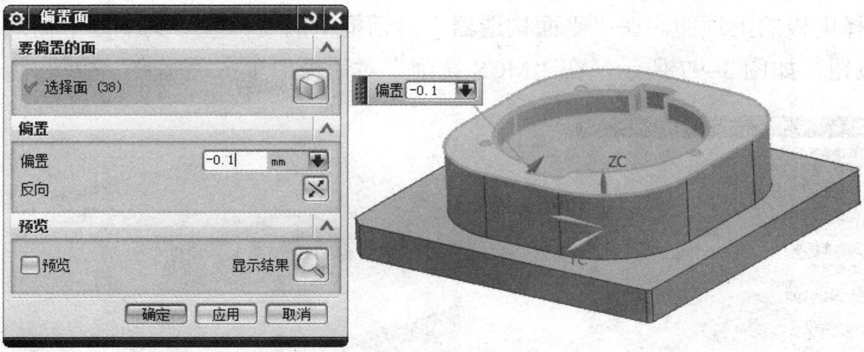

图 3–95　偏置工作区域面

（5）保存及关闭文件。

2. 电极数控加工分析

电极加工工艺如表 3–2 所示。

表 3–2　　电 极 加 工 工 艺 表

程式名称	刀具名称	刀径	角 R	刀长	刀间距	底部余量	侧壁余量	每层深度	备注
CAJ1	D12	12	0	20	6	0.15	0.15	0.5	开粗
CAJ2	D12	12	0	20		0.15	0	2	侧壁精加工
CAJ3	D12	12	0	20	6	0	0		平面精加工
CAJ4	D12	12	0	20	6	0	0.15		内平面加工
CAJ5	D2	2	0	20		0	0		内壁半精加工
CAJ6	D1	1	0	20		0	0		内壁精加工
CAJ7	R0.5	6	3	20			0	0.015	球面精加工

3.5.2　模具前模电极加工设计

打开 NX 8.5 软件，单击“打开”文件按钮，选择“Part\Project\CA2–EL1.prt”文件，单击“确定”按钮，如图 3–96 所示。

单击“标准”工具条中的“开始”按钮，在下拉菜单中选择“加工”，进入 CAM 加工环境设置。在弹出的“加工环境”对话框中“要创建的 CAM 设置”中选择“mill_contour”选项，单击“确定”按钮。

1. 创建几何体

在“导航器”工具中单击“几何视图”按钮，在“操作导航器”中双击“MCS_MILL”，弹出“MCS 铣削”对话框。在对话框中的“安全设置选项”下拉列表中选择“平面”选项，

图 3–96　电极模型

用鼠标选择电极的上顶面。在“平面构造器”对话框中的“偏置”文本框中输入 10，单击“确定”按钮。如图 3–97 所示，在“MCS 铣削”对话框中单击“确定”按钮。

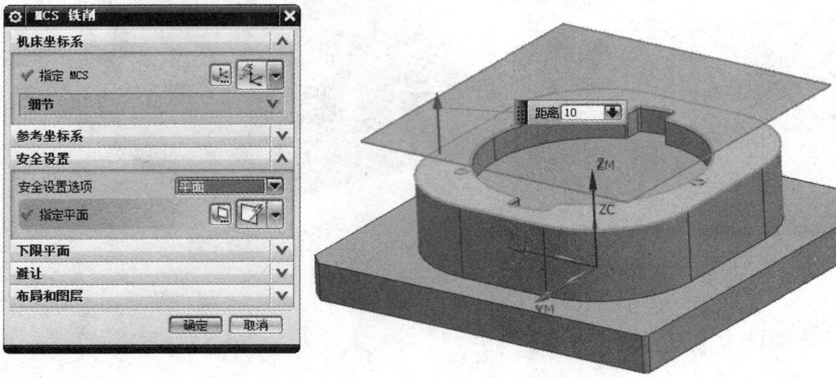

图 3–97　平面构造器与指定安全平面

2. 指定毛坯几何体和部件几何体

双击“MCS_MILL”下的“WORKPIECE”，弹出“工件”对话框。在对话框中单击对话框中的“选择或编辑部件几何体”按钮，弹出“部件几何体”对话框，选择电极零件，单击“确定”按钮返回到“工件”对话框。单击对话框中的“选择或编辑毛坯几何体”按钮，弹出“毛坯几何体”对话框，在“类型”中选择“包容块”选项，并在各方向偏置中输入 5（ZM–偏置数据为 0），如图 3–98 所示，单击“确定”按钮返回到“铣削几何体”对话框。在“工件”对话框中单击“确定”按钮。

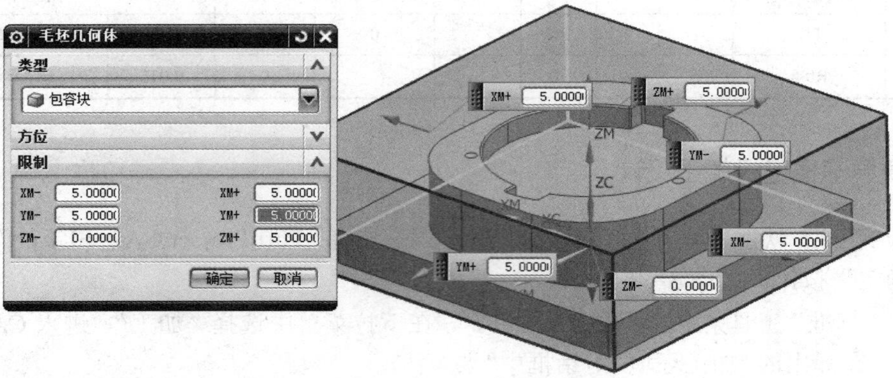

图 3–98　毛坯几何体对话框

3. 创建程序

在“导航器”工具中单击“程序顺序视图”按钮。在“刀片”工具栏中单击“创建程序”按钮，弹出“创建程序”对话框，在对话框中的“位置”下拉列表中选择“Program”，在名称文本框中输入“CAJ1”，单击“应用”按钮。弹出“程序”对话框，单击“确定”按钮，返回到“创建程序”对话框。用同样的方法创建“CAJ2”，“CAJ3”，“CAJ4”，…，“CAJ6”，“CAJ7”。单击“创建程序”对话框中的“取消”按钮。完成后，操作导航器的程序视图如

图 3–99 所示。

4. 创建刀具

在“导航器”工具中单击“机床视图”按钮。在“刀片”工具栏中单击“创建刀具”按钮，弹出“创建刀具”对话框。设置各项刀具参数完成 D12、D2、D1、R0.5，完成后如图 3–100 所示。

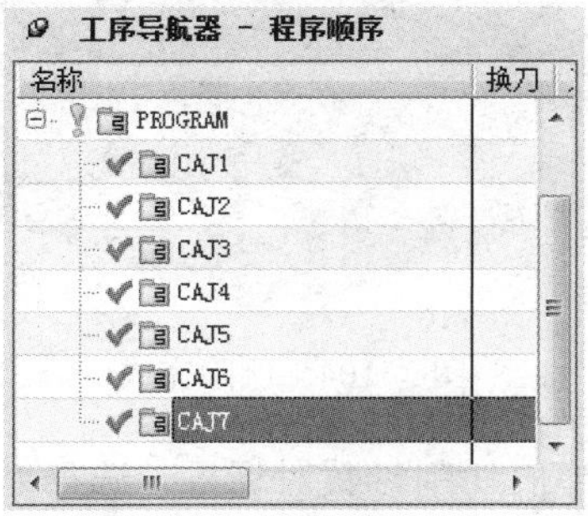

图 3–99 创建程序

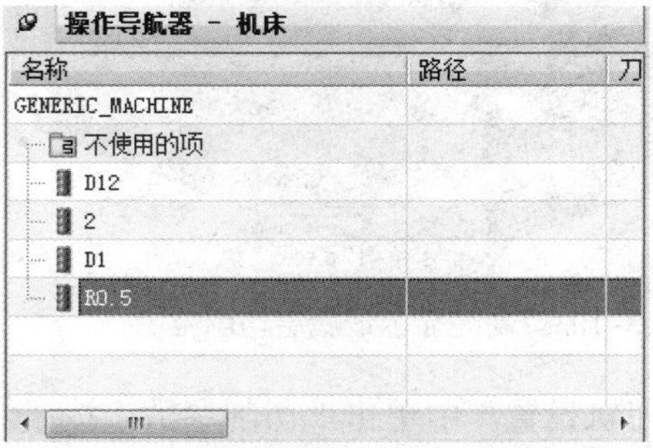

图 3–100 创建刀具

5. 电极加工

（1）开粗。

在“刀片”工具栏中单击“创建工序”按钮，弹出“创建工序”对话框。在对话框窗口中：“类型”下拉列表框选择“mill_contour”；操作子类型中选择“型腔铣”按钮；位置中，程序下拉列表中选中“CAJ1”，刀具下拉列表中选中“D12（铣刀–5 参数）”，几何体下拉列表中选中“WORKPIECE”，方法下拉列表选中“METHOD”，名称文本框中输入“CAJ1–D12”，参数设置如图 3–101 所示，单击“确定”按钮，弹出型腔铣对话框。

在“型腔铣”对话框中的“刀轨设置”中的“切削模式”选择“跟随部件”，“步距”下拉列表中选择“刀具平直百分比”选项，“平面直径百分比”文本框中输入“50”，“每刀的公共深度”下拉列表中选择“恒定”，“最大距离”文本框中输入 0.5，设置如图 3–102 所示。

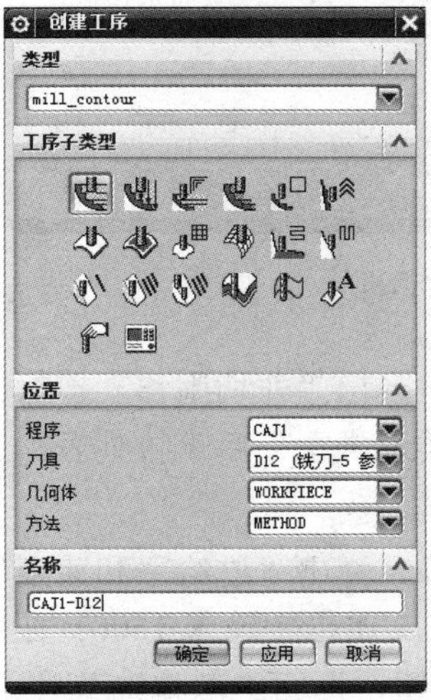

图 3–101 创建工序对话框

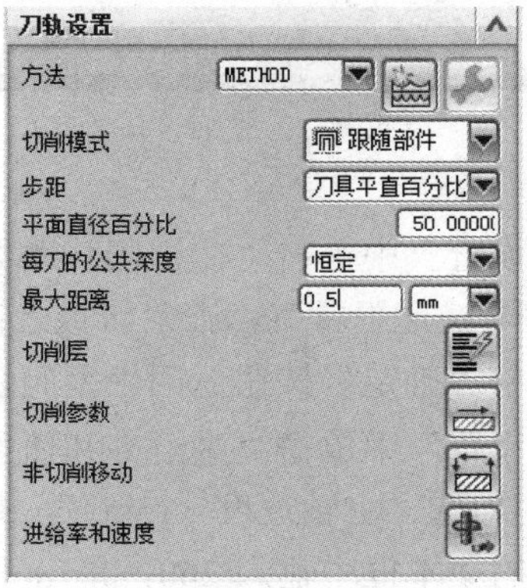

图 3–102 刀轨设置

单击“刀轨设置”中“切削层”按钮，弹出“切削层”对话框。在“范围定义”组“列表”中选中最低层切削范围，如图 3–103 所示。单击“移除”按钮删除此切削范围，完成后如图 3–104 所示。单击“确定”按钮，返回“型腔铣”对话框。

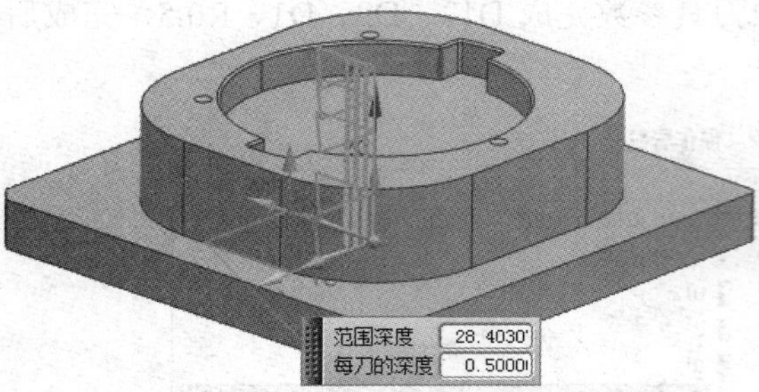

图 3–103　高亮显示最底层切削范围

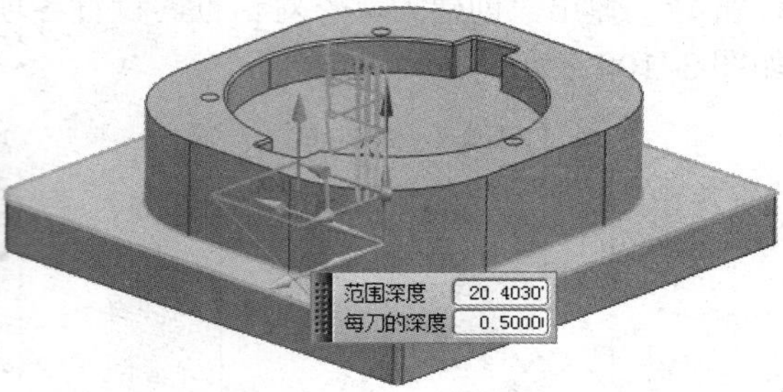

图 3–104　删除完成

在“刀轨设置”中单击“切削参数”按钮，弹出切削参数对话框，选择“策略”标签，在“切削”中“切削顺序”下拉列表中选择“深度优先选项”；选择“余量”标签，在“部件侧面余量”右侧的文本框中输入 0.15，如图 3–105 所示。单击“确定”按钮，返回“型腔铣”对话框。

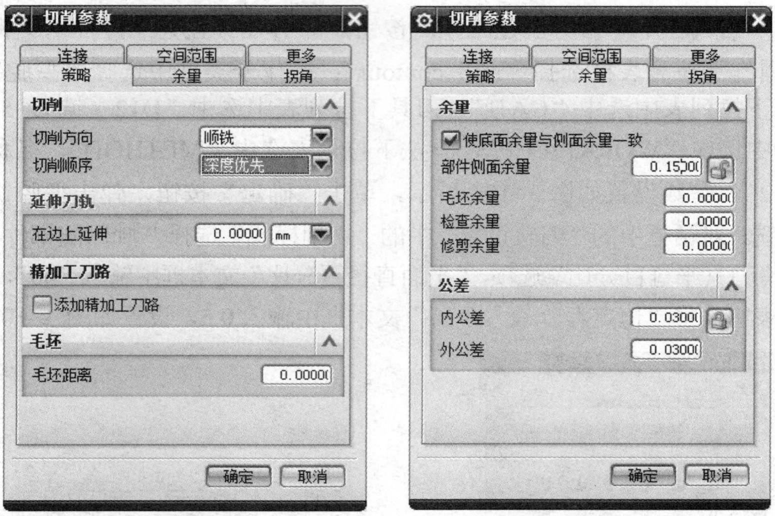

图 3–105　切削参数对话框

在“刀轨设置”中单击“非切削移动”按钮，弹出“非切削移动”对话框。在对话框中选择“转移/快速”标签，在“区域之间”→“传递类型”后下拉列表中选择“毛坯平面”选项，单击“确定”按钮返回“型腔铣”对话框。

在“刀轨设置”中单击“进给率和速度”按钮，弹出“进给率和速度”对话框。在“主轴速度”中勾选“主轴速度（rpm）”，并在后面的文本框中输入 1600；在“进给率”中的“进刀”后的文本框中输入 200，单击“确定”按钮，返回“型腔铣”对话框。

在“操作”中单击“生成”按钮，系统生成粗加工刀路，如图 3–106 所示。

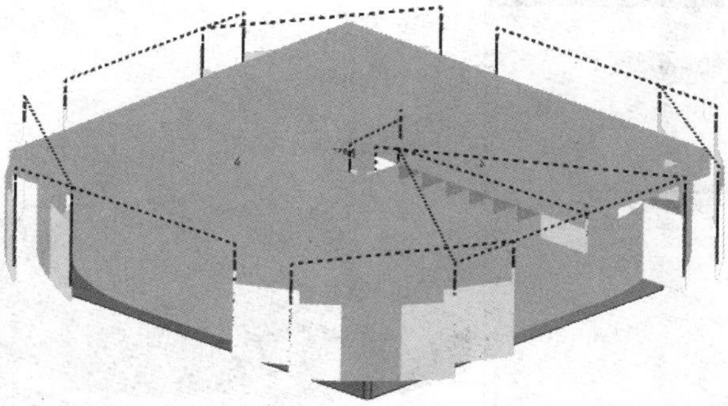

图 3–106 生成粗加工刀路

在“操作”中单击“确认”按钮，弹出“刀轨可视化”对话框，在对话框中选择“2D”标签，调整“动画速度”为 4，单击“播放”按钮，系统进行刀轨仿真加工，如图 3–107 所示。仿真完成后单击“确定”按钮，返回“型腔铣”对话框，再次单击“确定”按钮，完成操作。

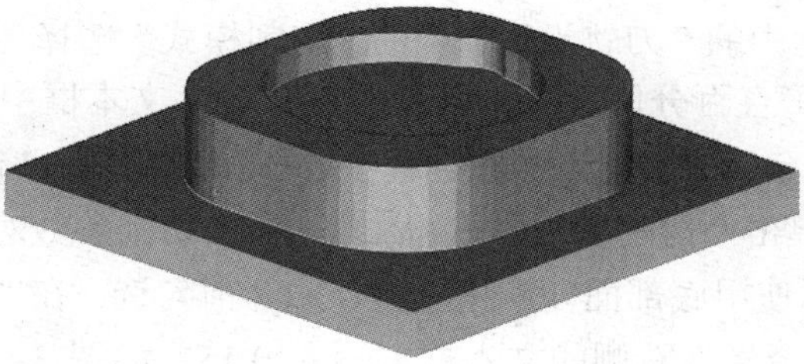

图 3–107 仿真与结果

（2）侧壁精加工。

在“刀片”工具栏中单击“创建工序”按钮，弹出“创建工序”对话框。在对话框窗口中：“类型”下拉列表框选择“mill_contour”；操作子类型中选择“型腔铣”按钮；位置中，程序下拉列表中选中“CAJ2”，刀具下拉列表中选中“D12（铣刀–5 参数）”，几何体下拉列表中选中“WORKPIECE”，方法下拉列表选中“METHOD”，名称文本框中输入“CAJ2–D12”，参数设置如图 3–108 所示，单击“确定”按钮，弹出型腔铣对话框。

图 3–108 创建型腔铣操作

单击“型腔铣”对话框中“几何体”的“选择或编辑修剪边界”按钮，弹出“修剪边界”对话框，如图 3–109 所示。在对话框中“过滤器类型”选择“曲线边界”按钮，选择图 3–109 中所示曲线框，“平面”选项选择“自动”，“修检侧”选择“内部”，在“修剪边界”对话框中单击“创建下一个边界”，单击“确定”按钮，返回“型腔铣”对话框。

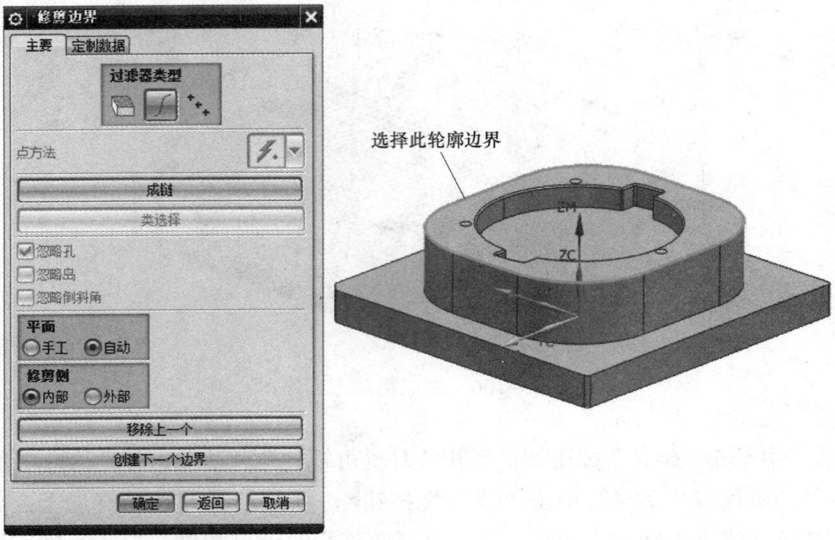

图 3–109　创建修剪边界

在“型腔铣”对话框中的“刀轨设置”中的“切削模式”选择“轮廓加工”，“步距”下拉列表中选择“刀具平直百分比”，“平面直径百分比”文本框中输入“50”，“每刀的公共深度”下拉列表中选择“恒定”，“最大距离”文本框中输入 2，设置如图 3–110 所示。

在“刀轨设置”中单击“切削参数”按钮，弹出切削参数对话框，选择“余量”标签，在“余量”中去除“使用底部面和侧壁余量一致”前勾选。在“部件侧面余量”文本框中输入 0，“部件底部面余量”右侧的文本框中输入 0.15，如图 3–111 所示。单击“确定”按钮，返回“型腔铣”对话框。

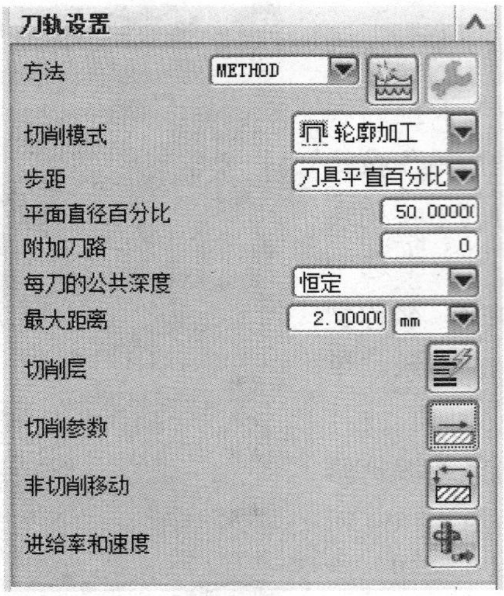

图 3–110　刀轨设置

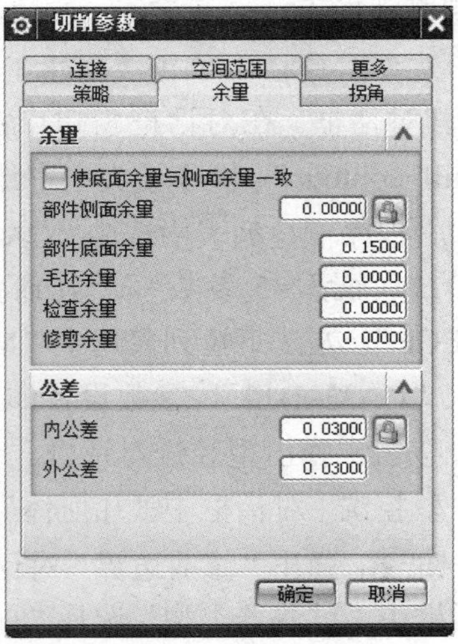

图 3–111　设置切削参数（余量）

在“刀轨设置”中单击“非切削移动”按钮，弹出“非切削移动”对话框。在对话框中选择“转移/快速”标签，在“区域之间”→“传递类型”后下拉列表中选择“毛坯平面”选项。单击“确定”按钮返回“型腔铣”对话框。

在“刀轨设置”中单击“进给率和速度”按钮，弹出“进给率和速度”对话框。在“主轴速度”中勾选“主轴速度（rpm）”，并在后面的文本框中输入1600；在“进给率”中的“进刀”后的文本框中输入200，单击“确定”按钮，返回“型腔铣”对话框。

在“操作”中单击“生成”按钮，系统生成粗加工刀路，如图3–112所示。

在“操作”中单击“确认”按钮，弹出“刀轨可视化”对话框，在对话框中选择“2D”标签，调整“动画速度”为4，单击“播放”按钮，系统进行刀轨仿真加工，如图3–113所示。仿真完成后单击“确定”按钮，返回“型腔铣”对话框，再次单击“确定”按钮，完成操作。

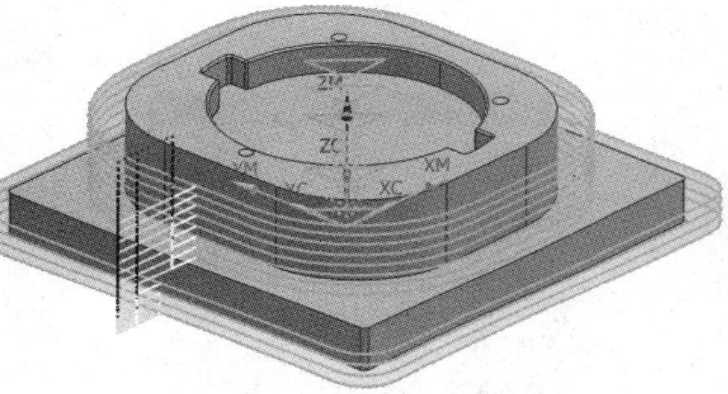

图3–112 生成侧壁精加工刀路

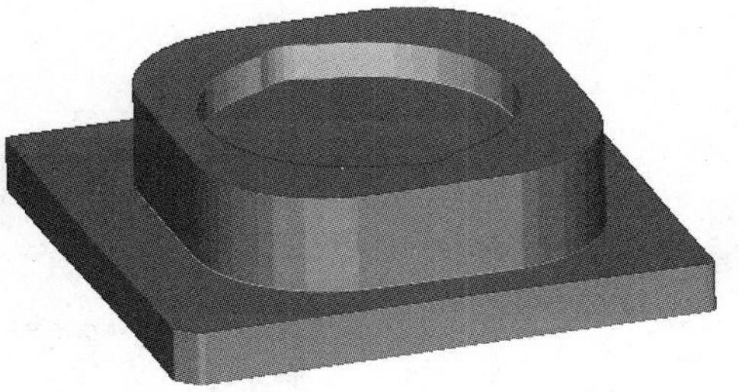

图3–113 仿真与结果

（3）平面精加工。

在“刀片”工具栏中单击“创建工序”按钮，弹出“创建工序”对话框。在对话框窗口中：“类型”下拉列表框选择“mill_planar”；操作子类型中点中“底面和壁”按钮；位置中，程序下拉列表中选中“CAJ3”，刀具下拉列表中选中“D12（铣刀–5参数）”，几何体下拉列表中选中“WORKPIECE”，方法下拉列表选中“METHOD”，名称文本框中输入“CAJ3– D12”，参数设置如图3–114所示，单击“确定”按钮，弹出“底面壁”对话框。

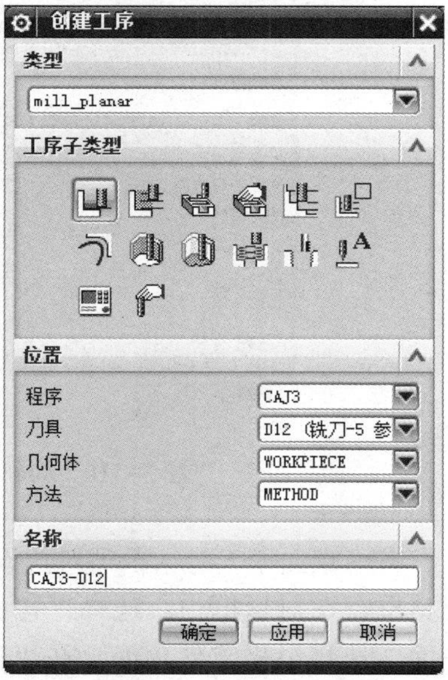

图3–114 创建平面铣操作

在“底面壁”对话框中的“几何体”中单击“选择或编辑铣削区域几何体”按钮，弹出“切削区域”对话框，在如图3–115所示的水平面。在“切削区域”对话框上单击“确定”按钮，返回到“底面壁”对话框。

在“底面壁”对话框的“刀轨设置”中：“切削模式”列表中选择“往复”选项，“步距”下拉列表中选择“刀具平直百分比”，“平面直径百分比”文本框中输入50，如图3–116所示。

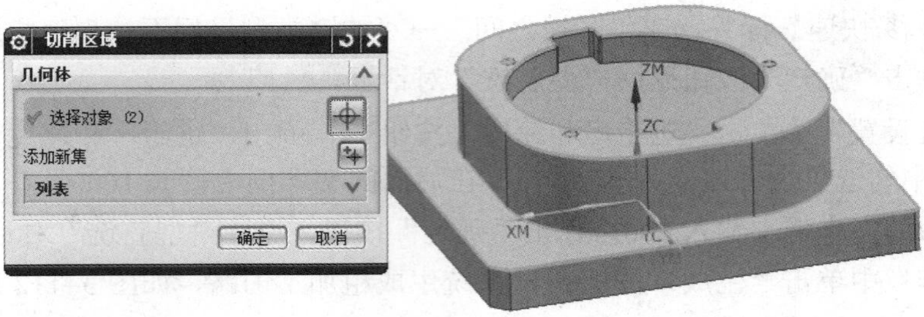

图 3-115　选择水平面

在“底面壁”对话框“刀轨设置”中单击“切削参数”按钮，弹出“切削参数”对话框，在对话框中：“策略”标签，在“精加工刀路”中勾选“添加精加工刀路”，如图 3-117 所示。单击“确定”按钮，返回“底面壁”对话框。

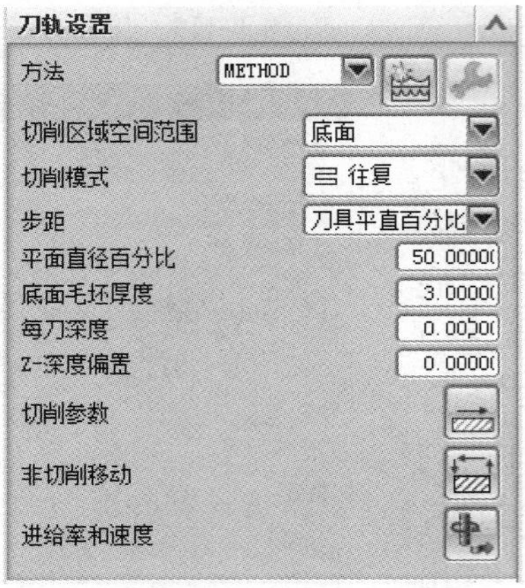

图 3-116　刀轨设置

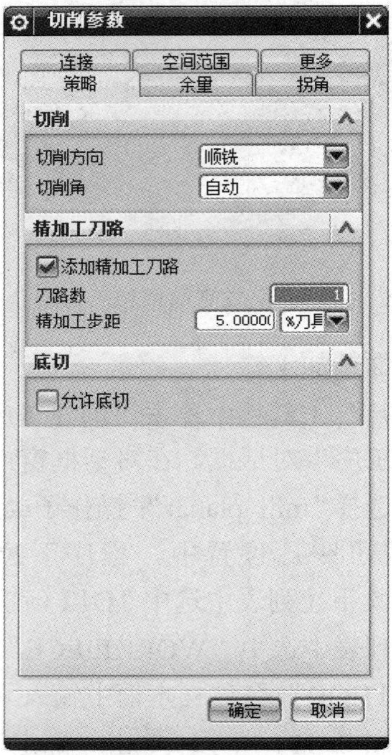

图 3-117　切削参数对话框

在“底面壁”对话框“刀轨设置”中单击“非切削移动”按钮，弹出“非切削移动”对话框，在对话框中：选择“转移/快速”标签中“安全设置”→“安全设置选项”中选择平面，选择电极零件顶面，在“距离”文本框中输入 10，如图 3-118 所示。单击“确定”按钮，返回“底面壁”对话框。

在“刀轨设置”中单击“进给率和速度”按钮，弹出“进给率和速度”对话框。在“主轴速度”中勾选“主轴速度（rpm）”，并在后面的文本框中输入 2000；在“进给率”中的“进刀”后的文本框中输入 200。单击“确定”按钮，返回“底面壁”对话框。

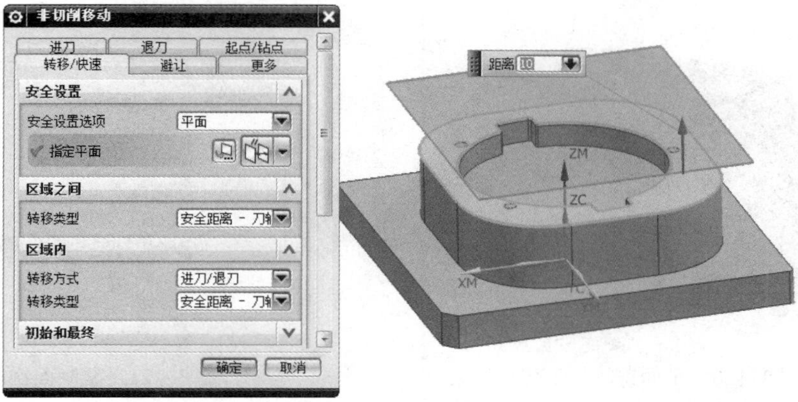

图 3–118　安全设置

在“操作”中单击“生成”按钮，系统生成平面半精加工刀路，如图 3–119 所示。

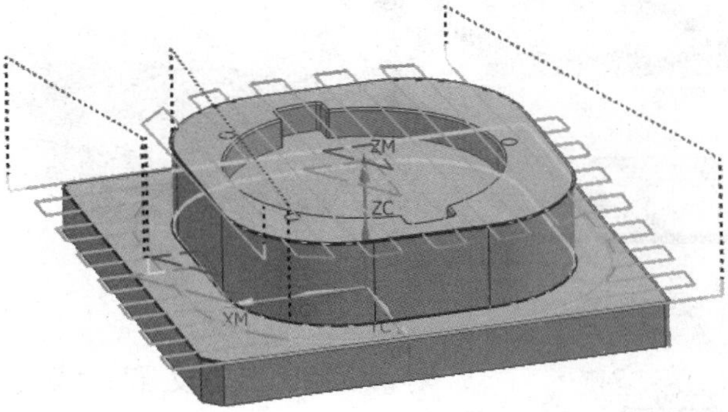

图 3–119　生成平面铣精加工刀路

在“操作”中单击“确认”按钮，弹出“刀轨可视化”对话框，在对话框中选择“2D”标签，调整“动画速度”为 4，单击“播放”按钮，系统进行刀轨仿真加工，仿真结果如图 3–120 所示。仿真完成后单击“确定”按钮，返回“底面壁”对话框，再次单击“确定”按钮，完成操作。

（4）内平面精加工。

在操作导航器—程序顺序视图中的“CAJ3→CAJ3–D12”单击鼠标右键，在右键快捷菜单中选择“复制”命令。在操作导航器—程序顺序视图中的“CAJ4”单击鼠标右键，在右键快捷菜单中选择“内部粘贴”命令。在“CAJ4”下面会出现“CAJ3–D12_COPY”操作，修改操作的名称为“CO4–D12”，如图 3–121 所示。

双击“CAJ4–D12”操作，弹出“底面壁”对话框。在对话框中的“几何体”中单击“选择或编辑铣削区域几何体”按钮，弹出“切削区域”对话框，展开对话框中“列表”，单击“移除”按钮，删除已有几何体集。选择如图 3–122 所示的水平面，在“切削区域”对话框上单击“确定”按钮，返回到“底面壁”对话框。

图 3–120　平面铣精加工仿真结果

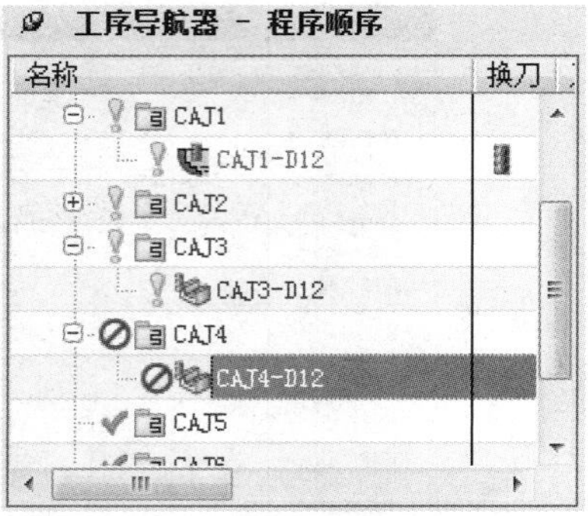

图 3–121　复制面铣操作

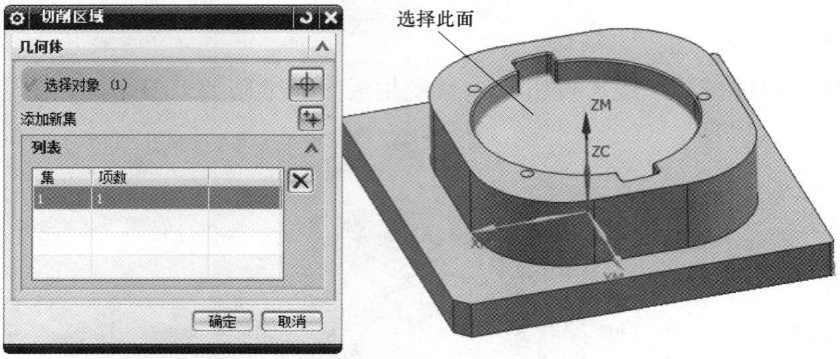

图 3–122　选择内腔平面

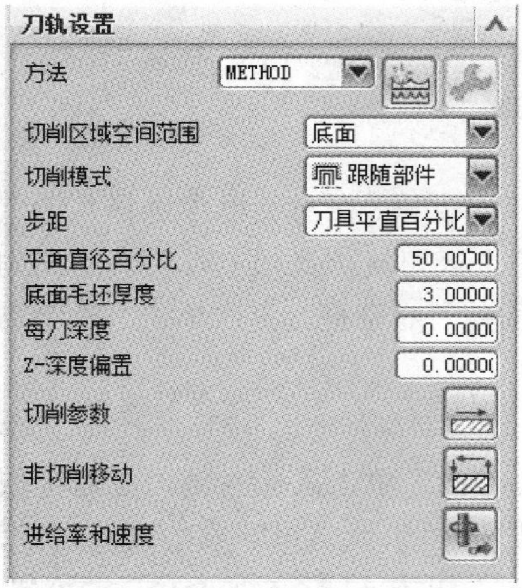

图 3–123　刀轨设置

对话框中“刀轨设置”：“切削模式”下拉列表选择“跟随部件”，“步距”下拉列表选择“刀具平直百分比”，“平面直径百分比”后文本框输入 50，如图 3–123 所示。

在“底面壁”对话框“刀轨设置”中单击“切削参数”按钮，弹出“切削参数”对话框，在对话框中：“策略”标签，在“精加工刀路”中取消勾选“添加精加工刀路”，“余量标签”中“部件余量”输入 0.15，如图 3–124 所示。单击“确定”按钮，返回“底面壁”对话框。

在“操作”中单击“生成”按钮，系统生成平面半精加工刀路，如图 3–125 所示。

在“操作”中单击“确认”按钮，弹出“刀轨可视化”对话框，在对话框中选择“2D”标签，调整“动画速度”为 4，单击“播放”按钮，系统进行刀轨仿真加工，仿真结果如图 3–126 所示。仿真完成后单击“确定”按钮，返回“底面壁”对话框，再次单击“确定”按钮，完成操作。

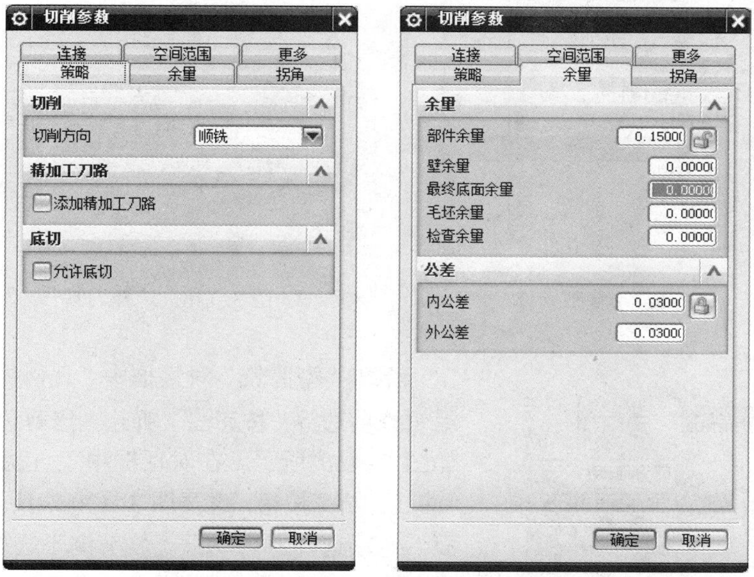

图 3–124 切削参数

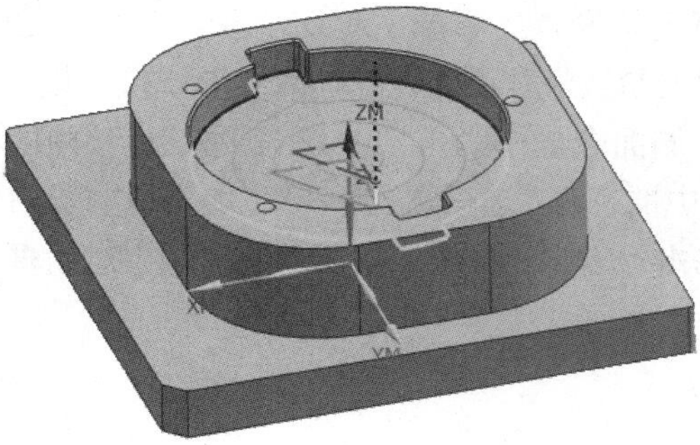

图 3–125 生成平面精加工刀路

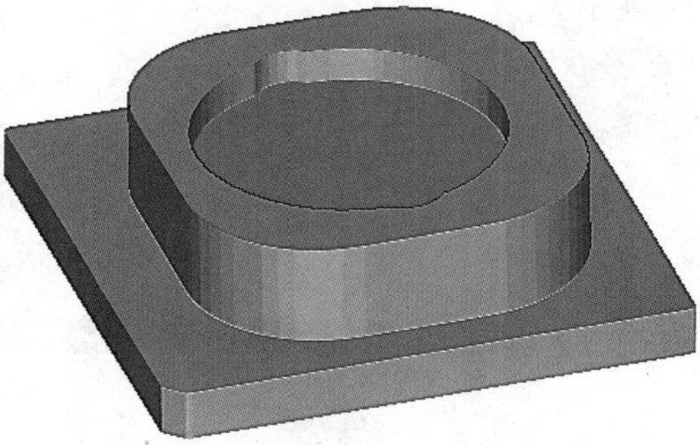

图 3–126 生成平面精加工仿真结果

（5）内壁半精加工。

在操作导航器—程序顺序视图中的“CAJ1→CAJ1–D12”单击鼠标右键，在右键快捷菜单中选择“复制”命令。在操作导航器—程序顺序视图中的“CAJ5”单击鼠标右键，在右键快捷菜单中选择“内部粘贴”命令。在“COJ5”下面会出现“CAJ1–D12_COPY”操作，修改操作的名称为“CAJ5–D2”，如图 3–127 所示。

双击“CAJ5–D2”操作，弹出“型腔铣”对话框。在对话框中的“刀具”下拉列表中选择“D2”，如图 3–128 所示。在“刀轨设置”中“切削模式”下拉列表中选择“跟随部件”选项，“步距”下拉列表中选择“刀具平直百分比”，“平面直径百分比”文本框中输入 50，“每刀的公共深度”下拉列表中选择“恒定”，“最大距离”文本框中输入 0.02，如图 3–129 所示。

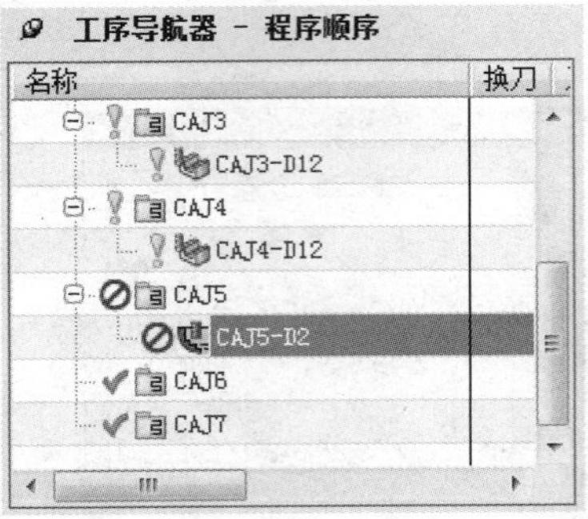

图 3–127　复制操作

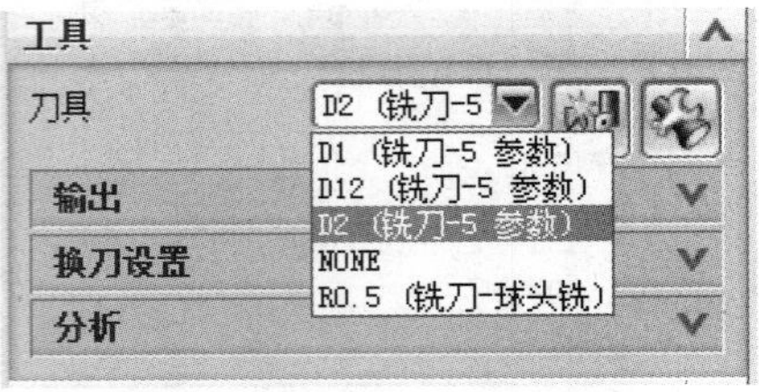

图 3–128　选择刀具

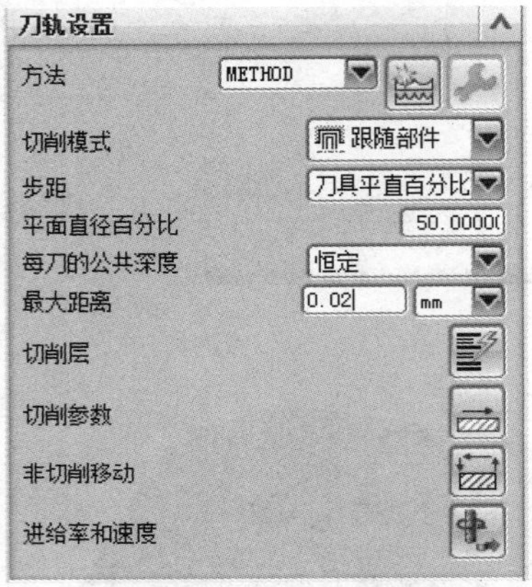

图 3–129　刀轨设置

单击“型腔铣”对话框中“几何体”的“选择或编辑修剪边界”按钮，弹出“修剪边界”对话框，如图 3–130 所示。在对话框中“过滤器类型”选择“曲线边界”按钮，选择图 3–130 中所示曲线框，“平面”选项选择“自动”，“修剪侧”选择“外部”，在“修剪边界”对话框中单击“创建下一个边界”，单击“确定”按钮，返回“型腔铣”对话框。

在“刀轨设置”中单击“切削参数”按钮，弹出“切削参数”对话框，在对话框中修改余量：输入“部件侧面余量”为 0。“控件范围”标签中的毛坯“处理中的工件”选项选择“使用 3D”，如图 3–131 所示。单击“确定”按钮，返回“型腔铣”对话框。

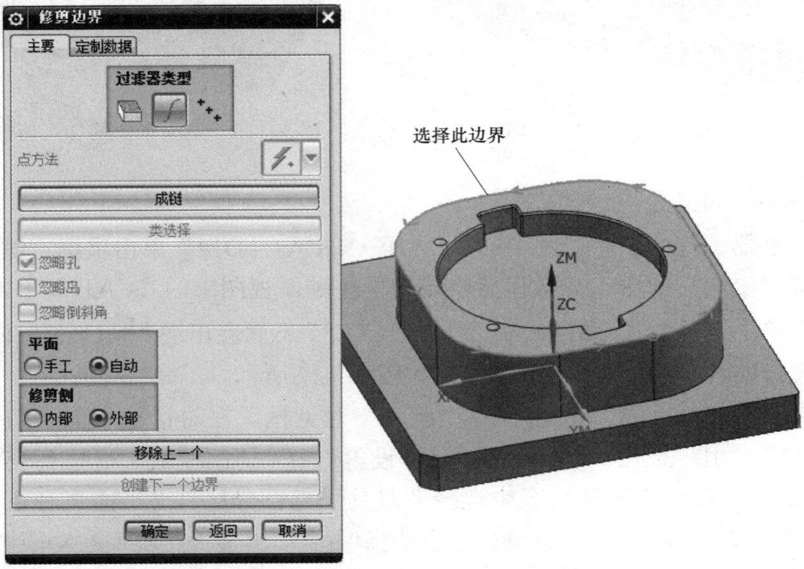

图 3–130　创建修剪边界

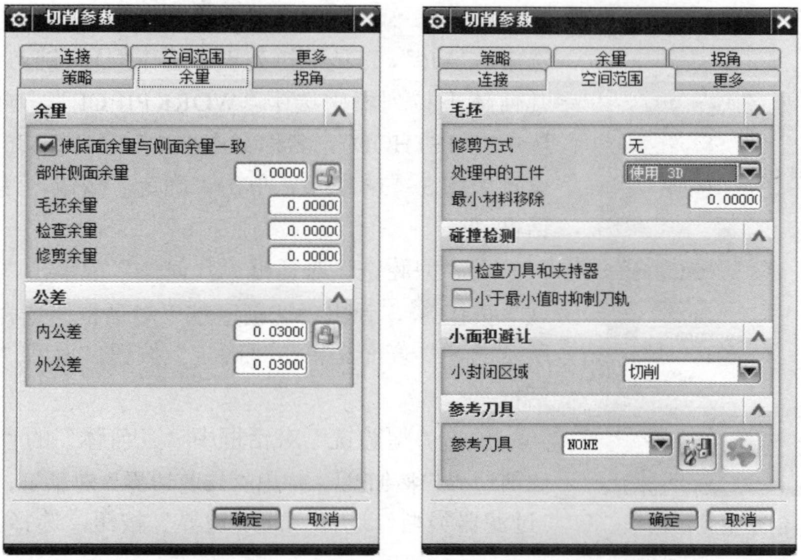

图 3–131 修改切削参数

在“刀轨设置”中单击“进给率和速度”按钮，弹出“进给率和速度”对话框。在“主轴速度”中勾选“主轴速度（rpm）”，并在后面的文本框中输入 2000；在“进给率”中的“进刀”后的文本框中输入 200。单击“确定”按钮，返回“底面壁”对话框。

在“操作”中单击“生成”按钮，系统生成平面半精加工刀路，如图 3–132 所示。

在“操作”中单击“确认”按钮，弹出“刀轨可视化”对话框，在对话框中选择“2D”标签，调整“动画速度”为 4，单击“播放”按钮，系统进行刀轨仿真加工，仿真结果如图 3–133 所示。仿真完成后单击“确定”按钮，返回“底面壁”对话框，再次单击“确定”按钮，完成操作。

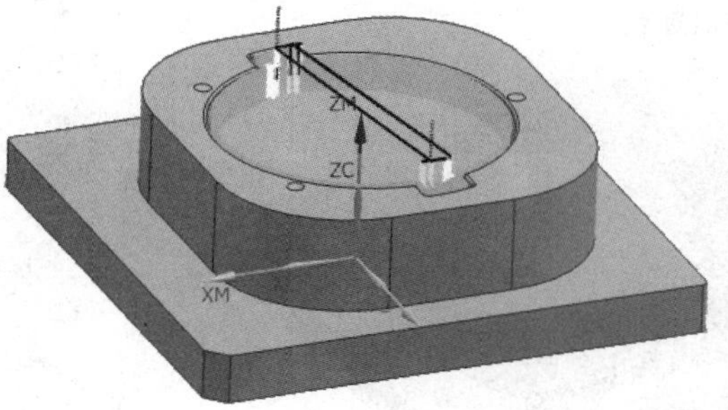

图 3–132 生成平面铣精加工刀路

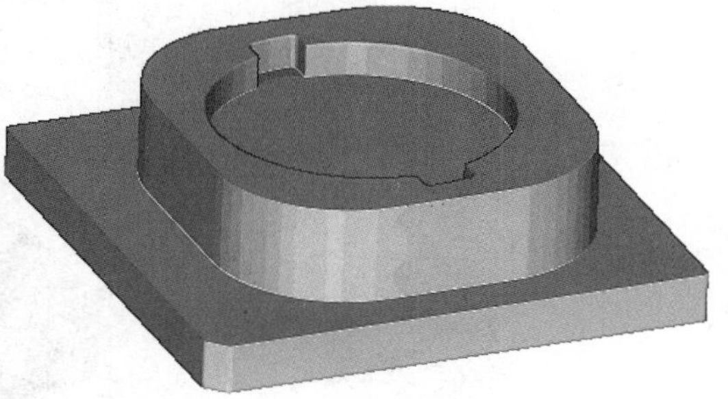

图 3–133 平面铣精加工仿真结果

（6）内壁精加工。

在“刀片”工具栏中单击“创建工序”按钮，弹出“创建工序”对话框。在对话框

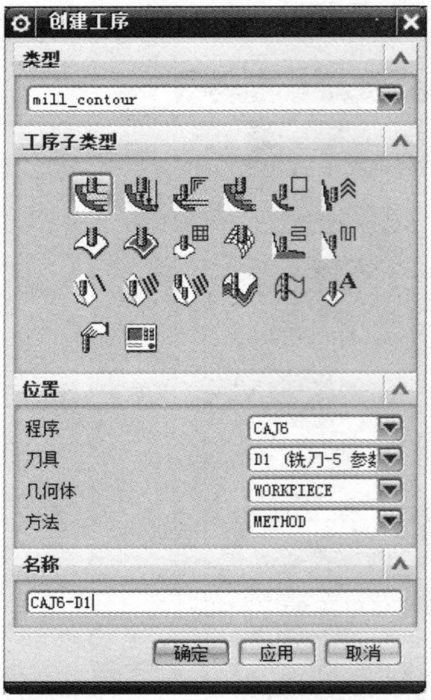

图 3–134　创建型腔铣操作

窗口中：“类型”下拉列表框选择“mill_contour”；操作子类型中选择“型腔铣”按钮；位置中，程序下拉列表中选中“CAJ6”，刀具下拉列表中选中“D1（铣刀–5 参数）”，几何体下拉列表中选中“WORKPIECE”，方法下拉列表选中“METHOD”，名称文本框中输入“CAJ6–D1”，参数设置如图 3–134 所示，单击“确定”按钮，弹出型腔铣对话框。

在“型腔铣”对话框“几何体”中单击“指定切削区域”按钮，弹出“切削区域”对话框，选择如图 3–135 所示的零件表面。单击“确定”按钮，返回“型腔铣”对话框。

单击“型腔铣”对话框中“几何体”的“选择或编辑修剪边界”按钮，弹出“修剪边界”对话框，在对话框中“过滤器类型”选择“曲线边界”按钮，选择图 3–136 中

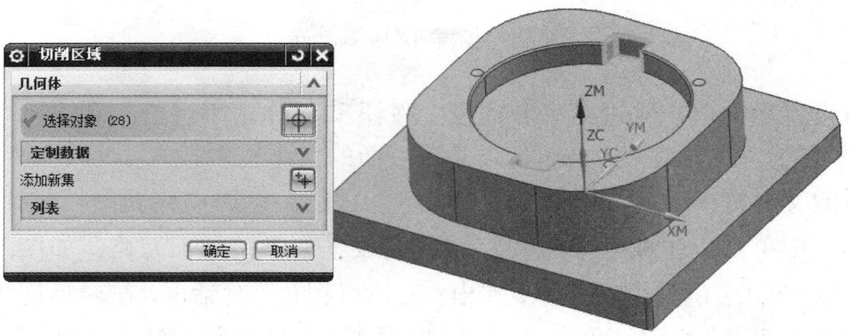

图 3–135　选择切削区域

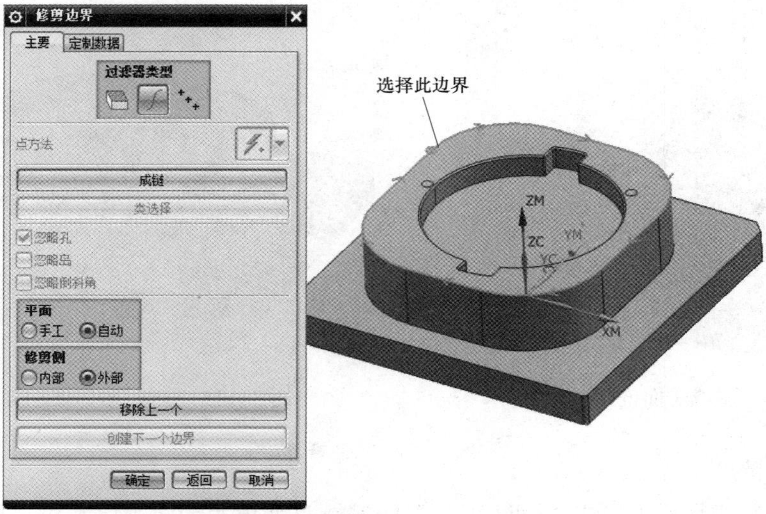

图 3–136　创建修剪边界

所示曲线框，“平面”选项选择“自动”，“修检侧”选择“外部”，在“修剪边界”对话框中单击“创建下一个边界”，单击“确定”按钮，返回“型腔铣”对话框。

在“刀轨设置”中“切削模式”下拉列表中选择“跟随部件”选项，“步距”下拉列表中选择“刀具平直百分比”，“平面直径百分比”文本框中输入 50，“每刀的公共深度”下拉列表中选择“恒定”，“全局每刀深度”文本框中输入 0.02，如图 3–137 所示。

在“刀轨设置”中单击“切削参数”按钮，弹出“切削参数”对话框。在对话框中选择“策略”标签，“切削”中“切削顺序”选择“深度优先”，如图 3–138 所示。单击“确定”按钮返回“型腔铣”对话框。

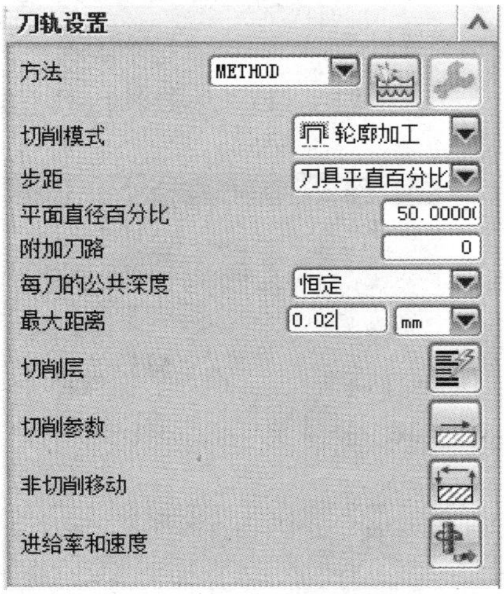

图 3–137 刀轨设置

图 3–138 修改切削参数

在“刀轨设置”中单击“进给率和速度”按钮，弹出“进给率和速度”对话框。在“主轴速度”中勾选“主轴速度（rpm）”，并在后面的文本框中输入 2000；在“进给率”中的“进刀”后的文本框中输入 200。单击“确定”按钮，返回“型腔铣”对话框。

在“操作”中单击“生成”按钮，系统生成内壁精加工刀路，如图 3–139 所示。

在“操作”中单击“确认”按钮，弹出“刀轨可视化”对话框，在对话框中选择“2D”标签，调整“动画速度”为 4，单击“播放”按钮，系统进行刀轨仿真加工，仿真结果如图 3–140 所示。仿真完成后单击“确定”按钮，返回“型腔铣”对话框，再次单击“确定”按钮，完成操作。

（7）球面精加工。

在“刀片”工具栏中单击“创建工序”按钮，弹出“创建工序”对话框。在对话框窗口中：“类型”下拉列表框中选择“mill_contour”；操作子类型中选择“固定轮廓铣”按钮；位置中，程序下拉列表中选中“CAJ7”，刀具下拉列表中选中“R0.5（铣刀—球头铣）”，几何体下拉列表中选中“WORKPIECE”，方法下拉列表选中“METHOD”，名称文本框中输入“CAJ7–R0.5–1”，参数设置如图 3–141 所示，单击“确定”按钮，弹出固定轮廓对话框，如图 3–142 所示。

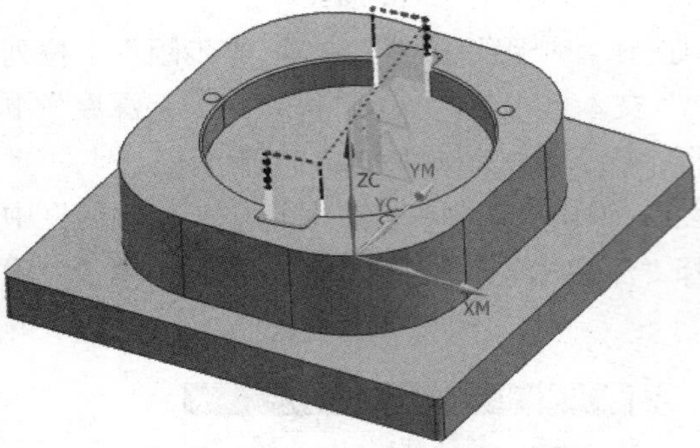

图 3–139　生成平面铣精加工刀路

图 3–140　内壁精加工仿真结果

图 3–141　创建固定轮廓铣操作

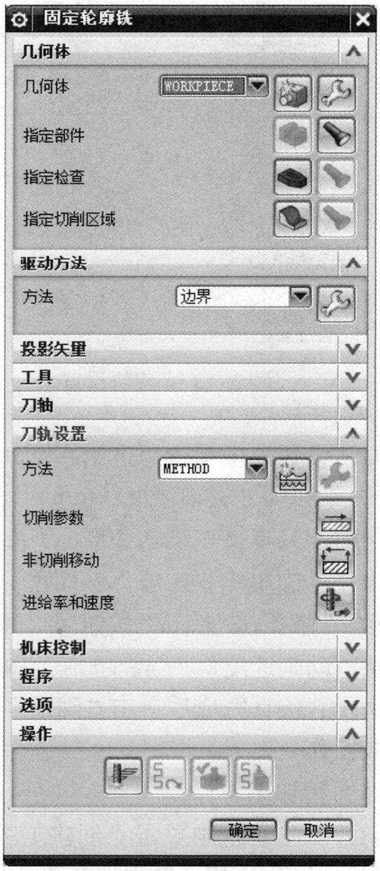

图 3–142　固定轮廓铣对话框

在“固定轮廓铣”对话框“几何体”中单击“指定切削区域”按钮，弹出“切削区域”对话框，选择如图 3–143 所示的球面。单击“确定”按钮，返回“固定轮廓铣”对话框。

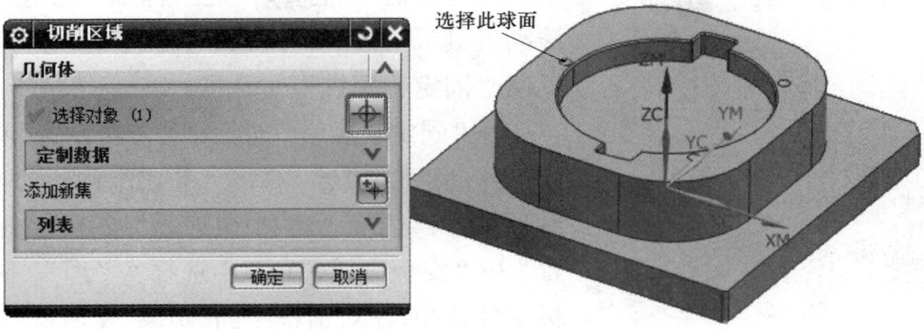

图 3–143 选择切削区域

在固定轮廓铣对话框中“驱动方法”中“驱动”列表中选择“区域铣削”，系统弹出“驱动方法”对话框，如图 3–144 所示，直接单击“确定”按钮，弹出“区域铣削驱动方法”对话框。

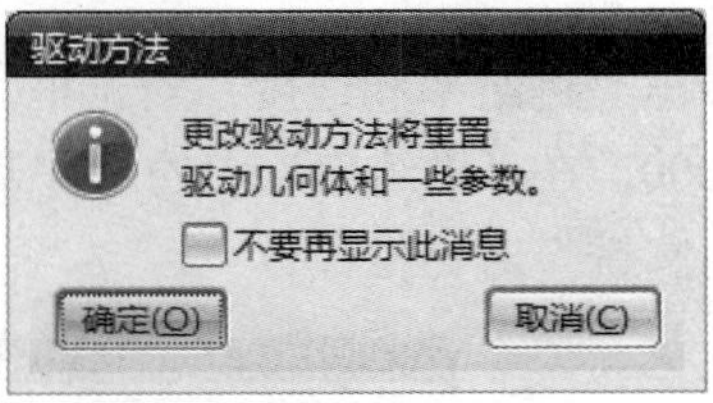

图 3–144 驱动方法对话框

在“区域铣削驱动方法”对话框“驱动设置”中：“切削模式”下拉列表中选择“◎同心单向轮廓”；“阵列中心”选择“指定”，单击“指定点”后的“点对话框”按钮，弹出“点”对话框，用鼠标点选刚所选球面轮廓圆的圆心，单击“确定”按钮，返回“区域铣削驱动方法”对话框；“刀路方向”下拉列表中选择“向内”；“切削方向”下拉列表中选择“逆铣”，“步距”下拉列表中选择“恒定”，“最大距离”文本框中输入 0.015，单位“mm”，如图 3–145 所示。

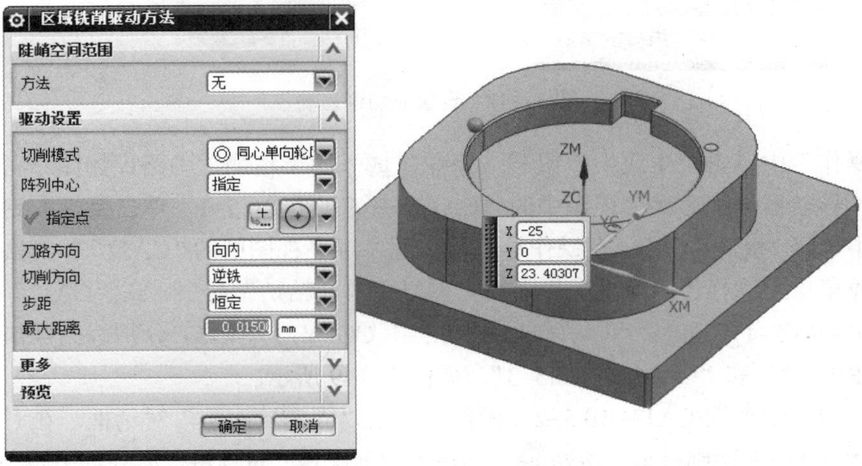

图 3–145 “区域铣削驱动方法”设置

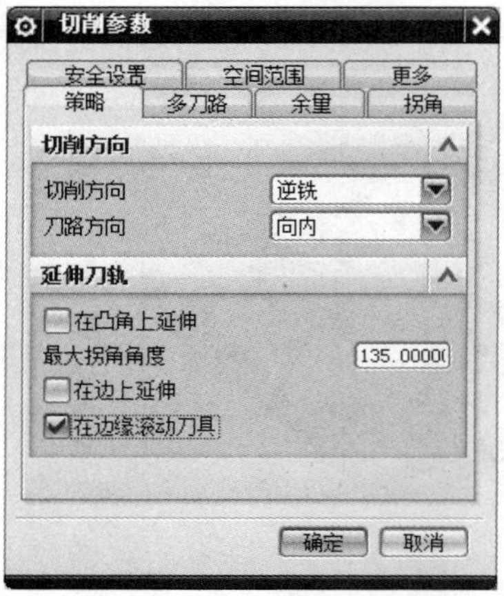

图 3–146　设置切削参数

单击“切削参数”按钮，弹出切削参数对话框，在对话框中选择“策略”标签，勾选“在边缘上滚动刀具”，如图 3–146 所示。单击“确定”按钮，返回“固定轮廓铣”对话框。

在“固定轮廓铣”对话框“刀轨设置”中单击“非切削移动”按钮，弹出“非切削移动”对话框，在对话框中：选择“转移/快速”标签中“公共安全设置”→“安全设置选项”中选择“平面”，鼠标选择电极零件顶面，在对话框中的“距离”文本框中输入 10，如图 3–147 所示，单击“确定”按钮，返回“固定轮廓铣”对话框。

在“刀轨设置”中单击“进给率和速度”按钮，弹出“进给率和速度”对话框。在“主轴速度”中“主轴速度（rpm）”文本框修改数值为 2000，在“进给率”中的“进刀”后的文本框中输入 200。单击“确定”按钮，返回“固定轮廓铣”对话框。

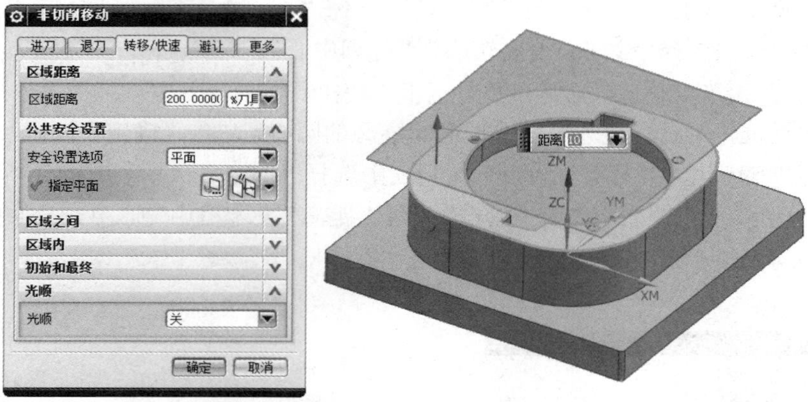

图 3–147　设置非切削运动

在“操作”中单击“生成”按钮，系统生成平面半精加工刀路，如图 3–148 所示。

在操作导航器—程序顺序视图中的“CAJ7→CAJ7–R0.5–1”单击鼠标右键，在右键快捷菜单中选择“复制”命令。在操作导航器—程序顺序视图中的“CAJ7”单击鼠标右键，在右键快捷菜单中选择“内部粘贴”命令，重复“内部粘贴”命令。在“CAJ7”下面会出现“CAJ7–R0.5–1_COPY”和“CAJ7–R0.5–1_COPY_1”操作，分别修改操作的名称为“CAJ7–R0.5–2”和“CAJ7–R0.5–3”，如图 3–149 所示。

双击“固定轮廓铣 CAJ7–R0.5–2”操作，弹出“固定轮廓铣”对话框。在对话框“几何体”中单击“指定切削区域”按钮，弹出“切削区域”对话框，展开列表集，单击“移除”按钮，删除列表中数据从新选择电极顶面上第二个的球面，如图 3–150 所示。单击“确定”按钮，返回“固定轮廓铣”对话框。

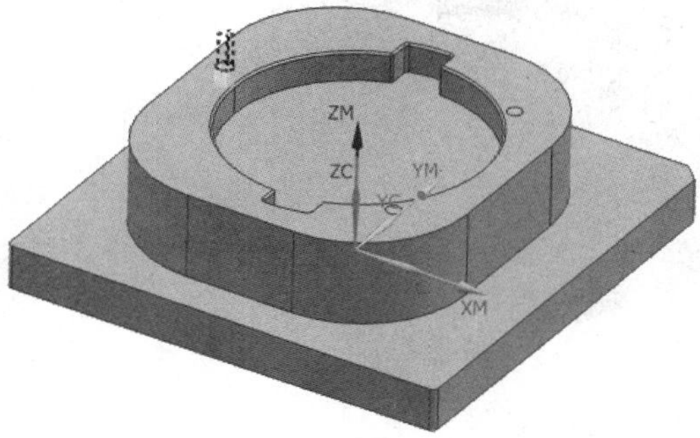

图 3–148 球面精加工刀路（1）

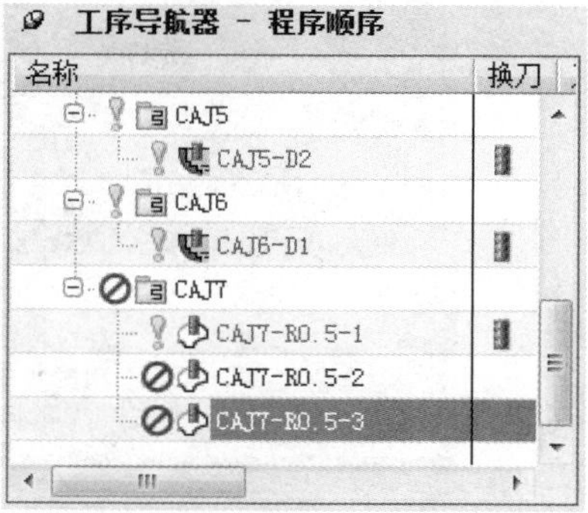

图 3–149 复制操作

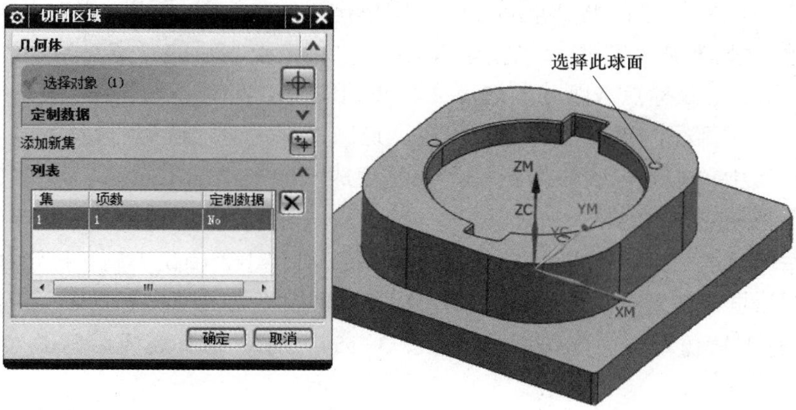

图 3–150 从新定义切削区域（1）

在“固定轮廓铣”对话框“驱动方法”中单击“编辑”按钮，弹出“区域铣削驱动方法”对话框，“阵列中心”选择“指定”，单击“指定点”后的“点对话框”按钮，弹出“点”对话框，用鼠标点选刚才所选球面轮廓圆的圆心，单击“确定”按钮，返回“区域铣削驱动方法”对话框，单击“确定”按钮，返回“固定轮廓铣”对话框。

在“操作”中单击“生成”按钮，系统生成平面半精加工刀路，如图 3–151 所示。单击“确定”按钮完成操作。

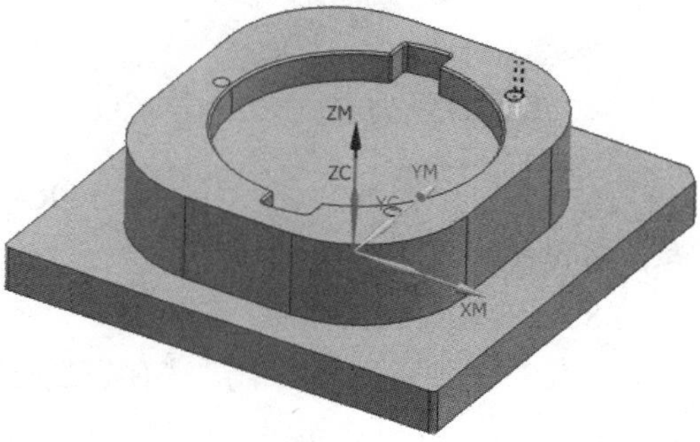

图 3–151 球面精加工刀路（2）

双击“固定轮廓铣 CAJ7–R0.5–3”操作，弹出“固定轮廓铣”对话框。在对话框“几何体”中单击“指定切削区域”按钮，弹出“切削区域”对话框，展开列表集，单击“移除”按钮，删除列表中数据从新选择电极顶面上第二个的球面，如图 3–152 所示。单击“确定”按钮，返回“固定轮廓铣”对话框。

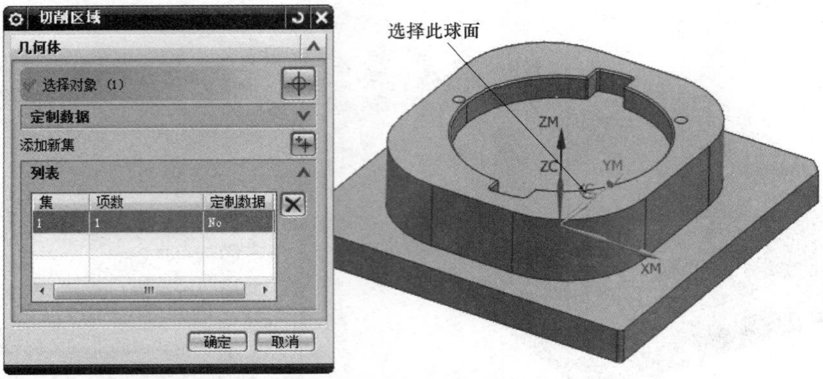

图 3–152　从新定义切削区域（2）

在“固定轮廓铣”对话框“驱动方法”中单击“编辑”按钮，弹出“区域铣削驱动方法”对话框，“阵列中心”选择“指定”，单击“指定点”后的“点对话框”按钮，弹出“点”对话框，用鼠标点选刚才所选球面轮廓圆的圆心，单击“确定”按钮，返回“区域铣削驱动方法”对话框，单击“确定”按钮，返回“固定轮廓铣”对话框。

在“操作”中单击“生成”按钮，系统生成平面半精加工刀路，如图 3–153 所示。单击“确定”按钮完成操作。

在“操作导航器”中选择“CAJ7”，单击操作工具栏上“确认刀轨”按钮，弹出“刀轨可视化”对话框，在对话框中选择“2D”标签，调整“动画速度”为 4，单击“播放”按钮，系统进行刀轨仿真加工，仿真结果如图 3–154 所示。仿真完成后单击“确定”按钮，完成操作。

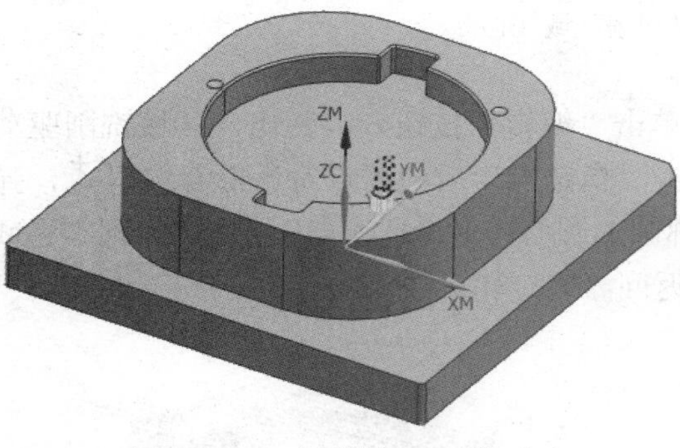

图 3–153　球面精加工刀路（3）

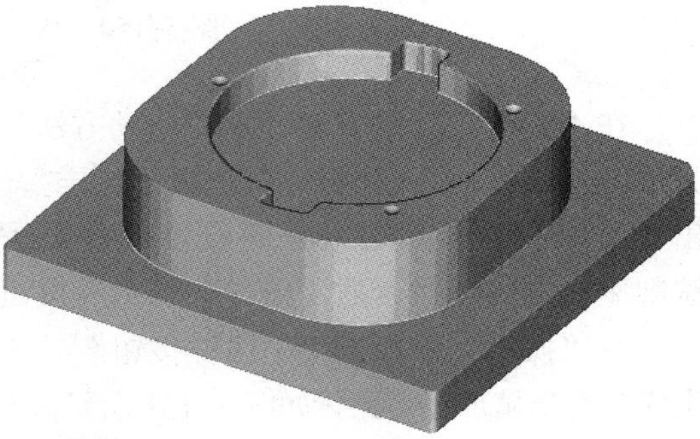
图 3–154　球面精加工仿真结果

在“操作导航器”中选中“PROGRAM”，在“操作”工具栏中单击“确认刀轨”按钮，可以确认整个电极加工的过程。

（8）保存。

单击“标准”工具栏中“保存”按钮，保存文件。

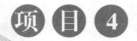

项目 4

吸尘器网筒底盖后模加工设计

本节中主要介绍应用 UG NX 8.5 完成吸尘器网筒底盖后模的加工设计，如图 4–1 所示。

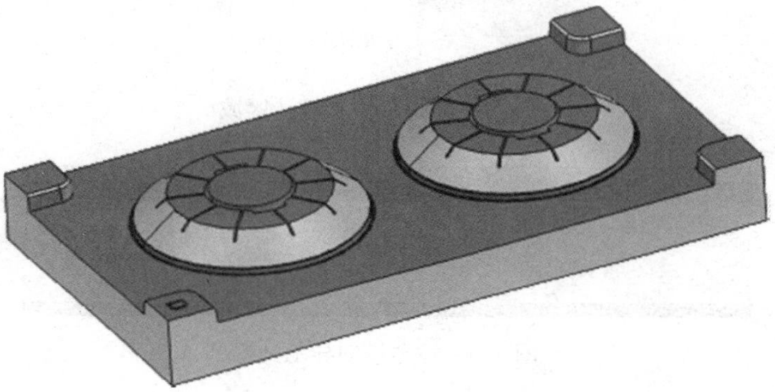

图 4–1　吸尘器网筒底盖后模

4.1　任　务　导　入

掌握应用 UG 建模环境中同步建模命令对模型进行电极设计及加工环境中坐标系、几何体、平面铣、型腔铣、固定轴轮廓铣等知识，完成吸尘器网筒底盖后模加工。

4.2　模具后模加工前准备

4.2.1　模型的电极设计

根据对零件的结构分析，零件在进行铣加工时有一些细小结构无法使用刀具加工完成，需要采用电火花加工。需要进行电极设计的区域如图 4–2 所示。

1. 电极 1 设计

（1）打开 NX 8.5 软件，单击“打开”文件按钮，选择“Part/Project4/CO2.prt”文件，单击“确定”按钮，如图 4–1 所示。

（2）打开“注塑模向导”工具栏。单击“开始”→“所有应用模块”→“注塑模向导”，打开“注塑模向导”工具栏，如图 4–3 所示。

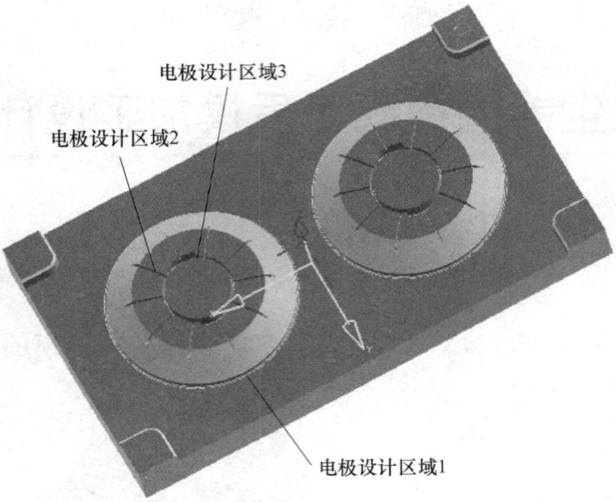

图 4–2　需进行电极设计区域

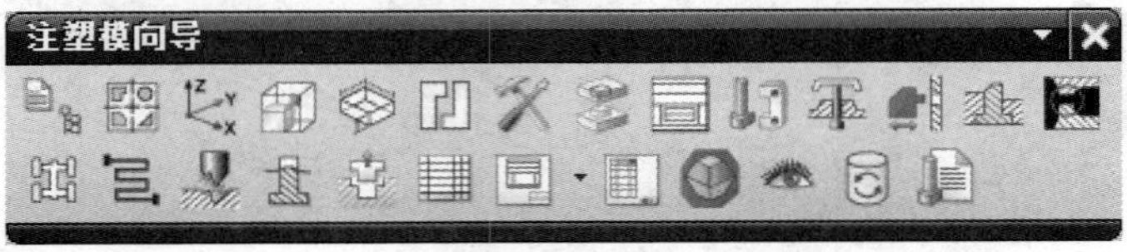

图 4–3　注塑模向导工具栏

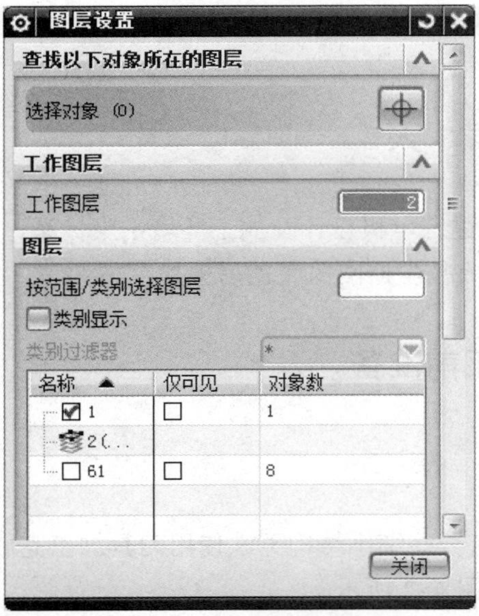

图 4–4　图层设置对话框

（3）选择“格式”菜单中“图层设置”菜单，或者按下组合键 Ctrl+L，弹出“图层设置”对话框，在对话框中“工程图层”的“工作图层”后文本框中输入 2 并按回车键，新建 2 层并设为当前层，如图 4–4 所示。单击对话框中的“确定”按钮。

（4）创建包络方块体。单击“注塑模向导”中“注塑模工具”按钮，弹出“注塑模工具”工具栏，如图 4–5 所示。单击“注塑模工具”工具栏中“创建方块”按钮，弹出“创建方块”对话框，在“默认间隙”文本框中输入 5，在选择图 4–2 所示电极设计区域 1 处的曲面，拖动方块体顶面的箭头，在弹出的“面间隙”文本框上输入 30，如图 4–5 所示。单击“确定”按钮。

（5）单击“特征”工具栏中“求差”按钮，弹出“求差”工具栏，按照图 4–6 所示选择“目标”和“刀具”几何体。注意：在设置中请勾选“保存工具”选项。单击“确定”按钮。

（6）将模具模型隐藏（Ctrl+B），修改一下电极模型的颜色（Ctrl+J）。

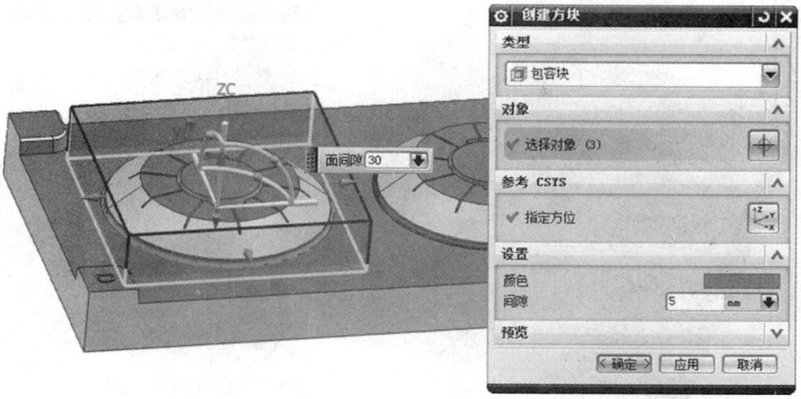

图 4–5　创建方块

图 4–6　求差操作

（7）在“同步建模”工具栏中单击“替换面”按钮，弹出“替换面”对话框，分别选择图 4–7 所示的各面，单击“确定”按钮。

（8）在“同步建模”工具栏中单击“删除面”按钮，弹出“删除面”对话框，鼠标点选图 4–8 所示零件中间结构的圆角。在对话框中单击“确定”按钮。

图 4–7　替换面与替换结果

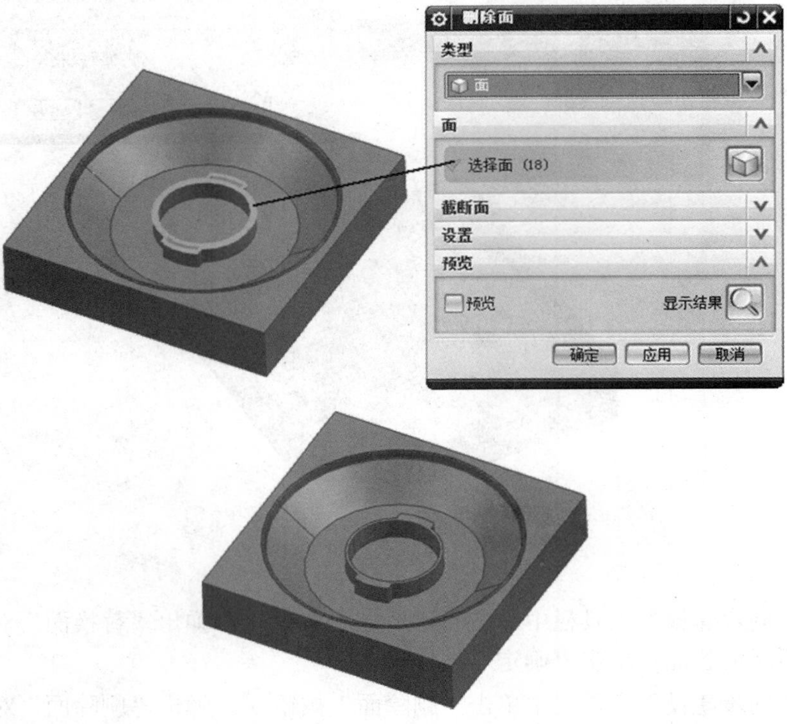

图 4–8　删除圆角面

（9）在“同步建模”工具栏中单击“替换面”按钮，弹出“替换面”对话框，分别选择图 4–9 所示的各面，单击“确定”按钮。

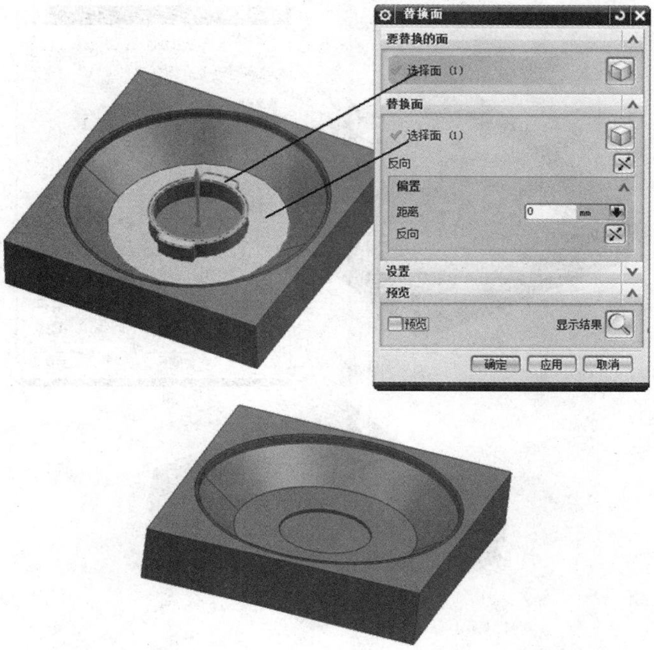

图 4–9　替换面

（10）在“同步建模”工具栏中单击“删除面”按钮，弹出“删除面”对话框，鼠标点选图 4–10 所示零件上圆角。在对话框中单击“确定”按钮。

图 4–10　选择圆角面

（11）在“同步建模”工具栏中单击“替换面”按钮，弹出“替换面”对话框，分别选择图 4–11 所示的各面，单击“确定”按钮。

图 4–11　替换面

（12）在“同步建模”工具栏中单击“替换面”按钮，弹出“替换面”对话框，分别选择图 4–12 所示的各面，单击“确定”按钮。

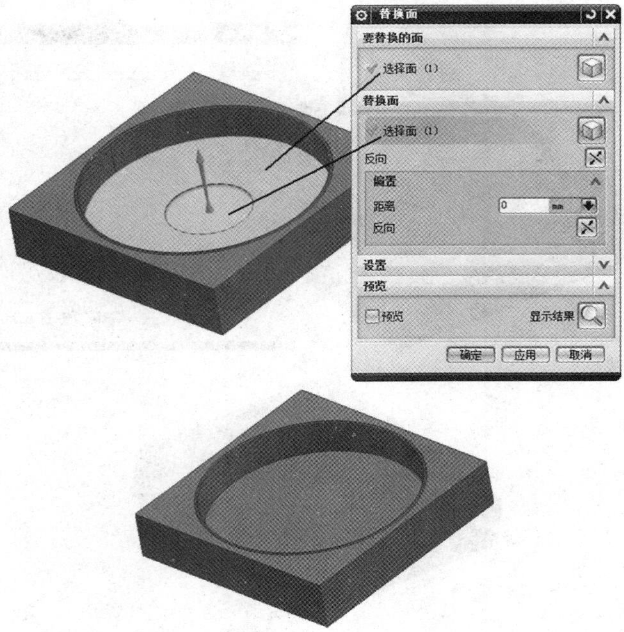

图 4–12　替换面

（13）在“同步建模”工具栏中单击“移动面”按钮，弹出“移动面”对话框，“交换”中“运动”下拉列表中选择“距离”，“距离”文本框输入“–3”，选择图 4–13 所示的各面，单击“确定”按钮。

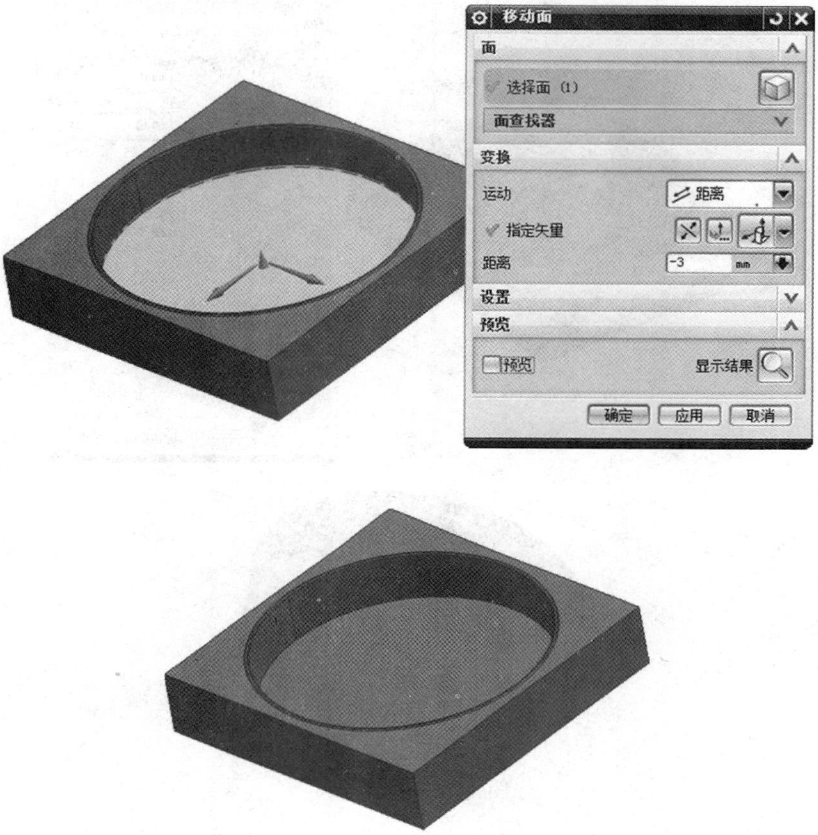

图 4–13 移动面

（14）单击“特征”工具栏中“拉伸”按钮，在“选择条”工具栏中的“曲线规则”下拉列表中选择“面的边”，选择如图 4–14 所示的面，在拉伸对话框的“限制”组中的结束“距离”文本框输入 30。“布尔”中“布尔”下拉列表框中选择“求差”，单击“确定”按钮。

（15）单击“特征”工具栏中“拉伸”按钮，选择如图 4–16 所示的圆柱边曲线，“限制”文本框输入“25”；“布尔”中“布尔”下拉列表框中选择“求和”，“选择体”选择图 4–15 所示的模型；“偏置”中“偏置”下拉列表中选择“两侧”，“开始”文本框中输入“0”，“结束”文本框中输入“3”。单击“确定”按钮。

（16）将模具零件显示出来（Ctrl+Shift+U）。

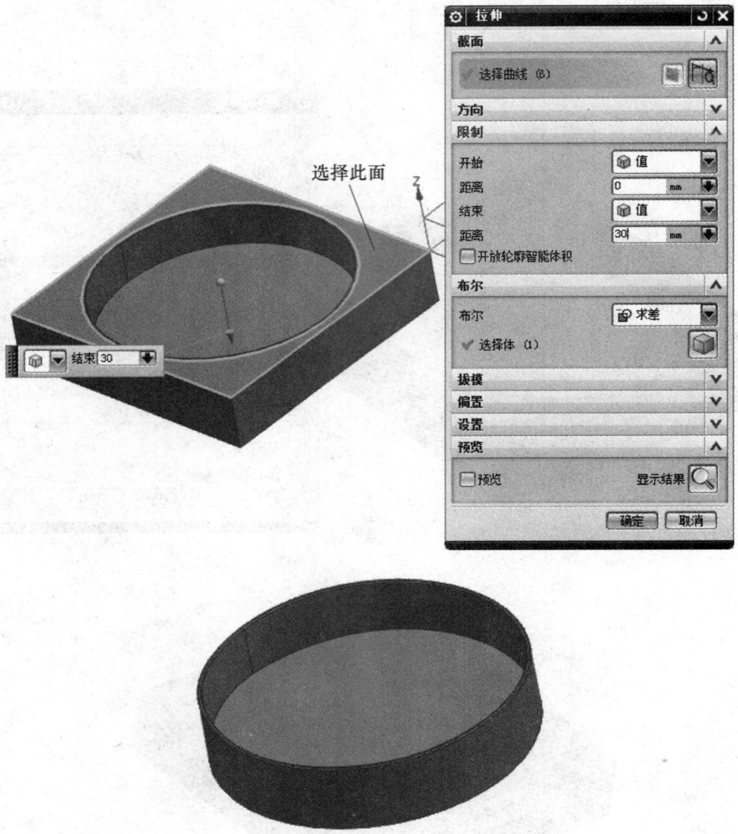

图 4–14　拉伸除料

（17）创建基准台。单击“特征”工具栏中“拉伸”按钮，弹出“拉伸”对话框，在对话框中“截面”组中单击“绘制截面”按钮，弹出如图 4–16 所示的“创建草图”对话框，在“创建草图”对话框“草图原点”组中单击“点对话框”按钮，弹出如图 4–17 所示的“点”对话框，在对话框的“输出坐标”组中，输入 X、Y、Z 文本框中为 0，单击“确定”按钮，选择电极上表面进入草图绘制界面，绘制如图 4–18 所示的草图。

在“草图生成器”工具栏中单击“完成”草图按钮，返回“拉伸”对话框。在对话框中“限制”的“距离”文本框中输入“10”，“布尔”中“布尔”下拉列表中选择“求和”，“选择体”中选择前面设计的电极，如图 4–19 所示。单击“确定”按钮。

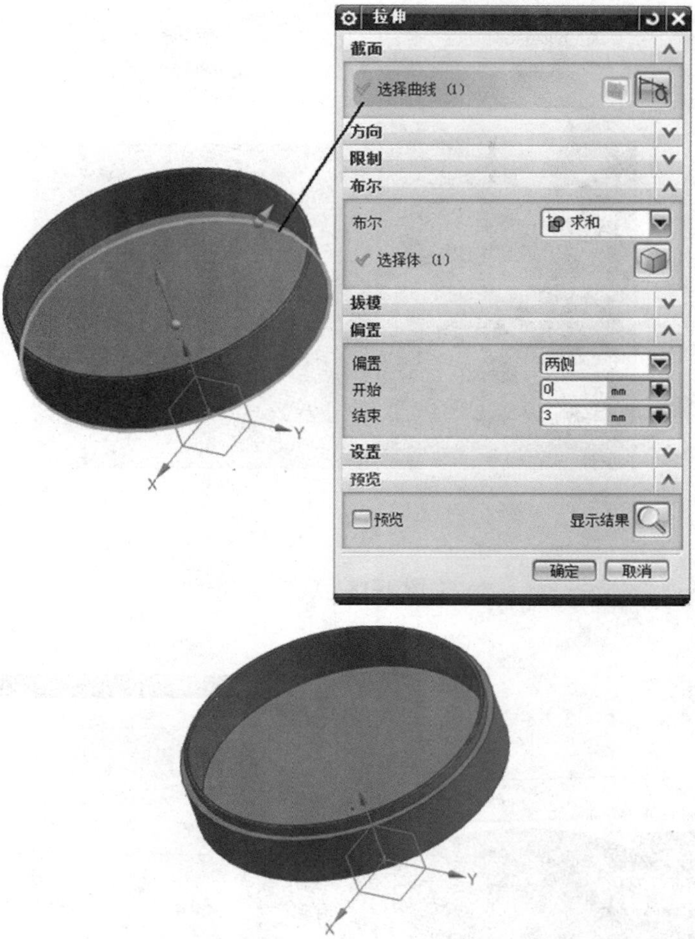

图 4–15　拉伸特征

图 4–16　创建草图对话框

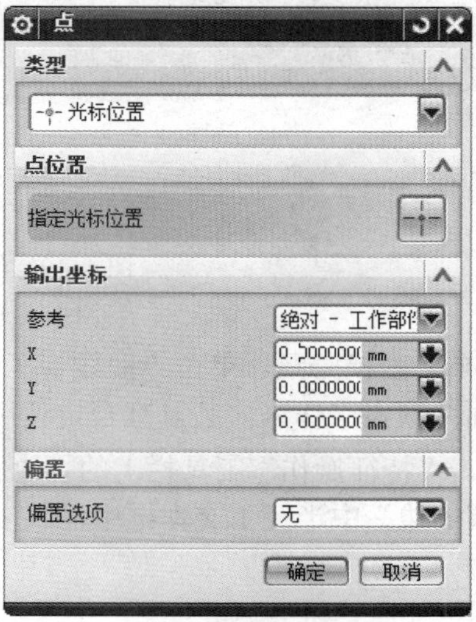

图 4–17　点对话框

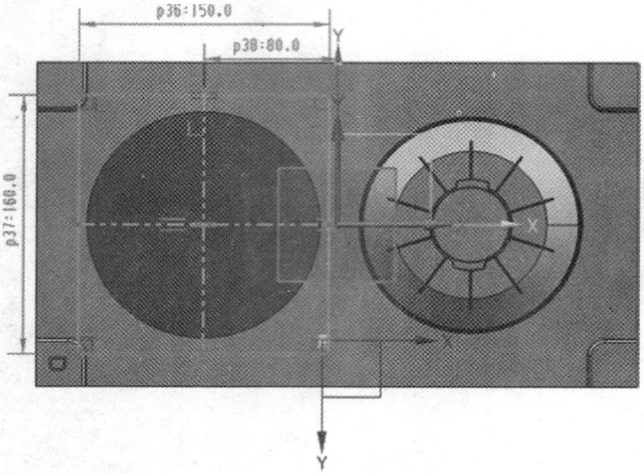

图 4–18　草图

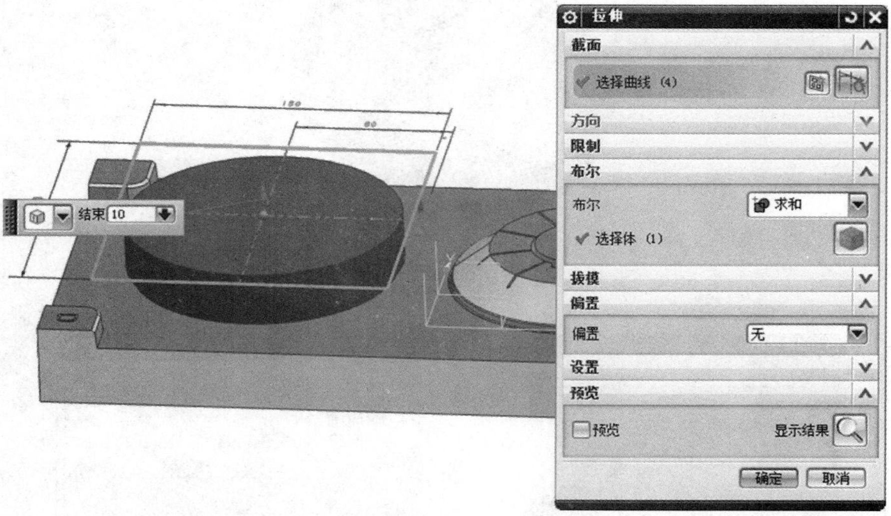

图 4–19　创建基准台

（18）将模具前模隐藏。单击“曲线”工具栏上“直线”按钮，选择如图 4–20 所示基准台下底面两顶点（作为安装基准台定位用），单击“确定”按钮。

（19）单击“特征操作”工具栏上的“边倒圆”按钮，弹出“边倒圆”对话框。在对话框“要倒圆的边”中半径 1 文本框中输入 1，用鼠标点选图 4–21 中所示的 3 条边，单击“确定”按钮。

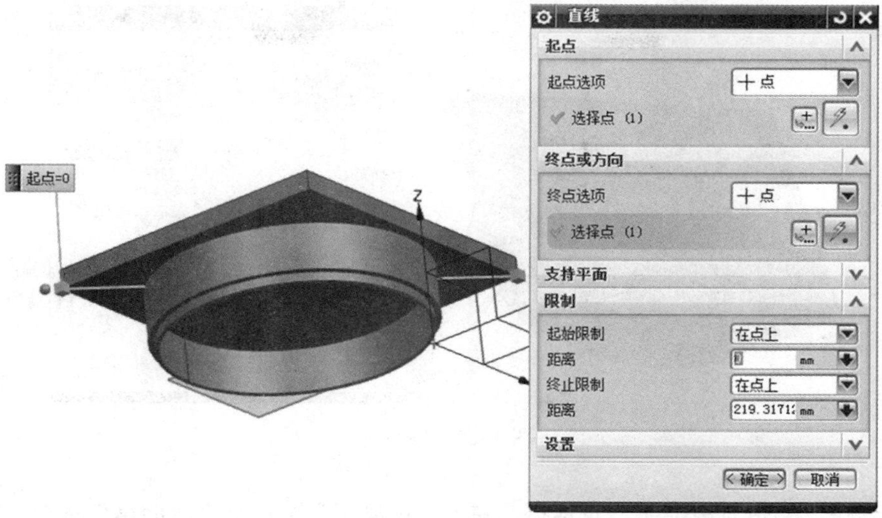

图 4–20　绘制直线

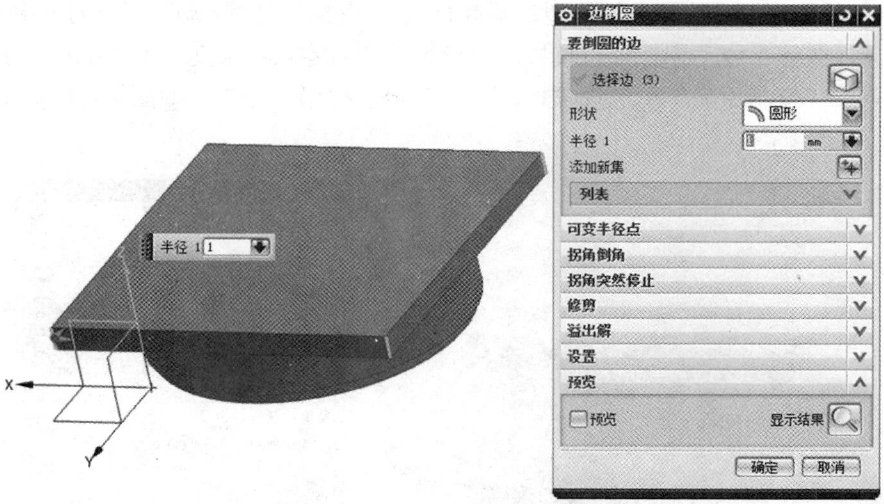

图 4–21　边倒圆

（20）单击“特征操作”工具栏上的“倒斜角”按钮，选择 4–22 所示的边，“倒斜角”参数设置如图 4–22 所示。

（21）选择“编辑”菜单中“对象显示”菜单命令或者按 Ctrl+J，弹出“类选择”对话框，在“类选择”对话框中单击“类型过滤器”按钮，弹出“根据类型选择”对话框，选中“根据类型选择”对话框中“面”，单击“确定”按钮，返回“类选择”对话框。用鼠标拾取基准台上顶面后单击“确定”按钮。

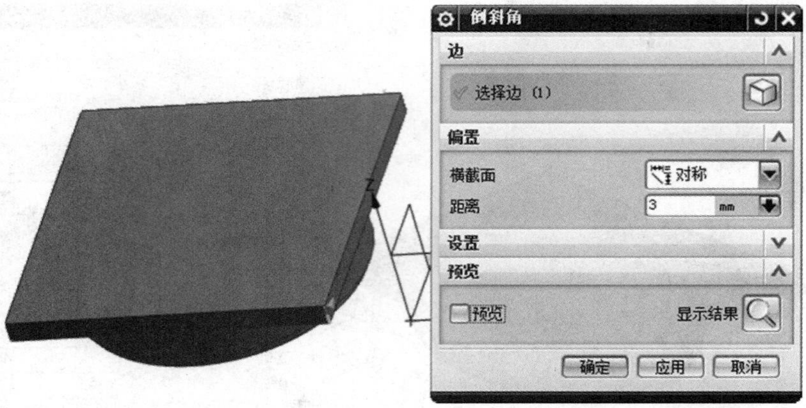

图 4–22　倒斜角

系统弹出“编辑对象显示”对话框，在“着色显示”中拖动“透明度”条至 100。单击“确定”按钮，此时，可以观察到电极内部情况。

（22）选择“编辑”菜单中“移动对象”菜单命令或者按 Ctrl+T，弹出“移动对象”对话框，如图 4–23 所示。选择电极模型及基准直线；“变换”中“运动”下拉列表中选择“角度”；“矢量”选择“+Z”向，轴点直接选择模型的绝对零点；角度文本框中输入 180；“结果”中，点中“复制原先”单选选项，单击“确定”按钮。完成后如图 4–24 所示。

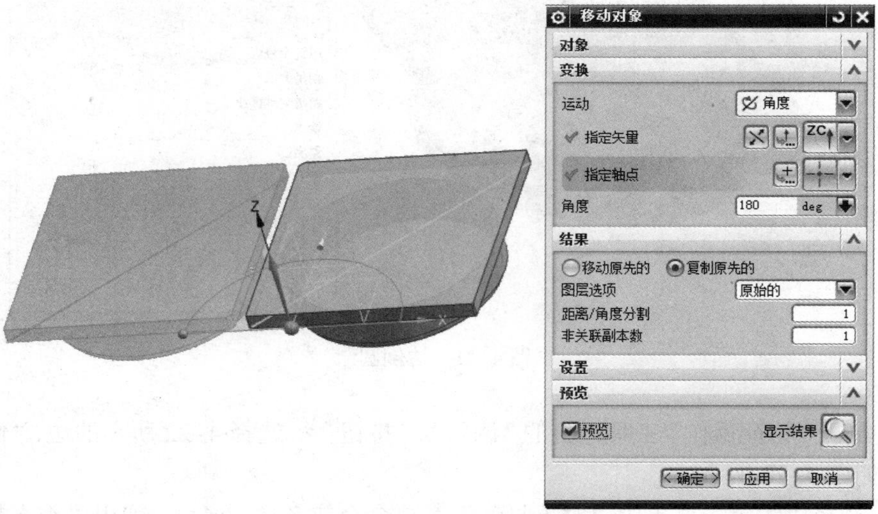

图 4–23　移动/复制对象

（23）单击“编辑特征”工具栏中“移除参数”按钮，弹出“移除参数”对话框，选择所有几何模型对象，在弹出的对话框中单击“是”按钮。

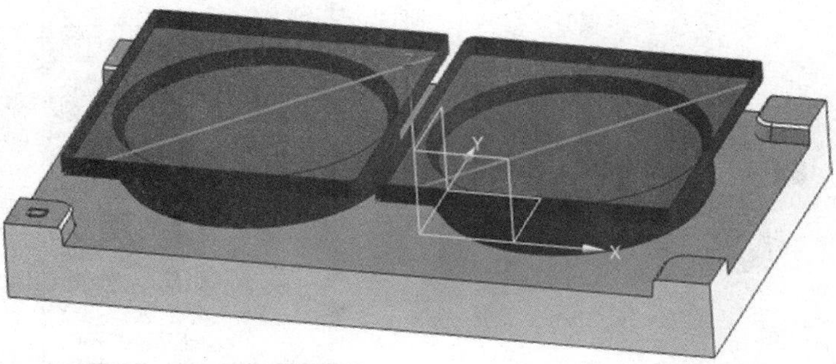

图 4–24　复制电极

（24）导出电极。选择“文件”菜单下“导出”→“部件”菜单命令，弹出“导出部件”对话框。在对话框中单击“指定部件”按钮，弹出“选择部件名”对话框。在此对话框中选择需要导出文件的存储位置及文件名，单击“OK”按钮，返回“导出部件”对话框。

“导出部件”对话框中单击“类选择”按钮，弹出“类选择”对话框。用鼠标在工作区域中点选一个电极模型及基准直线后单击“确定”按钮，返回“导出部件”对话框，对话框中其他设置使用默认值，单击“确定”按钮。

（25）将图层 1 作为工作层，图层 2 不显示，并保存文件。

2. 电极 2 设计

（1）选择“格式”菜单中“图层设置”菜单，或者按下组合键 Ctrl+L，弹出“图层设置”对话框，在对话框中“工程图层”的“工作图层”后文本框中输入 3 并按回车键，新建 3 层并设为当前层，如图 4–25 所示。单击对话框中的“确定”按钮。

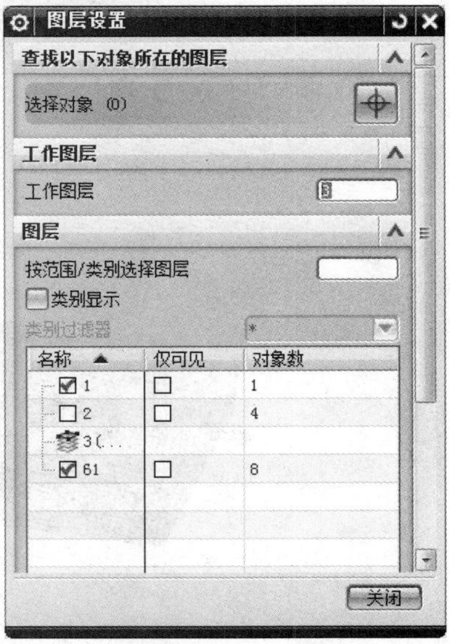

图 4–25　图层设置对话框

（2）Ctrl+Shift+U 组合键显示模具后模模型。

（3）创建包络方块体。单击“注塑模工具”工具栏中“创建方块”按钮，弹出“创建方块”对话框，在“默认间隙”文本框中输入 20，拖动方块体顶面的箭头，在弹出的“面间隙”文本框上输入 5。如图 4–26 所示，单击“确定”按钮。

（4）单击“特征操作”工具栏中“求差”按钮，弹出“求差”工具栏，按照图 4–27 所示选择“目标”和“刀具”几何体。注意：在设置中请勾选“保存工具”选项。单击“确定”按钮。

（5）隐藏模具后模模型（Ctrl+B）。

（6）在“同步建模”工具栏中单击“替换面”按钮，弹出“替换面”对话框，分别选择图 4–28 所示的各面，单击“确定”按钮。

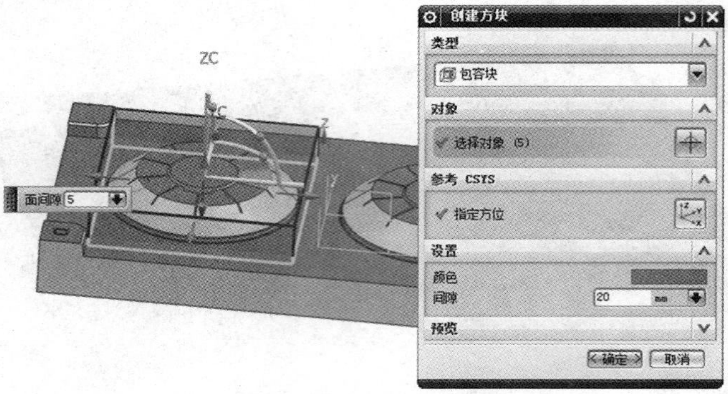

图 4–26　创建方块

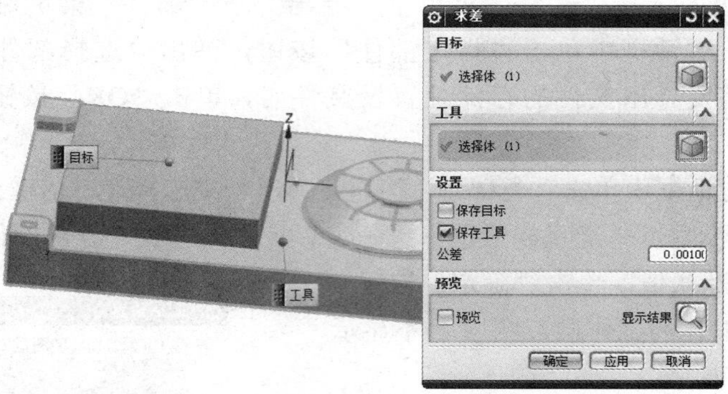

图 4–27　求差操作

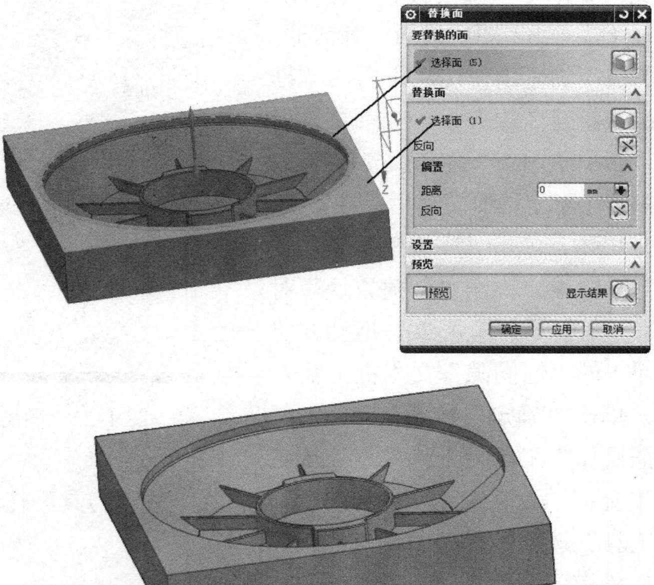

图 4–28　替换面

（7）在“同步建模”工具栏中单击“删除面”按钮，弹出“删除面”对话框，鼠标点选图 4–29 所示零件中间结构的圆角。在对话框中单击“确定”按钮。

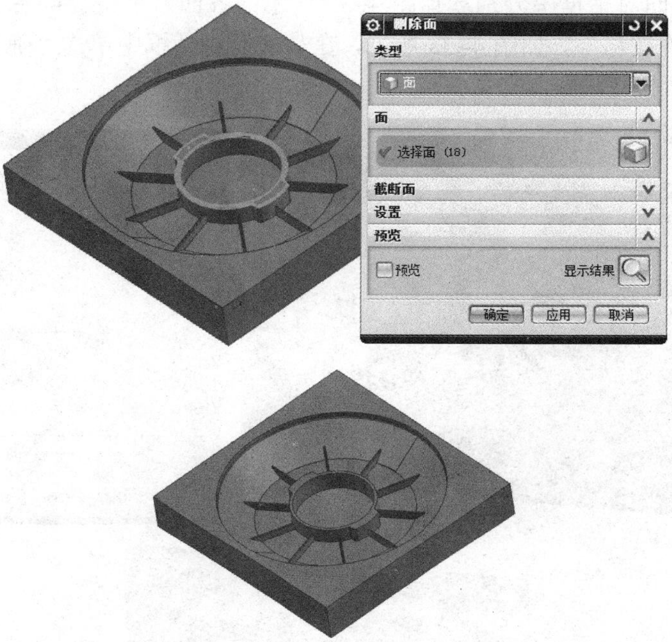

图 4–29　删除圆角面

（8）在“同步建模”工具栏中单击“删除面”按钮，弹出“删除面”对话框，鼠标点选图 4–30 所示零件中间结构的曲面。在对话框中单击“确定”按钮。

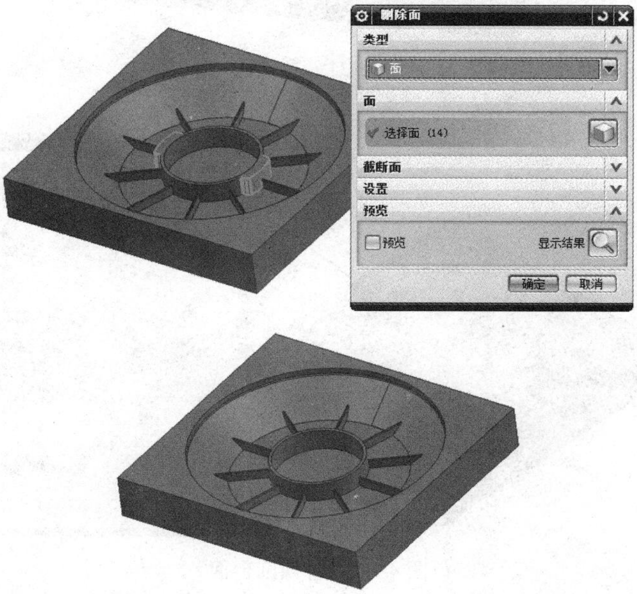

图 4–30　删除面

（9）在“同步建模”工具栏中单击“替换面”按钮，弹出“替换面”对话框，分别选择图 4–31 所示的各面，单击“应用”按钮。

（10）在替换面对话框中分别选择图 4–32 所示的各面，单击“应用”按钮。重复此操作直至所以圆台均被移除，如图 4–33 所示，在替换面对话框中单击“确定”完成拉伸特征替换面操作。

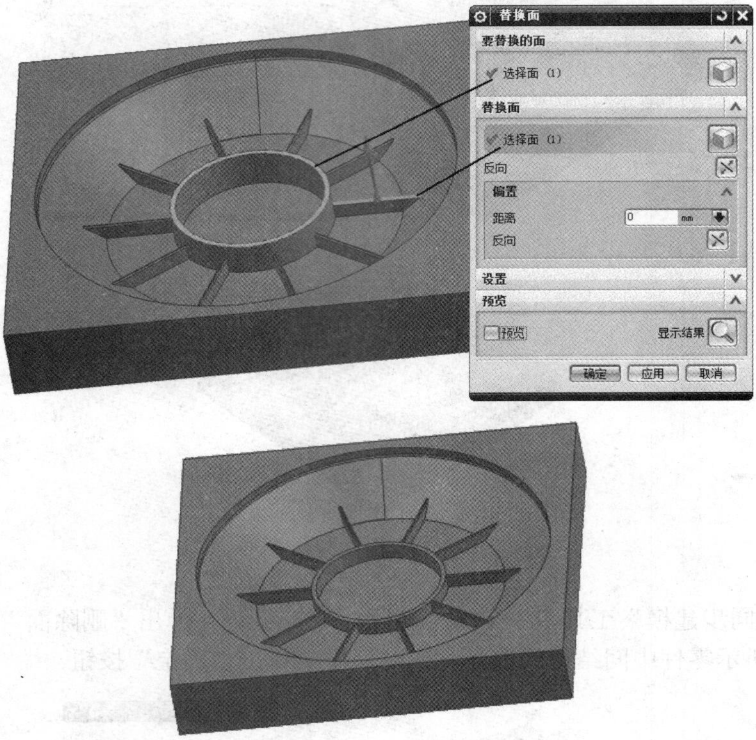

图 4–31　替换面

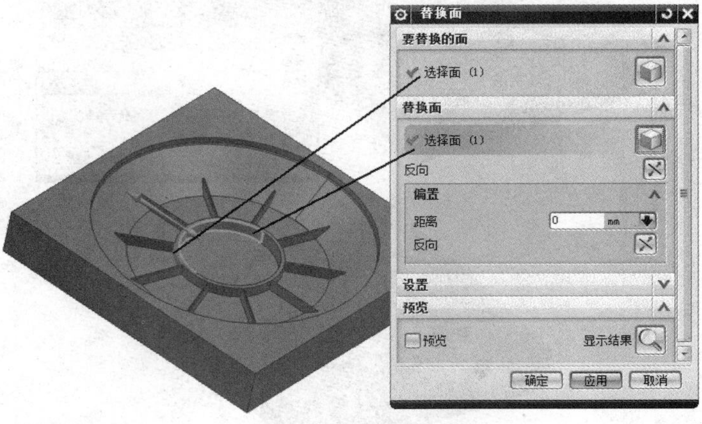

图 4–32　替换圆台面

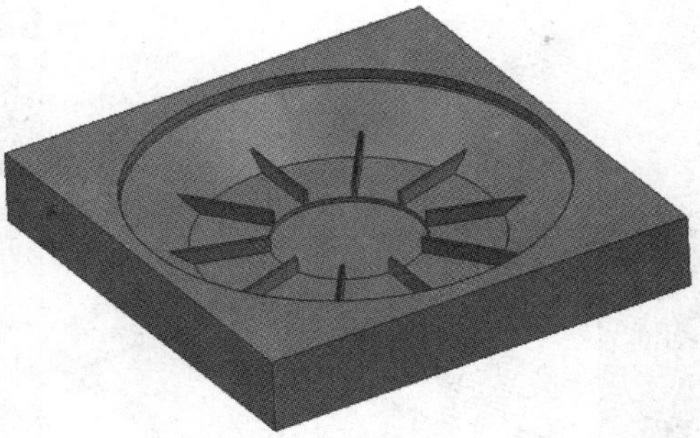

图 4–33 替换所有圆台面

（11）在“同步建模”工具栏中单击“替换面”按钮，弹出“替换面”对话框，分别选择图 4–34 所示的各面（替换面选择中间辐条的顶平面），单击“应用”按钮。

图 4–34 替换面

（12）单击“特征”工具栏中“拉伸”按钮，弹出“拉伸”对话框，选择顶部平面为草图平面，绘制如图 4–35 所示的草图，单击“草图生成器”中“完成草图”按钮，返回“拉伸”对话框。设置“距离”为 20，“布尔”中“布尔”下拉列表中选择“求差”，“选择体”选择电极模型，如图 4–36 所示，单击“确定”按钮完成拉伸特征，如图 4–37 所示。

图 4–35　草图

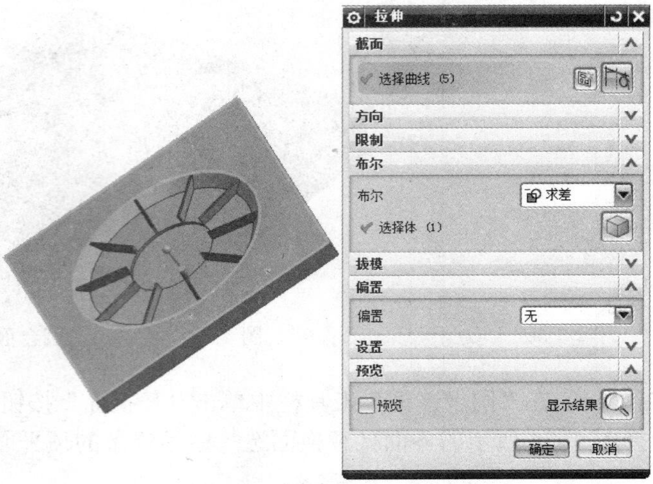

图 4–36　创建拉伸特征

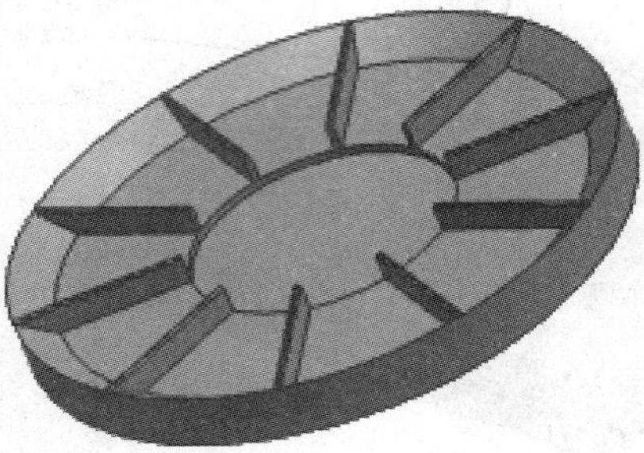

图 4–37　拉伸除料

（13）在“同步建模”工具栏中单击“删除面”按钮，弹出“删除面”对话框，分别选择图 4–38 所示的各面，单击“确定”按钮，完成后如图 4–39 所示。

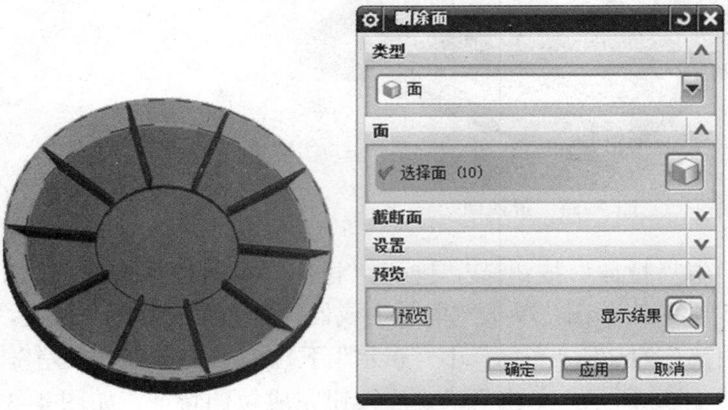

图 4–38　删除面

图 4–39　删除面后

（14）在“同步建模”工具栏中单击“替换面”按钮，弹出“替换面”对话框，分别选择图 4–40 所示的各面，单击“确定”按钮。

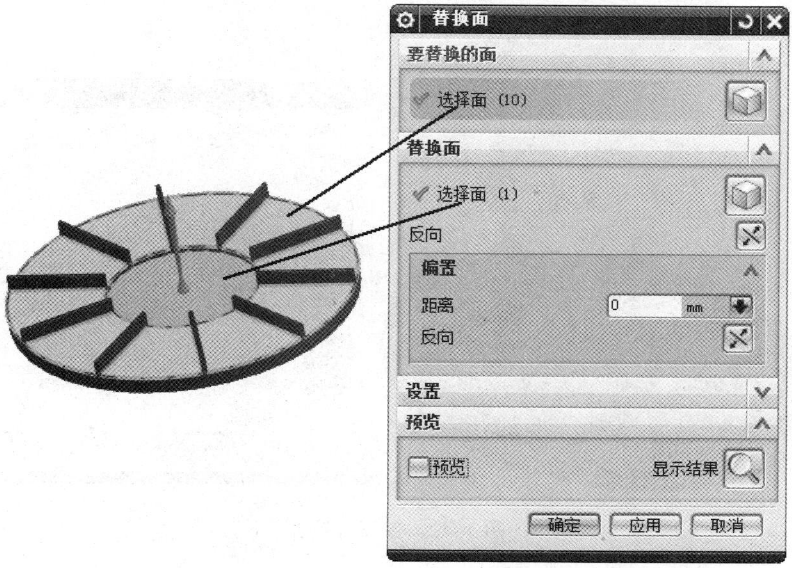

图 4–40 替换面

（15）在“同步建模”工具栏中单击“移动面”按钮，弹出“移动面”对话框，“交换”中“运动”下拉列表中选择“距离”，“距离”文本框输入“–2”，选择图 4–41 所示的各面，单击“确定”按钮。

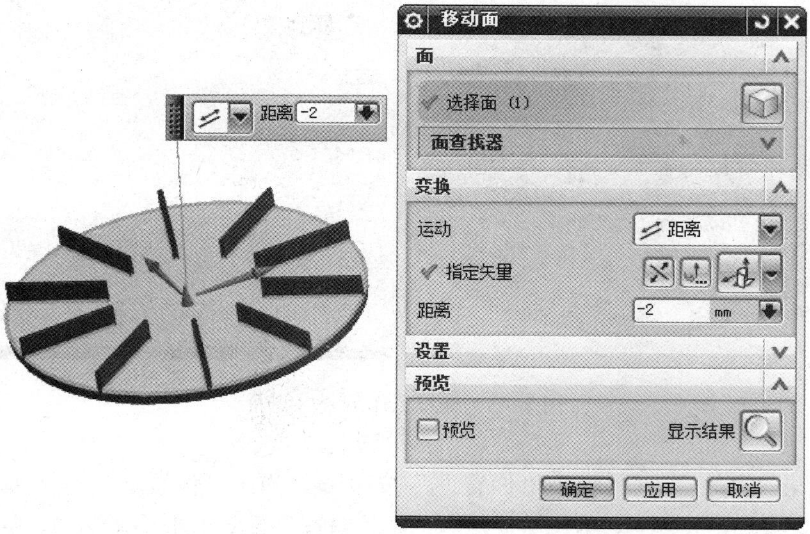

图 4–41 移动面

（16）单击“刀片”菜单下“偏置/缩放”下“偏置面”菜单命令或单击“特征”工具栏中“偏置面”按钮，弹出“偏置面”对话框，选择电极外侧面，如图 4–42 所示。在对话框中“偏置”中“偏置”后文本框中输入 1，单击对话框中“应用”按钮。

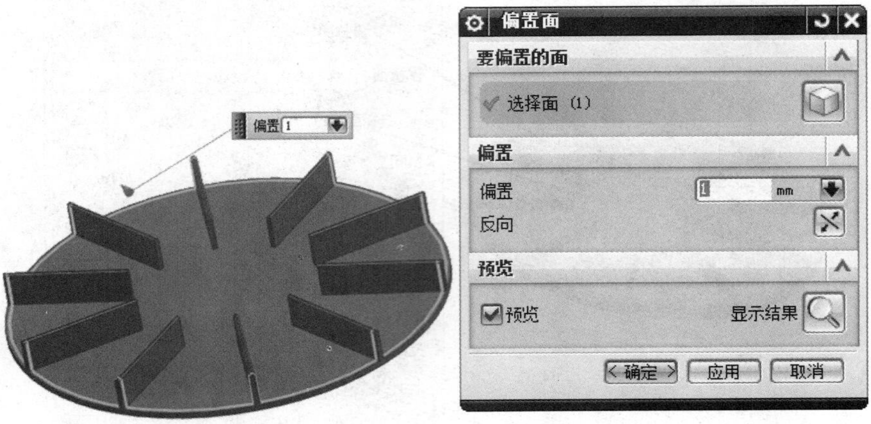

图 4–42　偏置外侧面

选择电极工作部分内侧面，如图 4–43 所示。在对话框中“偏置”中“偏置”后文本框中输入 1，单击对话框中“确定”按钮。

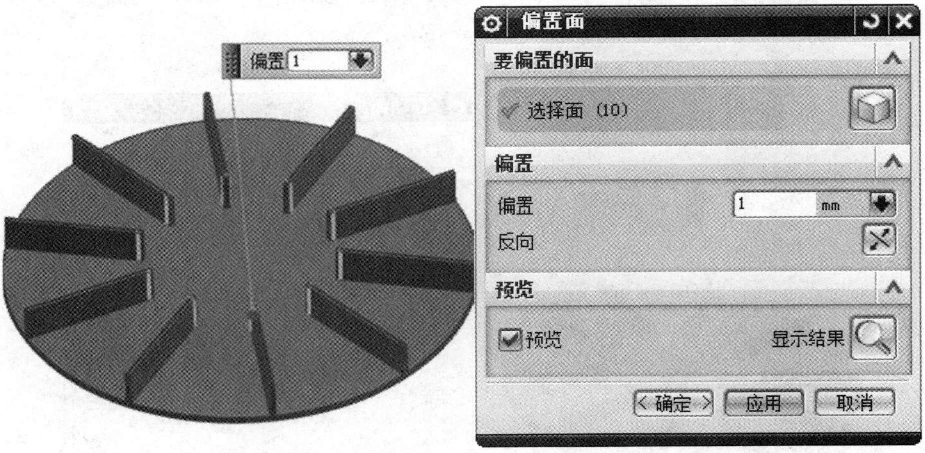

图 4–43　偏置工作部分内侧面

（17）单击“特征”工具栏中“偏置面”按钮，弹出“偏置面”对话框，选择电极顶面，如图 4–44 所示。在对话框中“偏置”中“偏置”后文本框中输入 2，单击“应用”按钮。

图 4–44　偏置顶面

（18）显示模具后模模型（Ctrl+Shift+U）。

（19）创建基准台。单击“特征”工具栏中“拉伸”按钮，弹出“拉伸”对话框，选择电极上表面作为草绘平面，绘制如图 4–45 所示的草图。

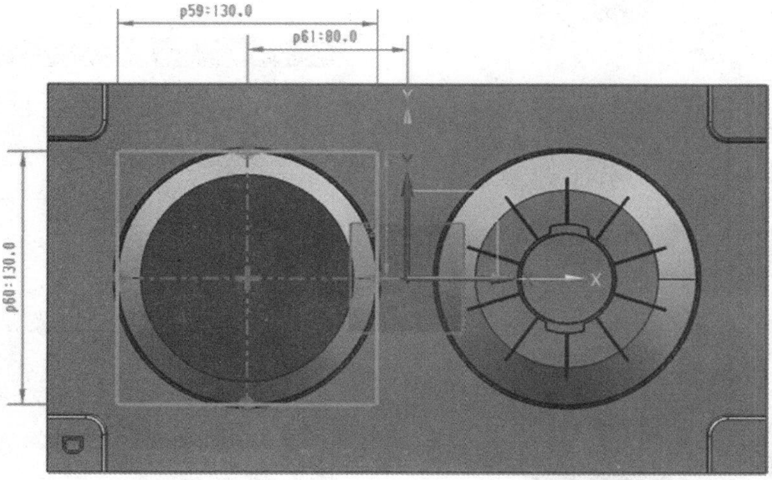

图 4–45　绘制草图

绘制完成后在“草图生成器”工具栏中单击“完成”草图按钮，返回“拉伸”对话框。在对话框中“限制”的“距离”文本框中输入“10”，“布尔”中“布尔”下拉列表中选择“求和”，“选择体”中选择前面设计的电极，如图 4–46 所示。单击“确定”按钮。

（20）将模具前模隐藏。在“同步建模”工具栏中单击“替换面”按钮，弹出“替换面”对话框，分别选择图 4–47 所示的各面，单击“确定”按钮。

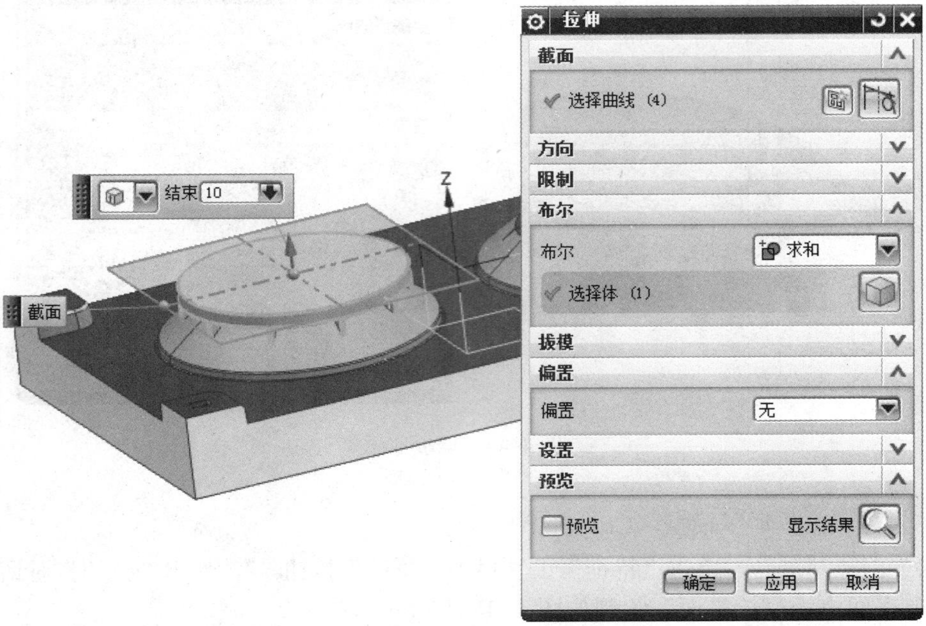

图 4–46　创建基准台

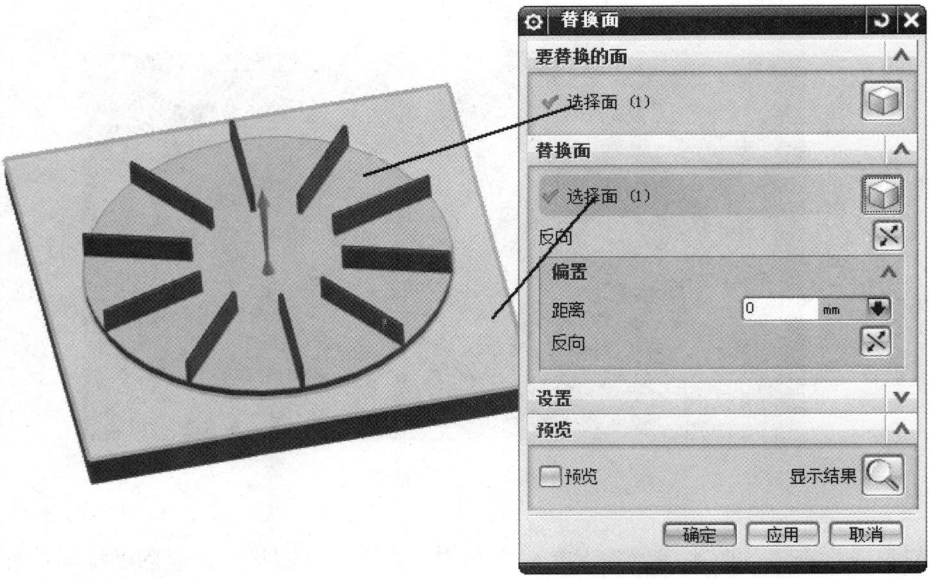

图 4–47　替换面

（21）单击“曲线”工具栏上“直线”按钮，选择如图 4–48 所示基准台下底面两顶点，单击“确定”按钮。

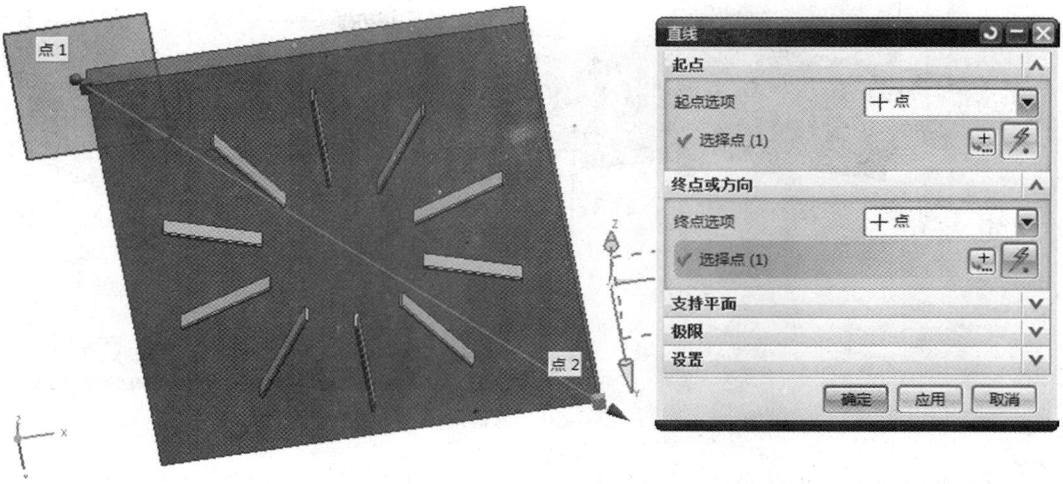

图 4–48 绘制直线

（22）单击“特征操作”工具栏上的“边倒圆”按钮，弹出“边倒圆”对话框。在对话框“要倒圆的边”中半径 1 文本框中输入 1，用鼠标点选图 4–49 中所示的 3 条边，单击“确定”按钮。

图 4–49 边倒圆

（23）单击“特征操作”工具栏上的“倒斜角”按钮，选择 4–50 所示的边，“倒斜角”参数设置如图 4–51 所示。

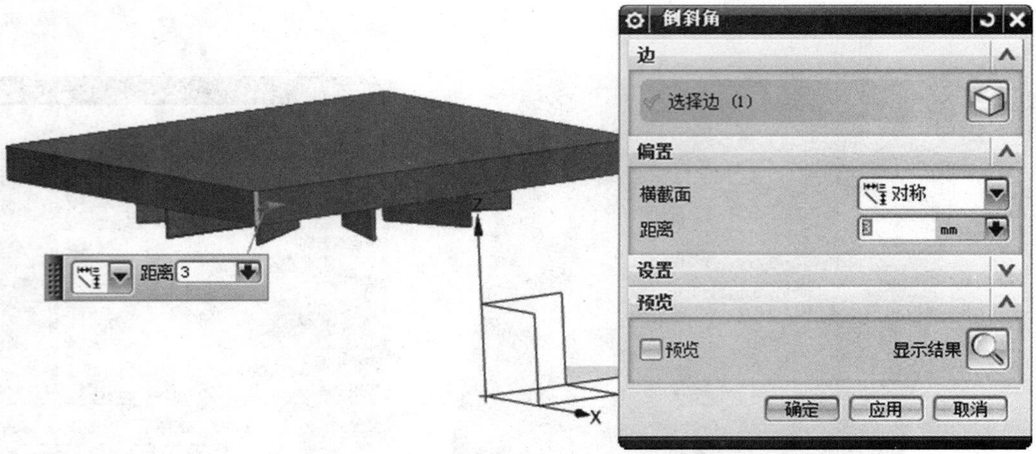

图 4–50　倒斜角

（24）选择“编辑”菜单中“对象显示”菜单命令或者按 Ctrl+J，弹出“类选择”对话框，在“类选择”对话框中单击“类型过滤器”按钮，弹出“根据类型选择”对话框，选中“根据类型选择”对话框中“面”，单击“确定”按钮，返回“类选择”对话框。用鼠标拾取基准台上顶面后单击“确定”按钮。

系统弹出“编辑对象显示”对话框，在“着色显示”中拖动“透明度”条至 100，单击“确定”按钮。

（25）选择“编辑”菜单中“移动对象”菜单命令或者按 Ctrl+T，弹出“移动对象”对话框，如图 4–51 所示。选择电极模型及基准直线；“变换”中“运动”下拉列表中选择“角度”；“矢量”选择“+Z”向，中心点直接选择模型的绝对零点；角度文本框中输入 180；“结果”中，点中“复制原先”单选选项，单击“确定”按钮。完成后如图 4–52 所示。

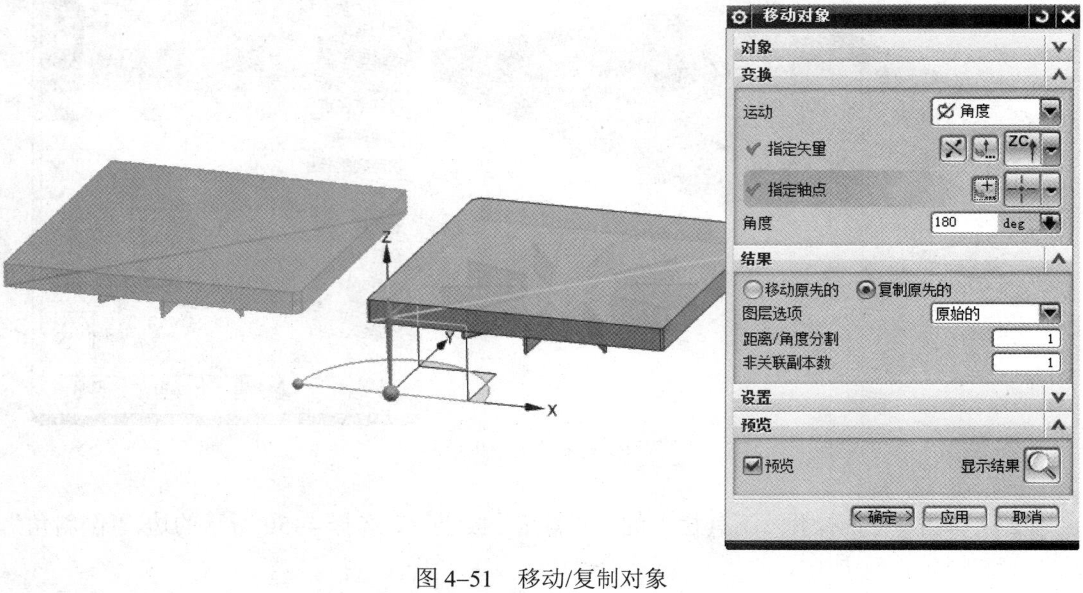

图 4–51　移动/复制对象

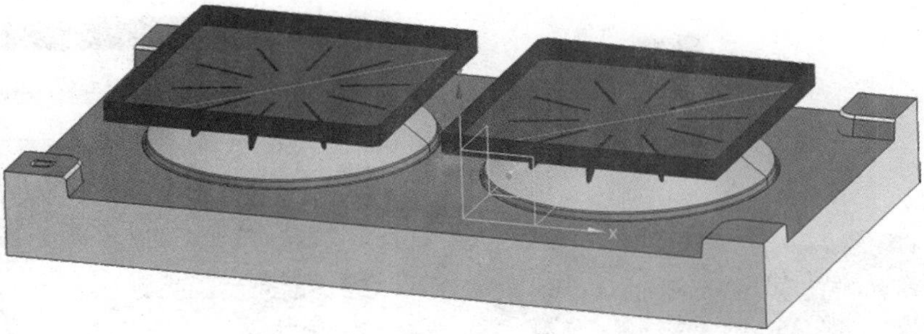

图 4–52 复制电极

（26）单击“编辑特征”工具栏中“移除参数”按钮，弹出“移除参数”对话框，选择所有几何模型对象，在弹出的对话框中单击“是”按钮。

（27）导出电极。选择“文件”菜单下“导出”→“部件”菜单命令，弹出“导出部件”对话框。在对话框中单击“指定部件”按钮，弹出“选择部件名”对话框。在此对话框中选择需要导出文件的存储位置及文件名，单击“OK”按钮，返回“导出部件”对话框。

“导出部件”对话框中单击“类选择”按钮，弹出“类选择”对话框。用鼠标在工作区域中点选一个电极模型及基准直线后单击“确定”按钮，返回“导出部件”对话框，对话框中其他设置使用默认值，单击“确定”按钮。

（28）将图层 1 作为工作层，图层 3 不显示，并保存文件。

提醒：图中电极的工作部分都是薄壁板件，在加工过程中容易发生变形。解决方法是：在保证电极避空的前提下可在根部添加适当大小的圆角或凸台，可以提高此电极的刚度。

3. 电极 3 设计

（1）选择“格式”菜单中“图层设置”菜单，或者按下组合键 Ctrl+L，弹出“图层设置”对话框，在对话框中“工程图层”的“工作图层”后文本框中输入 4 并按回车键，新建 4 层并设为当前层，如图 4–53 所示，单击对话框中的“确定”按钮。

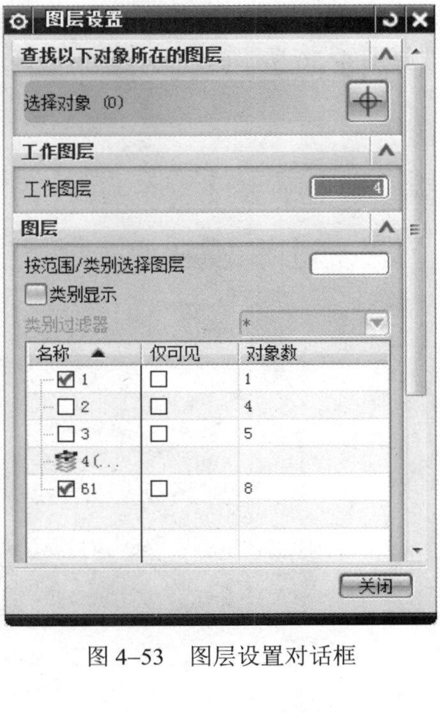

图 4–53 图层设置对话框

（2）Ctrl+Shift+U 组合键显示模具后模模型。

（3）创建包络方块体。单击“注塑模工具”工具栏中“创建方块”按钮，弹出“创建方块”对话框，在“默认间隙”文本框中输入 5。如图 4–54 所示，单击“确定”按钮。

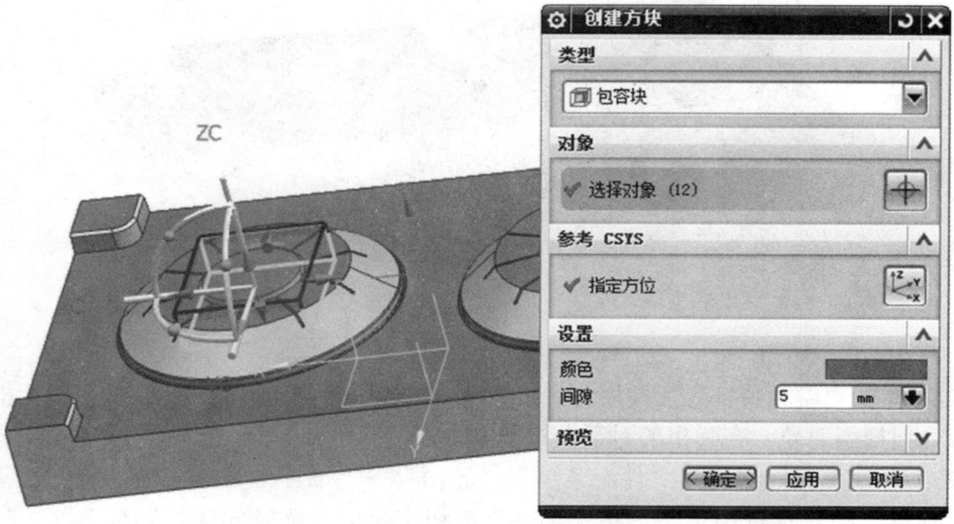

图 4–54　创建方块

（4）单击“特征操作”工具栏中“求差”按钮，弹出“求差”工具栏，按照图 4–55 所示选择“目标”和“刀具”几何体。注意：在设置中请勾选“保存工具”选项。单击“确定”按钮。

（5）隐藏模具后模模型（Ctrl+B）。

（6）在“同步建模”工具栏中单击“替换面”按钮，弹出“替换面”对话框，分别选择图 4–56 所示的各面，单击“确定”按钮。

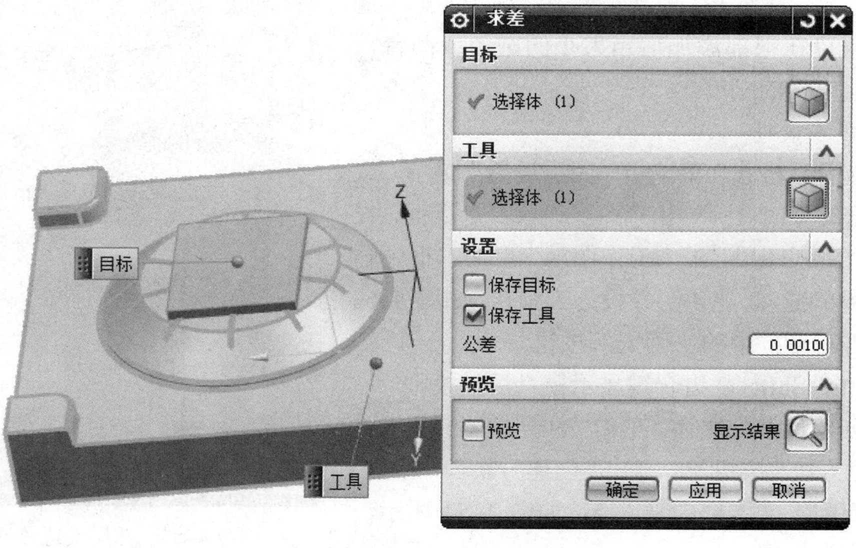

图 4–55　求差操作

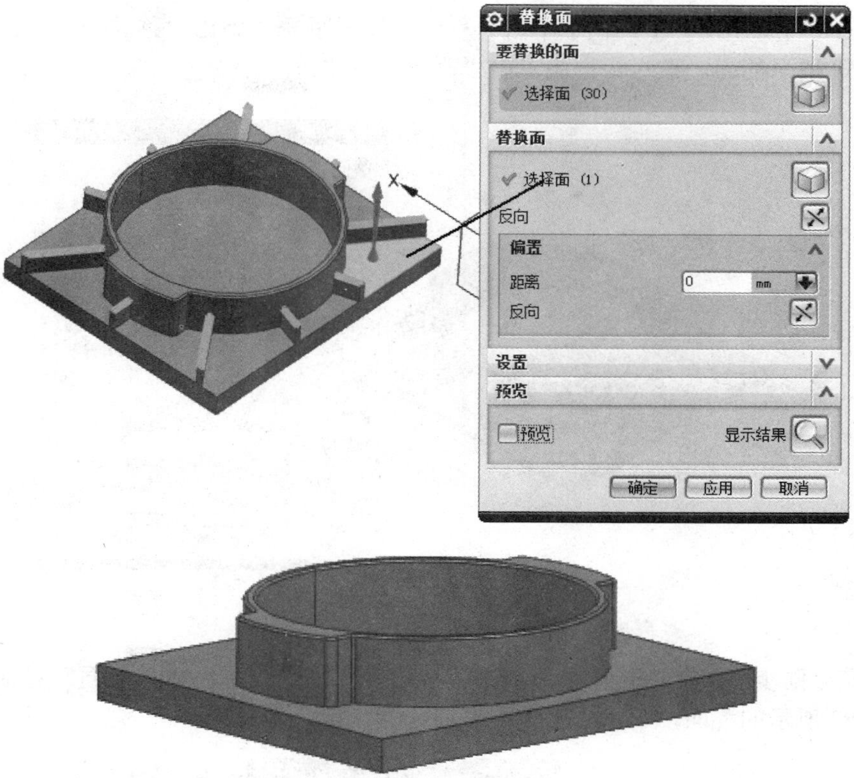

图 4–56　替换面

（7）在“同步建模”工具栏中单击“移动面”按钮，弹出“移动面”对话框，鼠标点选图 4–57 所示的面。在对话框中单击“确定”按钮。

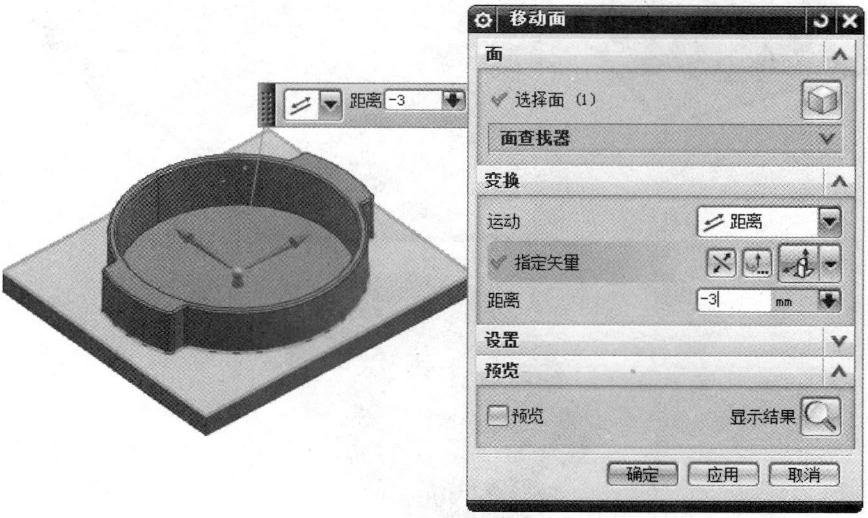

图 4–57　移动面

（8）在“同步建模”工具栏中单击“移动面”按钮，弹出“移动面”对话框，鼠标点选图 4–58 所示的面。在对话框中单击“确定”按钮。

图 4–58　移动面

（9）在“同步建模”工具栏中单击“替换面”按钮，弹出“替换面”对话框，分别选择图 4–59 所示的各面，单击“确定”按钮。

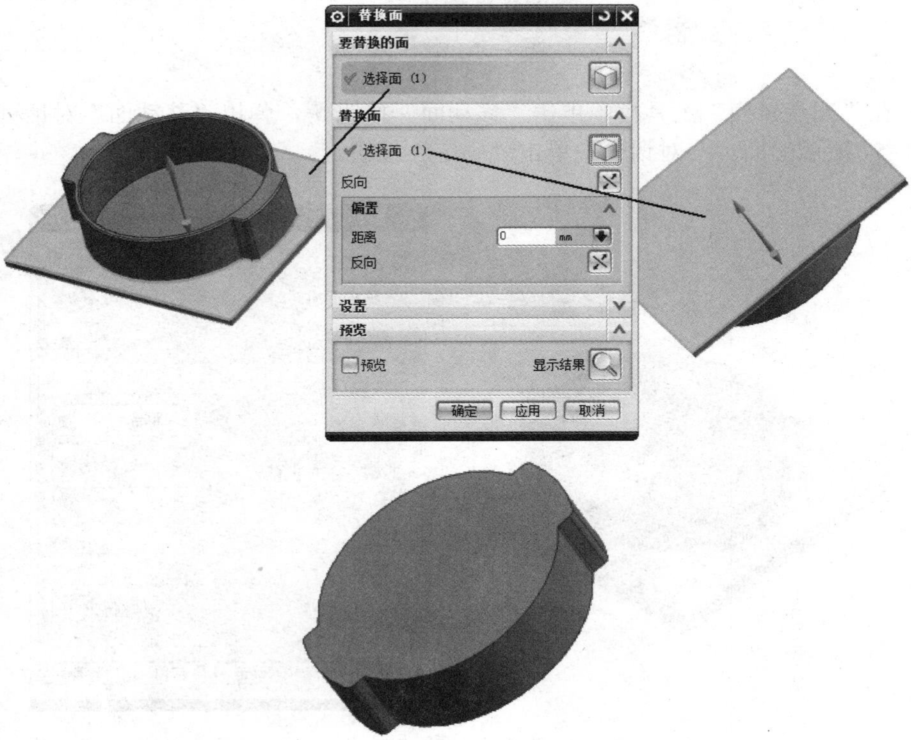

图 4–59　替换面

（10）显示模具后模模型（Ctrl+Shift+U）。

（11）创建基准台。单击“特征”工具栏中“拉伸”按钮，弹出“拉伸”对话框，选择电极上表面作为草绘平面，绘制如图 4–60 所示的草图。

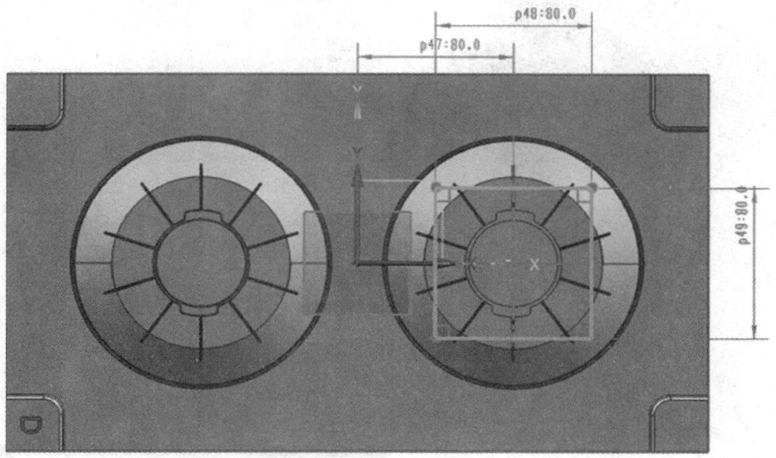

图 4–60　绘制草图

绘制完成后在“草图生成器”工具栏中单击“完成”草图按钮，返回“拉伸”对话框。在对话框中“限制”的“距离”文本框中输入“10”，“布尔”中“布尔”下拉列表中选择“求和”，“选择体”中选择前面设计的电极，如图 4–61 所示，单击“确定”按钮。

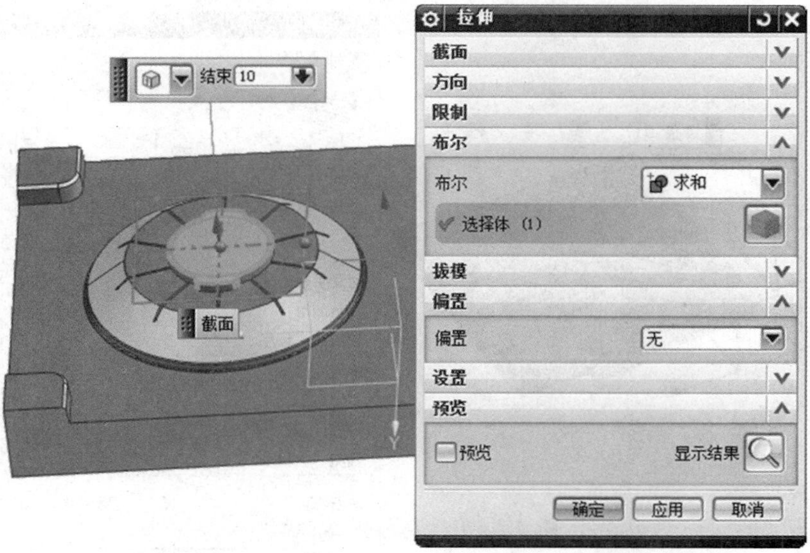

图 4–61　创建基准台

（12）将模具前模隐藏。单击“曲线”工具栏上的“直线”按钮，选择如图 4–62 所示基准台下底面两顶点（作为安装基准台定位用），单击“确定”按钮。

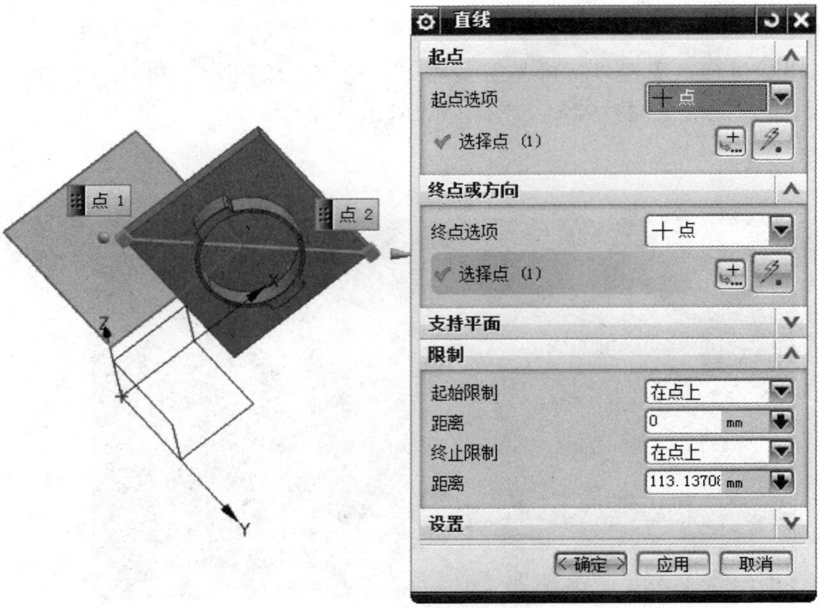

图 4–62　绘制直线

（13）单击“特征操作”工具栏上的“边倒圆”按钮，弹出“边倒圆”对话框。在对话框“要倒圆的边”中半径 1 文本框中输入 1，用鼠标点选图 4–63 中所示的 3 条边，单击“确定”按钮。

图 4–63　边倒圆

（14）单击“特征操作”工具栏上的“倒斜角”按钮，选择 4–64 所示的边，“倒斜角”

参数设置如图 4–64 所示。

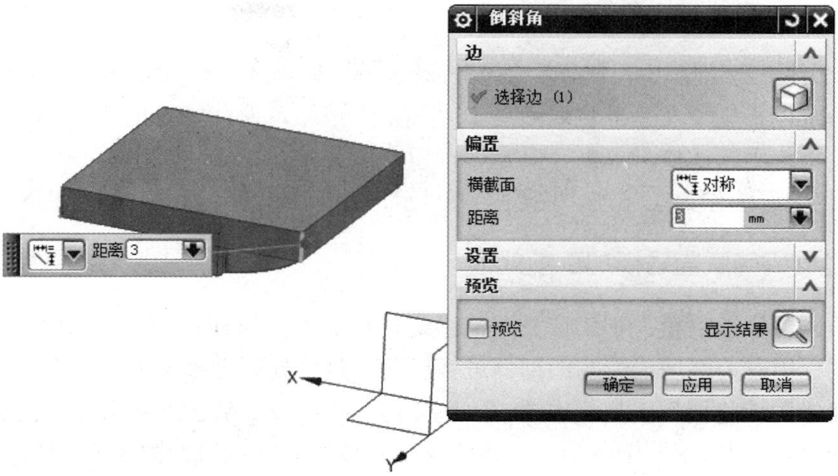

图 4–64 倒斜角

（15）选择“编辑”菜单中“对象显示”菜单命令或者按 Ctrl+J，弹出“类选择”对话框，在“类选择”对话框中单击“类型过滤器”按钮，弹出“根据类型选择”对话框，选中“根据类型选择”对话框中的“面”，单击“确定”按钮，返回“类选择”对话框。用鼠标拾取基准台上顶面后单击“确定”按钮。

系统弹出“编辑对象显示”对话框，在“着色显示”中拖动“透明度”条至 100，单击“确定”按钮。此时，可以观察到电极内部情况。

（16）选择“编辑”菜单中“移动对象”菜单命令或者按 Ctrl+T，弹出“移动对象”对话框。选择电极模型及基准直线；“变换”中“运动”下拉列表中选择“角度”；“矢量”选择“+Z”向，中心点直接选择模型的绝对零点；角度文本框中输入 180；“结果”中，点中“复制原先”单选选项，单击“确定”按钮。完成后如图 4–65 所示。

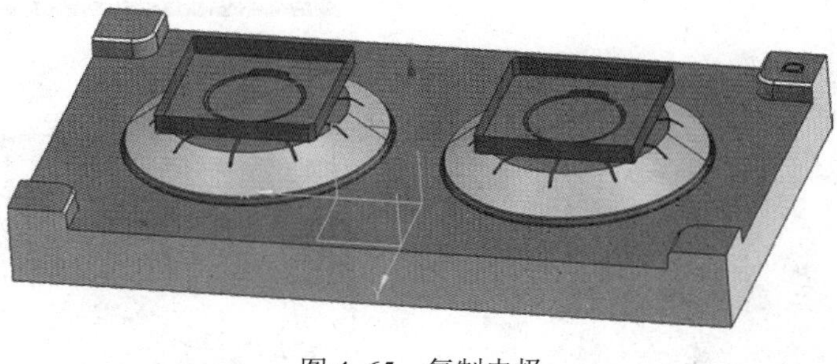

图 4–65 复制电极

（17）单击“编辑特征”工具栏中“移除参数”按钮，弹出“移除参数”对话框，选择所有几何模型对象，在弹出的对话框中单击“是”按钮。

（18）导出电极。选择“文件”菜单下“导出”→“部件”菜单命令，弹出“导出部件”对话框。在对话框中单击“指定部件”按钮，弹出“选择部件名”对话框。在此对话框中选择需要导出文件的存储位置及文件名，单击“OK”按钮，返回“导出部件”对话框。

“导出部件”对话框中单击“类选择”按钮，弹出“类选择”对话框。用鼠标在工作区域中点选一个电极模型及基准直线后单击“确定”按钮，返回“导出部件”对话框，对话框中其他设置使用默认值，单击“确定”按钮。

（19）将图层 1 作为工作层，图层 4 不显示，并保存文件。

4.2.2 吸尘器网筒底盖后模加工前处理

吸尘器网筒底盖后模在加工前先对后续进行电加工的部分结构进行处理，对于可能在刀路生成过程中对刀路造成影响的部分进行删除。具体处理过程如下：

（1）在“同步建模”工具栏中单击“删除面”按钮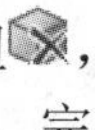，弹出“删除面”对话框，分别选择图 4–66 所示的后模圆槽各面，单击“确定”按钮，完成后如图 4–67 所示。

（2）在“同步建模”工具栏中单击“替换面”按钮，弹出“替换面”对话框，分别选择图 4–68 所示的各面，单击“应用”按钮。

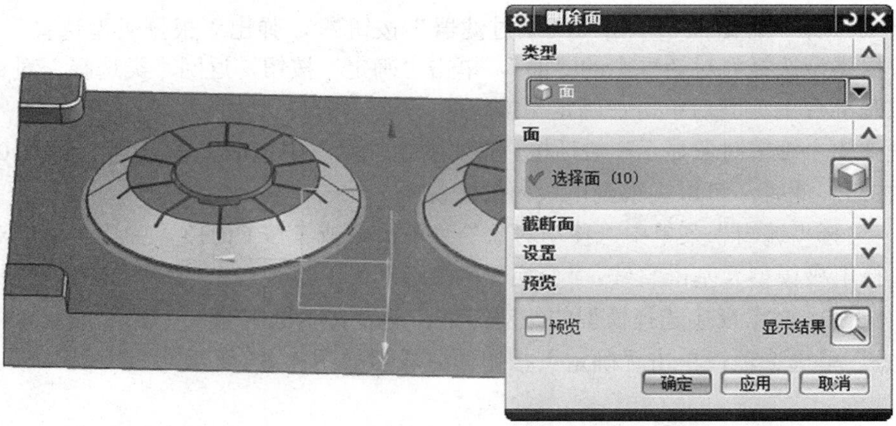

图 4–66　删除面—选择圆槽面

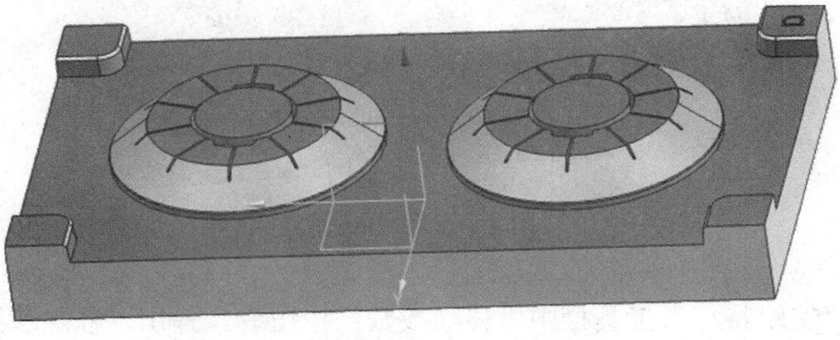

图 4–67　完成删除圆槽面

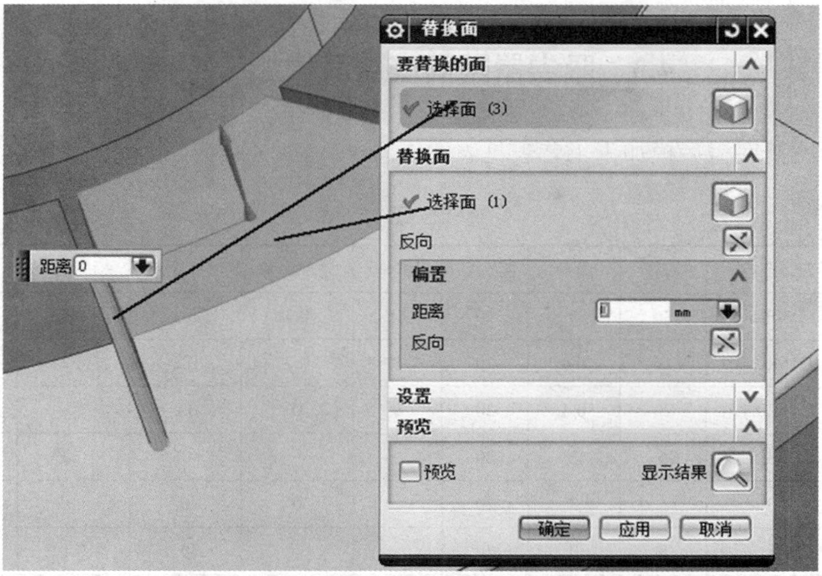

图 4–68 替换面

（3）用同样的方法替换模具零件上其余 19 个槽的面，完成后在替换面对话框中单击“确定”按钮，如图 4–69 所示。

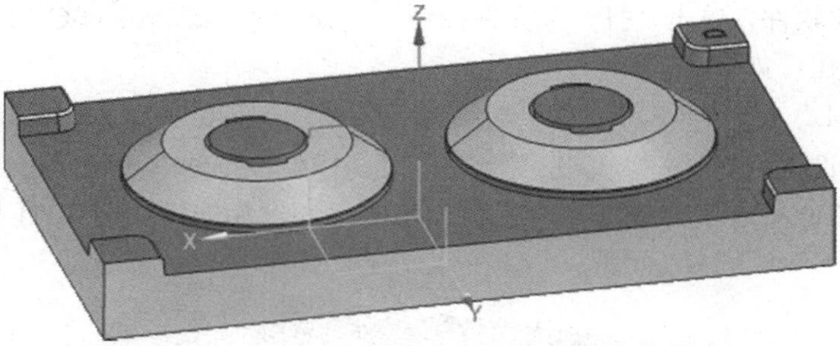

图 4–69 替换所有的槽

（4）用同步建模中“替换面”命令完成模具中心凹槽的填充，完成后如图 4–70 所示。

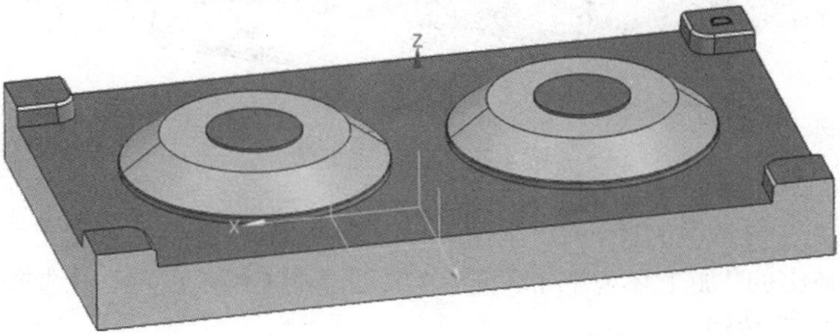

图 4–70 填补中间凹槽

（5）保存文件。

4.3　吸尘器网筒底盖后模加工工艺

吸尘器网筒底盖后模加工工艺表见表 4–1。

表 4–1　　加 工 工 艺 表

程式名称	刀具名称	刀径	角 R	刀长	刀间距	底部余量	侧壁余量	每层深度	备注
CO1	D30R5	30	5	20	15	0.3	0.3	0.3	开粗
CO2	D16R0.4	16	0.4	20	8	0.1	0.2	0.2	二次开粗
CO3	D16R0.4	20	0.4	20	8	0	0.2		平面精加工
CO4	R3	6	3	20			0.1	0.3	胶位半精加工
CO5	R3	6	3	20		0	0	0.07	胶位精加工
CO6	D8	8	0	20			0	0.1	侧壁精加工

4.4　吸尘器网筒底盖后模加工设计

打开 NX 8.5 软件，单击“打开”文件按钮，选择“Part\Project\CO2–NC.prt”文件，单击“确定”按钮，如图 4–70 所示。

按下“Ctrl+L”打开“图层设置”对话框，新建图层 20 并置为当前层，单击“确定”按钮关闭“图层设置”对话框。单击“特征”工具栏中“拉伸”按钮，以后模底面为草绘面建立 300×200×55 的方块体作为后模加工的毛坯，完成后如图 4–71 所示。

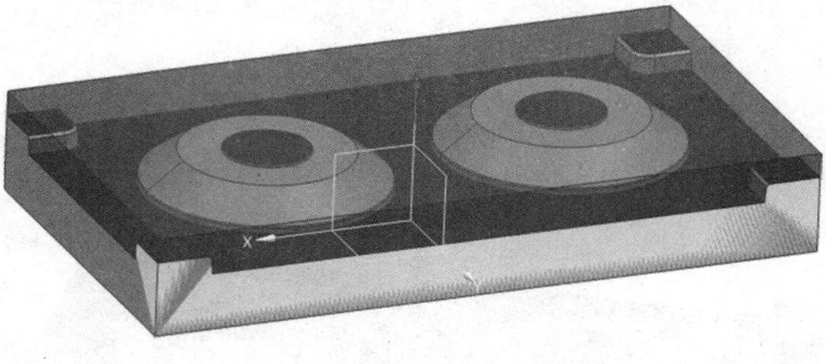

图 4–71　创建毛坯体

单击“标准”工具条中的“开始”按钮，在下拉菜单中选择“加工”， 进入 CAM 加工环境设置。在弹出的“加工环境”对话框中“要创建的 CAM 设置”中选择“mill_contour”选项，单击“确定”按钮。

1. 创建几何体

在“导航器”工具中单击“几何视图”按钮，在“操作导航器”中双击“MCS_MILL”，弹出“MCS 铣削”对话框。在“MCS 铣削”对话框中的“安全设置选项”下拉列表中选择“平面”选项，用鼠标选择毛坯的上顶面并在“距离”文本框中输入 5，单击“确定”按钮。如图 4–72 所示。在“MCS 铣削”对话框中单击“确定”按钮。

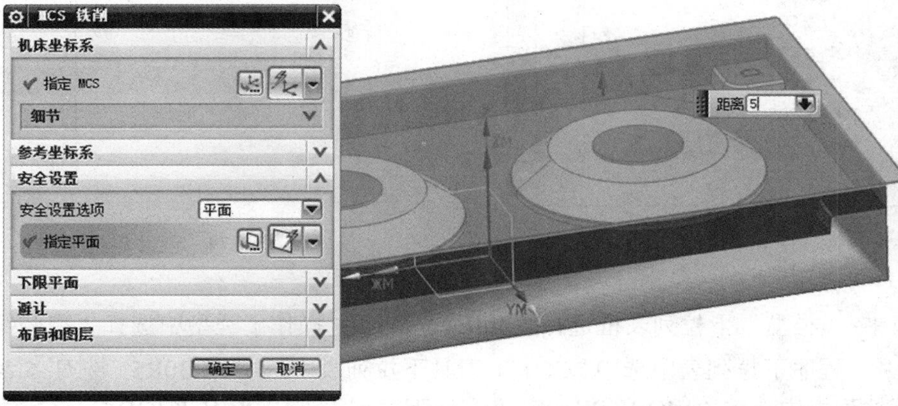

图 4–72 平面构造器与指定安全平面

2. 指定毛坯几何体和部件几何体

双击“MCS_MILL”下的“WORKPIECE”，弹出“铣削几何体”对话框。在对话框中单击“选择或编辑毛坯几何体”按钮，弹出“毛坯几何体”对话框，选择 20 层中的毛坯，单击“确定”按钮。按下“Ctrl+L”或者选择“格式”菜单下的“图层设置”选项，在弹出“图层设置”对话框中取消勾选图层 20，隐藏图层 20 中的毛坯，单击“关闭”按钮返回到“铣削几何体”对话框。单击“铣削几何体”对话框中的“选择或编辑部件几何体”按钮，弹出“部件几何体”对话框，选择吸尘器风量调节阀后模零件，单击“确定”按钮。在“铣削几何体”对话框中单击“确定”按钮。

3. 创建程序

在“导航器”工具中单击“程序顺序视图”按钮。在“刀片”工具栏中单击“创建程序”按钮，弹出“创建程序”对话框，在对话框中的“位置”下拉列表中选择“Program”，在名称文本框中输入“C01”，单击“应用”按钮。弹出“程序”对话框，单击“确定”按钮，返回到“创建程序”对话框。用同样的方法创建“CO2”，“CO3”，“CO4”，“CO5”，“CO6”。完成后，操作导航器的程序视图如图 4–73 所示。

4. 创建刀具

在“导航器”工具中单击“机床视图”按钮。在“刀片”工具栏中单击“创建刀具”按钮，弹出“创建刀具”对话框。设置各项刀具参数完成 D30R5、D16R0.4、R3、D8，完成后如图 4–74 所示。

5. 吸尘器网筒底盖前模加工

（1）前模开粗。

在“刀片”工具栏中单击“创建工序”按钮，弹出“创建工序”对话框。在对

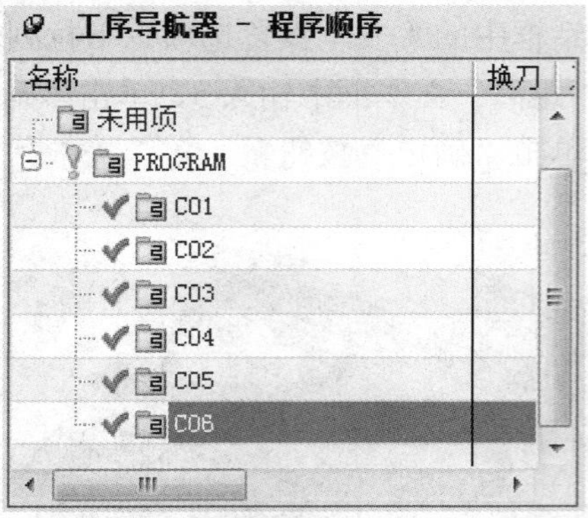

图 4–73　创建程序

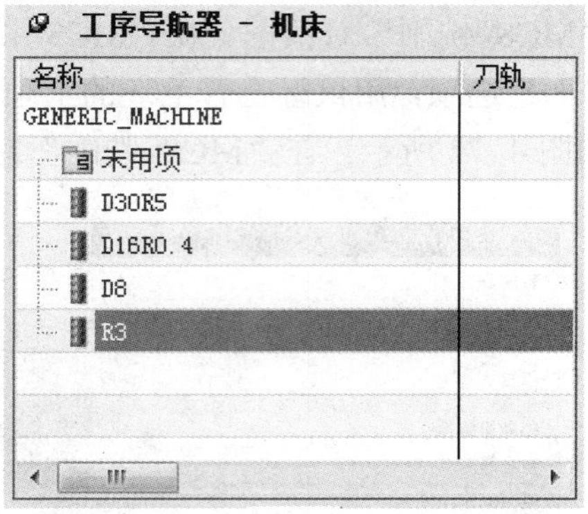

图 4–74　创建刀具

话框窗口中：“类型”下拉列表框选择“mill_contour”；操作子类型中选择“型腔铣”按钮；位置中，程序下拉列表中选中“CO1”，刀具下拉列表中选中“D30R5（铣刀–5 参数）”，几何体下拉列表中选中“WORKPIECE”，方法下拉列表选中“METHOD”，名称文本框中输入“CO1–D30R5”，参数设置如图 4–75 所示，单击“确定”按钮，弹出型腔铣对话框。

在“型腔铣”对话框的“刀轨设置”中的“切削模式”选择“跟随部件”，“步距”下拉列表中选择“刀具平直百分比”选项，“平面直径百分比”文本框中输入“50”，“每刀的公共深度”下拉列表中选择“恒定”，“最大距离”文本框中输入 0.3，设置如图 4–76 所示。

图 4–75　创建工序对话框

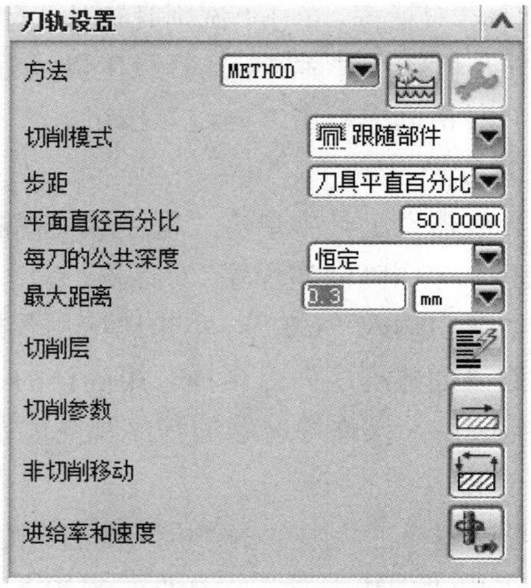

图 4–76　型腔铣刀轨设置

单击“刀轨设置”中“切削层”按钮，弹出“切削层”对话框。在“切削层”对话框中的列表或在绘图区中选中最下一层切削范围，使得该层切削范围高亮显示，如图 4–77 所示。

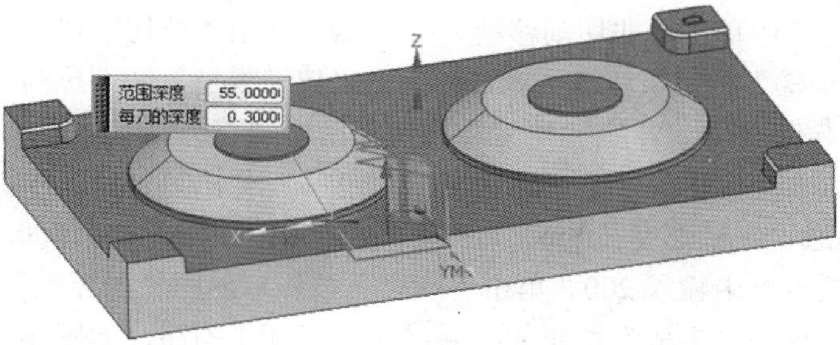

图 4–77 高亮显示最底层切削范围

单击“移除”按钮✕，删除最底层切削范围，完成后如图 4–80 所示。单击“确定”按钮，返回“型腔铣”对话框。

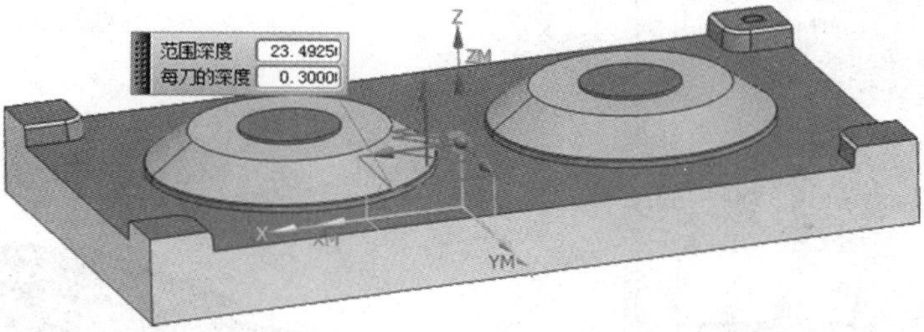

图 4–78 删除完成

在“刀轨设置”中单击“切削参数”按钮，弹出切削参数对话框，选择“策略”标签，在“切削”中“切削顺序”下拉列表中选择“深度优先”选项；选择“余量”标签，在“部件侧面余量”右侧的文本框中输入 0.3，如图 4–79 所示。单击“确定”按钮，返回“型腔铣”对话框。

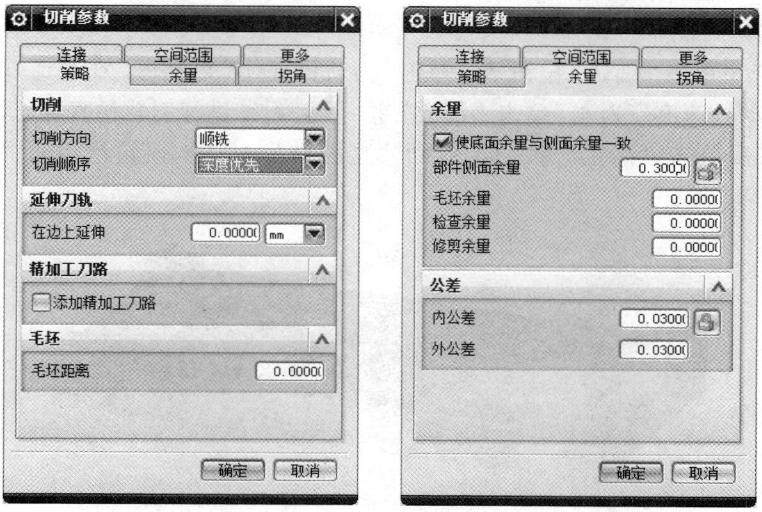

图 4–79 切削参数对话框

在“刀轨设置”中单击“非切削移动”按钮，弹出“非切削移动”对话框。在对话框中选择“传递/快递”标签，在“区域之间”→“传递类型”后下拉列表中选择“毛坯平面”选项，如图 4–80 所示。单击“确定”按钮返回“型腔铣”对话框。

在“刀轨设置”中单击“进给率和速度”按钮，弹出“进给率和速度”对话框。在“主轴速度”中勾选“主轴速度（rpm）”，并在后面的文本框中输入 1600；在“进给率”中的“进刀”后的文本框中输入 200。单击“确定”按钮，返回“型腔铣”对话框。

在“操作”中单击“生成”按钮，系统生成粗加工刀路，如图 4–81 所示。

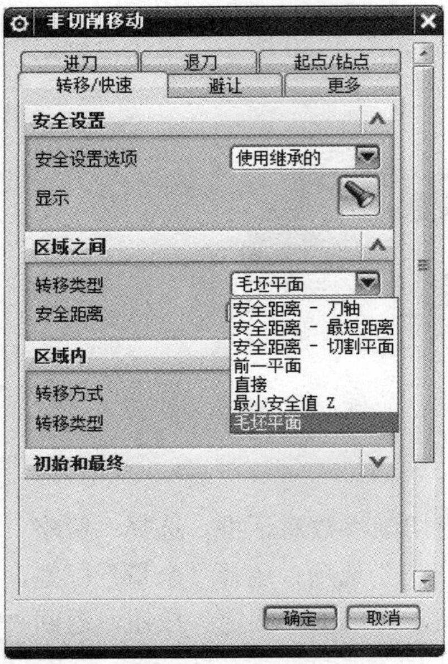

图 4–80　设置非切削移动

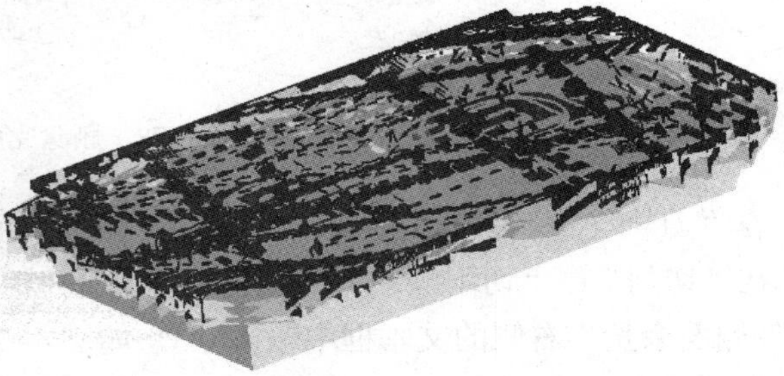

图 4–81　生成粗加工刀路

在“操作”中单击“确认”按钮，弹出“刀轨可视化”对话框，在对话框中选择“2D”标签，调整“动画速度”为 4，单击“播放”按钮，系统进行刀轨仿真加工，如图 4–82 所示。仿真完成后单击“确定”按钮，返回“型腔铣”对话框，再次单击“确定”按钮，完成操作。

图 4–82　仿真与结果

（2）二次开粗。

在操作导航器—程序顺序视图中的“CO1→CO1–D30R5”单击鼠标右键，在右键快捷菜单中选择“复制”命令。在操作导航器—程序顺序视图中的“CO2”单击鼠标右键，在右键快捷菜单中选择“内部粘贴”命令。修改“CO2”下“CO1–D30R5_CAPY”操作的名称为“CO2–D16R0.4”，如图 4–83 所示。

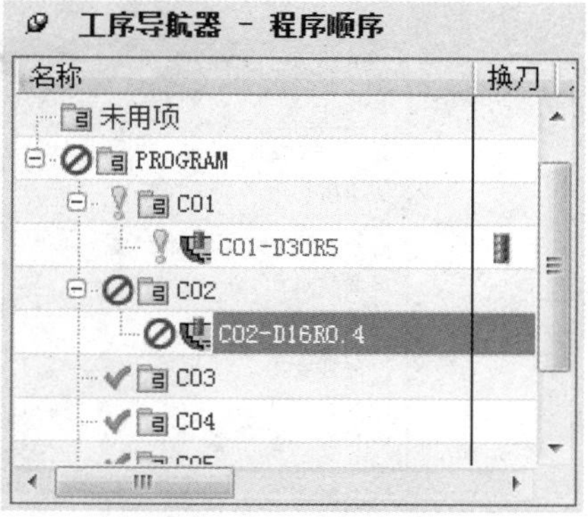

图 4–83　修改操作名称

双击“CO2–D16R0.4”操作，弹出“型腔铣”对话框。在对话框中的“刀具”下拉列表中选择“D16R0.4”，在“刀轨设置”中“全局每刀深度”文本框中输入 0.2，如图 4–84 所示。

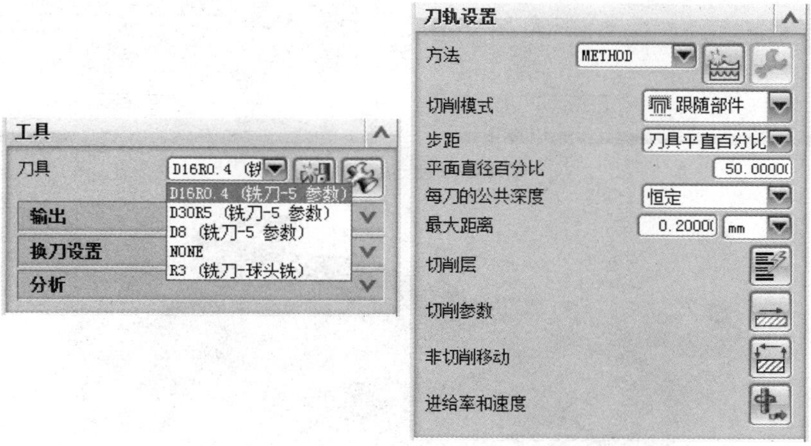

图 4–84　修改参数

在“刀轨设置”中单击“切削参数”按钮，弹出“切削参数”对话框，在对话框中修改余量：取消“使底面余量与侧面余量一致”前的勾选，输入“部件侧面余量”为 0.2，“部件底部面余量”为 0.1；选择“空间范围”标签，在“毛坯”中“处理中的工件”后下拉列表中选择“使用 3D”选项，如图 4–85 所示。单击“确定”按钮，返回“型腔铣”对话框。

在“刀轨设置”中单击“进给率和速度”按钮，弹出“进给率和速度”对话框。勾选“主轴速度（rpm）”并在其后文本框为 2000。单击“确定”按钮，返回“型腔铣”对话框。

在“操作”中单击“生成”按钮，系统生成二次开粗加工刀路，如图 4–86 所示。

在“操作”中单击“确认”按钮，弹出“刀轨可视化”对话框，在对话框中选择“2D”标签，调整“动画速度”为 4，单击“播放”按钮，系统进行刀轨仿真加工，如图 4–87 所示。仿真完成后单击“确定”按钮，返回“型腔铣”对话框，再次单击“确定”按钮，完成操作。

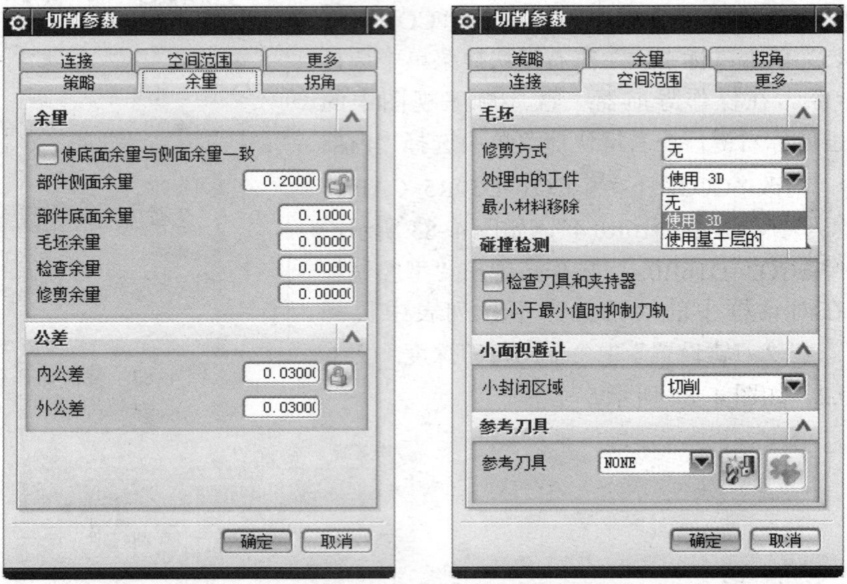

图 4–85　修改切削参数

图 4–86　二次开粗加工刀路

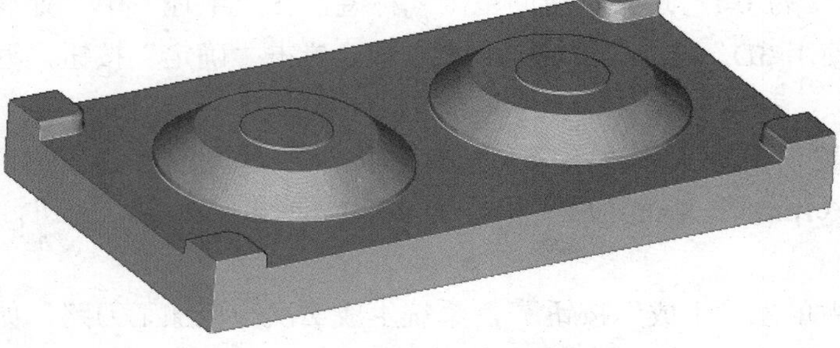

图 4–87　二次开粗精加工仿真结果

（3）平面精加工。

在“刀片”工具栏中单击“创建工序”按钮，弹出“创建工序”对话框。在对话框窗口中："类型"下拉列表框选择"mill_planar"；工序子类型中单击"底面和壁"按钮；位置中，程序下拉列表中选中"CO3"，刀具下拉列表中选中"D16R0.4（铣刀-5参数）"，几何体下拉列表中选中"WORKPIECE"，方法下拉列表选中"METHOD"，名称文本框中输入"CO3-D16R0.4"，参数设置如图 4-88 所示，单击"确定"按钮，弹出"底面壁"对话框。

图 4-88 创建平面铣操作

在"底面壁"对话框中的"几何体"中单击"选择或编辑铣削区域几何体"按钮，弹出"切削区域"对话框，选择如图 4-89 所示各水平面。在"切削区域"对话框上单击"确定"按钮，返回到"底面壁"对话框。

在"底面壁"对话框中的"刀轨设置"中："切削模式"列表中选择"往复"选项，"步距"下拉列表中选择"刀具平直百分比"，"平面直径百分比"文本框中输入 50，如图 4-90 所示。

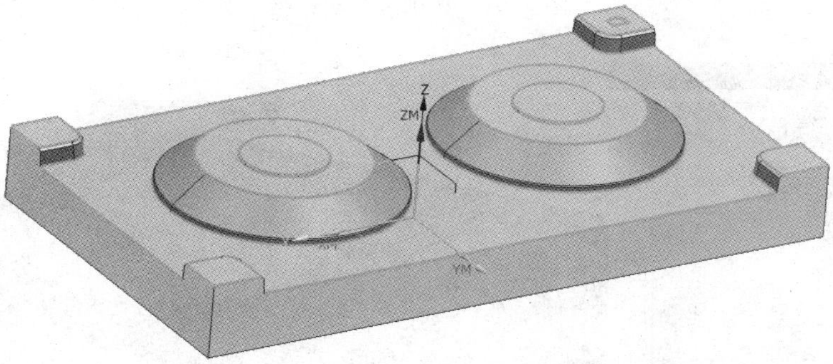

图 4-89 选择水平面

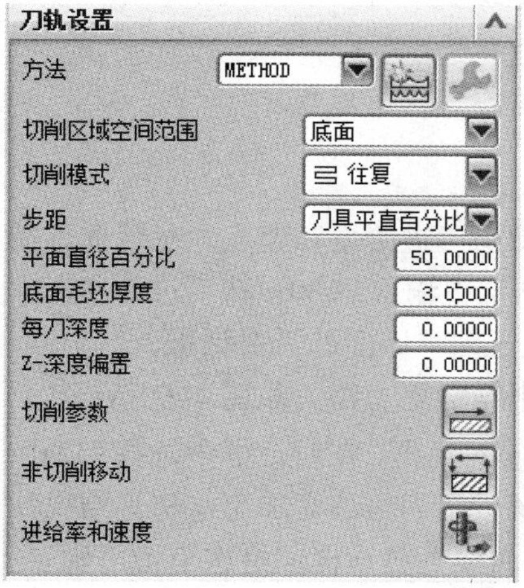

图 4-90 刀轨设置

在"底面壁"对话框"刀轨设置"中单击"切削参数"按钮，弹出"切削参数"对话框，在对话框中："策略"标签，在"精加工刀路"中勾选"添加精加工刀路"。"余量"标签，在"余量"中"壁余量"文本框中输入 0.2，如图 4-91 所示。单击"确定"按钮，返回"底面壁"对话框。

在"底面壁"对话框"刀轨设置"中单击"非切削移动"按钮，弹出"非切削移动"对话框，在对话框中：选择"传递/快递"标签中"安全设置"→"安全设置选项"中选择"平面"选项，鼠标选择后模零件顶面，在对话框中的"距离"文本框中输入 5，如图 4-92 所示。单击"确定"按钮，返回"非切削移动”对话框，“区域之间”→“传递类型”下拉列表中选中“前一平面”，单击“确定”按钮，返回“底面壁”对话框。

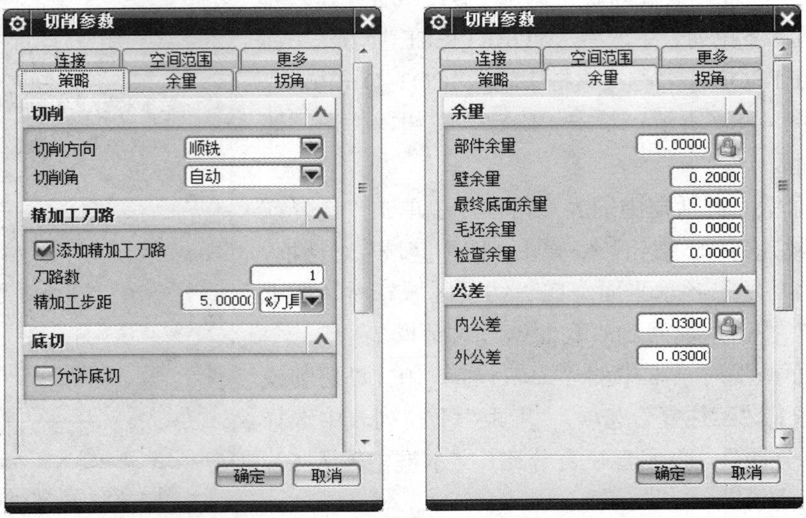

图 4–91　切削参数对话框

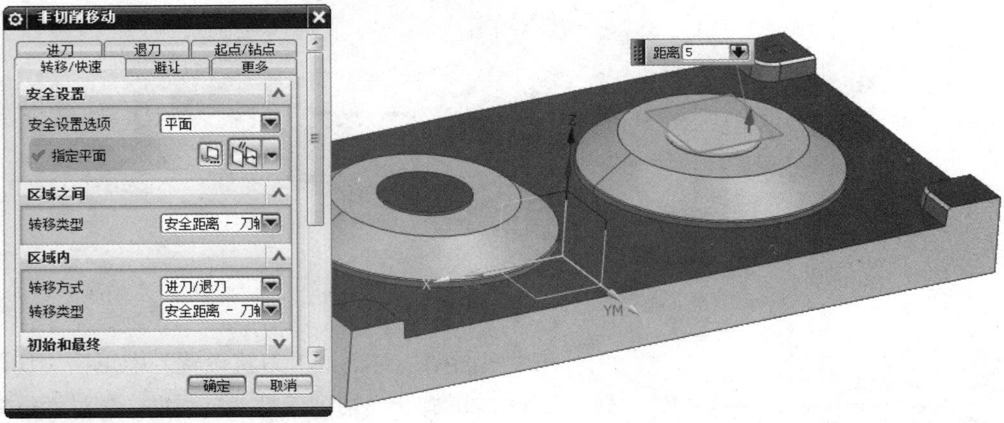

图 4–92　定义非切削移动

在“刀轨设置”中单击“进给率和速度”按钮，弹出“进给率和速度”对话框。在“主轴速度”中勾选“主轴速度（rpm）”，并在后面的文本框中输入 2600；在“进给率”中的“进刀”后的文本框中输入 200。单击“确定”按钮，返回“底面壁”对话框。

在“操作”中单击“生成”按钮，系统生成平面半精加工刀路，如图 4–93 所示。

在“操作”中单击“确认”按钮，弹出“刀轨可视化”对话框，在对话框中选择“2D”标签，调整“动画速度”为 4，单击“播放”按钮，系统进行刀轨仿真加工，仿真结果如图 4–94 所示。仿真完成后单击“确定”按钮，返回“底面壁”对话框，再次单击“确定”按钮，完成操作。

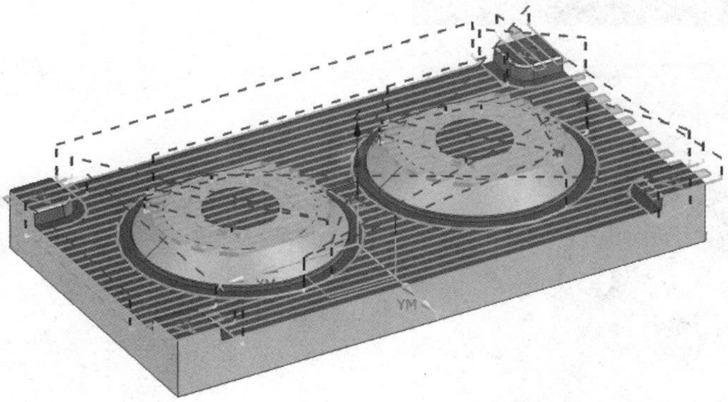

图 4–93　生成平面半精加工刀路

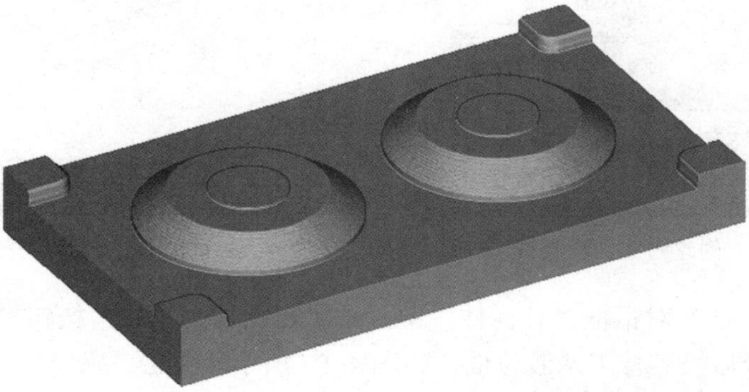

图 4–94　生成平面精加工仿真结果

（4）胶位半精加工。

在“刀片”工具栏中单击“创建工序”按钮，弹出“创建工序”对话框。在对话框窗口中：“类型”下拉列表框选择“mill_contour”；操作子类型中点中“固定轮廓铣”按钮；位置中，程序下拉列表中选中“CA4”，刀具下拉列表中选中“R3（铣刀—球头刀）”，几何体下拉列表中选中“WORKPIECE”，方法下拉列表选中“METHOD”，名称文本框中输入“CA4–R3”，参数设置如图 4–95 所示，单击“确定”按钮，弹出固定轮廓对话框。

在固定轮廓铣对话框中“驱动方法”中“驱动”列表中选择“区域铣削”，系统弹出“驱动方法”对话框，直接单击“确定”按钮，弹出“区域铣削驱动方法”对话框。

在“区域铣削驱动方法”对话框“驱动设置”中：“切削模式”下拉列表中选择“跟随周边”，“刀路方向”下拉列表中选择“向外”，“切削方向”下拉列表中选择“逆铣”，“步距”下拉列表中选择“恒定”，“最大距离”文本框中输入 0.3，单位“mm”，“步距已应用”下拉列表中选择“在部件上”，如图 4–96 所示。单击“确定”按钮，返回“固定轮廓铣”对话框。

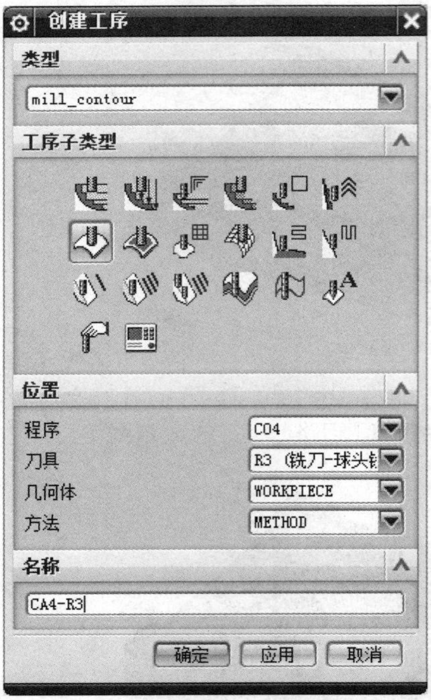

图 4–95　创建固定轴轮廓铣操作

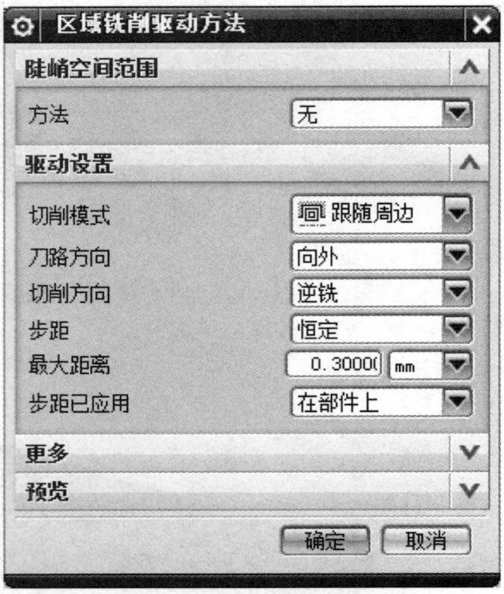

图 4–96　区域铣削驱动方法对话框

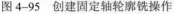

在“固定轮廓铣”对话框“几何体”中单击“指定切削区域”按钮，弹出“切削区域”对话框，选择后模零件上两胶位面，如图 4–97 所示。单击“确定”按钮，返回“固定轮廓铣”对话框。

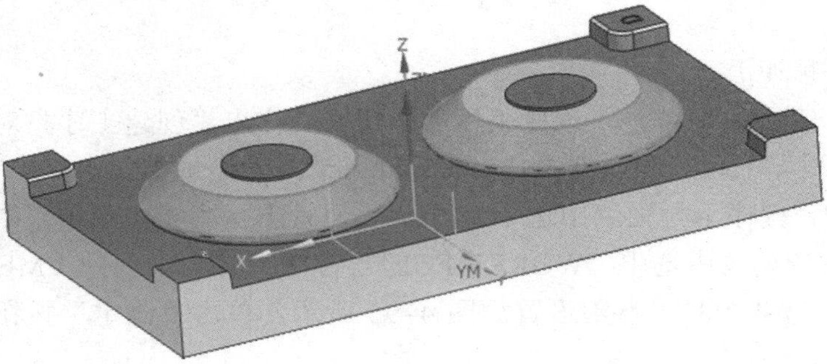

图 4–97　指定切削区域

单击“切削参数”按钮，弹出切削参数对话框，在对话框中选择“余量”标签，在“余量”中“部件余量”后文本框中输入“0.1”，如图 4–98 所示。单击“确定”按钮，返回“固定轮廓铣”对话框。

在“固定轮廓铣”对话框“刀轨设置”中单击“非切削移动”按钮，弹出“非切削移动”对话框，在对话框中：选择“转移/快速”标签中“安全设置”→“安全设置选项”中选择“平面”，选择后模零件顶面，在对话框中的“距离”文本框中输入 5，如图 4–99 所示。单击“确定”按钮，返回“固定轮廓铣”对话框。

图 4–98　设置余量

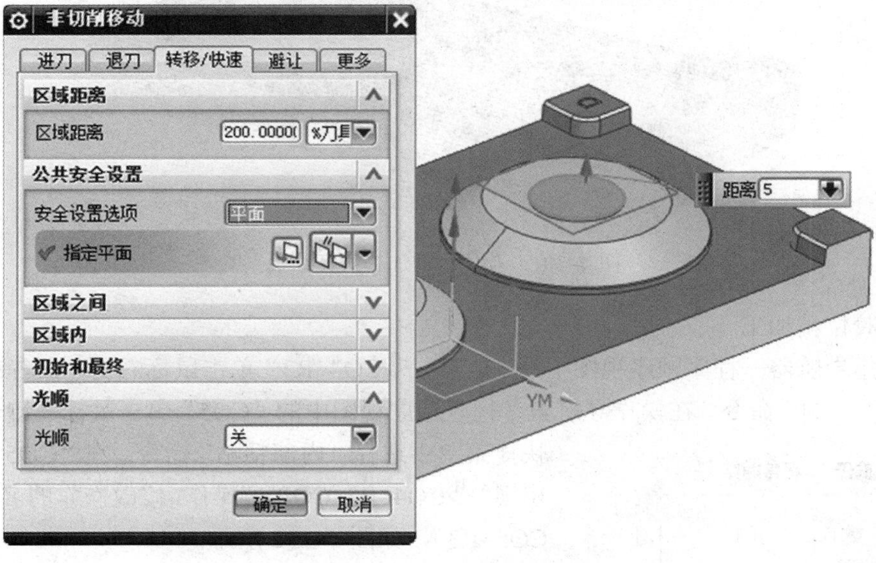

图 4–99　设置非切削运动

在“刀轨设置”中单击“进给率和速度”按钮，弹出“进给率和速度”对话框。在“主轴速度”中“主轴速度（rpm）”文本框修改数值为 2000，在“进给率”中的“进刀”后的文本框中输入 200。单击“确定”按钮，返回“固定轮廓铣”对话框。

在“操作”中单击“生成”按钮，系统生成平面半精加工刀路，如图 4–100 所示。

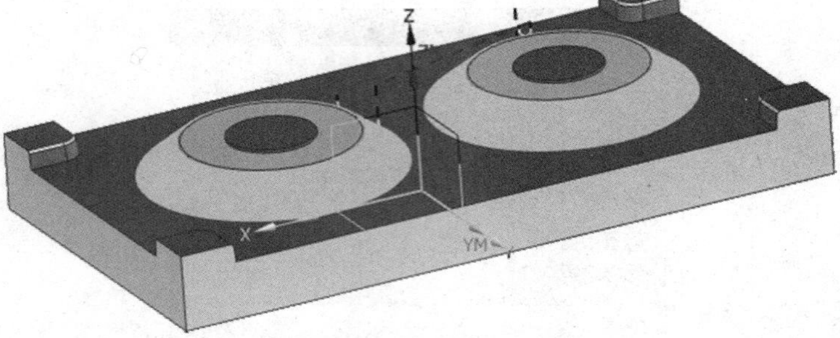

图 4–100　胶位半精加工刀路

在“操作”中单击“确认”按钮，弹出“刀轨可视化”对话框，在对话框中选择“2D”标签，调整“动画速度”为 4，单击“播放”按钮，系统进行刀轨仿真加工，仿真结果如图 4–101 所示。仿真完成后单击“确定”按钮，返回“固定轮廓铣”对话框，再次单击“确定”按钮，完成操作。

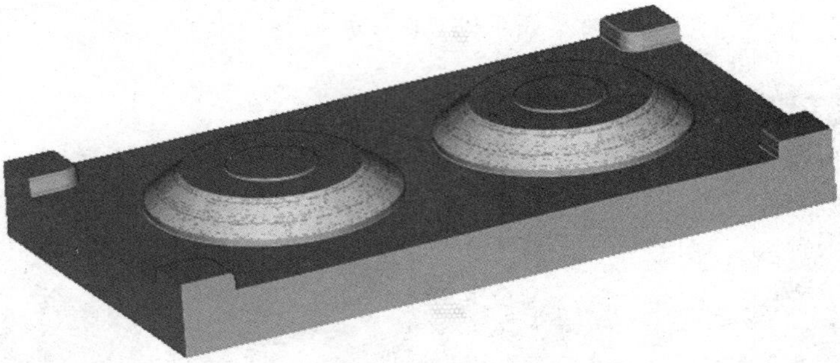

图 4–101　胶位半精加工仿真结果

（5）胶位精加工。

在操作导航器—程序顺序视图中的“CO4→CO4–R3”单击鼠标右键，在右键快捷菜单中选择“复制”命令。在操作导航器—程序顺序视图中的“CO5”单击鼠标右键，在右键快捷菜单中选择“内部粘贴”命令。在“CO5”下面会出现“CO4–R3_COPY”操作，修改操作的名称为“CO5–R3”，如图 4–102 所示。

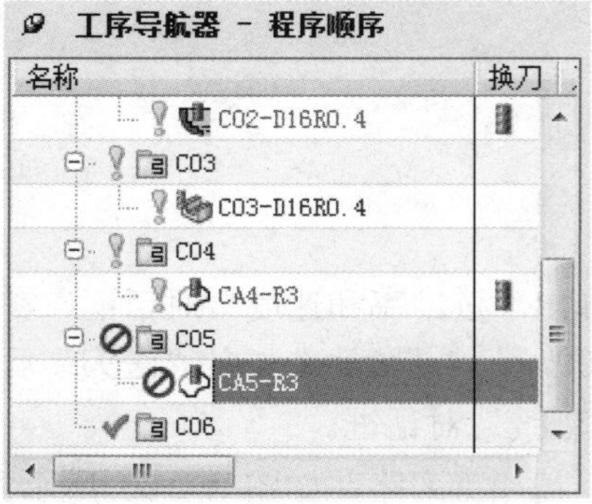

图 4–102　复制操作

在操作导航器中双击“CA8–R3”，弹出“固定轮廓铣”对话框。在对话框中单击“驱动方法”，“方法”中“编辑”按钮，弹出“区域铣削驱动方法”对话框。在“区域铣削驱动方法”对话框“驱动设置”中：修改“距离”文本框中数值为 0.07。单击“确定”按钮，返回“固定轮廓铣”对话框。

单击“切削参数”按钮，弹出“切削参数”对话框，在对话框中选择“余量”标签，在“余量”中“部件余量”后文本框中输入“0”。单击“确定”按钮，返回“固定轮廓铣”对话框。

在“刀轨设置”中单击“进给率和速度”按钮，弹出“进给率和速度”对话框。在“主轴速度”中“主轴速度（rpm）”文本框修改数值为2600。单击“确定”按钮，返回“固定轮廓铣”对话框。

在“操作”中单击“生成”按钮，系统生成胶位精加工刀路，如图4–103所示。

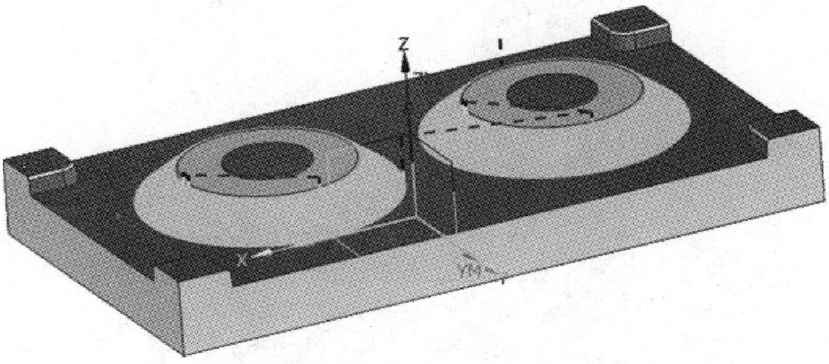

图4–103 胶位精加工刀路

在“操作”中单击“确认”按钮，弹出“刀轨可视化”对话框，在对话框中选择“2D”标签，调整“动画速度”为4，单击“播放”按钮，系统进行刀轨仿真加工，仿真结果如图4–104所示。仿真完成后单击“确定”按钮，返回“固定轮廓铣”对话框，再次单击“确定”按钮，完成操作。

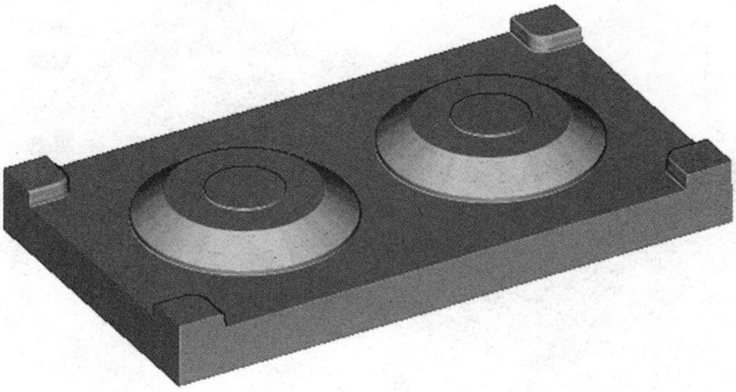

图4–104 胶位精加工仿真结果

（6）侧壁精加工。

在“刀片”工具栏中单击“创建工序”按钮，弹出“创建工序”对话框。在对话框窗口中：“类型”下拉列表框选择“mill_contour”；操作子类型中选中“深度加工轮廓”按钮；位置中，程序下拉列表中选中“CO6”，刀具下拉列表中选中“D8（铣刀–5 参数）”，几何体下拉列表中选中“WORKPIECE”，方法下拉列表选中“METHOD”，名称文本框中输入“CO6–D8–1”，参数设置如图4–105所示，单击“确定”按钮，弹出“深度加工轮廓”对话框。

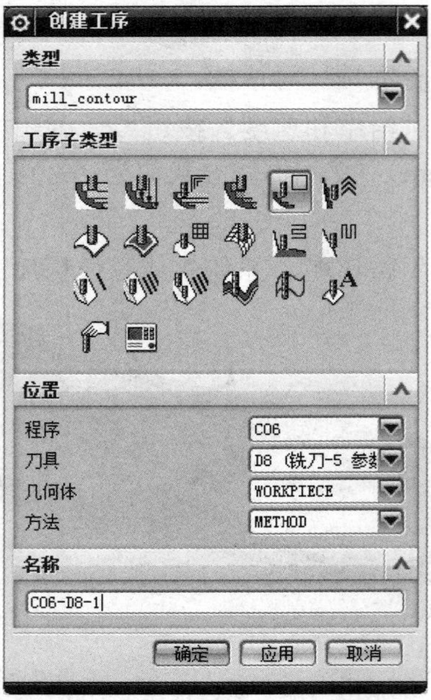

图 4–105　创建工序对话框

在“深度加工轮廓”对话框中的“几何体”中单击“选择或编辑切削区域几何体”按钮，弹出“切削区域”对话框，选择虎口侧壁面，如图 4–106 所示。单击“确定”按钮，返回“深度加工轮廓”对话框。

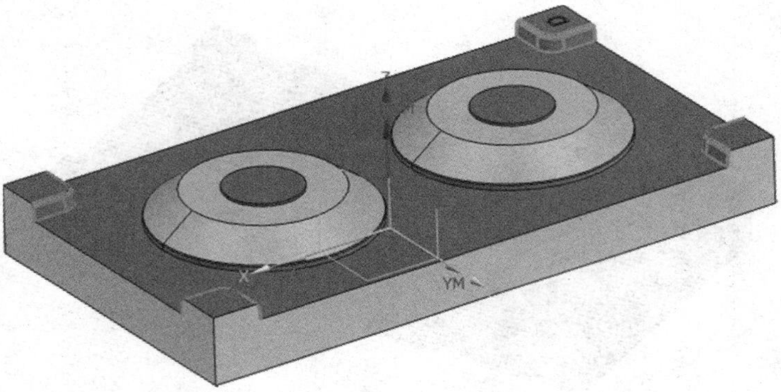

图 4–106　选择虎口侧壁面

在“刀轨设置”中的“最大距离”文本框中输入 0.1，设置如图 4–107 所示。

在“刀轨设置”中单击“切削参数”按钮，弹出切削参数对话框，选择“策略”标签，在“切削”中“切削顺序”下拉列表中选择“深度优先”选项，如图 4–108 所示。单击“确定”按钮，返回“深度加工轮廓”对话框。

在“刀轨设置”中单击“进给率和速度”按钮，弹出“进给率和速度”对话框。在“主轴速度”中勾选“主轴速度（rpm）”，并在后面的文本框中输入 2600；在“进给率”中的“进刀”后的文本框中输入 200。单击“确定”按钮，返回“深度加工轮廓”对话框。

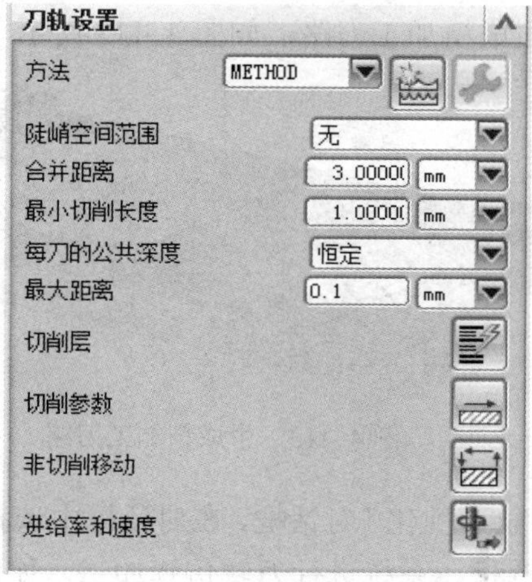

图 4–107 型腔铣对话框

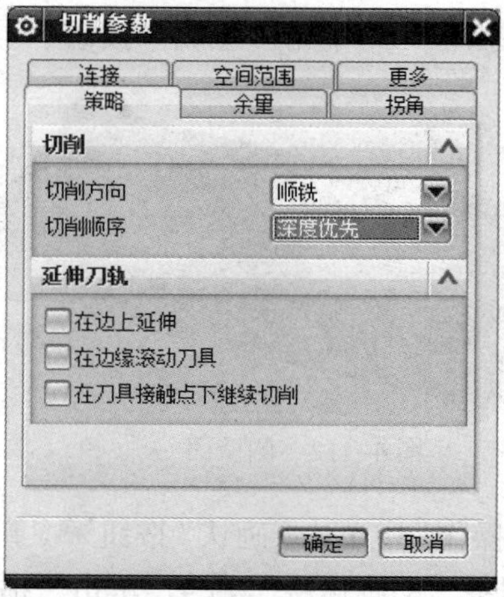

图 4–108 切削参数对话框

在“操作”中单击“生成”按钮，系统生成精加工刀路，如图 4–109 所示。

在“操作”中单击“确认”按钮，弹出“刀轨可视化”对话框，在对话框中选择“2D”标签，调整“动画速度”为 4，单击“播放”按钮，系统进行刀轨仿真加工，如图 4–110 所示。仿真完成后单击“确定”按钮，返回“型腔铣”对话框，再次单击“确定”按钮，完成操作。

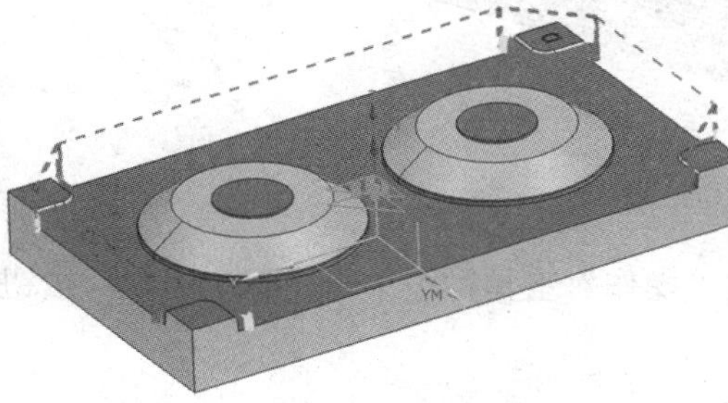

图 4–109 生成粗加工刀路

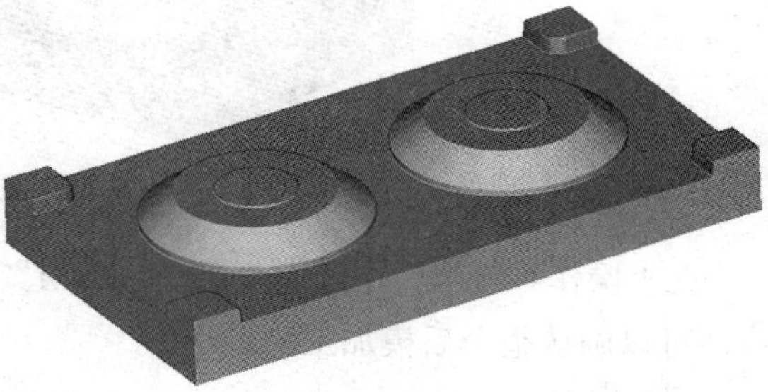

图 4–110 仿真与结果

在操作导航器—程序顺序视图中的“CA6→CO6–D8–1”单击鼠标右键，在右键快捷菜单中选择“复制”命令。在操作导航器—程序顺序视图中的“CA6”单击鼠标右键，在右键快捷菜单中选择“内部粘贴”命令。在“CA6”下面会出现“CO6–D8– 1_CAPY”操作，修改操作的名称为“CO6–D8–2”，如图 4–111 所示。

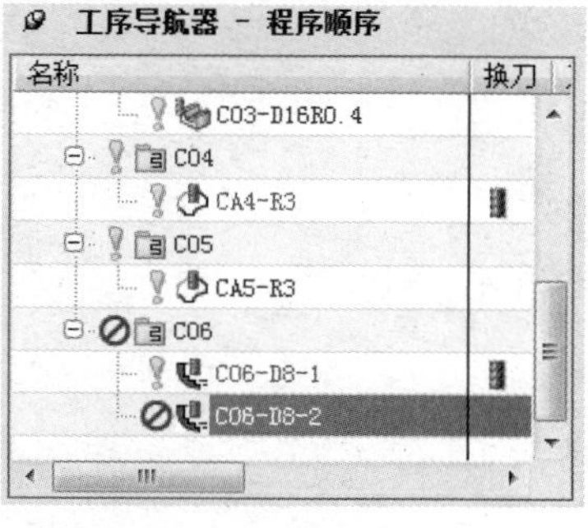

图 4–111 复制操作

在操作导航器中双击“CO6–D8–2”，弹出“深度加工轮廓”对话框。在对话框中的“几何体”中单击“选择或编辑切削区域几何体”按钮，弹出“切削区域”对话框。展开几何体列表集，单击“移除”按钮移除现有的选择集合。用鼠标单选如图 4–112 所示侧壁面。单击“确定”按钮，返回“深度加工轮廓”对话框。

在“操作”中单击“生成”按钮，系统生成精加工刀路，如图 4–113 所示。

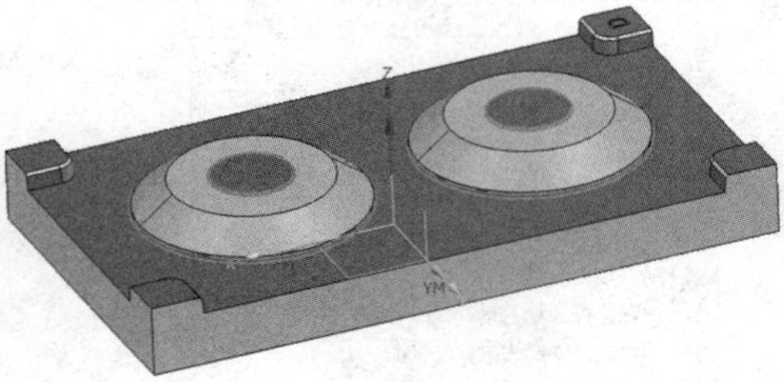

图 4–112　侧壁面

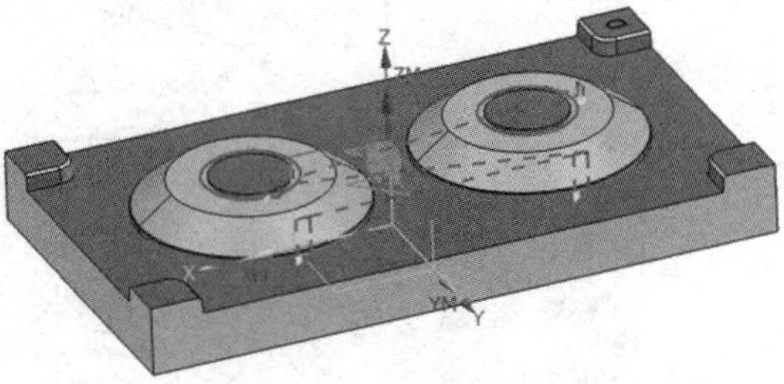

图 4–113　生成精加工刀路

在“操作”中单击“确认”按钮，弹出“刀轨可视化”对话框，在对话框中选择“2D”标签，调整“动画速度”为 4，单击“播放”按钮，系统进行刀轨仿真加工，如图 4–114 所示。仿真完成后单击“确定”按钮，返回“型腔铣”对话框，再次单击“确定”按钮，完成操作。

图 4–114　仿真与结果

在“操作导航器”中选中“PROGRAM”，在“操作”工具栏中单击“确认刀轨”按钮，可以确认整个后模加工的过程。

（7）保存。

单击“标准”工具栏中“保存”按钮，保存文件。

参 考 文 献

［1］戴国洪. SIEMENS NX 6.0 中文版数控加工技术. 北京：机械工业出版社，2010.

［2］UG NX 7.5 数控编程工艺师基础与范例标准教程. 北京：电子工业出版社，2011.

［3］云杰漫步科技 CAX 设计教研室. UG NX 7.0 中文版模具设计与数控加工教程. 北京：清华大学出版社，2011.

［4］慕灿. CAD/CAM 数控编程项目教程 UG 版. 北京：北京大学出版社，2010.

［5］王鹏，宇克伟，夏宏林.新编中文版 UG NX 8.0 标准教程. 北京：海洋出版社，2013.

［6］钟远明. UG 编程与加工项目教程. 武汉：华中科技大学出版社，2011.